U0167966

考研数学一、二、三适用

高等数学轻松学

第3版

王志超 / 编著

☑ 高等数学再无挂科之忧

☑ 考研数学基础复习首选

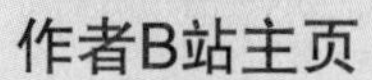

内容简介

本书是一本教人如何学习高等数学的书。它的关注点不是定义、定理、性质，以及后两者的证明，而是以一道道具体的题为切入点，揭示数学问题的内在逻辑和方法选择的前因后果。它既可以帮助初学高等数学的本科生学好数学，也可以作为考研数学复习的参考书。

本书共有极限与连续、一元函数微分学、一元函数积分学、常微分方程、代数视角的多元函数微积分学、几何视角的多元函数微积分学、无穷级数七个内容，详细阐述了 44 个问题、267 道例题，囊括了各类高等数学教材的主要内容，以及全国硕士研究生统一招生考试数学一、数学二、数学三的主要考点。

图书在版编目(CIP)数据

高等数学轻松学 / 王志超编著. -- 3 版. -- 北京 ：北京航空航天大学出版社，2023.3

ISBN 978-7-5124-4059-3

Ⅰ. ①高… Ⅱ. ①王… Ⅲ. ①高等数学—研究生—入学考试—自学参考资料 Ⅳ. ①O13

中国国家版本馆 CIP 数据核字(2023)第 039589 号

高等数学轻松学(第 3 版)

王志超 编著

策划编辑 沈 涛

责任编辑 宋淑娟

*

北京航空航天大学出版社出版发行

北京市海淀区学院路 37 号(邮编 100191) http://www.buaapress.com.cn

发行部电话：(010)82317024 传真：(010)82328026

读者信箱：shentao@buaa.edu.cn 邮购电话：(010)82316936

北京时代华都印刷有限公司印装 各地书店经销

*

开本：787×1 092 1/16 印张：21.25 字数：530 千字

2023 年 3 月第 3 版 2023 年 3 月第 1 次印刷

ISBN 978-7-5124-4059-3 定价：59.80 元

若本书有倒页、脱页、缺页等印装质量问题，请与本社发行部联系调换。联系电话：(010)82317024

第3版前言

高等数学在理工类和经管类专业的大学本科课程中有着举足轻重的地位，并在全国硕士研究生招生考试数学一和数学三中各占86分，在数学二中占118分。

自2015年第1版出版以来，无比感谢广大读者的支持与厚爱！并于2020年相继出版了配套图书《线性代数轻松学》和《概率论与数理统计轻松学》。本书作为第3版，全面修订了书中的内容，更正、改写了一些不当之处，并采用双色印刷，力求精益求精，以提升阅读的收获感与体验。

历经时间的沉淀与检验，本书较同类图书具备以下三个特点：

第一，由易到难，快速上手。尽可能从较基础的题目入手，循序渐进地上升到考研题目的难度，尤其对数学基础较薄弱的同学，能更快进入学习状态。

第二，分类清晰，总结细致。在“问题探究”中全面将考题和方法进行分类，并通过“题外话”细致地进行总结，形成一套较为完善的解题方法体系。

第三，语言幽默，深入浅出。通过“题眼探索”“深度聚焦”，用生动形象的语言揭示数学问题的内在逻辑以及方法选择的前因后果，激发同学的学习兴趣，使同学们不但能在考试中取得理想成绩，而且能真正理解高等数学。

本书既可以帮助初学高等数学的本科生学好这门课程，也可以作为考研学生复习高等数学的参考书。

对于初学高等数学的本科生，本书囊括了各类高等数学（或微积分）教材的主要内容。同学们可根据各高校、各专业不同的教学情况，选择对自己有价值的章节阅读。为了展现问题的完整性，个别例题会与后面的知识产生联系，对于某些一时难以理解的内容，在读完后面的相关章节后就能更好地理解了。

对于考研的考生，本书囊括了全国硕士研究生招生考试数学一、数学二和数学三的主要考点。例题中收录的所有考研真题均已注明考试的年份，可帮助考生了解考研试题的命题风格。根据2020年9月最新修订的考试大纲，参加数学一考试的考生应阅读整本书，参加数学二或数学三考试的考生对下表所列部分内容不作要求。

章　节	数学二不作要求	数学三不作要求
第一章	无	
第二章	无	例12、例13、例25 “实战演练”第10题
第三章	无	例30
第四章	例5～例7	例5～例10 “实战演练”第13题
第五章	问题9全部内容	
第六章	全部内容	
第七章	全部内容	问题4全部内容 “实战演练”第8题、第13题

需要说明的是，本书适用于考生进行高等数学基础阶段（第一轮）的复习。对于个别难度较高或较生僻的考点，书中未详细阐述，也不建议考生在基础阶段深入复习这些考点。对于这些考点，可在强化阶段（第二轮）复习时参看拙著《考研数学这十年》。

本书每章后的“实战演练”可帮助考生检验各章的学习成果，并在书后给出了每道习题的答案和详细解答。

此外，感谢北京航空航天大学出版社，尤其是策划编辑沈涛老师对本书出版付出的辛劳。感谢我的家人和朋友在我写作过程中给予的支持与鼓励。

由于水平有限，对于书中的不当之处，在此先行道歉，并欢迎广大读者朋友批评指正。对此，我将不胜感激。

愿本书能为学习高等数学的同学们提供切实有效的帮助！

王志超

2023年3月

目　录

引　言

请看下列时间表：

1642 年，法国数学家帕斯卡发明了世界上第一部机械式计算器，这部计算器可完成加减运算.

1673 年，德国数学家莱布尼茨发明了可完成加、减、乘、除四则运算的机械式计算器.

1832 年，英国数学家巴贝奇成功研制了差分机，这是最早采用寄存器存储数据的计算工具，程序设计的思想从此萌芽.

1886 年，美国统计学家霍勒瑞斯研制成功世界上第一台可以自动完成四则运算、累计存档、制作报表的制表机.

1946 年，世界上第一台电子计算机在美国宾夕法尼亚大学制成.

1988 年，Mathematica 软件发布，这标志着现代科技计算的开始.

计算工具的发展历史就是不断用机器的力量代替人的力量的历史.这当然并不奇怪.人类作为高级动物，与普通动物的根本区别就在于会制造和使用工具.不管是从手动计算工具到自动计算工具，还是从机械式计算工具到机电式、电子式计算工具，都体现了时代的进步.伴随着这种进步，机器能够帮助我们解决越来越多的数学问题.就 Mathematica 软件而言，它不但能够帮助我们解决实数运算、复数运算、解方程等初等数学问题，而且能够帮助我们解决求极限、求导数、求积分等高等数学问题.难怪 Mathematica 软件已经成为当今世界运用最广泛的数学软件之一，它被称为“世界上最强大的通用计算系统”更是当之无愧.

是的，因为有了“电脑”，“人脑”对于数学的要求在日常的工作和生活中逐渐弱化了；因为有了机器，人们对于数学的学习不那么迫切了.

诚然，数学软件的开发离不开研制者的数学功底，数学学科的价值也并不仅限于计算，这门学科还需要不断有人推动它的发展.但我们不得不承认，这些都是少数人的工作.相当一部分学生完成了高考以后，很快就忘记了三角函数，忘记了解析几何；相当一部分学生大学毕业或完成了考研以后，很快就不知道该如何求极限，不知道该怎样解微分方程.通过了考试，取得了学分，拿到了“敲门砖”或“通行证”，太多的人马上就会和数学“分道扬镳”，而且这次“分别”很可能是“永别”.当然，这样的“分别”并非刻意，也无须刻意.因为常年不用，所以不必温习；因为学而不习，所以慢慢淡忘.

这就是现实.这就是许多数学教育者在一遍遍向学生们强调“数学很重要”后必须面对的现实.对于当今绝大多数人，具体的数学知识和数学方法的价值仅仅体现在受教育阶段，或者更直接地说，仅仅体现在应试阶段.当他们交掉最后一张数学考卷的时候，很可能就是和数学说“再见”的时候.

既然如此，我们还需要这样高标准地学习数学吗？

有些人的答案可能是否定的.近年来，“数学无用”“只要有初中数学水平就足够了”这样的言论很多,不容小觑.如果这样的观点成立,数学这门基础学科的“地位”在中国也许会动摇,数学教育长期作为基础教育的历史在中国也许会改写.我想,“是否应该把数学教育作为基础教育”这个问题触及了根本.要想回答这个问题,恐怕要先回答另一个问题,那就是:我们为什么要学数学?具体地说,在很多数学问题能够借助数学软件解决,并且绝大多数人不会从事与数学有关的职业的今天,我们为什么要学数学?而与数学相关的问题适合具体谈,不适合抽象谈.所以,我们选择了“高等数学”这个载体,试图在高等数学的探索之旅中寻找这个问题的答案.

让我们起航.

第一章　极限与连续

问题 1　求极限
问题 2　判断函数的有界性
问题 3　无穷小的比较问题
问题 4　判断间断点类型
问题 5　求渐近线
问题 6　极限的证明
问题 7　已知极限问题

第一章　极限与连续

问题脉络

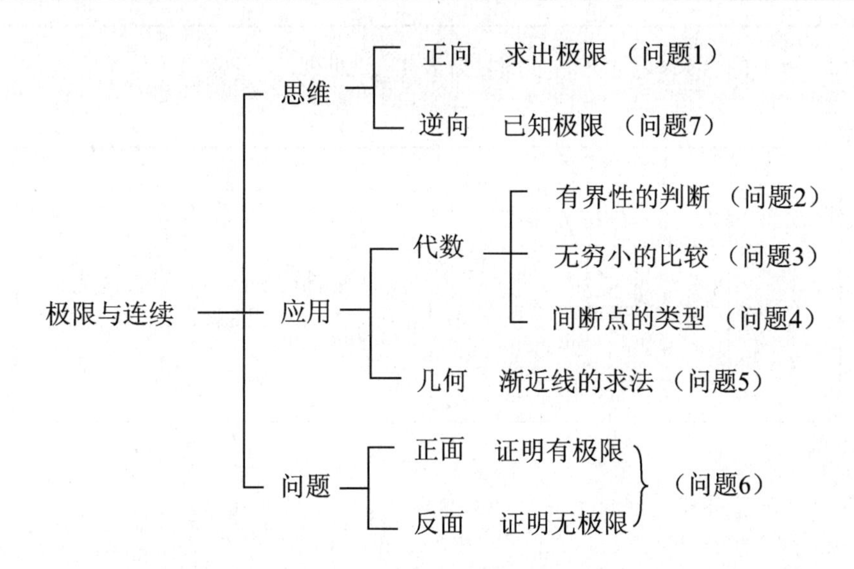

问题 1　求极限

知识储备

1. 极限的概念

从函数极限的记法入手，$\lim\limits_{x \to \cdot} f(x) = A$ 的含义是当 $x \to \cdot$ 时 $f(x) \to A$，其中：

① $x \to \cdot$ 的含义如表 1-1 所列.

表 1-1

x 的趋向	几何表达	代数表达
$x \to x_0^+$	x_0　$x_0+\delta$　x	存在 $\delta>0$，使 $x_0<x<x_0+\delta$
$x \to x_0^-$	$x_0-\delta$　x_0　x	存在 $\delta>0$，使 $x_0-\delta<x<x_0$
$x \to x_0$	$x_0-\delta$　x_0　$x_0+\delta$　x	存在 $\delta>0$，使 $0<\lvert x-x_0\rvert<\delta$

续表 1－1

x 的趋向	几何表达	代数表达
$x\to+\infty$	X　x	存在 $X>0$,使 $x>X$
$x\to-\infty$	$-X$　x	存在 $X>0$,使 $x<-X$
$x\to\infty$	$-X$　X　x	存在 $X>0$,使 $\lvert x\rvert>X$

② $f(x)\to A$ 的含义(以 $x\to x_0$ 为例)如表 1－2 所列.

表 1－2

几何表达	代数表达
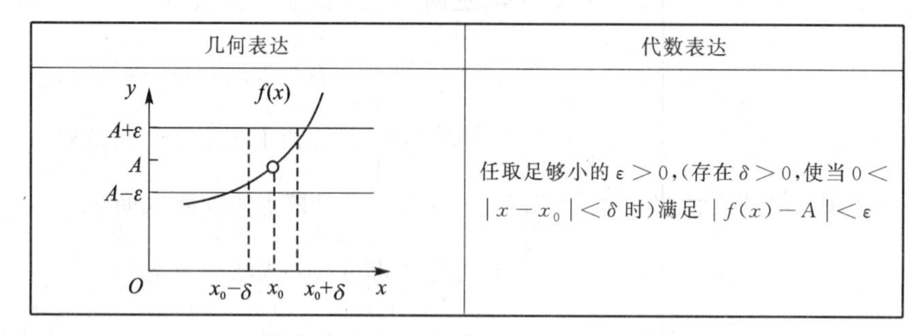	任取足够小的 $\varepsilon>0$,(存在 $\delta>0$,使当 $0<\lvert x-x_0\rvert<\delta$ 时)满足 $\lvert f(x)-A\rvert<\varepsilon$

【注】

(i) 数列极限可参照 $x\to+\infty$ 时的函数极限;

(ii) $\lim\limits_{x\to x_0^+}f(x)$ 又记作 $f(x_0^+)$ 或 $f(x_0+0)$, $\lim\limits_{x\to x_0^-}f(x)$ 又记作 $f(x_0^-)$ 或 $f(x_0-0)$;

(iii) $x\to x_0$ 表示"$x\to x_0^+$ 或 $x\to x_0^-$",$x\to\infty$ 表示"$x\to+\infty$ 或 $x\to-\infty$".

2. 极限存在的充要条件

① $\lim\limits_{x\to x_0}f(x)=A\Leftrightarrow f(x_0^+)=f(x_0^-)=A$;

② $\lim\limits_{x\to\infty}f(x)=A\Leftrightarrow \lim\limits_{x\to+\infty}f(x)=\lim\limits_{x\to-\infty}f(x)=A$.

3. 与无穷小有关的重要结论

① 有界函数与无穷小的乘积是无穷小.

② 若 $\lim\limits_{x\to\cdot}f(x)=\infty$,则 $\lim\limits_{x\to\cdot}\dfrac{1}{f(x)}=0$;若 $\lim\limits_{x\to\cdot}f(x)=0$,且 $f(x)\neq0$,则 $\lim\limits_{x\to\cdot}\dfrac{1}{f(x)}=\infty$.

【注】这就是 $\lim\limits_{x\to0}\dfrac{C}{x}=\infty$($C$ 为非零常数)的原因.

4. 极限运算法则

(1) 极限的四则运算法则

若 $\lim f(x)=A$, $\lim g(x)=B$,则:

① $\lim[k_1f(x)\pm k_2g(x)]=k_1A\pm k_2B$；

② $\lim[f(x)\cdot g(x)]=AB$；

③ $\lim\dfrac{f(x)}{g(x)}=\dfrac{A}{B}$.

(2) 复合函数的极限运算法则

设复合函数 $f[\varphi(x)]$在点 x_0 的某去心邻域内有定义，若$\lim\limits_{x\to x_0}\varphi(x)=a$，$\lim\limits_{u\to a}f(u)=A$，且在 x_0 的去心邻域内有 $\varphi(x)\neq a$，则

$$\lim_{x\to x_0}f[\varphi(x)]=\lim_{u\to a}f(u)=A.$$

【注】这就是用换元法求极限时自变量的趋向也要一起换的原因.

5. 洛必达法则

设：

① $\lim f(x)=\lim F(x)=0\left(\dfrac{0}{0}型\right)$或 $\lim f(x)=\lim F(x)=\infty\left(\dfrac{\infty}{\infty}型\right)$；

② $f(x)$，$F(x)$在自变量趋向的附近可导，且 $F'(x)\neq0$；

③ $\lim\dfrac{f'(x)}{F'(x)}$存在(或为∞)，则

$$\lim\frac{f(x)}{F(x)}=\lim\frac{f'(x)}{F'(x)}.$$

【推论】 若 $\lim f'(x)=\lim F'(x)=0$(或为∞)，且相应满足条件②、③，则

$$\lim\frac{f'(x)}{F'(x)}=\lim\frac{f''(x)}{F''(x)}.$$

【注】深受解题者喜爱的洛必达法则是“万能”的吗？当然不是. 条件①、②需在解题前验证，条件③只能在解题过程中验证. 若用洛必达法则得到极限不存在(且不为∞)，则一般不能说明极限不存在(且不为∞)，只能说明法则失效，需用其他方法求解. 例如，对于

$\lim\limits_{x\to0}\dfrac{x^2\sin\dfrac{1}{x}+\sin x}{x}$，若用洛必达法则，

$$原式=\lim_{x\to0}\frac{2x\sin\dfrac{1}{x}-\cos\dfrac{1}{x}+\cos x}{1},$$

看似极限不存在. 但若改用极限运算法则，则有

$$原式=\lim_{x\to0}x\sin\frac{1}{x}+\lim_{x\to0}\frac{\sin x}{x}=0+1=1.$$

故原极限存在，只是洛必达法则不管用了而已.

6. 等价无穷小

(1) 等价无穷小的定义

设$\lim\limits_{x\to\cdot}\alpha(x)=\lim\limits_{x\to\cdot}\beta(x)=0$，若$\lim\limits_{x\to\cdot}\dfrac{\beta(x)}{\alpha(x)}=1$，则称当 $x\to0$ 时 $\beta(x)$与 $\alpha(x)$是等价无穷

小,记作 $\alpha(x)\sim\beta(x)(\alpha(x)\neq0)$.

(2) 无穷小的等价替换

① 若 $\alpha_1\sim\alpha_2,\beta_1\sim\beta_2,\lim\dfrac{\beta_2}{\alpha_2}$存在,则 $\lim\dfrac{\beta_1}{\alpha_1}=\lim\dfrac{\beta_2}{\alpha_2}$;

② 若 $\alpha\sim\beta,\varphi(x)$极限存在或有界,则 $\lim\alpha\varphi(x)=\lim\beta\varphi(x)$.

【注】

(i) 若 $\alpha_1\sim\alpha_2,\beta_1\sim\beta_2$,则不能轻易下结论 $\alpha_1\pm\beta_1\sim\alpha_2\pm\beta_2$ 并相互替换(原因后面会讲);

(ii) 等价无穷小具有传递性,即若 $\alpha\sim\beta,\beta\sim\gamma$,则 $\alpha\sim\gamma$.

(3) 常用于替换的等价无穷小

当 $\alpha(x)\to0$ 时,$\sin\alpha(x)\sim\alpha(x)$,$\tan\alpha(x)\sim\alpha(x)$,$\arcsin\alpha(x)\sim\alpha(x)$,$\arctan\alpha(x)\sim\alpha(x)$,$\ln[1+\alpha(x)]\sim\alpha(x)$,$e^{\alpha(x)}-1\sim\alpha(x)$,$1-\cos\alpha(x)\sim\dfrac{\alpha^2(x)}{2}$,$[1+\alpha(x)]^{\mu}-1\sim\mu\alpha(x)$.

7. 重要极限

① $\lim\limits_{f(x)\to0}\dfrac{\sin f(x)}{f(x)}=1$;

② $\lim\limits_{f(x)\to\infty}\left[1+\dfrac{1}{f(x)}\right]^{f(x)}=\lim\limits_{f(x)\to0}[1+f(x)]^{\frac{1}{f(x)}}=e$.

8. 极限存在准则

① (夹逼准则)$\begin{cases}y_n\leqslant x_n\leqslant z_n,\\ \lim\limits_{n\to\infty}y_n=\lim\limits_{n\to\infty}z_n=a,\end{cases}\Rightarrow\lim\limits_{n\to\infty}x_n=a$;

② 单调有界数列必有极限.

【注】此处"单调有界"表现为单调递增且有上界或单调递减且有下界.

9. 定积分定义式

$$\lim_{n\to\infty}\frac{b-a}{n}\sum_{k=1}^{n}f\left(a+\frac{b-a}{n}k\right)=\int_a^b f(x)\mathrm{d}x.$$

【注】更常用的是当 $a=0,b=1$ 时的形式

$$\lim_{n\to\infty}\frac{1}{n}\sum_{k=1}^{n}f\left(\frac{k}{n}\right)=\int_0^1 f(x)\mathrm{d}x.$$

10. 初等函数定义

由常数和基本初等函数(即幂函数、指数函数、对数函数、三角函数、反三角函数)经有限次四则运算或有限次复合构成的用一个式子表示的函数叫做初等函数.

11. 连续性定义

设函数 $f(x)$在点 x_0 的某一邻域内有定义,若$\lim\limits_{x\to x_0}f(x)=f(x_0)$,则称 $f(x)$在点 x_0 上连续.

特别地，一切初等函数在其定义区间内都是连续的.

12. 求极限时常用的泰勒展开式

① $\sin x = x - \frac{1}{6}x^3 + o(x^3)$；　② $\arcsin x = x + \frac{1}{6}x^3 + o(x^3)$；

③ $\tan x = x + \frac{1}{3}x^3 + o(x^3)$；　④ $\arctan x = x - \frac{1}{3}x^3 + o(x^3)$；

⑤ $\cos x = 1 - \frac{1}{2!}x^2 + \frac{1}{4!}x^4 + o(x^4)$；　⑥ $\ln(1+x) = x - \frac{1}{2}x^2 + \frac{1}{3}x^3 + o(x^3)$；

⑦ $e^x = 1 + x + \frac{1}{2}x^2 + \frac{1}{6}x^3 + o(x^3)$；　⑧ $(1+x)^\mu = 1 + \mu x + \frac{\mu(\mu-1)}{2}x^2 + o(x^2)$.

【注】此处 $o(x^n)$ 表示比 x^n 次数更高的项.

问题研究

1. 初等函数

题眼探索　走在学习高等数学的路上，要翻越的第一座山就是求那个含有 lim 的东西. 如果翻不过去，则导数定义（详见第二章）没法用，级数的收敛性（详见第七章）难判断，这一路将不知错过多少风景！

面对这样一个庞大的问题，我们的研究该从何处下手呢？有一个“另类”给出了启发，它叫做初等函数. 为什么说它是另类呢？因为初等函数在定义区间上一定连续，而 $f(x)$ 在连续区间内的点 x_0 处一定满足 $\lim\limits_{x \to x_0} f(x) = f(x_0)$. 这太棒了！因为只要把自变量趋于的东西代入函数表达式，就可能得到极限值. 所以，探索之旅不妨自初等函数始. 同时，也可以说，**求初等函数极限的基本策略是“代入”，即自变量趋于什么，就先把什么代入函数表达式**（不论是 $x_0, x_0^+, x_0^-, \infty, +\infty, -\infty$）. 那么，问题又来了，代入之后就能马上知道极限是什么吗？恐怕要分两种情况讨论：

1° 若根据代入后的形式能确定极限值，则不妨称这样的形式为“已定型”，并分 3 种情况讨论；

2° 若根据代入后的形式不能确定极限值，则不妨称这样的形式为“未定型”，并分 7 种情况讨论.

(1) 初等函数呈已定型

1）常数型（极限值一定为该常数）

【例 1】 $\lim\limits_{x \to \frac{\pi}{4}} \frac{\ln(\sin x)}{\arcsin(\tan x)} =$ ________.

【分析】紧紧抓住求初等函数极限的基本策略，把 $x = \frac{\pi}{4}$ 代入 $\frac{\ln(\sin x)}{\arcsin(\tan x)}$，得 $-\frac{1}{\pi}\ln 2$.

答案为$-\frac{1}{\pi}\ln 2$.

【题外话】不论给出的初等函数“长相”有多奇怪,只要把自变量趋于的东西代入后是一个常数,就尽管放心大胆地将这个常数作为答案.

2)“$\frac{\text{非零常数}}{0}$”型(极限值一定为∞)

【例2】 $\lim\limits_{x\to 1}\frac{x+2}{x-1}=$__________.

【分析】把$x=1$代入$\frac{x+2}{x-1}$,分子得3,分母得0,答案为∞.

【题外话】这是多么简单的一道题啊!但是初学者很容易想到用洛必达法则,得到错误答案“1”$\left(\text{错在洛必达法则仅适用于未定型}\frac{\infty}{\infty}\text{和}\frac{0}{0}\right)$;也可能想到将分子、分母的最高次项系数作比,得到相同的错误答案$\left(\text{这种方法后面会讲,仅适用于未定型}\frac{\infty}{\infty}\right)$.为什么会在阴沟里翻船呢?因为**求初等函数极限不是以函数的形式为导向的,而是以“代入”后的“型”为导向的.一种已定型对应一个结果,一种未定型对应若干种方法.**

3)“$0\cdot$有界函数”型(极限值一定为0)

【例3】 $\lim\limits_{x\to 0^+}x\cos(\ln x)=$__________.

【分析】当$x\to 0^+$时,$\ln x\to-\infty$,$\cos(\ln x)$的振荡不会超过上界1和下界-1,呈“$0\cdot$有界函数”型,答案为0.

【题外话】当$f(x)\to\infty$时,$\sin f(x)$,$\cos f(x)$,$\sin f(x)\pm\cos f(x)$的振荡都“有界”.

(2) 初等函数呈未定型

题眼探索 面对未定型,目标很明确——转化为已定型.换言之,就是使函数“代入”后成为常数型、“$\frac{\text{非零常数}}{0}$”型或“$0\cdot$有界函数”型.那么该如何实现呢?我们最容易想到两个方向.第一,对函数变形;第二,用洛必达法则.许多解题者对洛必达法则乐此不疲,但不得不承认,它存在三个缺陷:1°仅限分式;2°可能失效;3°运算复杂(尤其在函数多重复合或需多次求导才能得出答案时).因此,**“变形”才是求解未定型函数极限的优先方法,而洛必达法则只能作为保底的“救命稻草”.**也就是说,用洛必达法则很多时候是需要通过先变形来创造条件的,而且是能不用尽量不用.这样,也就明白了变形的目的:1°尽可能变未定型为已定型,“一步到位”求出极限;2°若变不成已定型,则能够变不便于用洛必达法则为便于用洛必达法则也是极好的.这就有了变形的三个大体方向:

1° **化复杂为简单**(如约分、有理化、无穷小的等价替换等);

2° **化整式为分式**(如对$0\cdot\infty$型、$\infty-\infty$型的处理方法);

3° **化无穷大为无穷小**(如“同除法”).

下面,一起聊聊求7种未定型极限的具体方法.

1) $\dfrac{\infty}{\infty}$型

a. 同除法

【例 4】 $\lim\limits_{x\to\infty}\dfrac{2x^2+3x}{3x^2+2x}=$__________.

【解】原式$=\lim\limits_{x\to\infty}\dfrac{2+\dfrac{3}{x}}{3+\dfrac{2}{x}}=\dfrac{2+0}{3+0}=\dfrac{2}{3}$.

【题外话】

(i) 所谓同除法，就是分子、分母同时除以趋于无穷“速度最快”的项（最常见的是 x 的最高次幂），从而化无穷大为无穷小.

(ii) 对于呈$\dfrac{\infty}{\infty}$型的有理函数，有如下结论（$a_0,b_0\neq0;m,n\in\mathbf{N}$）：

$$\lim_{x\to\infty}\frac{a_0x^m+a_1x^{m-1}+\cdots+a_m}{b_0x^n+b_1x^{n-1}+\cdots+b_n}=\begin{cases}\dfrac{a_0}{b_0}, & m=n,\\ 0, & m<n,\\ \infty, & m>n.\end{cases}$$

【例 5】 (1997 年考研题)求极限 $\lim\limits_{x\to-\infty}\dfrac{\sqrt{4x^2+x-1}+x+1}{\sqrt{x^2+\sin x}}$.

【分析】本例应该分子、分母同时除以什么呢？如果答“x”，那就快要上当了！为了便于在根号内做除法，不妨分子、分母同时除以$\sqrt{x^2}$. 本例的“阴险”之处在于 x 并非趋于我们习惯的$+\infty$，而是$-\infty$，则$\sqrt{x^2}=|x|=-x$. 最初选择分子、分母同时除以 x 的解题者若是忽略了此处的$x=-\sqrt{x^2}$，就会得到典型错解“3”.

【解】原式$=\lim\limits_{x\to-\infty}\dfrac{\dfrac{\sqrt{4x^2+x-1}+x+1}{\sqrt{x^2}}}{\dfrac{\sqrt{x^2+\sin x}}{\sqrt{x^2}}}=\lim\limits_{x\to-\infty}\dfrac{\sqrt{4+\dfrac{1}{x}-\dfrac{1}{x^2}}+\dfrac{x+1}{|x|}}{\sqrt{1+\dfrac{\sin x}{x^2}}}$

$$=\lim_{x\to-\infty}\frac{\sqrt{4+\dfrac{1}{x}-\dfrac{1}{x^2}}-1-\dfrac{1}{x}}{\sqrt{1+\dfrac{1}{x^2}\cdot\sin x}}=\frac{\sqrt{4+0-0}-1-0}{\sqrt{1+0}}=1.$$

【例 6】 $\lim\limits_{x\to+\infty}\dfrac{\sin x-\mathrm{e}^x}{\sin x+\mathrm{e}^x}=$__________.

【分析】若用洛必达法则，则原式$=\lim\limits_{x\to+\infty}\dfrac{\cos x-\mathrm{e}^x}{\cos x+\mathrm{e}^x}=\lim\limits_{x\to+\infty}\dfrac{-\sin x-\mathrm{e}^x}{-\sin x+\mathrm{e}^x}$，不难发现终将周而复始，故法则失效，只能另辟蹊径.

【解】原式$=\lim\limits_{x\to+\infty}\dfrac{\dfrac{\sin x}{\mathrm{e}^x}-1}{\dfrac{\sin x}{\mathrm{e}^x}+1}=\dfrac{0-1}{0+1}=-1$.

【题外话】当用同除法时,分子、分母同时除以的不仅限于 x 的最高次幂.

b. 洛必达法则

【例 7】 $\lim\limits_{x\to 0^+}\dfrac{\ln 2x}{\ln 3x}=$____________.

【解】原式 $=\lim\limits_{x\to 0^+}\dfrac{\dfrac{2}{2x}}{\dfrac{3}{3x}}=1$.

【题外话】本例的典型错解是 $\dfrac{3}{2}$,错在求 $\ln 2x$ 和 $\ln 3x$ 的导数时忘了"发放把 $2x$ 和 $3x$ 当做整体的补贴",即分别在 $\dfrac{1}{2x}$ 和 $\dfrac{1}{3x}$ 后乘以 $2x$ 和 $3x$ 的导数(复合函数的求导方法详见第二章).

2) $\dfrac{0}{0}$ 型

a. 约　分

【例 8】 $\lim\limits_{x\to 0}\dfrac{2x^2+3x}{3x^2+2x}=$____________.

【解】原式 $=\lim\limits_{x\to 0}\dfrac{2x+3}{3x+2}=\dfrac{3}{2}$.

【题外话】

(i) 本例告诉我们,别总是抓住洛必达法则这根"救命稻草"不放,要多用些"手段",包括最简单的"约分".

(ii)本例与例 4 函数形式相同,答案却不同.已经知道,当 $x\to\infty$ 时,有理函数的极限是最高次项系数比(前提是分子、分母的最高次相同).这岂不是说当 $x\to 0$ 时,有理函数的极限成了最低次项系数比(前提是分子、分母的最低次相同)了吗?还当真如此:

$$\lim_{x\to 0}\frac{a_0x^s+a_1x^{s+1}+\cdots+a_mx^{s+m}}{b_0x^t+b_1x^{t+1}+\cdots+b_nx^{t+n}}=\begin{cases}\dfrac{a_0}{b_0}, & s=t,\\ \infty, & s<t,\\ 0, & s>t\end{cases}\quad (a_0,b_0\neq 0;m,n,s,t\in\mathbf{N}).$$

这太神奇了!当然,这也再次印证了求初等函数极限是"型"导向,即使函数形式一模一样,一旦自变量趋向不同,结果可能天差地别.那么,问题又来了,为什么当 $x\to 0$ 时,高次项的"地位"变得不如低次项了呢?要回答这个问题,恐怕要先谈谈无穷小的等价替换.

b. 无穷小的等价替换

【例 9】 $\lim\limits_{x\to 0}\dfrac{(1+x^2)^{\frac{1}{3}}-1}{\cos x-1}=$____________.

【解】当 $x\to 0$ 时,$(1+x^2)^{\frac{1}{3}}-1\sim\dfrac{1}{3}x^2$,$1-\cos x\sim\dfrac{1}{2}x^2$,故原式 $=\lim\limits_{x\to 0}\dfrac{\dfrac{1}{3}x^2}{-\dfrac{1}{2}x^2}=-\dfrac{2}{3}$.

【题外话】无穷小的等价替换能褪下函数"沉重的外壳",化复杂为简单,使形式"轻便"起来.本例折射出无穷小等价替换的两个要点:

(i) 利用整体思想将$(1+x)^{\frac{1}{3}}-1\sim\frac{1}{3}x(x\to0)$推广为$[1+\alpha(x)]^{\frac{1}{3}}-1\sim\frac{1}{3}\alpha(x)(\alpha(x)\to0)$；

(ii) 关注$1-\cos x$变为$\cos x-1$后符号的变化.

【例 10】 求极限$\lim\limits_{x\to0}\frac{e^{\tan x}-e^{\sin x}}{\tan(\sin^3x)}$.

【解】原式$=\lim\limits_{x\to0}\frac{e^{\sin x}(e^{\tan x-\sin x}-1)}{x^3}=\lim\limits_{x\to0}\frac{\tan x-\sin x}{x^3}$

$$=\lim_{x\to0}\frac{\tan x(1-\cos x)}{x^3}=\lim_{x\to0}\frac{x\cdot\frac{1}{2}x^2}{x^3}=\frac{1}{2}.$$

【题外话】对于$\lim\limits_{x\to0}\frac{\tan x-\sin x}{x^3}$，分子呈“无穷小－无穷小”，此处只有变形为“无穷小×无穷小”后才能等价替换.

【例 11】 (1997 年考研题)$\lim\limits_{x\to0}\frac{3\sin x+x^2\cos\frac{1}{x}}{(1+\cos x)\ln(1+x)}=$______.

【解】原式$=\lim\limits_{x\to0}\frac{1}{1+\cos x}\cdot\lim\limits_{x\to0}\frac{3\sin x+x^2\cos\frac{1}{x}}{x}=\frac{1}{2}\lim\limits_{x\to0}\frac{3\sin x+x^2\cos\frac{1}{x}}{x}$

$$=\frac{1}{2}\left(3\lim_{x\to0}\frac{\sin x}{x}+\lim_{x\to0}x\cdot\cos\frac{1}{x}\right)=\frac{1}{2}(3\times1+0)=\frac{3}{2}.$$

【题外话】本例是一道构思精妙的考研题，精妙之处有四：

(i) 解题者习惯了$1-\cos x$的无穷小等价替换，对$1+\cos x$手足无措，实难想到可用极限运算法则将其分离出来.

(ii) $\lim\limits_{x\to0}\frac{3\sin x+x^2\cos\frac{1}{x}}{x}$“头重脚轻”，将其拆成两项是基于对形式把握的选择.

(iii) 重要极限$\lim\limits_{x\to0}\frac{\sin x}{x}$与$\lim\limits_{x\to\infty}\frac{\sin x}{x}$等“0·有界函数”型就像“双胞胎”，解题者往往最头疼它们的辨别，而它们在本例中却一起“亮相”. 请读者辨析：

$\lim\limits_{x\to\infty}\frac{\sin x}{x}=$______，　$\lim\limits_{x\to0}x\sin\frac{1}{x}=$______，　$\lim\limits_{x\to0}\frac{\sin x}{x}=$______，　$\lim\limits_{x\to\infty}x\sin\frac{1}{x}=$______.

(答案为 0,0,1,1)

(iv) 若用洛必达法则，则$\frac{1}{2}\lim\limits_{x\to0}\frac{3\sin x+x^2\cos\frac{1}{x}}{x}=\lim\limits_{x\to0}\frac{3\cos x+2x\cos\frac{1}{x}+\sin\frac{1}{x}}{2}$，法则失效，就连“救命稻草”也没用了.

c. 洛必达法则与泰勒公式

【例 12】 求极限$\lim\limits_{x\to0}\frac{x-\arctan x}{\frac{1}{3}x^3}$.

【解】**法一**:用洛必达法则,原式$=\lim\limits_{x\to0}\dfrac{1-\dfrac{1}{1+x^2}}{x^2}=\lim\limits_{x\to0}\dfrac{1}{1+x^2}=1$.

法二:用泰勒公式把 $\arctan x$ 展开,$\arctan x=x-\dfrac{1}{3}x^3+o(x^3)$,故

$$原式=\lim_{x\to0}\frac{\dfrac{1}{3}x^3+o(x^3)}{\dfrac{1}{3}x^3}=\lim_{x\to0}\frac{\dfrac{1}{3}x^3}{\dfrac{1}{3}x^3}=1.$$

【题外话】本例函数的分子又呈不宜等价替换的"无穷小－无穷小".我们发现,用泰勒公式求此类极限很具有优越性.那么,用泰勒公式求极限时应展开到哪一项为止呢?另外,本例的答案为1,而 $\lim\dfrac{\alpha}{\beta}=1\Leftrightarrow\alpha\sim\beta(\alpha,\beta\to0)$,这是不是说明 $x-\arctan x\sim\dfrac{1}{3}x^3(x\to0)$呢?为了解开这些谜团,就需要好好地研究一下"无穷小±无穷小"这种麻烦的形式.

深度聚焦

"无穷小±无穷小"的麻烦

为什么说"无穷小±无穷小"是麻烦呢?因为它成了等价替换的"绊脚石".那么它究竟能不能等价替换呢?不一定.因为不一定,所以往往不敢换.那么求这样的极限该何去何从呢?大体有三条路.

1° **"变形"替换**(如例10).既然不确定能不能替换,那么就创造条件替换.可是如何创造呢?变加减为乘积.例10中的

$$e^{\tan x}-e^{\sin x}=e^{\sin x}(e^{\tan x-\sin x}-1)\sim\tan x-\sin x=\tan x(1-\cos x)\sim\frac{1}{2}x^3(x\to0)$$

是常用的变形方法.常用的变形方法还有(当 $x\to0^+$ 时):

$$\ln(1+x)+\ln(1-x)=\ln(1-x^2)\sim-x^2\quad(参看例34),$$

$$\ln\cos x=\ln(1+\cos x-1)\sim\cos x-1\sim-\frac{1}{2}x^2\quad(参看例13),$$

$$x^x-1=e^{x\ln x}-1\sim x\ln x\quad(参看例20).$$

2° **洛必达法则与泰勒公式**(如例12).从最简单的多项式 $2x^2+3x$ 谈起(见例8).在 x 趋于零的变化过程中,$2x^2$ 与 $3x$ 向零"赛跑",$2x^2$"跑"得更快,距离零相对近;$3x$"跑"得更慢,距离零相对远,故可理解为 $3x$ 比 $2x^2$ 更"大".忽略相对"小"的 $2x^2$,就有 $2x^2+3x\sim3x$(同理,$3x^2+2x\sim2x$,这就是从无穷小等价替换的视角对例8的诠释).这就是当 $x\to0$ 时高次项的"地位"比低次项的"地位"低的原因.而泰勒公式就是把函数展开成多项式,以 $\sin x$ 和 $\tan x$ 为例,

$$\sin x=x-\frac{1}{6}x^3+o(x^3),\quad\tan x=x+\frac{1}{3}x^3+o(x^3).$$

当 $x\to0$ 时,最低次项 x 的"地位"最高,更高次项都可以忽略不计,因此就由 x 作为 $\sin x$ 和 $\tan x$ 的"代表",这就是无穷小等价替换的"秘密".

问题是一旦函数呈“无穷小±无穷小”，两个“代表”就会展开斗争，斗争的结果就是“换届”，如

$$\tan x-\sin x=\frac{1}{2}x^3+o(x^3),$$

两个“代表”x“同归于尽”，而$\frac{1}{2}x^3$成了新一届的“代表”，故$\tan x-\sin x\sim\frac{1}{2}x^3\left(\text{同理可得 } x-\arctan x\sim\frac{1}{3}x^3\right)$. 所以，“无穷小±无穷小”的麻烦正是在于更高阶的无穷小很可能在不经意间“抢班夺权”.

既然能用泰勒公式解释“无穷小±无穷小”的麻烦，那么它自然也能解决这个麻烦. 当然我们的“救命稻草”洛必达法则也可以“解围”. 用泰勒公式求极限时如何确定展开至哪一阶呢？分两种情况：

(i) 若只展开分子或分母中的一个函数，则原则是“**展开至分子、分母最高次相同**”；

(ii) 若同时展开和差形式的两个函数，则原则是“**展开至无法消去的最低次项**”.

d. 换　元

【例 13】 (1992 年考研题)求极限$\lim\limits_{x\to 1}\dfrac{\ln\cos(x-1)}{1-\sin\dfrac{\pi}{2}x}$.

【解】原式$=\lim\limits_{x\to 1}\dfrac{\ln\cos(x-1)}{1-\cos\left(\dfrac{\pi}{2}x-\dfrac{\pi}{2}\right)}\xlongequal{\text{令 } t=x-1}\lim\limits_{t\to 0}\dfrac{\ln\cos t}{1-\cos\dfrac{\pi}{2}t}$.

当 $t\to 0$ 时，$\ln\cos t\sim-\frac{1}{2}t^2$，$1-\cos\frac{\pi}{2}t\sim\frac{\pi^2}{8}t^2$，故原式$=\lim\limits_{t\to 0}\dfrac{-\frac{1}{2}t^2}{\frac{\pi^2}{8}t^2}=-\dfrac{4}{\pi^2}$.

【题外话】换元的同时，自变量的趋向也要一起换.

e. 有理化

【例 14】 (1999 年考研题)求极限$\lim\limits_{x\to 0}\dfrac{\sqrt{1+\tan x}-\sqrt{1+\sin x}}{x\ln(1+x)-x^2}$.

【解】原式$=\lim\limits_{x\to 0}\dfrac{\tan x-\sin x}{x\ln(1+x)-x^2}\cdot\dfrac{1}{\sqrt{1+\tan x}+\sqrt{1+\sin x}}$

$$=\frac{1}{2}\lim_{x\to 0}\frac{\frac{1}{2}x^3}{x[\ln(1+x)-x]}=\frac{1}{2}\lim_{x\to 0}\frac{\frac{1}{2}x^2}{\ln(1+x)-x}$$

$$=\frac{1}{2}\lim_{x\to 0}\frac{x}{\frac{1}{1+x}-1}=-\frac{1}{2}\lim_{x\to 0}(1+x)=-\frac{1}{2}.$$

【题外话】

(i) 对于含"根号±根号"的形式,有理化是常用的方法.

(ii) $\lim\limits_{x\to 0}\dfrac{\frac{1}{2}x^2}{\ln(1+x)-x}$的分母又是我们的"老朋友"——"无穷小-无穷小".本解是"先变形,再用洛必达法则"的典型,当然用泰勒公式把$\ln(1+x)$展开也是明智的选择.

3) $0\cdot\infty$型

题眼探索 在"未定型"界,$\dfrac{\infty}{\infty}$型和$\dfrac{0}{0}$型是"带头大哥",其他型只能向它们"靠拢".那么,要将$0\cdot\infty$型和$\infty-\infty$型转化为$\dfrac{\infty}{\infty}$型或$\dfrac{0}{0}$型,我们的目标很明确——"造分母".那么如何"造分母"呢?

$0\cdot\infty$型是两个因式的积,我们只有两个选择:若趋于零的因式的倒数作分母,则转化为$\dfrac{\infty}{\infty}$型;若趋于无穷大的因式的倒数作分母,则转化为$\dfrac{0}{0}$型.

$\infty-\infty$型的"化整式为分式"之路走得稍许艰辛,主要有3种变形的方法.

【例15】 $\lim\limits_{x\to 0}x\cot 3x=$__________.

【解】原式$=\lim\limits_{x\to 0}\dfrac{x}{\tan 3x}=\lim\limits_{x\to 0}\dfrac{x}{3x}=\dfrac{1}{3}$.

【题外话】$0\cdot\infty$型的转化只面临一个问题,那就是谁当分母.一般形式简单的因式"好指挥",所以出于习惯会想到"派"x去当分母,但在本例中x完不成这个任务.且看

$$\lim_{x\to 0}\frac{\cot 3x}{\frac{1}{x}}=\lim_{x\to 0}\frac{3\csc^2 3x}{\frac{1}{x^2}}=\lim_{x\to 0}\frac{18\csc^2 3x\cot 3x}{\frac{2}{x^3}},$$

便知洛必达法则失效.而当$\cot 3x$的倒数$\tan 3x$作分母时,本例简单得成了一道"口算题".

4) $\infty-\infty$型

a. 通分$\left(\text{转化为}\dfrac{0}{0}\text{型}\right)$

【例16】 (2005年考研题)求极限$\lim\limits_{x\to 0}\left(\dfrac{1+x}{1-e^{-x}}-\dfrac{1}{x}\right)$.

【解】原式$=\lim\limits_{x\to 0}\dfrac{x+x^2-1+e^{-x}}{x(1-e^{-x})}=\lim\limits_{x\to 0}\dfrac{x+x^2-1+e^{-x}}{x^2}$

$=\lim\limits_{x\to 0}\dfrac{1+2x-e^{-x}}{2x}=\lim\limits_{x\to 0}\dfrac{2+e^{-x}}{2}=\dfrac{3}{2}$.

b. 有理化$\left(\text{转化为}\dfrac{\infty}{\infty}\text{型}\right)$

【例17】 求极限$\lim\limits_{n\to\infty}\left(\sqrt{n+2\sqrt{n}}-\sqrt{n-\sqrt{n}}\right)$.

【解】原式$=\lim\limits_{n\to\infty}\dfrac{3\sqrt{n}}{\sqrt{n+2\sqrt{n}}+\sqrt{n-\sqrt{n}}}=\lim\limits_{n\to\infty}\dfrac{3}{\sqrt{1+\dfrac{2}{\sqrt{n}}}+\sqrt{1-\dfrac{1}{\sqrt{n}}}}$

$=\dfrac{3}{\sqrt{1+0}+\sqrt{1-0}}=\dfrac{3}{2}$.

【题外话】通过有理化，化$\infty-\infty$型为$\dfrac{\infty}{\infty}$型后常用同除法.

c. 倒代$\left(转化为\dfrac{0}{0}型\right)$

【例 18】 求极限$\lim\limits_{x\to+\infty}\left[x^2\ln\left(1+\dfrac{2}{x}\right)-2x\right]$.

【解】原式$\xlongequal{令 x=\frac{1}{t}}\lim\limits_{t\to0^+}\dfrac{\ln(1+2t)-2t}{t^2}$，用泰勒公式把$\ln(1+2t)$展开，$\ln(1+2t)=2t-\dfrac{(2t)^2}{2}+o(t^2)$，故原式$=\lim\limits_{t\to0^+}\dfrac{-2t^2+o(t^2)}{t^2}=\lim\limits_{t\to0^+}\dfrac{-2t^2}{t^2}=-2$.

【题外话】本例用泰勒公式把$\ln(1+2t)$展开时将$2t$看做了整体.

5) 0^0型和∞^0型

题眼探索 说起0^0型、∞^0型和1^∞型，它们都是形如$f(x)^{g(x)}(f(x)>0)$的幂指函数. 令人头疼的是含有自变量的指数"高高在上". 谁能把指数"赶下台"呢？对数. 因为

$$f(x)^{g(x)}=\mathrm{e}^{\ln f(x)^{g(x)}}=\mathrm{e}^{g(x)\ln f(x)}.$$

而求1^∞型的极限又比0^0型和∞^0型多一条路——利用重要极限

$$\lim_{h(x)\to\infty}\left[1+\frac{1}{h(x)}\right]^{h(x)}=\lim_{h(x)\to0}[1+h(x)]^{\frac{1}{h(x)}}=\mathrm{e}.$$

【例 19】 求$\lim\limits_{x\to0^+}(\csc x)^{\sin x}$.

【解】原式$=\lim\limits_{x\to0^+}\left(\dfrac{1}{x}\right)^x=\mathrm{e}^{\lim\limits_{x\to0^+}x\ln\frac{1}{x}}=\mathrm{e}^{\lim\limits_{x\to0^+}\frac{\ln\frac{1}{x}}{\frac{1}{x}}}=\mathrm{e}^{\lim\limits_{x\to0^+}\frac{-x\cdot\frac{1}{x^2}}{-\frac{1}{x^2}}}=\mathrm{e}^{\lim\limits_{x\to0^+}x}=\mathrm{e}^0=1$.

【题外话】不难发现，取对数后的极限$\lim\limits_{x\to0^+}x\ln\dfrac{1}{x}$呈$0\cdot\infty$型，之后将其转化为了呈$\dfrac{\infty}{\infty}$型的$\lim\limits_{x\to0^+}\dfrac{\ln\frac{1}{x}}{\frac{1}{x}}$. 其实，通过取对数求$0^0$型、$\infty^0$型或$1^\infty$型的极限都会经历这样的过程：**把$0\cdot\infty$型当做"跳板"，最终向"带头大哥"$\dfrac{\infty}{\infty}$型或$\dfrac{0}{0}$型"靠拢".**

【例 20】 (2010 年考研题)求$\lim\limits_{x\to+\infty}(x^{\frac{1}{x}}-1)^{\frac{1}{\ln x}}$.

【分析】如何打破本例"幂指函数套幂指函数"的僵局呢？既然可以整体取对数，那么又

何尝不能局部取对数？当 $x\to+\infty$ 时，$x^{\frac{1}{x}}-1=e^{\frac{\ln x}{x}}-1\sim\frac{\ln x}{x}$. 经"变形替换"，$\lim\limits_{x\to+\infty}\left(\frac{\ln x}{x}\right)^{\frac{1}{\ln x}}$ 变成了普普通通的 0^0 型.

【解】原式 $=\lim\limits_{x\to+\infty}\left(e^{\frac{\ln x}{x}}-1\right)^{\frac{1}{\ln x}}=\lim\limits_{x\to+\infty}\left(\frac{\ln x}{x}\right)^{\frac{1}{\ln x}}=e^{\lim\limits_{x\to+\infty}\frac{1}{\ln x}\ln\left(\frac{\ln x}{x}\right)}=e^{\lim\limits_{x\to+\infty}\frac{\ln\left(\frac{\ln x}{x}\right)}{\ln x}}$

$$\xlongequal{\text{洛必达法则}}e^{\lim\limits_{x\to+\infty}\frac{\frac{x}{\ln x}\cdot\frac{1-\ln x}{x^2}}{\frac{1}{x}}}=e^{\lim\limits_{x\to+\infty}\frac{1-\ln x}{\ln x}}=e^{\lim\limits_{x\to+\infty}\left(\frac{1}{\ln x}-1\right)}=e^{-1}.$$

6) 1^∞ 型

【例 21】 求极限 $\lim\limits_{x\to\infty}\left(\frac{x-1}{x+1}\right)^{2x+1}$.

【解】**法一**：取对数，原式 $=e^{\lim\limits_{x\to\infty}(2x+1)\ln\left(\frac{x-1}{x+1}\right)}$. 当 $x\to\infty$ 时，$\ln\left(\frac{x-1}{x+1}\right)=\ln\left(1-\frac{2}{x+1}\right)\sim-\frac{2}{x+1}$，故原式 $=e^{-\lim\limits_{x\to\infty}\left(\frac{4x+2}{x+1}\right)}=e^{-4}$.

法二：利用重要极限，原式 $=\lim\limits_{x\to\infty}\left[1+\left(-\frac{2}{x+1}\right)\right]^{\left(-\frac{x+1}{2}\right)\left(-\frac{4x+2}{x+1}\right)}=e^{-\lim\limits_{x\to\infty}\left(\frac{4x+2}{x+1}\right)}=e^{-4}$.

【题外话】

(i) "法二"利用重要极限 $\lim\limits_{h(x)\to0}[1+h(x)]^{\frac{1}{h(x)}}=e$ 时把 $-\frac{2}{x+1}$ 整体看做了 $h(x)$；

(ii) 对于 1^∞ 型，在取对数的同时可"一步到位"完成无穷小的等价替换，即

$$\lim_{x\to\cdot}f(x)^{g(x)}=e^{\lim\limits_{x\to\cdot}g(x)[f(x)-1]}$$

(当 $x\to\cdot$ 时，$f(x)\to1$，$g(x)\to\infty$).

2. 两种典型的非初等函数

题眼探索 说起非初等函数，恐怕还得再回过头来看一看什么是初等函数. 初等函数符合三个条件：1°由常数和基本初等函数构成；2°构成时经有限次四则运算或复合；3°用一个式子表示. 一般能与我们"相遇"的函数，它们的"细胞"无外乎常数和基本初等函数，故条件 2°、3°是关键. 那么，不是经有限次四则运算或复合构成的函数会是怎样的呢？是经无限次四则运算或复合构成的，最典型的是经无限次加法构成的. 不是用一个式子表示的函数又会是什么样的函数呢？分段函数. 当然，本书所讲的分段函数都指广义的分段函数，常见的有四种：

1° 狭义的分段函数；

2° 绝对值函数，如 $|f(x)|=\begin{cases}f(x), & f(x)\geqslant0,\\-f(x), & f(x)<0;\end{cases}$

3° 最大值、最小值函数，如

$$\max\{f(x),g(x)\}=\begin{cases}f(x), & f(x)\geqslant g(x),\\ g(x), & f(x)<g(x),\end{cases}$$

$$\min\{f(x),g(x)\}=\begin{cases}f(x), & f(x)\leqslant g(x),\\ g(x), & f(x)>g(x);\end{cases}$$

4° 取整函数，如当 $0\leqslant f(x)<2$ 时，$[f(x)]=\begin{cases}0, & 0\leqslant f(x)<1,\\ 1, & 1\leqslant f(x)<2,\end{cases}$ 其中 $[f(x)]$ 表示小于或等于 $f(x)$ 的最大整数.

对于经无限次加法构成的函数(多为特殊的函数——数列)，不妨称为“无限和式”；对于分段函数，它们是求极限时的“恐怖分子”(原因后面再讲)，需缓图之，这里只讲其中的一个典型——取整函数，因为求无限和式极限的方法对它有借鉴意义.

(1) 无限和式

1）利用夹逼准则

【例 22】 求极限 $\lim\limits_{n\to\infty}\left(\dfrac{n}{n^2+1}+\dfrac{n}{n^2+2}+\cdots+\dfrac{n}{n^2+n}\right)$.

【分析】把 $n\to\infty$“代入”表达式，每项都趋于零. 那么，所求极限等于零吗？

【解】根据夹逼准则，由 $\begin{cases}\dfrac{n^2}{n^2+n}\leqslant\dfrac{n}{n^2+1}+\dfrac{n}{n^2+2}+\cdots+\dfrac{n}{n^2+n}\leqslant\dfrac{n^2}{n^2+1},\\ \lim\limits_{n\to\infty}\dfrac{n^2}{n^2+n}=\lim\limits_{n\to\infty}\dfrac{n^2}{n^2+1}=1\end{cases}$ 得原式$=1$.

【题外话】

(i) 当用夹逼准则求极限时如何“放缩”呢？本例将表达式放大为所有项都是最大项 $\dfrac{n}{n^2+1}$，缩小为所有项都是最小项 $\dfrac{n}{n^2+n}$. 不妨称这种用夹逼准则求极限时常用的放缩方法为“极端放缩”(对于放缩问题的探讨详见第七章).

(ii) 显然，本例的答案不是 0. 这说明，对于非初等函数，求初等函数极限的基本策略“代入”已经“光荣下岗”.

2）利用定积分定义

【例 23】 求极限 $\lim\limits_{n\to\infty}\left(\dfrac{n}{n^2+1}+\dfrac{n}{n^2+2^2}+\cdots+\dfrac{n}{n^2+n^2}\right)$.

【分析】本例与例 22 何其相像！还能用夹逼准则吗？通过“极端放缩”，有

$$\frac{n^2}{n^2+n^2}\leqslant\frac{n}{n^2+1}+\frac{n}{n^2+2^2}+\cdots+\frac{n}{n^2+n^2}\leqslant\frac{n^2}{n^2+1},$$

无奈 $\lim\limits_{n\to\infty}\dfrac{n^2}{n^2+n^2}\neq\lim\limits_{n\to\infty}\dfrac{n^2}{n^2+1}$. 谁能“解围”？定积分定义.

【解】原式$=\lim\limits_{n\to\infty}\dfrac{1}{n}\left[\dfrac{1}{1+\left(\frac{1}{n}\right)^2}+\dfrac{1}{1+\left(\frac{2}{n}\right)^2}+\cdots+\dfrac{1}{1+\left(\frac{n}{n}\right)^2}\right]=\lim\limits_{n\to\infty}\dfrac{1}{n}\sum\limits_{k=1}^{n}\dfrac{1}{1+\left(\frac{k}{n}\right)^2}$

$$=\int_0^1 \frac{dx}{1+x^2}=\left[\arctan x\right]_0^1=\frac{\pi}{4}.$$

【题外话】观察定积分定义式

$$\lim_{n\to\infty}\frac{1}{n}\sum_{k=1}^{n} f\left(\frac{k}{n}\right)=\int_0^1 f(x)\,dx,$$

不难发现,能向它“靠拢”的无限和式必须具备的特征是:提出$\frac{1}{n}$后,$\frac{k}{n}$能在和式通项中整体出现,无孤立的 n 和 k.

【例 24】 (1998 年考研题)求极限$\lim\limits_{n\to\infty}\left(\frac{\sin\frac{\pi}{n}}{n+1}+\frac{\sin\frac{2\pi}{n}}{n+\frac{1}{2}}+\cdots+\frac{\sin\pi}{n+\frac{1}{n}}\right)$.

【分析】本例具备用定积分定义的特征吗?对于$\sum\limits_{k=1}^{n}\frac{\sin\frac{k}{n}\pi}{n+\frac{1}{k}}$,分母中的$\frac{1}{k}$“阻挡”了我们把$\frac{1}{n}$提出和式.难道要另辟蹊径吗?不必.只需要夹逼准则先“打头阵”.

【解】根据夹逼准则,由

$$\begin{cases}\dfrac{1}{n+1}\sum\limits_{k=1}^{n}\sin\dfrac{k}{n}\pi<\sum\limits_{k=1}^{n}\dfrac{\sin\frac{k}{n}\pi}{n+\frac{1}{k}}<\dfrac{1}{n}\sum\limits_{k=1}^{n}\sin\dfrac{k}{n}\pi,\\ \lim\limits_{n\to\infty}\dfrac{1}{n+1}\sum\limits_{k=1}^{n}\sin\dfrac{k}{n}\pi=\lim\limits_{n\to\infty}\dfrac{n+1}{n}\cdot\lim\limits_{n\to\infty}\dfrac{1}{n+1}\sum\limits_{k=1}^{n}\sin\dfrac{k}{n}\pi=\lim\limits_{n\to\infty}\dfrac{1}{n}\sum\limits_{k=1}^{n}\sin\dfrac{k}{n}\pi\end{cases}$$

得

$$\text{原式}=\lim_{n\to\infty}\frac{1}{n}\sum_{k=1}^{n}\sin\frac{k}{n}\pi=\int_0^1\sin\pi x\,dx=\left[-\frac{1}{\pi}\cos\pi x\right]_0^1=\frac{2}{\pi}.$$

3) 转化为级数的和

【例 25】 求极限$\lim\limits_{n\to\infty}\left[\frac{1}{2!}-\frac{1}{3!}+\frac{1}{4!}+\cdots+\frac{(-1)^n}{n!}\right]$.

【解】原式$=\lim\limits_{n\to\infty}\left[\frac{1}{0!}-\frac{1}{1!}+\frac{1}{2!}+\cdots+\frac{(-1)^n}{n!}\right]=\lim\limits_{n\to\infty}\sum\limits_{k=0}^{n}\frac{(-1)^k}{k!}=\sum\limits_{n=0}^{\infty}\frac{(-1)^n}{n!}$.

记 $f(x)=\sum\limits_{n=0}^{\infty}\frac{x^n}{n!}=e^x$,则原式$=f(-1)=e^{-1}$.

【题外话】无限和式的极限与常数项级数的和的含义暗合(详见第七章).

(2) 取整函数

题眼探索 如果说求无限和式极限的目标是去省略号,那么求取整函数极限的目标就是去方括号.可是如何把函数从方括号中“解放”出来呢?且看不等式

$$f(x)-1<[f(x)]\leqslant f(x).$$

【例 26】 求极限 $\lim\limits_{x\to+\infty}\dfrac{[x]}{x}$.

【解】根据夹逼准则,由$\begin{cases}\dfrac{x-1}{x}<\dfrac{[x]}{x}\leqslant\dfrac{x}{x}\quad(x>0),\\ \lim\limits_{x\to+\infty}\dfrac{x-1}{x}=\lim\limits_{x\to+\infty}\dfrac{x}{x}=1\end{cases}$ 得原式=1.

3. 含变限积分的函数

题眼探索　变限积分是什么呢?是一种形如 $\int_{\varphi(x)}^{\psi(x)}f(t)\mathrm{d}t$ 的函数,而且是一种令人纠结的函数.为什么令人纠结呢?两个原因:一是难"站队",二是被积分号"禁锢"(积分往往不被人喜欢,原因详见第三章).先说站队.请问它是初等函数吗?不是.因为积分不是四则运算.但是它偏偏具备初等函数的"另类"特征——变限积分在定义区间上一定连续.于是,求它的极限直接参照初等函数.更幸运的是,**求含变限积分的函数的极限只能先用洛必达法则**(因为只有求导才能打破积分号的禁锢).所以,在求极限时,变限积分无非就是披着积分"外衣"的初等函数,"脱下外衣",一切如常.

【例 27】 $\lim\limits_{x\to0}\dfrac{\int_0^x(\mathrm{e}^t-1-t)\mathrm{d}t}{x\ln(1+x^2)}=$______.

【解】原式 $=\lim\limits_{x\to0}\dfrac{\int_0^x(\mathrm{e}^t-1-t)\mathrm{d}t}{x^3}=\lim\limits_{x\to0}\dfrac{\mathrm{e}^x-1-x}{3x^2}=\lim\limits_{x\to0}\dfrac{\mathrm{e}^x-1}{6x}=\lim\limits_{x\to0}\dfrac{x}{6x}=\dfrac{1}{6}$.

【题外话】本例用到了变限积分的基本求导公式 $\dfrac{\mathrm{d}}{\mathrm{d}x}\int_a^x f(t)\mathrm{d}t=f(x)$.而对于变限积分的求导及其应用的探索仍是漫漫征途(详见第二、三章).

4. 左右极限不等的函数

题眼探索　在求极限时,常与一些"恐怖分子"狭路相逢.它们的"行踪不定",即左右极限不相等,使我们在不经意间遭受"袭击".它们有哪些"成员"呢?

1°**两组初等函数在 $x\to+\infty$ 与 $x\to-\infty$ 时极限不相等:**

(i) 指数函数,如$\begin{cases}\lim\limits_{x\to+\infty}\mathrm{e}^x=+\infty,\\ \lim\limits_{x\to-\infty}\mathrm{e}^x=0;\end{cases}$

(ii) 反正切与反余切函数,即$\begin{cases}\lim\limits_{x\to+\infty}\arctan x=\dfrac{\pi}{2},\\ \lim\limits_{x\to-\infty}\arctan x=-\dfrac{\pi}{2},\end{cases}$ $\begin{cases}\lim\limits_{x\to+\infty}\operatorname{arccot}x=0,\\ \lim\limits_{x\to-\infty}\operatorname{arccot}x=\pi.\end{cases}$

2° **所有分段函数都应讨论在分段点的左右极限是否相等**,如$\begin{cases}\lim\limits_{x\to1^+}[x]=1,\\ \lim\limits_{x\to1^-}[x]=0;\end{cases}$以及

对于$f(x)=\begin{cases}x+1, & x\geqslant0,\\ x-1, & x<0,\end{cases}$有$\begin{cases}\lim\limits_{x\to0^+}f(x)=1,\\ \lim\limits_{x\to0^-}f(x)=-1.\end{cases}$

特别地,绝对值函数在分段点的左右极限,以及在$x\to+\infty$与$x\to-\infty$时的极限都可能不相等,如$\begin{cases}\lim\limits_{x\to0^+}\dfrac{\sqrt{x^2}}{x}=\lim\limits_{x\to0^+}\dfrac{|x|}{x}=1,\\ \lim\limits_{x\to0^-}\dfrac{\sqrt{x^2}}{x}=-1,\end{cases}$ $\begin{cases}\lim\limits_{x\to+\infty}\dfrac{\sqrt{x^2}}{x}=1,\\ \lim\limits_{x\to-\infty}\dfrac{\sqrt{x^2}}{x}=-1\end{cases}$(这也是在例5中很容易上当的原因).

对于它们,大体有两种"反击":对左右极限讨论和对参数讨论.

(1) 对左右极限讨论

【例28】 求极限$\lim\limits_{x\to0}\left(\dfrac{e^{\frac{1}{x}}+2}{e^{\frac{1}{x}}+1}+[x]\right)$.

【解】$\lim\limits_{x\to0^+}\left(\dfrac{e^{\frac{1}{x}}+2}{e^{\frac{1}{x}}+1}+[x]\right)=\lim\limits_{x\to0^+}\left(\dfrac{1+2e^{-\frac{1}{x}}}{1+e^{-\frac{1}{x}}}+[x]\right)=\dfrac{1+0}{1+0}+0=1$,

$$\lim_{x\to0^-}\left(\frac{e^{\frac{1}{x}}+2}{e^{\frac{1}{x}}+1}+[x]\right)=\frac{0+2}{0+1}-1=1,$$

故原式=1.

【题外话】求$[x]$在$x\to\infty$时的极限多用夹逼准则(如例26),求$[x]$在x趋于某整数时的极限需对左右极限讨论.

(2) 对参数讨论

【例29】 求函数$f(x)=\lim\limits_{t\to+\infty}\dfrac{x^2e^{(1-x)t}+x^t}{e^{(1-x)t}+x^{t+1}}(x>0)$的表达式.

【解】当$0<x<1$时,$\lim\limits_{t\to+\infty}e^{(1-x)t}=+\infty$,$\lim\limits_{t\to+\infty}x^t=0$,则$f(x)=x^2$;

当$x>1$时,$\lim\limits_{t\to+\infty}e^{(1-x)t}=0$,$\lim\limits_{t\to+\infty}x^t=+\infty$,则$f(x)=\dfrac{1}{x}$;

当$x=1$时,$f(x)=1$,所以

$$f(x)=\begin{cases}x^2, & 0<x\leqslant1,\\ \dfrac{1}{x}, & x>1.\end{cases}$$

【题外话】

(i) 本例成功地用极限定义了一个分段函数；

(ii) $\lim\limits_{x\to+\infty} q^x$ 是常见的含参数的极限，有如下结论(当 $q\leqslant -1$ 时极限不存在)：

$$\lim_{x\to+\infty} q^x=\begin{cases}0, & -1<q<1,\\ 1, & q=1,\\ +\infty, & q>1.\end{cases}$$

5. 特殊的数列

题眼探索　数列是函数吗？是. 所以 $\lim\limits_{x\to+\infty} f(x)=A\Rightarrow \lim\limits_{n\to\infty} f(n)=A$，也就是说对于一般的数列，可以直接把自变量 n 看做 x，把数列极限看做函数求极限(如例 17). 问题是 $\lim\limits_{n\to\infty} f(n)=A\Rightarrow \lim\limits_{x\to+\infty} f(x)=A$ 成立吗？不成立. 无限和式的极限就是证明. 这意味着基于数列的特殊性，求它的极限一定有自己的方法. 但是，求无限和式的极限利用的是非初等函数较初等函数的特殊性(经无限次加法构成)，并不能普遍代表数列较一般函数的特殊性. 那么，数列究竟特殊在何处呢？两个地方：1°数列的自变量为整数；2°数列有“项”，而且只要极限存在，当项数足够大时，前后两项的极限就相同. 一般地，设 $x_{n+1}=g(x_n)$，有

$$\lim_{n\to\infty} x_n=\lim_{n\to\infty} x_{n+1}=\lim_{n\to\infty} g(x_n)=g\left(\lim_{n\to\infty} x_n\right).$$

天哪，此时求 $\lim\limits_{n\to\infty} x_n$ 竟然只需解个方程！

(1) 利用数列自变量为整数的特殊性

【例 30】　$\lim\limits_{n\to\infty}\sin^2\left(\pi\sqrt{n^2+n}\right)=$__________.

【解】原式 $=\lim\limits_{n\to\infty}\sin^2\left(\pi\sqrt{n^2+n}-n\pi\right)=\lim\limits_{n\to\infty}\sin^2\dfrac{n\pi}{\sqrt{n^2+n}+n}$

$$=\lim_{n\to\infty}\sin^2\frac{\pi}{\sqrt{1+\frac{1}{n}}+1}=\sin^2\frac{\pi}{2}=1.$$

【题外话】本例若将自变量 n 改为 x，我们就会立即束手无策. 一旦自变量是整数 n，$\sin(\alpha-n\pi)=(-1)^n\sin\alpha$ 就打开了我们的思路，当然还有“化无穷大为无穷小”的变形方向.

(2) 利用数列“$\lim\limits_{n\to\infty} x_n=\lim\limits_{n\to\infty} x_{n+1}$”的特殊性

【例 31】　设数列 $\{x_n\}$ 由下式给出：$x_1>0$，$x_{n+1}=\dfrac{1}{2}\left(x_n+\dfrac{1}{x_n}\right)(n=1,2,\cdots)$，证明数列 $\{x_n\}$ 极限存在，并求 $\lim\limits_{n\to\infty} x_n$.

【证】因为 $x_{n+1}=\dfrac{1}{2}\left(x_n+\dfrac{1}{x_n}\right)\geqslant\dfrac{1}{2}\cdot 2\sqrt{x_n\cdot\dfrac{1}{x_n}}=1$，故 $\{x_n\}$ 有下界.

又因为 $x_n \geqslant 1$,有 $x_{n+1}-x_n=\frac{1}{2}\left(x_n+\frac{1}{x_n}\right)-x_n=\frac{1-x_n^2}{2x_n}\leqslant 0$,故 $\{x_n\}$ 单调递减,所以 $\{x_n\}$ 极限存在.

设 $\lim\limits_{n\to\infty}x_n=\lim\limits_{n\to\infty}x_{n+1}=a$,对 $x_{n+1}=\frac{1}{2}\left(x_n+\frac{1}{x_n}\right)$ 两边同时取极限,得 $a=\frac{1}{2}\left(a+\frac{1}{a}\right)$,解得 $a=1$ 或 $a=-1$(由于 $x_n\geqslant 1$,故舍去). 所以 $\lim\limits_{n\to\infty}x_n=1$.

【题外话】**求由递推公式给出的数列的极限的一般方法是对递推公式两边同时取极限.** 对递推公式两边同时取极限的前提是极限存在. 那么如何证明数列极限存在呢? 可根据极限存在准则"单调有界数列必有极限". 对于"单调",我们驾轻就熟了;而对于"有界",则多少有些陌生. 什么是"有界"? 如何判断"有界"呢?

问题 2 判断函数的有界性

知识储备

函数的有界性

设 $f(x)$ 的定义域为 D,数集 $X\subset D$. 若存在 $M>0$,使 $|f(x)|\leqslant M$ 对任一 $x\in X$ 都成立,则称 $f(x)$ 在 X 上有界. 若这样的 M 不存在,就称 $f(x)$ 在 X 上无界.

问题研究

题眼探索 如何拓展极限的应用视角呢? 它大体能帮助解决三个代数问题,一个几何问题(可参看本章"问题脉络"). 其中一个问题就是判断函数的有界性. 我们知道,讨论"有界"离不开区间,而对区间的讨论常落实到对特殊点的讨论. 所以,判断函数在区间内是否有界可以"仰仗"函数在某区间内有界的一个充分条件和一个必要条件,它们把有界问题转化为了在两类特殊点的极限问题:

1° (充分条件)若 $f(x)$ 在 (a,b) 内连续,且 $f(a^+)$ 与 $f(b^-)$ 存在,则 $f(x)$ 在 (a,b) 内有界;

2° (必要条件)若存在 $x_0\in[a,b]$,使 $\lim\limits_{x\to x_0}f(x)=\infty$,则 $f(x)$ 在 (a,b) 内无界.

【例 32】 (2004 年考研题)函数 $f(x)=\frac{|x|\sin(x-2)}{x(x-1)(x-2)^2}$ 在下列哪个区间内有界?

(A) $(-1,0)$ (B) $(0,1)$ (C) $(1,2)$ (D) $(2,3)$

【解】**法一(正面做)**: 利用充分条件. 由于 $f(x)$ 在 $(-1,0)$ 内连续,且 $f(-1^+)=-\frac{\sin 3}{18}$,$f(0^-)=-\frac{\sin 2}{4}$,故 $f(x)$ 在 $(-1,0)$ 内有界,选(A).

法二(反面做): 利用必要条件. 由于 $\lim\limits_{x\to 1}f(x)=\lim\limits_{x\to 2}f(x)=\infty$,故 $f(x)$ 在 $(0,1)$,$(1,2)$,$(2,3)$ 内皆无界,排除(B)、(C)、(D).

问题3　无穷小的比较问题

知识储备

无穷小的比较

设$\lim\limits_{x\to\cdot}\alpha(x)=\lim\limits_{x\to\cdot}\beta(x)=0$,且$\alpha(x)\neq 0$.

① 若$\lim\limits_{x\to\cdot}\dfrac{\beta(x)}{\alpha(x)}=0$,则当$x\to\cdot$时$\beta(x)$是比$\alpha(x)$高阶的无穷小,记作$\beta(x)=o[\alpha(x)]$;

② 若$\lim\limits_{x\to\cdot}\dfrac{\beta(x)}{\alpha(x)}=\infty$,则当$x\to\cdot$时$\beta(x)$是比$\alpha(x)$低阶的无穷小;

③ 若$\lim\limits_{x\to\cdot}\dfrac{\beta(x)}{\alpha(x)}=c\neq 0$,则当$x\to\cdot$时$\beta(x)$与$\alpha(x)$是同阶无穷小.

问题研究

1. 确定等价无穷小的参数

【例33】 当$x\to -1$时,$\sqrt[3]{x}+1\sim A(x+1)^k$,则$A=$________,$k=$________.

【解】由$\sqrt[3]{x}+1=\sqrt[3]{(x+1)-1}+1=-\left[\sqrt[3]{1-(x+1)}-1\right]\sim\dfrac{1}{3}(x+1)$得$A=\dfrac{1}{3}$,$k=1$.

【题外话】本例重温了等价无穷小的“变形替换”的情景.

2. 无穷小的比较

题眼探索　为什么要比较无穷小呢?因为,前面讲过,虽然无穷小们“赛跑”的终点都是零,但它们的“速度”可能大相径庭.谁能充当它们的“裁判”呢?极限.取两个无穷小之比的极限,若分子“跑”得更快,则极限为零;若分母“跑”得更快,则极限为∞;若分子、分母几乎“跑”成了“平手”,则极限为非零常数.

其实,不仅限于无穷小,随着自变量的变化,“奔跑”似乎成了函数们的“使命”,而极限常常是它们很好的“裁判”.如对于当$x\to+\infty$时的$\sin x$和e^x,当e^x飞快地“跑”向$+\infty$时,$\sin x$还在-1和1之间“徘徊不前”,故$\lim\limits_{x\to+\infty}\dfrac{\sin x}{e^x}=0$(这就是例6能想到用同除法的原因).

问题是所有的无穷小比较都要“劳烦裁判”吗?不需要.因为还有两个“裁判助理”.这就有了比较无穷小的三种方法:1°定义法;2°等价无穷小法(当然有时需“变形替换”,利用等价无穷小的传递性,甚至借助泰勒公式找到等价无穷小);3°导数法.那么,一个“裁判”和两个“助理”究竟如何“分工”呢?请看例34.

【例 34】

(1) 当 $x\to0^+$ 时,下列无穷小中阶数最高的是(　　)

(A) $\cos\sqrt{x}-1$.　　　　(B) $e^{\sin^2x}-1$.

(C) $\ln(1+x)+\ln(1-x)$.　　　　(D) $\sin x-\arcsin x$.

(2)设函数 $f(x)=\int_0^x\sin(t^3)\mathrm{d}t$, $g(x)=x^3+x^5$,则当 $x\to0$ 时, $f(x)$ 是 $g(x)$ 的(　　)

(A) 低阶无穷小.　　　　(B) 高阶无穷小.

(C) 等价无穷小.　　　　(D) 同阶但不等价的无穷小.

【分析】

(1) 本例是四个无穷小的比较,适合用等价无穷小法. 对于选项(A), $\cos\sqrt{x}-1\sim-\frac{x}{2}$;对于选项(B), $e^{\sin^2x}-1\sim\sin^2x\sim x^2$;对于选项(C), $\ln(1+x)+\ln(1-x)=\ln(1-x^2)\sim-x^2$;对于选项(D), $\sin x-\arcsin x=\left[x-\frac{1}{6}x^3+o(x^3)\right]-\left[x+\frac{1}{6}x^3+o(x^3)\right]\sim-\frac{1}{3}x^3$,故选(D).

(2) 本例是两个无穷小的比较,且其中一个是变限积分,适合用定义法或导数法.

法一: 根据无穷小比较的相关定义,因为

$$\lim_{x\to0}\frac{\int_0^x\sin(t^3)\mathrm{d}t}{x^3+x^5}=\lim_{x\to0}\frac{\sin(x^3)}{3x^2+5x^4}=\lim_{x\to0}\frac{x^3}{3x^2+5x^4}=\lim_{x\to0}\frac{x}{3+5x^2}=0,$$

故选(B).

法二: 如果说本例用定义法是按部就班,那么用导数法就太容易得到典型错解(A)了!由于 $f'(x)=\sin(x^3)\sim x^3$,故可将 $f(x)$ 看做与 x^4 同阶的无穷小(当 $x\to0$ 时). 问题是 $x\to0$ 时的无穷小 $g(x)$ 究竟是与 x^3 同阶还是与 x^5 同阶呢? 我们讲过,当 $x\to0$ 时, x 的高次项"地位"比低次项的"地位"低,故 $x^3+x^5\sim x^3$.

问题 4　判断间断点类型

知识储备

1. 间断点的定义

设函数 $f(x)$ 在点 x_0 的某去心邻域内有定义,若 $f(x)$ 有以下三种情况之一:

① $f(x)$ 在 x_0 处无定义;

② $f(x)$ 在 x_0 处有定义,但 $\lim\limits_{x\to x_0}f(x)$ 不存在;

③ $f(x)$ 在 x_0 处有定义, $\lim\limits_{x\to x_0}f(x)$ 存在,但 $\lim\limits_{x\to x_0}f(x)\neq f(x_0)$,

则称 x_0 为 $f(x)$ 的间断点.

2. 间断点的类型

设点 x_0 为函数 $f(x)$ 的间断点. 间断点的类型如表 1-3 所列.

表 1-3

间断点类型		大类共性	小类特性
第一类间断点	可去间断点	$f(x_0^+),f(x_0^-)$ 都存在	$f(x_0^+)=f(x_0^-)$
	跳跃间断点		$f(x_0^+)\neq f(x_0^-)$
第二类间断点	无穷间断点	$f(x_0^+),f(x_0^-)$ 至少有一个不存在	$f(x_0^+),f(x_0^-)$ 至少有一个为 ∞
	振荡间断点		$f(x)$ 的图像在 $x\to x_0$ 时产生振荡现象

问题研究

题眼探索　间断点是什么样的点呢？先说初等函数. 我们知道，一切初等函数在定义区间上连续. 这意味着，初等函数的间断点只可能是无定义点(满足间断点定义的情况①). 对于非初等函数，则主要研究分段函数的间断点. 那么，分段函数与初等函数有什么不同呢？它们的不同莫过于分段函数以分段点为界把函数"一刀两断". 而函数在分段点处即使有定义，也可能极限不存在$\left(\text{满足间断点定义的情况②，如 } f(x)=\begin{cases}x+1,x\geqslant 0,\\x-1,x<0\end{cases}\right)$，或极限值与该点的函数值不相等$\left(\text{满足间断点定义的情况③，如 } f(x)=\begin{cases}x,x\neq 0,\\1,x=0\end{cases}\right)$. 所以，**分段函数的间断点既可能是无定义点，又可能是分段点.** 既然明确了可能的间断点，那么剩下的事就是根据它们左右极限的特征来让间断点"站队"了.

【例 35】　函数 $f(x)=\lim\limits_{t\to 0}\dfrac{(x-1)t^2+(x-1)t}{|x-1|t^2+(|x|-1)t}\cdot\dfrac{x}{|\sin x|}$ 的跳跃间断点有(　　)

(A)0 个.　　(B)1 个.　　(C)2 个.　　(D)无穷多个.

【解】$f(x)=\dfrac{(x-1)x}{(|x|-1)|\sin x|}$. 根据定义域，$x=1,x=-1,x=k\pi(k\in\mathbf{Z})$ 为间断点.

由于 $\lim\limits_{x\to 1}\dfrac{x}{\sin x}=\dfrac{1}{\sin 1}$，所以 $x=1$ 为可去间断点.

由于 $\lim\limits_{x\to -1}\dfrac{(x-1)x}{(x+1)\sin x}=\infty$，所以 $x=-1$ 为无穷间断点.

对于 $x=k\pi(k\in\mathbf{Z})$，当 $k=0$ 时，由于 $\lim\limits_{x\to 0^+}\dfrac{x}{\sin x}=1$，$\lim\limits_{x\to 0^-}\dfrac{(x-1)x}{(x+1)\sin x}=-1$，所以 $x=0$ 为跳跃间断点；当 $k\neq 0$ 时，由于 $\lim\limits_{x\to k\pi}f(x)=\infty$，所以 $x=k\pi(k\in\mathbf{Z},k\neq 0)$ 为无穷间断点.

故选(B).

【题外话】

(i) 本例与例29一样,又是用极限定义的函数.它再次提醒我们,当自变量趋于零时,有理函数的极限是最低次项的系数比(前提是分子、分母的最低次相同),这又一次强调了此时高次项的"地位"不如低次项.

(ii) **判断间断点类型可遵循如下程序:**

① 求全部间断点;

② 求函数在各间断点的左右极限;

③ 根据左右极限的特征判断各间断点的类型.

【例36】 设函数 $f(x)=\dfrac{1}{\arctan\dfrac{x}{x-1}}$,则 $f(x)$ 有(　　)

(A) 可去间断点 $x=0$.　　(B) 可去间断点 $x=1$.

(C) 跳跃间断点 $x=0$.　　(D) 跳跃间断点 $x=1$.

【解】根据定义域,$x=0$ 和 $x=1$ 为间断点.

由于 $\lim\limits_{x\to 0}f(x)=\infty$,所以 $x=0$ 为无穷间断点.

对于 $x=1$,当 $x\to 1^-$ 时,$\dfrac{x}{x-1}\to -\infty$,则 $\arctan\dfrac{x}{x-1}\to -\dfrac{\pi}{2}$,故 $f(1^-)=-\dfrac{2}{\pi}$.

当 $x\to 1^+$ 时,$\dfrac{x}{x-1}\to +\infty$,则 $\arctan\dfrac{x}{x-1}\to\dfrac{\pi}{2}$,故 $f(1^+)=\dfrac{2}{\pi}$.

所以,$x=1$ 为跳跃间断点,选(D).

【题外话】在本例中,我们与左右极限不等的"恐怖分子"——反正切函数相遇了.

问题5　求渐近线

知识储备

渐近线

① 若 $\lim\limits_{x\to+\infty}f(x)=A$(或 $\lim\limits_{x\to-\infty}f(x)=A$),则直线 $y=A$ 是 $f(x)$ 图像的水平渐近线;

② 若 $\lim\limits_{x\to x_0^+}f(x)=\infty$(或 $\lim\limits_{x\to x_0^-}f(x)=\infty$),则直线 $x=x_0$ 是 $f(x)$ 图像的铅直渐近线;

【注】此处的 x_0 多为 $f(x)$ 的无定义点.

③ 若 $\lim\limits_{x\to+\infty}\dfrac{f(x)}{x}=a\neq 0\left(\lim\limits_{x\to-\infty}\dfrac{f(x)}{x}=a\neq 0\right)$,且 $\lim\limits_{x\to+\infty}[f(x)-ax]=b$(或 $\lim\limits_{x\to-\infty}[f(x)-ax]=b$),则直线 $y=ax+b$ 是 $f(x)$ 图像的斜渐近线.

【注】一条曲线的水平渐近线和斜渐近线总共至多两条.若一条曲线的水平渐近线和斜渐近线总共有两条,则:①可能在两个方向上各有一条水平渐近线;②可能在两个方向上各有一条斜渐近线;③可能在一个方向上有一条水平渐近线,在另一个方向上有一条斜渐近线;④不可能在同一方向上既有水平渐近线又有斜渐近线.而一条曲线的铅直渐近线则可以有无数条.

问题研究

【例 37】 (2007 年考研题)曲线 $y=\frac{1}{x}+\ln(1+e^x)$渐近线的条数为(　　)

(A)0.　　　　(B)1.　　　　(C)2.　　　　(D)3.

【解】因为$\lim\limits_{x\to 0}y=\infty$,故 $x=0$ 为曲线的铅直渐近线.

因为 $\lim\limits_{x\to -\infty}y=0+\ln(1+0)=0$,故 $y=0$ 为曲线的水平渐近线.

因为

$$\begin{aligned}\lim_{x\to+\infty}\frac{y}{x}&=\lim_{x\to+\infty}\left[\frac{1}{x^2}+\frac{\ln(1+e^x)}{x}\right]\\&=\lim_{x\to+\infty}\frac{1}{x^2}+\lim_{x\to+\infty}\frac{\frac{e^x}{1+e^x}}{1}\\&=\lim_{x\to+\infty}\frac{1}{e^{-x}+1}=1,\end{aligned}$$

且

$$\begin{aligned}\lim_{x\to+\infty}(y-x)&=\lim_{x\to+\infty}\left[\frac{1}{x}+\ln(1+e^x)-x\right]\\&=\lim_{x\to+\infty}\left[\frac{1}{x}+\ln e^x+\ln(e^{-x}+1)-x\right]\\&=\lim_{x\to+\infty}\left[\frac{1}{x}+\ln(e^{-x}+1)\right]=0,\end{aligned}$$

故 $y=x$ 为曲线的斜渐近线. 选(D).

【题外话】在极限的四个应用中,渐近线的概念无疑是我们最熟悉的,但在求渐近线时常会顾此失彼. 为什么呢? 因为在此处经常遭遇"恐怖袭击". 而本例中的"恐怖分子"e^x 被一种我们很容易忽略的渐近线情形"掩护"了,这种情形就是:曲线在一个方向上有一条水平渐近线,在另一个方向上有一条斜渐近线. 我们发现,相比求极限,"恐怖分子"们似乎更"喜欢"在判断间断点类型与求渐近线处"出没". 因此要对它们的"成员"烂熟于心,并时刻提高警惕,通过对左右极限进行讨论来"反击"它们.

问题 6　极限的证明

问题研究

题眼探索　谈起极限的证明,无外乎证明极限存在和极限不存在. 对于证明极限存在,主要研究数列;对于证明极限不存在,主要是研究函数. 我们讲过,可以将证明数列极限存在转化为证明数列"单调有界"(可参看例 31). 那么,如何证明函数极限不存在呢? 这时,"恐怖分子"们反倒帮了大忙. 因为左右极限不相等意味着极限一定不存在.

【例 38】 设函数 $f(x)=\begin{cases}\left(\dfrac{2^x+3^x}{2}\right)^{\frac{1}{x}}, & x>0,\\ \dfrac{\sin(\sin x)-\sin(\tan x)}{x^3}, & x<0,\end{cases}$ 求证：$\lim\limits_{x\to 0}f(x)$不存在.

【证】$f(0^+)=\lim\limits_{x\to 0^+}\left(\dfrac{2^x+3^x}{2}\right)^{\frac{1}{x}}=e^{\lim\limits_{x\to 0^+}\frac{1}{x}\left(\frac{2^x+3^x}{2}-1\right)}=e^{\lim\limits_{x\to 0^+}\frac{2^x+3^x-2}{2x}}=e^{\lim\limits_{x\to 0^+}\frac{2^x\ln 2+3^x\ln 3}{2}}=\sqrt{6}$,

$$f(0^-)=\lim_{x\to 0^-}\frac{\sin(\sin x)-\sin(\tan x)}{x^3},$$

由拉格朗日中值定理得

$$\sin(\sin x)-\sin(\tan x)=\cos\xi(\sin x-\tan x)\quad(\xi\text{ 介于 }\sin x\text{ 与 }\tan x\text{ 之间}),$$

当 $x\to 0^-$ 时，$\sin x\to 0^-$，$\tan x\to 0^-$，则 $\xi\to 0^-$，故

$$f(0^-)=\lim_{x\to 0^-}\frac{\cos\xi(\sin x-\tan x)}{x^3}=\lim_{x\to 0^-}\frac{-\frac{1}{2}x^3}{x^3}=-\frac{1}{2}.$$

因为 $f(0^+)\neq f(0^-)$，所以$\lim\limits_{x\to 0}f(x)$不存在.

【题外话】

(i) 对于含形如 $f(b)-f(a)$的两个相同函数的函数值之差的形式，求极限时可考虑用拉格朗日中值定理：若 $f(x)$在$[a,b]$上连续，在(a,b)内可导，则存在 $\xi\in(a,b)$，使

$$f(b)-f(a)=f'(\xi)(b-a)$$

(例 10 也可用拉格朗日中值定理，请读者自行练习).

(ii) 本例由于 $f(0^+)\neq f(0^-)$，故 $x=0$ 为 $f(x)$的跳跃间断点. 既然极限不存在的点一定是间断点，那么这岂不是说函数在连续点的极限一定存在吗？当然如此. 且看连续的定义式

$$\lim_{x\to x_0}f(x)=f(x_0),$$

其实它有三重含义：① $f(x)$在 x_0 处有定义；② $\lim\limits_{x\to x_0}f(x)$存在；③ $\lim\limits_{x\to x_0}f(x)=f(x_0)$(这也对应着间断点定义的三种情况). 那么，我们要问，函数在极限存在的点一定连续吗？不一定. 因为 $\lim\limits_{x\to x_0}f(x)$不一定等于 $f(x_0)$. 这样就得到了一个重要结论：**函数在连续的点处极限一定存在，在极限存在的点处不一定连续.**

问题 7　已知极限问题

问题研究

1. 已知极限求另一极限

题眼探索　这里要面对的是两个"极限"：已知极限和所求极限. 而我们只有两个办法：使已知极限向所求极限"靠拢"和使所求极限向已知极限"靠拢". 从结论入手叫

"分析",从条件入手叫"综合",所以就有了第一种方法——"分析综合法".但是,有时所求极限的"长相"与已知极限的"长相"相去甚远.为了使用由已知极限推导出的结论,只能对所求极限使用第二种方法——"构造法".

(1) 分析综合法

【例 39】 (2000 年考研题)若$\lim\limits_{x\to0}\dfrac{\sin6x+xf(x)}{x^3}=0$,则$\lim\limits_{x\to0}\dfrac{6+f(x)}{x^2}$为( )

(A) 0. (B) 6. (C) 36. (D) ∞.

【解】用泰勒公式把 $\sin6x$ 展开,$\sin6x=6x-\dfrac{1}{6}(6x)^3+o(x^3)$,则

$$\lim_{x\to0}\frac{\sin6x+xf(x)}{x^3}=\lim_{x\to0}\frac{6x-\frac{1}{6}(6x)^3+o(x^3)+xf(x)}{x^3}$$

$$=\lim_{x\to0}\frac{6x+xf(x)-36x^3}{x^3}=\lim_{x\to0}\frac{6+f(x)}{x^2}-36=0.$$

故$\lim\limits_{x\to0}\dfrac{6+f(x)}{x^2}=36$,选(C).

【题外话】本例的已知极限的分子呈"无穷小+无穷小",不能轻易等价替换.一旦用 $6x$ 替换 $\sin6x$,就会得到典型错解(A).

(2) 构造法

【例 40】 已知$\lim\limits_{x\to0}\dfrac{\ln\left[1+\dfrac{f(x)}{\sin2x}\right]}{5^x-1}=3$,则$\lim\limits_{x\to0}\dfrac{f(x)}{x^2}=$________.

【解】由题意,$\lim\limits_{x\to0}\ln\left[1+\dfrac{f(x)}{\sin2x}\right]=0$,则 $\ln\left[1+\dfrac{f(x)}{\sin2x}\right]\sim\dfrac{f(x)}{\sin2x}\sim\dfrac{f(x)}{2x}$,得

$$\lim_{x\to0}\frac{f(x)}{2x(5^x-1)}=3,$$

故

$$\lim_{x\to0}\frac{f(x)}{x^2}=\lim_{x\to0}\frac{f(x)}{2x(5^x-1)}\cdot\frac{2(5^x-1)}{x}=3\lim_{x\to0}\frac{2\cdot5^x\ln5}{1}=6\ln5.$$

【题外话】本例的关键是通过无穷小的等价替换把$\dfrac{f(x)}{\sin2x}$从对数中"解放"出来.但是,这必须以 $\ln\left[1+\dfrac{f(x)}{\sin2x}\right]$ 在 $x\to0$ 时是无穷小为前提.那么,$\lim\limits_{x\to0}\ln\left[1+\dfrac{f(x)}{\sin2x}\right]=0$ 这个结论是如何得到的呢?我们不妨把这个问题暂且搁置,先进入"已知极限求参数的值"的研究.

2. 已知极限求参数的值

(1) 极限背景

题眼探索 前面讲过,求初等函数的极限是以“代入”后的“型”为导向的.换言之,型维系着极限的“命运”.而在这里,参数维系着型的命运.**求值的基本策略是列方程.** 可是方程从哪里来呢?从型的命运中来.所以,**已知初等函数极限求参数的值的关键是根据极限的命运去“破译”型的命运.**

【例 41】 已知$\lim\limits_{x\to1}\left(\dfrac{x^2-3x+2}{x+a}-b\right)=0$且$b\neq0$,则$a=$__________,$b=$__________.

【分析】假设$\lim\limits_{x\to1}\dfrac{x^2-3x+2}{x+a}$存在,用极限运算法则得$\lim\limits_{x\to1}\dfrac{x^2-3x+2}{x+a}=b$.当$x\to1$时,$x^2-3x+2\to0$,故当且仅当成为$\dfrac{0}{0}$型时极限值才可能不为零.由$\lim\limits_{x\to1}(x+a)=1+a=0$得$a=-1$.此时,$b=\lim\limits_{x\to1}\dfrac{x^2-3x+2}{x-1}=\lim\limits_{x\to1}\dfrac{(x-2)(x-1)}{x-1}=\lim\limits_{x\to1}(x-2)=-1$.

【题外话】本例告诉我们:若$\lim\limits_{x\to\cdot}\dfrac{f(x)}{g(x)}=A\neq0$,且$\lim\limits_{x\to\cdot}f(x)=0$,则$\lim\limits_{x\to\cdot}g(x)=0$.

(2) 间断点类型背景

【例 42】 已知函数$f(x)=\dfrac{e^x-b}{(x-a)(x-1)}$有无穷间断点$x=0$和可去间断点$x=1$,则$a=$__________,$b=$__________.

【分析】由于$f(x)$有无穷间断点$x=0$,$\lim\limits_{x\to0}f(x)=\infty$.此处$\lim\limits_{x\to0}(e^x-b)=1-b$,$\lim\limits_{x\to0}(x-a)(x-1)=a$,分子、分母都趋于常数,故当且仅当成为“$\dfrac{\text{非零常数}}{0}$”型时极限才可能为无穷,即$a=0,b\neq1$.

由于$f(x)$有可去间断点$x=1$,$\lim\limits_{x\to1}f(x)$存在.当$x\to1$时,$(x-a)(x-1)\to0$,故当且仅当成为$\dfrac{0}{0}$型时极限才可能存在$\left(\text{否则会成为“}\dfrac{\text{非零常数}}{0}\text{”型,极限为无穷}\right)$.由$\lim\limits_{x\to1}(e^x-b)=e-b=0$得$b=e$.

【题外话】本例告诉我们:

(i) 若$\lim\limits_{x\to\cdot}\dfrac{f(x)}{g(x)}=\infty$,且$\lim\limits_{x\to\cdot}f(x)$,$\lim\limits_{x\to\cdot}g(x)$存在,则$\lim\limits_{x\to\cdot}g(x)=0$,$\lim\limits_{x\to\cdot}f(x)\neq0$;

(ii) 若$\lim\limits_{x\to\cdot}\dfrac{f(x)}{g(x)}$存在,且$\lim\limits_{x\to\cdot}g(x)=0$,则$\lim\limits_{x\to\cdot}f(x)=0$$\left(\text{因此例 40 中能得到}\lim\limits_{x\to0}\ln\left[1+\dfrac{f(x)}{\sin2x}\right]=0\text{的结论}\right)$.

(3) 无穷小比较背景

【例 43】 (2011 年考研题)已知当 $x\to 0$ 时,函数 $f(x)=3\sin x-\sin 3x$ 与 cx^k 是等价无穷小,则(　　)

(A) $k=1,c=4$.　　(B) $k=1,c=-4$.

(C) $k=3,c=4$.　　(D) $k=3,c=-4$.

【解】用泰勒公式把 $\sin x$ 和 $\sin 3x$ 展开,则

$$f(x)=3\left[x-\frac{x^3}{6}+o(x^3)\right]-\left[3x-\frac{(3x)^3}{6}+o(x^3)\right]=4x^3+o(x^3)\sim 4x^3,$$

故选(C).

【题外话】由题意,$\lim\limits_{x\to 0}\dfrac{3\sin x-\sin 3x}{cx^k}=1$. 于是,很容易想到我们的"救命稻草"——洛必达法则:

$$\lim_{x\to 0}\frac{3\sin x-\sin 3x}{cx^k}=\lim_{x\to 0}\frac{3\cos x-3\cos 3x}{ckx^{k-1}} \tag{1-1}$$

$$=\lim_{x\to 0}\frac{9\sin 3x-3\sin x}{ck(k-1)x^{k-2}} \tag{1-2}$$

$$=\lim_{x\to 0}\frac{27\cos 3x-3\cos x}{ck(k-1)(k-2)x^{k-3}}, \tag{1-3}$$

由 $\lim\limits_{x\to 0}\dfrac{27\cos 3x-3\cos x}{ck(k-1)(k-2)x^{k-3}}=1$ 得 $k=3,c=4$,这样也能得到正确答案. 问题是这样的解题过程正确吗? 对于该解法,我们暂且不论"不对 k 是否等于 1 及 k 是否等于 2 进行讨论就连着求导"这样的问题,而仅就洛必达法则的使用而言,这种解法已经存在严重的逻辑问题. 为了弄清这种微妙的错误,不妨先看一下在不含参数时是如何使用洛必达法则的:

$$\lim_{x\to 0}\frac{3\sin x-\sin 3x}{4x^3}=\lim_{x\to 0}\frac{3\cos x-3\cos 3x}{12x^2} \tag{1-4}$$

$$=\lim_{x\to 0}\frac{9\sin 3x-3\sin x}{24x} \tag{1-5}$$

$$=\lim_{x\to 0}\frac{27\cos 3x-3\cos x}{24}=1. \tag{1-6}$$

如此求极限当然毫无破绽. 那么,我们要问,求含参数的极限与求不含参数的极限究竟有何不同呢? 这恐怕还要从洛必达法则的一个条件说起. 这个条件是求导后的极限必须存在(或为∞,下略). 换言之,只有得出了求导后极限存在,才能说明洛必达法则的使用是合理的. 当不含参数时,得出式(1-6)极限存在,所以对式(1-5)使用洛必达法则合理;因为对式(1-5)使用洛必达法则合理且式(1-6)极限存在,故式(1-5)的极限也存在,从而对式(1-4)使用洛必达法则合理;以此类推,对原极限使用洛必达法则也合理. 当含参数时,式(1-3)的极限存在吗? 至少在对 k 进行讨论之前是不知道的. 所以,就该解法而言,难以说明对式(1-2)、对式(1-1),以及对原极限使用洛必达法则合理. 而断定 $\lim\limits_{x\to 0}\dfrac{27\cos 3x-3\cos x}{ck(k-1)(k-2)x^{k-3}}=1$ 更是无稽之谈,因为原极限存在而求导后极限不存在的情况比比皆是(可参看问题 1 中的相关例题),凭什么说求导之后的极限值一定与原极限值相等呢? 这就是洛必达法则的"逻辑". 这也是洛必达法则"天生"的"短板". 所以,**在"已知极限求参数的值"时不能轻易使用洛**

必达法则. 同时,我们发现,在已知极限的问题中,当洛必达法则这根"稻草"不再"救命",而无穷小的等价替换又可能使我们误入歧途时(如例39),使用泰勒公式常常"干净利落".

(4) 连续性背景

【例44】 已知函数

$$f(x)=\begin{cases}\dfrac{\int_0^x \arcsin at\,\mathrm{d}t}{x^2}, & x<0,\\ 1, & x=0,\\ \dfrac{\sqrt{1+x}-\sqrt{1+\sin x}}{x\ln(1-bx^2)}, & x>0\end{cases}$$

在 $x=0$ 处连续,求 a,b 的值.

【分析】现在的任务是求两个参数,这意味着需要两个方程. 根据连续性定义,只能得到 $\lim\limits_{x\to 0}f(x)=f(0)$ 一个等式. 而另一个等式从哪里来呢?我们不妨"退一步",使用"连续"的必要条件"极限存在". 那么如何体现极限存在呢? $f(0^-)=f(0^+)$.

【解】$f(0^-)=\lim\limits_{x\to 0^-}\dfrac{\int_0^x \arcsin at\,\mathrm{d}t}{x^2}=\lim\limits_{x\to 0^-}\dfrac{\arcsin ax}{2x}=\lim\limits_{x\to 0^-}\dfrac{ax}{2x}=\dfrac{a}{2}$,

$$f(0^+)=\lim_{x\to 0^+}\frac{\sqrt{1+x}-\sqrt{1+\sin x}}{x\ln(1-bx^2)}=\lim_{x\to 0^+}\frac{x-\sin x}{-bx^3}\cdot\frac{1}{\sqrt{1+x}+\sqrt{1+\sin x}}$$

$$=-\frac{1}{2b}\lim_{x\to 0^+}\frac{x-\sin x}{x^3}=-\frac{1}{2b}\lim_{x\to 0^+}\frac{1-\cos x}{3x^2}=-\frac{1}{2b}\lim_{x\to 0^+}\frac{\frac{1}{2}x^2}{3x^2}=-\frac{1}{12b}.$$

由 $f(0^-)=f(0^+)=f(0)$ 得 $\begin{cases}\dfrac{a}{2}=1,\\ -\dfrac{1}{12b}=1,\end{cases}$ 解得 $\begin{cases}a=2,\\ b=-\dfrac{1}{12}.\end{cases}$

【题外话】分段函数是"恐怖分子"的"核心成员",而它的"恐怖"源于间断点. 我们知道,分段函数在间断点处的极限可能不存在,也可能不连续. 那么,分段函数在间断点处可导吗?这又是一个新的问题.

实战演练

一、选择题

1. 已知函数 $f(x)$ 满足 $\lim\limits_{x\to 0}\dfrac{f(x)}{x^2}=0$,则当 $x\to 0$ 时,有可能与 $f(x)$ 等价的无穷小是( )

(A) $\sin^2 x+\cos x-1$. (B) x^2+x^3. (C) $\sqrt{1-x}-1$. (D) $\tan x-\sin x$.

2. 设函数 $f(x)$ 在区间 $[-1,1]$ 上连续,则 $x=0$ 是函数 $g(x)=\dfrac{\int_0^x f(t)\mathrm{d}t}{x}$ 的( )

(A) 跳跃间断点.　(B) 可去间断点.　(C) 无穷间断点.　(D) 振荡间断点.

3. 函数 $f(x)=\dfrac{|x|^x-1}{x(x+1)\ln|x|}$ 的可去间断点的个数为(　　)

(A) 0.　(B) 1.　(C) 2.　(D) 3.

4. 当 $x\to 0$ 时, $f(x)=x-\sin ax$ 与 $g(x)=x^2\ln(1-bx)$ 是等价无穷小,则(　　)

(A) $a=1,b=-\dfrac{1}{6}$.　(B) $a=1,b=\dfrac{1}{6}$.

(C) $a=-1,b=-\dfrac{1}{6}$.　(D) $a=-1,b=\dfrac{1}{6}$.

二、填空题

5. $\lim\limits_{x\to+\infty}\dfrac{x^3+x^2+1}{2^x+x^3}(\sin x+\cos x)=$__________.

6. $\lim\limits_{x\to+\infty}\dfrac{x+3\ln^2 x-2e^{\frac{x}{2}}}{2x-\ln^2 x+e^{\frac{x}{2}}}=$__________.

7. $\lim\limits_{x\to 0}\dfrac{e-e^{\cos x}}{\sqrt[3]{1+x^2}-1}=$__________.

8. $\lim\limits_{x\to\frac{\pi}{4}}(\tan x)^{\frac{1}{\cos x-\sin x}}=$__________.

9. $\lim\limits_{n\to\infty}\left[\sqrt{1+2+\cdots+n}-\sqrt{1+2+\cdots+(n-1)}\right]=$__________.

10. $\lim\limits_{n\to\infty}n\left(\dfrac{1}{n^2+\pi}+\dfrac{1}{n^2+2\pi}+\cdots+\dfrac{1}{n^2+n\pi}\right)=$__________.

三、解答题

11. 求下列极限:

(1) $\lim\limits_{x\to 0^+}\dfrac{1-\sqrt{\cos x}}{x(1-\cos\sqrt{x})}$;　(2) $\lim\limits_{x\to 0}\dfrac{1}{x^2}\ln\dfrac{\sin x}{x}$;

(3) $\lim\limits_{x\to 0}\left(\dfrac{1}{\sin^2 x}-\dfrac{\cos^2 x}{x^2}\right)$;　(4) $\lim\limits_{x\to+\infty}(x+e^x)^{\frac{1}{x}}$;

(5) $\lim\limits_{x\to 0^+}x^{\frac{1}{\sin x}-\frac{1}{x}}$;　(6) $\lim\limits_{x\to 0}x\left[\dfrac{1}{x}\right]$;

(7) $\lim\limits_{x\to 0}\left(\dfrac{2+e^{\frac{1}{x}}}{1+e^{\frac{4}{x}}}+\dfrac{\sin x}{|x|}\right)$;　(8) $\lim\limits_{n\to\infty}\left(\dfrac{1}{n+1}+\dfrac{1}{n+2}+\cdots+\dfrac{1}{n+n}\right)$.

12. 求曲线 $y=(x-1)e^{\frac{\pi}{2}+\arctan x}$ 的渐近线.

13. 设函数

$$f(x)=\begin{cases}\dfrac{\ln(1+ax^3)}{x-\arcsin x}, & x<0,\\ 6, & x=0,\\ \dfrac{e^{ax}+x^2-ax-1}{x\sin\dfrac{x}{4}}, & x>0,\end{cases}$$

问 a 为何值时，$f(x)$在 $x=0$ 处连续；a 为何值时，$x=0$ 是 $f(x)$的可去间断点？

14. 已知$\lim\limits_{x\to 0}\left[1+x+\dfrac{f(x)}{x}\right]^{\frac{1}{x}}=e^3$，求$\lim\limits_{x\to 0}\left[1+\dfrac{f(x)}{x^2}\right]$.

15. 设 $0<x_n<3$，$x_{n+1}=\sqrt{x_n(3-x_n)}$ $(n=1,2,3,\cdots)$. 证明：数列$\{x_n\}$的极限存在，并求此极限.

第二章　一元函数微分学

第二章　一元函数微分学

问题脉络

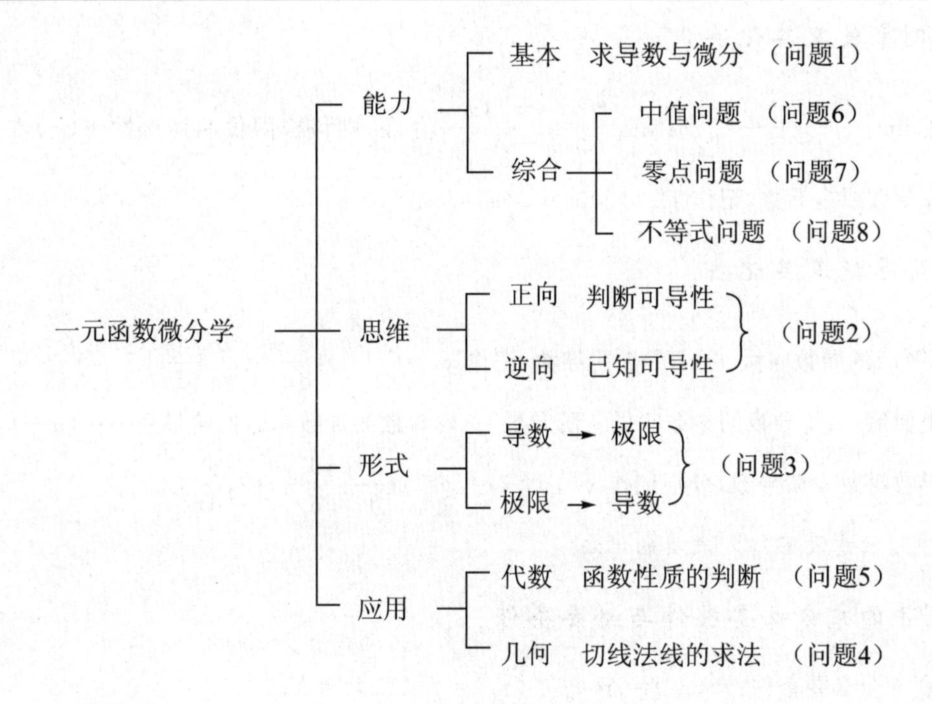

问题 1　求导数与微分

知识储备

1. 导数及其记法

(1) 在一点处的导数及其记法

设函数 $y=f(x)$ 在点 x_0 的某一邻域内有定义（$x_0+\Delta x$ 也在该邻域内），若

$$\lim_{x\to x_0}\frac{f(x)-f(x_0)}{x-x_0}\quad\left(\xlongequal{\text{令 } x-x_0=\Delta x}\lim_{\Delta x\to 0}\frac{f(x_0+\Delta x)-f(x_0)}{\Delta x}\right)$$

存在，则称 $y=f(x)$ 在 x_0 处可导，该极限值叫做 $y=f(x)$ 在 x_0 处的导数，记作 $y'\big|_{x=x_0}$，$f'(x_0)$，$\left.\frac{\mathrm{d}y}{\mathrm{d}x}\right|_{x=x_0}$，$\left.\frac{\mathrm{d}}{\mathrm{d}x}f(x)\right|_{x=x_0}$.

(2) 导函数及其记法

若函数 $y=f(x)$在开区间 I 内的每点处都可导,则任意 $x\in I$ 对应着$y=f(x)$的导数值构成的一个新函数,叫做 $y=f(x)$的导函数,简称导数,记作 y',$f'(x)$,$\frac{\mathrm{d}y}{\mathrm{d}x}$,$\frac{\mathrm{d}}{\mathrm{d}x}f(x)$. 显然,$f'(x_0)$是 $f'(x)$在 $x=x_0$ 处的函数值.

【注】$\frac{\mathrm{d}y}{\mathrm{d}x}$的含义是 y 对 x 求导,$\frac{\mathrm{d}}{\mathrm{d}x}f(x)$的含义是 $f(x)$对 x 求导.

2. 单侧导数及其记法

若 $\lim\limits_{x\to x_0^-}\frac{f(x)-f(x_0)}{x-x_0}$或 $\lim\limits_{x\to x_0^+}\frac{f(x)-f(x_0)}{x-x_0}$存在,则该极限值叫做函数 $f(x)$在点 x_0 处的左导数或右导数,记作 $f'_-(x_0)$或 $f'_+(x_0)$.

3. 高阶导数及其记法

$f''(x)$的导数叫做 $f(x)$的二阶导数,记作 $y''=(y')'$或$\frac{\mathrm{d}^2y}{\mathrm{d}x^2}=\frac{\mathrm{d}}{\mathrm{d}x}\left(\frac{\mathrm{d}y}{\mathrm{d}x}\right)$.

类似地,二阶导数的导数叫做三阶导数,三阶导数的导数叫做四阶导数……$(n-1)$阶导数的导数叫做 n 阶导数,分别记作 y''',$y^{(4)}$,…,$y^{(n)}$或$\frac{\mathrm{d}^3y}{\mathrm{d}x^3}$,$\frac{\mathrm{d}^4y}{\mathrm{d}x^4}$,…,$\frac{\mathrm{d}^ny}{\mathrm{d}x^n}$.

【注】注意没有“y''''”之类的记法.

4. 可导的充分必要条件与必要条件

① 充分必要条件:$f'(x_0)=A\Leftrightarrow f'_-(x_0)=f'_+(x_0)=A$;

② 必要条件:函数在可导的点处一定连续,在连续的点处不一定可导.

5. 常数和基本初等函数的导数公式

① $(C)'=0$;

② $(x^\mu)'=\mu x^{\mu-1}$;

③ $(\sin x)'=\cos x$;

④ $(\cos x)'=-\sin x$;

⑤ $(\tan x)'=\sec^2 x$;

⑥ $(\cot x)'=-\csc^2 x$;

⑦ $(\sec x)'=\sec x\tan x$;

⑧ $(\csc x)'=-\csc x\cot x$;

⑨ $(a^x)'=a^x\ln a$;

⑩ $(\mathrm{e}^x)'=\mathrm{e}^x$;

⑪ $(\log_a x)'=\frac{1}{x\ln a}$;

⑫ $(\ln x)'=\frac{1}{x}$;

⑬ $(\arcsin x)'=\frac{1}{\sqrt{1-x^2}}$;

⑭ $(\arccos x)'=-\frac{1}{\sqrt{1-x^2}}$;

⑮ $(\arctan x)'=\frac{1}{1+x^2}$;

⑯ $(\mathrm{arccot}\, x)'=-\frac{1}{1+x^2}$.

6. 函数的四则运算的求导法则

设 $u=u(x)$，$v=v(x)$可导，则

① $(u\pm v)'=u'\pm v'$；　　② $(Cu)'=Cu'$（C 为常数）；

③ $(uv)'=u'v+uv'$；　　④ $\left(\frac{u}{v}\right)'=\frac{u'v-uv'}{v^2}$ $(v\neq 0)$.

【注】乘法法则可推广为$(u_1u_2\cdots u_n)'=u'_1u_2\cdots u_n+u_1u'_2\cdots u_n+\cdots+u_1u_2\cdots u'_n$.

问题研究

题眼探索　导数是我们的好帮手，为什么呢？因为它能帮助我们更便捷地研究函数. 所以，下面先谈导数自身（问题 1～3），再谈导数与函数（问题 4～8）. 那么，微分又是什么呢？本书无意深究微分的概念，只想从形式上揭示微分与导数的联系. 我们知道，$y=f(x)$的导数可记作$\frac{\mathrm{d}y}{\mathrm{d}x}=f'(x)$，那么它的微分 $\mathrm{d}y$ 就等于 $f'(x)\mathrm{d}x$. 这岂不是说求一个函数的微分只需在求出的导数后面乘以 $\mathrm{d}x$ 吗？这真是举手之劳！所以，求导数也好，求微分也罢，归根结底都是要求导数. 既然这样，我们就很关心求导数到底是以什么为导向呢？函数的类型. 不同类型的函数，求导时可能遇到不同的"麻烦"，因此也就有不同的求导方法. 但是，相同的是，求导的"根基"都是公式. 不论是求导函数，还是求在一点处的导数；不论是求一阶导数，还是求高阶导数，似乎都离不开两组公式：基本初等函数的导数公式和四则运算的求导法则. 那么如何用好公式呢？下面从最简单的函数——经四则运算的函数谈起.

1. 经四则运算的函数

【例 1】

(1) 设函数 $y=\sin x\ln x-\frac{1}{x}+\frac{3^x}{x^3}+\tan\mathrm{e}$，则 $y'=$__________；

(2) 设函数 $y=(1+x^2)\arctan x$，则$\left.\frac{\mathrm{d}^2y}{\mathrm{d}x^2}\right|_{x=1}=$__________.

【解】

(1) $y'=\cos x\cdot\ln x+\sin x\cdot\frac{1}{x}+\frac{1}{x^2}+\frac{3^x\ln 3\cdot x^3-3^x\cdot 3x^2}{x^6}$.

(2) $\frac{\mathrm{d}y}{\mathrm{d}x}=2x\arctan x+1$，$\frac{\mathrm{d}^2y}{\mathrm{d}x^2}=2\arctan x+\frac{2x}{1+x^2}$，故$\left.\frac{\mathrm{d}^2y}{\mathrm{d}x^2}\right|_{x=1}=\frac{\pi}{2}+1$.

【题外话】

(i) 导数的初学者难免情不自禁地"发明"公式，$(uv)'=u'v'$，$\left(\frac{u}{v}\right)'=\frac{u'}{v'}$是常见的"发明"；

(ii) 不妨把$\left(\frac{1}{x}\right)'=-\frac{1}{x^2}$,$(\sqrt{x})'=\frac{1}{2\sqrt{x}}$等常用幂函数的导数作为"知识块"积累,以免每次都费事地套用公式$(x^{\mu})'=\mu x^{\mu-1}$.

【例2】 设$f(x)=(x-1)(x+2)(x-3)(x+4)\cdots(x-2\,025)$,则$f'(1)=$__________.

【分析】本例若循规蹈矩地采用乘法法则,则将对2 025个2 024项乘积求和.当我们发现难以驾驭这个"庞然大物"时,就总想寻找规律.$f(x)$的2 025项中哪一项最特殊呢?可以想象,把$x=1$代入采用乘法法则求得的导数后,所有对$(x-1)$不求导的项都等于零.而若将$(x-1)$以外的项看做整体,则2 025项俨然变成了"2项".当然,导数定义也是冲破本例瓶颈的一条出路.

【解】**法一:** $f'(x)=(x+2)(x-3)\cdots(x-2\,025)+(x-1)[(x+2)(x-3)\cdots(x-2\,025)]'$,

$$\begin{aligned}f'(1)&=3\times(-2)\times5\times(-4)\times\cdots\times2\,025\times(-2\,024)\\&=(-1)^{1\,012}\times1\times2\times3\times\cdots\times2\,024\times2\,025=2\,025!.\end{aligned}$$

法二: $f'(1)=\lim\limits_{x\to1}\frac{f(x)-f(1)}{x-1}=\lim\limits_{x\to1}(x+2)(x-3)\cdots(x-2\,025)=2\,025!.$

2. 复合函数

> **题眼探索** 以求最简单的复合函数$y=\sin x^2$的导数为例.我们没有$\sin x^2$的导数公式,只有$\sin x$的导数公式,所以很想把x^2整体地看做一个自变量u(这样的u叫中间变量).既然$\sin x$的导数是$\cos x$,那么$\sin u=\sin x^2$的导数不就是$\cos u=\cos x^2$吗?这时,x^2"不干了":"我是个函数啊,怎么能和自变量一般待遇!"怎么办呢?只能给它"发放补贴".补贴是什么呢?是x^2自己的导数$2x$.怎么发放呢?乘在后面.于是,$(\sin x^2)'=\cos x^2\cdot2x$.一般地,有
>
> $$\frac{\mathrm{d}y}{\mathrm{d}x}=\frac{\mathrm{d}y}{\mathrm{d}u}\cdot\frac{\mathrm{d}u}{\mathrm{d}x}.$$

(1) 具体复合函数

【例3】 设函数$y=\mathrm{e}^{-\sin^2\frac{1}{x}}$,则$\mathrm{d}y=$__________.

【解】

$$\begin{aligned}y'&=\mathrm{e}^{-\sin^2\frac{1}{x}}\left(-\sin^2\frac{1}{x}\right)'=\mathrm{e}^{-\sin^2\frac{1}{x}}\left(-2\sin\frac{1}{x}\right)\left(\sin\frac{1}{x}\right)'\\&=\mathrm{e}^{-\sin^2\frac{1}{x}}\left(-2\sin\frac{1}{x}\right)\left(\cos\frac{1}{x}\right)\left(\frac{1}{x}\right)'=\mathrm{e}^{-\sin^2\frac{1}{x}}\frac{1}{x^2}\sin\frac{2}{x},\end{aligned}$$

故

$$\mathrm{d}y=\mathrm{e}^{-\sin^2\frac{1}{x}}\frac{1}{x^2}\sin\frac{2}{x}\mathrm{d}x.$$

【题外话】本例先后对$-\sin^2\frac{1}{x}$,$\sin\frac{1}{x}$和$\frac{1}{x}$"发放补贴".补贴发放至何时为止呢?发放至把x看做自变量为止.因为x的导数是1,是否发放毫无差别.

【例 4】（2007 年考研题）设函数 $y=\frac{1}{2x+3}$，则 $y^{(n)}(0)=$________.

【解】 $y'=-\frac{2}{(2x+3)^2}$，$y''=\frac{2\cdot 2^2}{(2x+3)^3}$，$y'''=-\frac{6\cdot 2^3}{(2x+3)^4}$，$y^{(4)}=\frac{24\cdot 2^4}{(2x+3)^5}$，

一般地，可得
$$y^{(n)}=\frac{(-1)^n n!\,2^n}{(2x+3)^{n+1}},$$
则
$$y^{(n)}(0)=\frac{(-1)^n n!\,2^n}{3^{n+1}}.$$

【题外话】**求 n 阶导数的基本策略是归纳**. 当然，求 n 阶导数也并非"华山一条路"，还可以接受级数的"帮助"（详见第七章）.

（2）抽象复合函数

【例 5】

（1）设 $f'(x)=\mathrm{e}^x$，且 $y=f(\ln\sin x)\left(0<x<\frac{\pi}{2}\right)$，则 $\frac{\mathrm{d}y}{\mathrm{d}x}=$________；

（2）设函数 $y=xf(\ln x)$，其中 f 具有二阶导数，则 $y''=$________.

【解】

（1）$\frac{\mathrm{d}y}{\mathrm{d}x}=f'(\ln\sin x)(\ln\sin x)'=f'(\ln\sin x)\frac{\cos x}{\sin x}=\mathrm{e}^{\ln\sin x}\frac{\cos x}{\sin x}=\cos x$.

（2）$y'=f(\ln x)+x\cdot f'(\ln x)\frac{1}{x}=f(\ln x)+f'(\ln x)$，

$$y''=f'(\ln x)\frac{1}{x}+f''(\ln x)\frac{1}{x}=\frac{1}{x}[f'(\ln x)+f''(\ln x)].$$

【题外话】

（i）"$f'[g(x)]$"与"$f[g(x)]$的导数"含义相同吗？"$f''[g(x)]$"与"$f'[g(x)]$的导数"含义又相同吗？都不相同. $f'[g(x)]$表示把 $g(x)$代入 $f'(x)$的表达式后的函数，$f''[g(x)]$表示把 $g(x)$代入 $f''(x)$的表达式后的函数，都没有经历对 $g(x)$"发放补贴"的过程. 故 $f[g(x)]$的导数为 $f'[g(x)]g'(x)$，$f'[g(x)]$的导数为 $f''[g(x)]g'(x)$.

（ii）求导数无需过多的技巧，只需心明眼亮和耐心细致，尤其是在求抽象复合函数的二阶导数时.

3. 隐函数

题眼探索　什么是隐函数呢？由方程 $F(x,y)=0$ 确定的函数叫隐函数. 当 x 与 y 难以分离时，它的求导遇到了麻烦. 我们知道，一元函数只允许有一个自变量、一个因变量，所以**求隐函数的导数一定是等式两边同时对自变量 x 求导**. 那么，遇到含有因变量 y 的函数形式应该怎么办呢？如果仅把 y 看做对自变量求导，那么对它肯定"不公平"，于是按照复合函数中间变量的"待遇"，对它"发放补贴"：把 y 看做对自变量求导后乘以 y 自己的导数 y'. 这时，在求导后的等式中有 x，y 和 y'. 既然要求 y'，那么不妨把等式看做关于 y'的方程，然后解出 y'不就大功告成了吗？当然，求隐函数的一阶导数还有公式可用，不过这是后话了（详见第五章）.

【例 6】 设函数 $y=y(x)$ 由方程 $x^3+y^3-3\tan 3x+3y=0$ 确定,则 $\mathrm{d}y|_{x=0}=$__________.

【解】两边对 x 求导,得 $3x^2+3y^2\cdot y'-9\sec^2 3x+3\cdot y'=0$,从而

$$y'=\frac{3\sec^2 3x-x^2}{y^2+1},$$

当 $x=0$ 时,从原方程得 $y=0$,故 $y'|_{x=0}=3$,则 $\mathrm{d}y|_{x=0}=3\mathrm{d}x$.

【题外话】求在一点处的微分时,在答案中不要忘记乘以 $\mathrm{d}x$.

【例 7】 设 $x^2-y^2=1$,则 $\frac{\mathrm{d}^2y}{\mathrm{d}x^2}=$__________.

【解】两边对 x 求导,得 $2x-2y\frac{\mathrm{d}y}{\mathrm{d}x}=0$,从而 $\frac{\mathrm{d}y}{\mathrm{d}x}=\frac{x}{y}$,两边再对 x 求导,得

$$\frac{\mathrm{d}^2y}{\mathrm{d}x^2}=\frac{y-x\frac{\mathrm{d}y}{\mathrm{d}x}}{y^2}=\frac{y-x\cdot\frac{x}{y}}{y^2}=\frac{y^2-x^2}{y^3}=-\frac{1}{y^3}.$$

【题外话】

(i) 在求隐函数的二阶导数时,一般都会经历把一阶导数代入的过程;

(ii) 尽量对隐函数的导数统一变量.

4. 幂指函数及连乘形式的函数

题眼探索 在求导数时,幂指函数的麻烦是无公式可用,连乘形式的函数的麻烦是用乘法法则太烦琐.而一旦等式两边同时取对数,则它们的麻烦便迎刃而解了.为什么呢?因为取对数有两个作用:

1° 变指数为乘数(能解决幂指函数的麻烦);

2° 变乘除为加减(能解决连乘形式的函数的麻烦).

故取对数后它们都变成易于求导的隐函数.

【例 8】 设函数 $y=x^x(x>0)$,则 $y'=$__________.

【解】两边取对数,得 $\ln y=x\ln x$,两边对 x 求导,得 $\frac{1}{y}y'=\ln x+1$,从而

$$y'=(\ln x+1)y=(\ln x+1)x^x.$$

【例 9】 设 $f(x)=\left(\frac{a}{b}\right)^x\left(\frac{b}{x}\right)^a\left(\frac{x}{a}\right)^b(x>0$,常数 $a,b>0)$,则 $\frac{\mathrm{d}f(x)}{\mathrm{d}x}=$__________.

【解】两边取对数,得 $\ln f(x)=x\ln\frac{a}{b}+a(\ln b-\ln x)+b(\ln x-\ln a)$,两边对 x 求导,得

$$\frac{1}{f(x)}\cdot\frac{\mathrm{d}f(x)}{\mathrm{d}x}=\ln\frac{a}{b}-\frac{a}{x}+\frac{b}{x},$$

从而

$$\frac{\mathrm{d}f(x)}{\mathrm{d}x}=\left(\ln\frac{a}{b}-\frac{a}{x}+\frac{b}{x}\right)f(x)=\left(\ln\frac{a}{b}-\frac{a}{x}+\frac{b}{x}\right)\left(\frac{a}{b}\right)^x\left(\frac{b}{x}\right)^a\left(\frac{x}{a}\right)^b.$$

5. 变限积分

(1) 公式法

题眼探索 我们主要依靠三组求导公式(设 $f(x)$ 为连续函数):

1° $\frac{\mathrm{d}}{\mathrm{d}x}\int_a^x f(t)\mathrm{d}t=f(x)$,$\frac{\mathrm{d}}{\mathrm{d}x}\int_x^b f(t)\mathrm{d}t=-f(x)$;

2° $\frac{\mathrm{d}}{\mathrm{d}x}\int_a^{\varphi(x)} f(t)\mathrm{d}t=f[\varphi(x)]\varphi'(x)$,$\frac{\mathrm{d}}{\mathrm{d}x}\int_{\psi(x)}^b f(t)\mathrm{d}t=-f[\psi(x)]\psi'(x)$;

3° $\frac{\mathrm{d}}{\mathrm{d}x}\int_{\psi(x)}^{\varphi(x)} f(t)\mathrm{d}t=f[\varphi(x)]\varphi'(x)-f[\psi(x)]\psi'(x)$.

【例 10】 设 $f(x)$ 连续,$F(x)=\int_{x^2}^{\mathrm{e}^x} f(t)\mathrm{d}t$,则 $F'(0)=($ $)$

(A) e.　　(B) 0.　　(C) $f(1)$.　　(D) $f(1)-f(0)$.

【解】 $F'(x)=f(\mathrm{e}^x)(\mathrm{e}^x)'-f(x^2)(x^2)'=\mathrm{e}^x f(\mathrm{e}^x)-2xf(x^2)$,故 $F'(0)=f(1)$,选(C).

(2) 常量分离与整体换元

题眼探索 不难发现,使用三组求导公式的前提是被积函数只含 t,不含 x. 但是,积分的值仅与被积函数所对应的法则和积分区间有关,而与被积函数自变量所用字母无关. 这意味着被积函数的自变量 t 完全可以改写为 u,即

$$\int_a^x f(t)\mathrm{d}t=\int_a^x f(u)\mathrm{d}u. \tag{2-1}$$

既然被积函数的自变量字母可以随意改写,那么变限积分所含的那些字母究竟谁是变量,谁是常量呢? 这个问题倘若弄不清楚,恐怕后患无穷.

变限积分是"函数套函数". 变限积分 $\int_a^x f(t)\mathrm{d}t$ 本身是自变量为 x 的函数(因为代限后 t 就没有了,只剩下 x);而对被积函数 $f(t)$ 而言,t 是变量,x 反倒成了常量. 我们知道,被积函数中的常量是能"自由出入"积分号的. 比较下列两式:

$$\int_a^x xf(t)\mathrm{d}t=x\int_a^x f(t)\mathrm{d}t,\quad \int_a^x tf(t)\mathrm{d}t\neq t\int_a^x f(t)\mathrm{d}t,$$

可以发现,x 作为常量(如左式)或变量(如右式)的"身份"仿佛"命中注定". 那么,是什么决定了它的身份呢? 是 d 后的字母. 反观式(2-1),当改变被积函数变量的字母时,d 后的字母也要一起变. 于是就知道了,**对被积函数而言,与 d 后的字母一致的是变量,不一致的是常量**. 所以,与其说用三组求导公式的前提是被积函数只含 t,不含 x,不如说**只有被积函数的所有字母与 d 后的字母都一致时,才能用公式来求变限积分的导数**. 那么,如果不一致该怎么办呢? 这就是变限积分求导时可能遇到的"麻烦".

此时大体有两个策略. 最容易想到的是常量分离. 而分离出积分号的含 x 的形式虽说对被积函数而言是常量,但对变限积分而言却是变量,故求导时需用乘法法则,如

$$\frac{\mathrm{d}}{\mathrm{d}x}\int_a^x xf(t)\mathrm{d}t=\frac{\mathrm{d}}{\mathrm{d}x}\left[x\int_a^x f(t)\mathrm{d}t\right]=\int_a^x f(t)\mathrm{d}t+xf(x).$$

那么,如果不能分离又该如何是好呢?只能整体换元.

【例 11】 设 $f(x)$ 连续,则 $\frac{\mathrm{d}}{\mathrm{d}x}\int_0^1 x^2 f(tx)\mathrm{d}t=$____________.

【解】令 $u=tx$,则 $\mathrm{d}u=x\mathrm{d}t$,且当 $t=0$ 时,$u=0$;当 $t=1$ 时,$u=x$,于是

$$\int_0^1 x^2 f(tx)\mathrm{d}t=\int_0^x xf(u)\mathrm{d}u,$$

故

$$\frac{\mathrm{d}}{\mathrm{d}x}\int_0^1 x^2 f(tx)\mathrm{d}t=\frac{\mathrm{d}}{\mathrm{d}x}\left[x\int_0^x f(u)\mathrm{d}u\right]=\int_0^x f(u)\mathrm{d}u+xf(x).$$

【题外话】积分的换元换的是被积函数的自变量(详见第三章).

6. 参数方程

题眼探索 参数方程 $\begin{cases}x=\varphi(t),\\ y=\psi(t)\end{cases}$ 只告诉了 x 关于 t 和 y 关于 t 的表达式. 这时,y 对 x 的导数仿佛空中楼阁. 为了把 y 对 x 的一、二阶导数都转化为 x 对 t 和 y 对 t 的导数,不妨对 $\frac{\mathrm{d}y}{\mathrm{d}x}$ 及 $\frac{\mathrm{d}\left(\frac{\mathrm{d}y}{\mathrm{d}x}\right)}{\mathrm{d}x}$ 的分子、分母都同时除以 $\mathrm{d}t$,即有

$$\frac{\mathrm{d}y}{\mathrm{d}x}=\frac{\frac{\mathrm{d}y}{\mathrm{d}t}}{\frac{\mathrm{d}x}{\mathrm{d}t}}=\frac{\psi'(t)}{\varphi'(t)},\quad \frac{\mathrm{d}^2y}{\mathrm{d}x^2}=\frac{\mathrm{d}\left(\frac{\mathrm{d}y}{\mathrm{d}x}\right)}{\mathrm{d}x}=\frac{\frac{\mathrm{d}\left(\frac{\mathrm{d}y}{\mathrm{d}x}\right)}{\mathrm{d}t}}{\frac{\mathrm{d}x}{\mathrm{d}t}}=\frac{\psi''(t)\varphi'(t)-\psi'(t)\varphi''(t)}{[\varphi'(t)]^3}.$$

【例 12】 设函数 $y=y(x)$ 由参数方程 $\begin{cases}x=\int_{\sin t}^0 2u\,\mathrm{d}u,\\ \mathrm{e}^{t+y}+\cos(ty)=1\end{cases}$ 确定,求 $\frac{\mathrm{d}y}{\mathrm{d}x}$.

【解】$\frac{\mathrm{d}x}{\mathrm{d}t}=-2\sin t\cos t=-\sin 2t$,对于 $\mathrm{e}^{t+y}+\cos(ty)=1$,两边对 t 求导,得

$$\mathrm{e}^{t+y}\left(1+\frac{\mathrm{d}y}{\mathrm{d}t}\right)-\sin(ty)\left(y+t\frac{\mathrm{d}y}{\mathrm{d}t}\right)=0,$$

从而

$$\frac{\mathrm{d}y}{\mathrm{d}t}=\frac{y\sin(ty)-\mathrm{e}^{t+y}}{\mathrm{e}^{t+y}-t\sin(ty)},$$

故

$$\frac{\mathrm{d}y}{\mathrm{d}x}=\frac{\frac{\mathrm{d}y}{\mathrm{d}t}}{\frac{\mathrm{d}x}{\mathrm{d}t}}=\frac{y\sin(ty)-\mathrm{e}^{t+y}}{\sin 2t\,[t\sin(ty)-\mathrm{e}^{t+y}]}.$$

【题外话】本例是求导数的"大杂烩",综合了参数方程、变限积分与隐函数的求导.

【例 13】 设参数方程 $\begin{cases}x=\sin 2t,\\ y=f(t^2+1),\end{cases}$ 其中 f 具有二阶导数，且 $f'(1)=2$，求 $\left.\frac{\mathrm{d}^2y}{\mathrm{d}x^2}\right|_{t=0}$.

【解】

$$\frac{\mathrm{d}y}{\mathrm{d}x}=\frac{\frac{\mathrm{d}y}{\mathrm{d}t}}{\frac{\mathrm{d}x}{\mathrm{d}t}}=\frac{2tf'(t^2+1)}{2\cos 2t}=\frac{tf'(t^2+1)}{\cos 2t},$$

$$\frac{\mathrm{d}^2y}{\mathrm{d}x^2}=\frac{\frac{\mathrm{d}\left(\frac{\mathrm{d}y}{\mathrm{d}x}\right)}{\mathrm{d}t}}{\frac{\mathrm{d}x}{\mathrm{d}t}}=\frac{[f'(t^2+1)+2t^2f''(t^2+1)]\cos 2t+2t\sin 2tf'(t^2+1)}{2\cos 2t\cdot\cos^2 2t},$$

故

$$\left.\frac{\mathrm{d}^2y}{\mathrm{d}x^2}\right|_{t=0}=\frac{1}{2}f'(1)=1.$$

【题外话】为什么能对 $\frac{\mathrm{d}y}{\mathrm{d}x}$ 分子、分母同时除以 $\mathrm{d}t$ 呢？因为对于 $y=f(x)$，$\mathrm{d}y$ 表示函数的微分，$\mathrm{d}x$ 表示自变量的微分，**由于 $\mathrm{d}y$ 与 $\mathrm{d}x$ 各自有其意义，因此可以独立运算**，这就给求反函数的导数提供了启发.

7. 反函数

题眼探索　反函数与原来的函数相比有什么变化呢？自变量 x 与因变量 y 互换了"身份".那么 x 和 y 的关系式改变了吗？没有.所以，求反函数的一阶导数只需把 $\mathrm{d}y$ 和 $\mathrm{d}x$ 互换"身份"，变 y 对 x 求导为 x 对 y 求导，即

$$\frac{\mathrm{d}x}{\mathrm{d}y}=\frac{1}{\frac{\mathrm{d}y}{\mathrm{d}x}}=\frac{1}{y'}.$$

既然反函数的一阶导数是对 y 求导，那么它的二阶导数当然也要"从一而终"地对 y 求导.问题是我们所熟悉的是对 x 求导，故需把对 y 求导变回对 x 求导，即

$$\frac{\mathrm{d}^2x}{\mathrm{d}y^2}=\frac{\mathrm{d}\left(\frac{1}{y'}\right)}{\mathrm{d}y}=\frac{\mathrm{d}\left(\frac{1}{y'}\right)}{\mathrm{d}x}\cdot\frac{\mathrm{d}x}{\mathrm{d}y}=-\frac{y''}{(y')^2}\cdot\frac{1}{y'}=-\frac{y''}{(y')^3}.$$

其中**"先变对 y 求导为对 x 求导，再乘以 $\frac{\mathrm{d}x}{\mathrm{d}y}$ 以满足等式"是在后面的学习中还会与我们"重逢"的方法.**

【例 14】 (2003 年考研题)设函数 $y=y(x)$ 在 $(-\infty,+\infty)$ 内具有二阶导数，且 $y'\neq 0$，$x=x(y)$ 是 $y=y(x)$ 的反函数.试将 $x=x(y)$ 所满足的微分方程 $\frac{\mathrm{d}^2x}{\mathrm{d}y^2}+(y+\sin x)\left(\frac{\mathrm{d}x}{\mathrm{d}y}\right)^3=0$ 变换为 $y=y(x)$ 所满足的微分方程.

【解】将$\frac{d^2x}{dy^2}=-\frac{y''}{(y')^3}=-y''\left(\frac{dx}{dy}\right)^3$代入原微分方程,得$y''-y=\sin x$.

【例15】 设函数$y=f(x)$二阶可导,且$f'(x)\neq 0$,其反函数为$x=g(y)$,且$f(1)=3$,$f'(1)=\frac{1}{2}$,$f''(1)=2$,则$g''(3)=$____________.

【解】

$$g''(y)=\frac{dg'(y)}{dy}=\frac{d\left[\frac{1}{f'(x)}\right]}{dy}=\frac{d\left[\frac{1}{f'(x)}\right]}{dx}\cdot\frac{dx}{dy}=-\frac{f''(x)}{[f'(x)]^3},$$

当$y=3$时,$x=1$,故

$$g''(3)=-\frac{f''(1)}{[f'(1)]^3}=-16.$$

【题外话】之前所讨论的反函数的导数,都是以"反函数仅由原来的函数的自变量x和因变量y互换'身份'而得,并不把反函数的x改写为y,y改写为x"为前提的,因为只有这样才能保证x和y的关系式不被破坏.而一旦改写,所得出的结论都不再成立$\left(\text{如对于 } y=e^x,\ (e^x)'=\frac{1}{(\ln y)'}=\frac{1}{\frac{1}{y}}=e^x,\text{但}(e^x)'\neq\frac{1}{(\ln x)'}\right)$.所以,本例中$f'(x)=\frac{1}{g'(y)}\neq\frac{1}{g'(x)}$.

其实,本例中的$y=f(x)$和$x=g(y)$表示的是一种完全相同的x与y的对应关系.然而,不同的是,$f(x)$的自变量为x,$g(y)$的自变量为y,故

$$f''(x)=\frac{df'(x)}{dx}\neq\frac{df'(x)}{dy},\quad g''(y)=\frac{dg'(y)}{dy}\neq\frac{dg'(y)}{dx}$$

$\left(\text{同时,一般}\frac{dy'}{dy}\neq y'',\text{因为 } y''\text{表示 } y'\text{对 } x \text{ 求导}\right)$.那么,既然它们的自变量不同,我们怎样把$f(x)$及其一、二阶导数关于$x$的结论"转移"到$y$上呢?好在本例已知$f(1)=3$,它为$x$和$y$架起了一座"桥梁".

8. 分段函数

> **题眼探索** 分段函数的求导有"麻烦"吗?有.麻烦在哪里呢?在分段点.因为分段函数在分段点处可能不可导.那么,采用什么方法可以判断函数在一点处是否可导呢?恐怕最"权威"的方法非导数定义莫属.为了"特别监控",分段函数在分段点处的导数需用导数定义单独求出.

【例16】 设函数$f(x)=\begin{cases}1-\sin x, & x<0,\\ \cos^2 x, & x\geq 0,\end{cases}$则$f'(x)=$____________.

【解】当$x<0$时,$f'(x)=-\cos x$;

当$x>0$时,$f'(x)=2\cos x\cdot(-\sin x)=-\sin 2x$;

当$x=0$时,

$$f'_{-}(0)=\lim_{x\to 0^-}\frac{1-\sin x-\cos 0}{x-0}$$

$$=-\lim_{x\to 0^-}\frac{\sin x}{x}=-1,$$

$$f'_{+}(0)=\lim_{x\to 0^+}\frac{\cos^2 x-\cos 0}{x-0}=\lim_{x\to 0^+}\frac{\cos^2 x-1}{x}$$

$$\xlongequal{\text{洛必达法则}}\lim_{x\to 0^+}\frac{-\sin 2x}{1}=0.$$

因为 $f'_{-}(0)\neq f'_{+}(0)$，故 $f(x)$ 在 $x=0$ 处不可导，所以

$$f'(x)=\begin{cases}-\cos x, & x<0,\\ -\sin 2x, & x>0.\end{cases}$$

【题外话】分段函数在求极限时就是"恐怖分子"，而到了求导时它依然在制造麻烦. 那么，分段函数在分段点处可能不可导的麻烦又能给我们带来哪些话题呢？

问题 2　分段函数的可导性问题

问题研究

1. 判断分段函数的可导性

(1) 狭义的分段函数

【例 17】　设函数 $f(x)$ 具有二阶连续导数，且 $f(0)=0$，证明：函数

$$g(x)=\begin{cases}\dfrac{f(x)}{x}, & x\neq 0,\\ f'(0), & x=0\end{cases}$$

在 $(-\infty,+\infty)$ 内一阶可导且导数连续.

【证】当 $x\neq 0$ 时，$g'(x)=\dfrac{xf'(x)-f(x)}{x^2}$.

当 $x=0$ 时，

$$g'(0)=\lim_{x\to 0}\frac{\dfrac{f(x)}{x}-f'(0)}{x-0}=\lim_{x\to 0}\frac{f(x)-xf'(0)}{x^2}$$

$$\xlongequal{\text{洛必达法则}}\lim_{x\to 0}\frac{f'(x)-f'(0)}{2x}$$

$$\xlongequal{\text{洛必达法则}}\lim_{x\to 0}\frac{f''(x)}{2}=\frac{1}{2}f''(0),$$

故 $g(x)$ 在 $(-\infty,+\infty)$ 内一阶可导，且 $g'(x)=\begin{cases}\dfrac{xf'(x)-f(x)}{x^2}, & x\neq 0,\\ \dfrac{1}{2}f''(0), & x=0.\end{cases}$

当 $x\neq 0$ 时，$g'(x)$显然连续.

当 $x=0$ 时，

$$\lim_{x\to 0}g'(x)=\lim_{x\to 0}\frac{xf'(x)-f(x)}{x^2}$$
$$\xlongequal{\text{洛必达法则}}\lim_{x\to 0}\frac{f'(x)+xf''(x)-f'(x)}{2x}$$
$$=\lim_{x\to 0}\frac{f''(x)}{2}=\frac{1}{2}f''(0)=g'(0),$$

故 $g'(x)$在 $x=0$ 处连续，从而 $g(x)$在$(-\infty,+\infty)$内导数连续.

【题外话】本例中的函数既可导，导数又连续. 那么，函数在可导的点处导数一定连续吗？

【例 18】 函数 $f(x)=\begin{cases}x^2\sin\dfrac{1}{x}, & x\neq 0,\\ 0, & x=0\end{cases}$ 在 $x=0$ 处(　　)

(A) 不连续. (B) 连续，但不可导.

(C) 可导，但导数不连续. (D) 可导，且导数连续.

【分析】我们知道，函数在可导的点处一定连续，而判断导数是否连续也绕不开求导，所以不妨先求 $f'(x)$.

当 $x\neq 0$ 时，$f'(x)=2x\sin\dfrac{1}{x}-\cos\dfrac{1}{x}$.

当 $x=0$ 时，$f'(0)=\lim\limits_{x\to 0}\dfrac{x^2\sin\frac{1}{x}-0}{x-0}=\lim\limits_{x\to 0}x\sin\dfrac{1}{x}=0$，故

$$f'(x)=\begin{cases}2x\sin\dfrac{1}{x}-\cos\dfrac{1}{x}, & x\neq 0,\\ 0, & x=0,\end{cases}$$

这样就排除了(A)、(B).

而 $\lim\limits_{x\to 0}f'(x)=\lim\limits_{x\to 0}\left(2x\sin\dfrac{1}{x}-\cos\dfrac{1}{x}\right)$，极限不存在，

所以 $f'(x)$在 $x=0$ 处不连续，选(C).

【题外话】现在又得到了一个新的结论：**函数在导数连续的点处一定可导，在可导的点处导数不一定连续**. 下面小结一下一元函数中三组重要的"单向"关系，并通过欧拉文氏图(图 2-1)进行直观的理解：

导数连续 $\underset{\not\Leftarrow}{\Rightarrow}$ 可导(可微) $\underset{\not\Leftarrow}{\Rightarrow}$ 连续 $\underset{\not\Leftarrow}{\Rightarrow}$ 极限存在

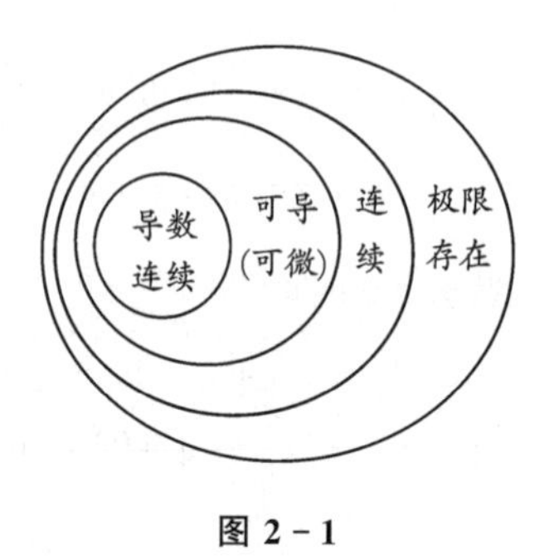

图 2-1

(2) 绝对值函数

题眼探索 判断绝对值函数的可导性一般分两步走：

1° 求所有可能的不可导点. 既然分段函数的不可导点多为分段点，那么作为特殊的分段函数，**绝对值函数的不可导点多为使绝对值为零的点.**

2° 逐一判断函数在各可能的不可导点处的可导性.设 $f(x)=g(x)|x-x_0|$,且 $\lim\limits_{x\to x_0}g(x)$ 存在,则当且仅当 $\lim\limits_{x\to x_0}g(x)=0$ 时 $\lim\limits_{x\to x_0}\dfrac{f(x)-f(x_0)}{x-x_0}=\lim\limits_{x\to x_0}\dfrac{g(x)|x-x_0|}{x-x_0}$ 存在(否则左右极限不相等),故可以利用"**$f(x)=g(x)|x-x_0|$ 在 x_0 处可导的充分必要条件为 $\lim\limits_{x\to x_0}g(x)=0$**"这个结论.

【例 19】 函数 $f(x)=(x^2-3x+2)|x^3-4x|$ 的不可导点的个数为( )

(A) 0. (B) 1. (C) 2. (D) 3.

【解】由 $x^3-4x=0$ 得可能的不可导点为 $x=0,x=2,x=-2$.

由于 $\lim\limits_{x\to 0}(x^2-3x+2)|x^2-4|=8\neq 0$,所以 $f(x)$ 在 $x=0$ 处不可导.

由于 $\lim\limits_{x\to 2}(x^2-3x+2)|x^2+2x|=0$,所以 $f(x)$ 在 $x=2$ 处可导.

由于 $\lim\limits_{x\to -2}(x^2-3x+2)|x^2-2x|=96\neq 0$,所以 $f(x)$ 在 $x=-2$ 处不可导.故选(C).

2. 已知分段函数的可导性求参数的值

【例 20】 (1988 年考研题)确定常数 a 和 b,使函数

$$f(x)=\begin{cases}ax+b, & x>1,\\ x^2, & x\leqslant 1\end{cases}$$

处处可导.

【分析】前面讲过,求值的基本策略是列方程.显然,这里需要两个方程.而根据可导的充分必要条件,只能得到 $f'_-(1)=f'_+(1)$ 这样一个等式,因此又要为另一个等式而烦恼.既然在已知"连续"时可以"退一步"使用它的必要条件"极限存在",那么为何不能在已知"可导"时也退一步使用"连续",甚至"退两步"使用"极限存在"呢?

【解】$f(1^+)=\lim\limits_{x\to 1^+}(ax+b)=a+b$,$f(1^-)=\lim\limits_{x\to 1^-}x^2=1$,由 $f(1^+)=f(1^-)$ 得 $a+b=1$.

$f'_+(1)=\lim\limits_{x\to 1^+}\dfrac{ax+b-1}{x-1}=a$,$f'_-(1)=\lim\limits_{x\to 1^-}\dfrac{x^2-1}{x-1}=\lim\limits_{x\to 1^-}(x+1)=2$,由 $f'_-(1)=f'_+(1)$ 得 $a=2$,解方程组

$$\begin{cases}a+b=1,\\ a=2,\end{cases} \quad 得 \quad \begin{cases}a=2,\\ b=-1.\end{cases}$$

【题外话】分段函数的可导性问题似乎都离不开导数定义这个"权威",而导数是用极限定义的.这是不是就意味着可以利用极限来求导数,并且利用导数来求极限呢?这是一个很有思维含量的问题.

问题3 导数与极限的相互变形

问题研究

1. 变导数式为极限式

【例21】 (2006年考研题)设函数 $f(x)$ 在 $x=0$ 处连续,且 $\lim\limits_{h\to 0}\dfrac{f(h^2)}{h^2}=1$,则( )

(A) $f(0)=0$ 且 $f'_-(0)$ 存在.　　(B) $f(0)=1$ 且 $f'_-(0)$ 存在.

(C) $f(0)=0$ 且 $f'_+(0)$ 存在.　　(D) $f(0)=1$ 且 $f'_+(0)$ 存在.

【分析】极限式中的 h^2 看起来有些碍眼,不妨令 $h^2=x$. 当 $h\to 0$ 时,$x=h^2\to 0^+$,这样就有 $\lim\limits_{x\to 0^+}\dfrac{f(x)}{x}=1$. 前面讲过,既然分母 $x\to 0^+$,那么当且仅当成为 $\dfrac{0}{0}$ 型,即 $\lim\limits_{x\to 0^+}f(x)=0$ 时极限才可能存在. 又因为 $f(x)$ 在 $x=0$ 处连续,故 $f(0)=\lim\limits_{x\to 0^+}f(x)=0$. 于是

$$f'_+(0)=\lim_{x\to 0^+}\frac{f(x)-f(0)}{x-0}=\lim_{x\to 0^+}\frac{f(x)}{x}=1,$$

选(C).

【题外话】本例告诉我们:若 $f(x)$ 在 $x=x_0$ 处连续,且 $\lim\limits_{x\to x_0}\dfrac{f(x)}{x-x_0}=A$,则 $f(x_0)=0$,且 $f'(x_0)=A$.

2. 变极限式为导数式

题眼探索 导数的定义式主要有两种形式:

$$f'(x_0)=\lim_{x\to x_0}\frac{f(x)-f(x_0)}{x-x_0} \tag{2-2}$$

$$\xlongequal{令\ x-x_0=\Delta x}\lim_{\Delta x\to 0}\frac{f(x_0+\Delta x)-f(x_0)}{\Delta x}. \tag{2-3}$$

当已经习惯于用形式(2-2)判断可导性或求导数时,利用导数求极限却要“仰仗”形式(2-3). 使所求极限向形式(2-3)“靠拢”的关键在于两个基本量——x_0 和 Δx 的确定.

【例22】

(1) 已知 $f'(1)=-2$,则 $\lim\limits_{x\to 0}\dfrac{f(1)-f(1-x)}{2x}=$__________;

(2) 已知 $f'(x_0)$ 存在,则 $\lim\limits_{h\to 0}\dfrac{f(x_0+h)-f(x_0-h)}{2h}=$__________;

(3) 已知 $f(0)=0$,且曲线 $y=f(x)$ 在 $x=0$ 处的切线的斜率为2,则 $\lim\limits_{x\to 0}\dfrac{f(x-\sin x)}{\tan^2 x(e^x-1)}=$__________.

【分析】

(1) 显然，把 1 看做“x_0”，把 $-x$ 看做“Δx”. 由于分子、分母都与导数定义式相差一个负号，因此可以分子、分母同时乘以 -1，即

$$原式=\lim_{-x\to 0}\frac{f(1-x)-f(1)}{2(-x)}=\frac{1}{2}f'(1)=-1.$$

(2) 本例能不能把 x_0-h 看做“x_0”，把 $2h$ 看做“Δx”呢？不能. 因为例题中只交代了 $f'(x_0)$ 存在，而并未说明 $f'(x_0-h)$ 是否存在. 故只能把 x_0 看做“x_0”，把 h 和 $-h$ 看做“Δx”. 那么没有 $f(x_0)$ 项该怎么办呢？可以分子先减去 $f(x_0)$ 再加上 $f(x_0)$，并把分式拆成两项，即

$$\begin{aligned}原式&=\lim_{h\to 0}\left[\frac{f(x_0+h)-f(x_0)}{2h}+\frac{f(x_0)-f(x_0-h)}{2h}\right]\\&=\frac{1}{2}\left[\lim_{h\to 0}\frac{f(x_0+h)-f(x_0)}{h}+\lim_{-h\to 0}\frac{f(x_0-h)-f(x_0)}{-h}\right]\\&=\frac{1}{2}\cdot 2f'(x_0)=f'(x_0).\end{aligned}$$

(3) 既然 0 是“x_0”的“不二选择”，那么只能把 $x-\sin x$ 看做“Δx”. 问题是例题中的分母不是“Δx”. 我们可以先除以 $x-\sin x$ 再乘以 $x-\sin x$，并把 $\lim\limits_{x\to 0}\dfrac{x-\sin x}{\tan^2 x(\mathrm{e}^x-1)}$ 分离出来，即

$$\begin{aligned}原式&=\lim_{x-\sin x\to 0}\frac{f(0+x-\sin x)-f(0)}{x-\sin x}\cdot\lim_{x\to 0}\frac{x-\sin x}{\tan^2 x(\mathrm{e}^x-1)}\\&=f'(0)\cdot\lim_{x\to 0}\frac{x-\sin x}{x^3}\\&=2\lim_{x\to 0}\frac{1-\cos x}{3x^2}=2\lim_{x\to 0}\frac{\frac{1}{2}x^2}{3x^2}=\frac{1}{3}.\end{aligned}$$

【题外话】

(i) 如何把极限式凑成导数的定义式呢？

① **关注 x_0 和 Δx 的广义性**. “x_0”可以是数，也可以是实在的 x_0，但必须满足 $f'(x_0)$ 存在；“Δx”可以是 h，可以是含变量 x 的代数式，也可以是实在的 Δx，但必须符合 $f(x_0+\Delta x)$ 的形式.

② **关注 Δx 形式的一致性**. 导数定义式中 $\Delta x\to 0$ 中的“Δx”、$f(x_0+\Delta x)$ 中的“Δx”、分母中的“Δx”形式一致是凑型的重要依据. 如本例(3)，$x-\sin x$ 之所以能看做“Δx”，还是因为当 $x\to 0$ 时满足 $x-\sin x\to 0$.

③ **关注方法的针对性**. 本例(1)的核心步骤是分子、分母同时乘以 -1，针对的是例题中分子、分母都与导数定义式相差一个负号，不妨称为“正负凑型”；本例(2)的核心步骤是在分子上先加上 $f(x_0)$ 再减去 $f(x_0)$，针对的是例题中没有 $f(x_0)$ 项，不妨称为“加减凑型”；本例(3)的核心步骤是先除以 $x-\sin x$ 再乘以 $x-\sin x$，针对的是例题中分母不是“Δx”，不妨称为“乘除凑型”. 这些就是把极限式凑成导数定义式的三种常用方法.

(ii) 凡是遇到求极限的问题，解题者往往太爱洛必达法则了，故本例(3)难免出现如下解法：

$$原式=\lim_{x\to 0}\frac{f(x-\sin x)}{x^3}$$

$$=\lim_{x\to 0}\frac{(1-\cos x)f'(x-\sin x)}{3x^2} \qquad (2-4)$$

$$=\lim_{x\to 0}\frac{\frac{1}{2}x^2 f'(x-\sin x)}{3x^2}$$

$$=\frac{1}{6}f'(0)=\frac{1}{3}. \qquad (2-5)$$

运用洛必达法则看似更顺利地得到了正确答案,但是有两处错误隐藏在了解题过程中:

① 由于例题中仅知 $f(x)$ 在 $x=0$ 处可导,而根据洛必达法则的条件,只有当 $f(x)$ 在 $x=0$ 的附近可导时才能使用法则,故在式(2-4)中使用法则已是随心所欲;

② 因为不知道 $f'(x)$ 是否连续,所以也就没有理由在式(2-5)中把 $x=0$ 代入 $f'(x-\sin x)$.

所以,**求抽象函数极限时采用洛必达法则要慎重**.(例17在求 $g'(0)$ 和 $\lim\limits_{x\to 0}g'(x)$ 时能够运用洛必达法则求导至 $f''(x)$,是因为例题中已知 $f(x)$ 具有二阶连续导数.那么,若将例17的条件"$f(x)$ 具有二阶连续导数"改为"$f(x)$ 具有一阶连续导数,且 $f''(0)$ 存在",又该如何求 $g'(0)$ 和 $\lim\limits_{x\to 0}g'(x)$ 呢?请读者自行练习.)

(iii) 本例(3)中,由曲线 $y=f(x)$ 在 $x=0$ 处的切线的斜率为2得 $f'(0)=2$,这用到了导数的几何意义.那么,该如何用导数的几何意义求平面曲线的切线与法线呢?下面就利用导数这个"好帮手"开始对函数的研究.

问题4 求平面曲线的切线与法线

知识储备

导数的几何意义

曲线 $y=f(x)$ 在点 $(x_0,f(x_0))$ 处的切线斜率为 $f'(x_0)$,则 $y=f(x)$ 在 $(x_0,f(x_0))$ 处的切线方程为 $y-f(x_0)=f'(x_0)(x-x_0)$,法线方程为 $y-f(x_0)=-\frac{1}{f'(x_0)}(x-x_0)(f'(x_0)\neq 0)$.特别地,当 $f'(x_0)=0$ 时,切线方程为 $y=f(x_0)$,法线方程为 $x=x_0$.

问题研究

题眼探索 写出一条平面曲线的切线(或法线,下略)方程一般需要两个条件:

① 已知切线上一点.

② 已知切线的斜率.

这意味着求切线方程的关键在于切点.为什么呢?因为切点恰好有双重"身份":

1° 切点是切线上的点(使条件①满足);

> 2° 切点是曲线上的点(把切点代入表示曲线的函数的导数就能使条件②满足).
>
> 若切点已知,则很容易得到切线方程;若切点未知,即使已知切线上的另一点(不满足条件②)或切线的斜率(不满足条件①),也还是无法直接得到切线方程. 所以,**在求平面曲线的切线方程时,若切点未知必先设切点坐标**. 要想求切点坐标,就要列两个方程. 可是方程从哪里来呢? 大体来自切点的双重身份.

1. 切点已知

【例 23】 若曲线 $y=f(x)$ 与 $xy-\int_2^{x+y}\sin t\,dt=1$ 在点(1,1)处相切,则 $y=f(x)$ 在点(1,1)处的法线方程为__________.

【解】方程两边对 x 求导,得 $y+xy'-\sin(x+y)\cdot(1+y')=0$,从而

$$y'=\frac{\sin(x+y)-y}{x-\sin(x+y)},$$

故 $y'|_{x=1}=-1$. 于是,所求法线斜率为1,法线方程为 $y-1=1(x-1)$,即 $x-y=0$.

【题外话】两条曲线在某一点处相切意味着它们在该点处有相同的切线.

2. 切点未知

【例 24】 曲线 $y=\sqrt{x}$ 的通过点$(-1,0)$的切线方程为__________.

【分析】设切点为(x_0,y_0),则切线斜率为 $y'|_{x=x_0}=\dfrac{1}{2\sqrt{x_0}}$,切线方程为 $y=\dfrac{1}{2\sqrt{x_0}}(x+1)$. 由"切点是切线上的点"得 $y_0=\dfrac{1}{2\sqrt{x_0}}(x_0+1)$,由"切点是曲线上的点"得 $y_0=\sqrt{x_0}$. 解方程组

$$\begin{cases}y_0=\dfrac{1}{2\sqrt{x_0}}(x_0+1),\\ y_0=\sqrt{x_0},\end{cases}\quad 得\quad \begin{cases}x_0=1,\\ y_0=1.\end{cases}$$

故切线方程为 $x-2y+1=0$.

【例 25】 求抛物线 $\rho\sin\theta=(\rho\cos\theta)^2$ 的一条切线的直角坐标方程,使这条切线与对数螺线 $\rho=e^{2\theta}$ 在点 $(\rho,\theta)=\left(e^\pi,\dfrac{\pi}{2}\right)$ 处的切线平行.

【分析】本例为极坐标背景,而我们只会在直角坐标系下求切线. 显然,$\rho\sin\theta=(\rho\cos\theta)^2$ 的直角坐标方程为 $y=x^2$. 那么,$\rho=e^{2\theta}$ 的直角坐标方程是什么呢? 若使用公式 $\begin{cases}\rho=\sqrt{x^2+y^2},\\ \tan\theta=\dfrac{y}{x}\end{cases}$ 求解,则得到的隐函数形式复杂,不便求导. 但若将其转化为参数方程 $\begin{cases}x=\rho\cos\theta=e^{2\theta}\cos\theta,\\ y=\rho\sin\theta=e^{2\theta}\sin\theta,\end{cases}$ 则求导时就"轻车熟路"了.

【解】求$\begin{cases}x=\rho\cos\theta=e^{2\theta}\cos\theta,\\ y=\rho\sin\theta=e^{2\theta}\sin\theta\end{cases}$的导数,得

$$\frac{dy}{dx}=\frac{\frac{dy}{d\theta}}{\frac{dx}{d\theta}}=\frac{2e^{2\theta}\sin\theta+e^{2\theta}\cos\theta}{2e^{2\theta}\cos\theta-e^{2\theta}\sin\theta}=\frac{2\sin\theta+\cos\theta}{2\cos\theta-\sin\theta},$$

故已知的对数螺线在已知切点处的切线斜率为$\left.\frac{dy}{dx}\right|_{\theta=\frac{\pi}{2}}=-2$.

设曲线 $y=x^2$ 的所求切线的切点为(x_0,y_0),则切线斜率为 $y'|_{x=x_0}=2x_0$,列方程组

$$\begin{cases}2x_0=-2,\\ y_0=x_0^2,\end{cases}\quad 解得\quad \begin{cases}x_0=-1,\\ y_0=1.\end{cases}$$

所以切线方程为 $y-1=-2(x+1)$,即 $2x+y+1=0$.

问题5　利用导数判断函数的性质

知识储备

1. 邻　域

设 δ 是任一正数,区间$(a-\delta,a+\delta)$,$(a-\delta,a)\cup(a,a+\delta)$,$(a-\delta,a)$,$(a,a+\delta)$分别叫点 a 的 δ 邻域、去心 δ 邻域、左 δ 邻域、右 δ 邻域.

【注】"x 在 x_0 的去心 δ 邻域内"、"存在 $\delta>0$,使 $0<|x-x_0|<\delta$"和"$x\to x_0$"是三种含义完全相同的表达,"x_0 的邻域"与"x_0 的附近"也是含义完全相同的表达.

2. 极限的局部保号性

若$\lim\limits_{x\to x_0}f(x)=A$,且 $A>0$(或 $A<0$),则当 x 在 x_0 的某一去心邻域内时,有 $f(x)>0$(或 $f(x)<0$).

3. 单调性的判定

设函数 $f(x)$在$[a,b]$上连续,在(a,b)内可导.

① 若在(a,b)内 $f'(x)>0$,则 $f(x)$在$[a,b]$上单调递增;

② 若在(a,b)内 $f'(x)<0$,则 $f(x)$在$[a,b]$上单调递减.

【注】

(i) 单调区间的分界点为一阶导数为零或不存在的点;

(ii) 若将闭区间改为其他各种区间(包括无穷区间),则结论也成立;

(iii) 若将 $f'(x)>0$(或 $f'(x)<0$)改为 $f'(x)\geqslant0$(或 $f'(x)\leqslant0$),且在区间内使 $f'(x)=0$ 的点只有有限个,则结论也成立.

4. 凹凸性的定义与判定

(1) 凹凸性定义

设函数 $f(x)$ 在 I 上连续,任取 $x_1,x_2\in I$,若恒有

$$f\left(\frac{x_1+x_2}{2}\right)<\frac{f(x_1)+f(x_2)}{2},$$

则曲线 $y=f(x)$ 在 I 上是凹的;若恒有

$$f\left(\frac{x_1+x_2}{2}\right)>\frac{f(x_1)+f(x_2)}{2},$$

则曲线 $y=f(x)$ 在 I 上是凸的.

(2) 凹凸性判定的充分条件

设函数 $f(x)$ 在 $[a,b]$ 上连续,在 (a,b) 内二阶可导.

① 若在 (a,b) 内 $f''(x)>0$,则曲线 $y=f(x)$ 在 $[a,b]$ 上是凹的;

② 若在 (a,b) 内 $f''(x)<0$,则曲线 $y=f(x)$ 在 $[a,b]$ 上是凸的.

5. 拐点的定义与判定

(1) 拐点定义

设 $y=f(x)$ 在区间 I 上连续,x_0 是 I 内部的点.若曲线 $y=f(x)$ 在经过点 $(x_0,f(x_0))$ 时,其凹凸性改变了,则 $(x_0,f(x_0))$ 叫做 $y=f(x)$ 的拐点.

【注】

(i) 拐点用坐标表示;

(ii) 拐点一定是连续的点,但不一定是可导的点.

(2) 拐点判定的必要条件

设函数 $f(x)$ 在点 x_0 处二阶可导,且 $(x_0,f(x_0))$ 为曲线 $y=f(x)$ 的拐点,则 $f''(x_0)=0$.

(3) 拐点判定的充分条件

设函数 $f(x)$ 在点 x_0 处连续,在区间 $(x_0-\delta,x_0+\delta)$ 内二阶可导,且 $f''(x)$ 在区间 $(x_0-\delta,x_0)$ 和 $(x_0,x_0+\delta)$ 内异号,则 $(x_0,f(x_0))$ 为曲线 $y=f(x)$ 的拐点.

6. 极值点的定义与判定

(1) 极值点定义

设函数 $f(x)$ 在点 x_0 的某一邻域内有定义,若对于该邻域内的任一异于 x_0 的 x,有 $f(x)<f(x_0)$(或 $f(x)>f(x_0)$),则称 $f(x_0)$ 是 $f(x)$ 的一个极大值(或极小值),$x=x_0$ 叫做 $f(x)$ 的极大值点(或极小值点).

(2) 极值点判定的必要条件

设函数 $f(x)$ 在点 x_0 处可导,且 $f(x)$ 在 x_0 处取得极值,则 $f'(x_0)=0$.

(3) 极值点判定的第一充分条件

设函数 $f(x)$ 在点 x_0 处连续,在区间 $(x_0-\delta,x_0+\delta)$ 内可导.

① 若当 $x\in(x_0-\delta,x_0)$ 时 $f'(x)>0$,当 $x\in(x_0,x_0+\delta)$ 时 $f'(x)<0$,则 $f(x)$ 在 x_0 处取得极大值;

② 若当 $x\in(x_0-\delta,x_0)$ 时 $f'(x)<0$,当 $x\in(x_0,x_0+\delta)$ 时 $f'(x)>0$,则 $f(x)$ 在 x_0 处取得极小值;

③ 若 $f'(x)$ 在 $(x_0-\delta,x_0)$ 和 $(x_0,x_0+\delta)$ 内同号,则 $f(x)$ 在 x_0 处无极值.

(4) 极值点判定的第二充分条件

设函数 $f(x)$ 在点 x_0 处二阶可导,且 $f'(x_0)=0$,$f''(x_0)\neq 0$.

① 若 $f''(x_0)<0$,则 $f(x)$ 在 x_0 处取得极大值;

② 若 $f''(x_0)>0$,则 $f(x)$ 在 x_0 处取得极小值.

7. 最值点的判定

若函数 $f(x)$ 在 $[a,b]$ 上连续,且在 (a,b) 内有导数为零的点 $x_1,x_2,\cdots,x_m$ 和不可导点 $x'_1,x'_2,\cdots,x'_n$,则 $f(x)$ 在 $[a,b]$ 上的最大值 $M=\max\{f(x_1),\cdots,f(x_m),f(x'_1),\cdots,f(x'_n),f(a),f(b)\}$,最小值 $N=\min\{f(x_1),\cdots,f(x_m),f(x'_1),\cdots,f(x'_n),f(a),f(b)\}$.

【注】

(i) 极值点不一定是最值点,最值点也不一定是极值点.但是区间内部的最值点(即不是区间端点的最值点)一定是极值点.

(ii) 若已知最大值和最小值都存在,则将闭区间改为其他各种区间(若区间端点为正(负)无穷,函数值可用自变量趋于正(负)无穷的极限值代替)后结论也成立.

问题研究

1. 已知具体函数

(1) 判断函数的性质

1) 单调性与极值

【例26】 求函数 $y=8\ln x-x^2$ 的单调区间与极值.

【解】函数的定义域为 $(0,+\infty)$.

求导数,得

$$y'=\frac{8}{x}-2x=\frac{2(2+x)(2-x)}{x}.$$

令 $y'=0$,得 $x_1=2$,$x_2=-2$(舍去).函数在定义域上的单调性与极值如表2-1所列.

表 2-1

x	$(0,2)$	2	$(2,+\infty)$
y'	$+$	0	$-$
y	↗	$8\ln 2-4$	↘

从表 2-1 可以看出，函数在(0,2)内单调递增，在$(2,+\infty)$内单调递减，在 $x=2$ 处取得极大值 $8\ln 2-4$.

【题外话】

(i) 注意单调区间一定是定义域的子集.

(ii) **求函数的单调区间与极值可遵循如下程序：**

① 求 y'；

② 求使 $y'=0$ 或 y'不存在的 x 值；

③ 列表(x,y',y 作为第一列，x 的区间及分界点作为第一行，以使 $y'=0$ 或 y'不存在的 x 值作为区间的分界点)；

④ 根据所列表格得出结论.

2) 凹凸性与拐点

【例 27】　求曲线 $y=x^4-6x^3+12x^2+3$ 的凹凸区间与拐点.

【解】$y'=4x^3-18x^2+24x$，$y''=12x^2-36x+24=12(x-1)(x-2)$. 令 $y''=0$，得 $x_1=1$，$x_2=2$. 曲线的凹凸区间与拐点如表 2-2 所列.

表 2-2

x	$(-\infty,1)$	1	(1,2)	2	$(2,+\infty)$
y''	+	0	−	0	+
y	凹	10	凸	19	凹

从表 2-2 可以看出，曲线在$(-\infty,1)$和$(2,+\infty)$内是凹的，在(1,2)内是凸的，拐点为(1,10)和(2,19).

【题外话】**求曲线的凹凸区间与拐点可遵循如下程序：**

① 求 y',y''；

② 求使 $y''=0$ 或 y''不存在的 x 值；

③ 列表(x,y'',y 作为第一列，x 的区间及分界点作为第一行，以使 $y''=0$ 或 y''不存在的 x 值作为区间的分界点)；

④ 根据所列表格得出结论.

3) 最　值

【例 28】　设函数 $f(x)=\int_0^{x^2}(2-t)e^{-t}dt$ 的最大值和最小值都存在，求 $f(x)$ 的最大值和最小值.

【解】由于 $f(x)$为偶函数，因此可只在$[0,+\infty)$上求最值，并有

$$f'(x)=2x(2-x^2)e^{-x^2}=2x(\sqrt{2}+x)(\sqrt{2}-x)e^{-x^2}.$$

令 $f'(x)=0$，得 $x_1=0$，$x_2=\sqrt{2}$，$x_3=-\sqrt{2}$(舍去). 又

$$f(0)=0,$$

$$f(\sqrt{2})=\int_0^2(2-t)e^{-t}dt=\Big[(t-2)e^{-t}\Big]_0^2-\int_0^2 e^{-t}dt$$

$$=2+\Big[e^{-t}\Big]_0^2=1+e^{-2},$$

$$\lim_{x\to+\infty} f(x)=\int_0^{+\infty}(2-t)\mathrm{e}^{-t}\mathrm{d}t=\Big[(t-2)\mathrm{e}^{-t}\Big]_0^{+\infty}-\int_0^{+\infty}\mathrm{e}^{-t}\mathrm{d}t=2+\Big[\mathrm{e}^{-t}\Big]_0^{+\infty}=1.$$

由题意,最大值和最小值存在,故 $f(x)$ 的最大值为 $f(\sqrt{2})=1+\mathrm{e}^{-2}$,最小值为 $f(0)=0$.

【题外话】

(i) 判断奇偶函数的性质可以先锁定在 $[0,+\infty)$ 上,因为只要利用图形的对称性就能不费吹灰之力地得到 $(-\infty,0)$ 内的相关性质.

(ii) **求函数的最值可遵循如下程序**:

① 求 y';

② 求使 $y'=0$ 或 y' 不存在的 x 值;

③ 求 y 在 $y'=0$ 或 y' 不存在的点,以及区间端点的函数值(若区间端点为正(负)无穷,则函数值可用自变量趋于正(负)无穷的极限值代替);

④ 若已知最大值和最小值都存在,则根据"③ 中求得的最大函数值是最大值,最小函数值是最小值"得出结论.

(2) 已知函数的性质求参数的值

题眼探索 如果说判断具体函数的性质只是按部就班的程序化操作,那么接下来恐怕要干些"技术活".我们的重点是"面对"两类点:极值点和拐点.而可以利用的无外乎两种关系:"**相等关系**"和"**不等关系**"."相等关系"指极值点(拐点)判定的必要条件,即一(二)阶导数等于零;"不等关系"主要指极值点或拐点判定的充分条件,即相应一、二阶导数的正负(当然,可以利用的"不等关系"不止于此).面对"老问题"求参数,能"生产"方程的显然只有"相等关系".

【例 29】 设(1,2)是曲线 $y=f(x)=x^3+ax^2+bx+c$ 的拐点,且 $f(x)$ 在 $x=2$ 处取得极小值,求 a,b,c 的值.

【解】 $f'(x)=3x^2+2ax+b$,$f''(x)=6x+2a$.

由于(1,2)是 $y=f(x)$ 的拐点,故 $f''(1)=6+2a=0$,且 $f(1)=1+a+b+c=2$.

由于 $x=2$ 是 $f(x)$ 的极值点,故 $f'(2)=12+4a+b=0$,解方程组

$$\begin{cases}6+2a=0,\\1+a+b+c=2,\\12+4a+b=0,\end{cases}\quad 得\quad \begin{cases}a=-3,\\b=0,\\c=4.\end{cases}$$

【题外话】"拐点在曲线上"也能"生产"方程.

2. 已知抽象函数

(1) 导数背景

题眼探索 要认证极值点与拐点的"身份",离不开前面所说的"相等关系"和"不等关系".而"相等关系"也好,"不等关系"也罢,多是导数与零的关系.面对具体的函数,这些关系在求导后便一目了然了.但是,一旦不知道函数"长啥样",便失去了"自己

动手，丰衣足食"的机会，而只能"寄人篱下"，也就是要从已知条件中获取"相等关系"和"不等关系"．那么，谁能提供这些关系呢？可以是导数，可以是极限，也可以是微分方程．当然，既然我们需要的"关系"多与导数有关，那么关于导数的信息对我们的帮助就是最直接的．

【例 30】 （2010 年考研题）设函数 $f(x)$，$g(x)$ 具有二阶导数，且 $g''(x)<0$．若 $g(x_0)=a$ 是 $g(x)$ 的极值，则 $f[g(x)]$ 在 x_0 处取极大值的一个充分条件是（　　）

(A) $f'(a)<0$.　　(B) $f'(a)>0$.　　(C) $f''(a)<0$.　　(D) $f''(a)>0$.

【解】由题意，$g'(x_0)=0$．设 $F(x)=f[g(x)]$，则

$$F'(x_0)=f'[g(x_0)]g'(x_0)=0,$$

$$F''(x_0)=f''[g(x_0)][g'(x_0)]^2+f'[g(x_0)]g''(x_0)=f'(a)g''(x_0).$$

根据极值点判定的第二充分条件，若 $F''(x_0)<0$，则 $F(x)$ 在 x_0 处取极大值．由于 $g''(x_0)<0$，则欲使 $F''(x_0)<0$，只有 $f'(a)>0$，故选(B)．

(2) 极限背景

题眼探索　我们讲过，若 $f(x)$ 在 $x=x_0$ 处连续，则由 $\lim\limits_{x\to x_0}\dfrac{f(x)}{x-x_0}=A$ 可得 $f(x_0)=0$，$f'(x_0)=A$（可参看本章问题 3）．这就意味着告诉了某个极限值，有时也就意味着告诉了相应的导数值．这就是极限常可以提供的"相等关系"．

1）由极限得导数

【例 31】 设 $f(x)$ 的导数在 $x=0$ 处连续，又 $\lim\limits_{x\to 0}\dfrac{f'(x)}{x}=1$，则（　　）

(A) $x=0$ 是 $f(x)$ 的极大值点．

(B) $x=0$ 是 $f(x)$ 的极小值点．

(C) 点 $(0,f(0))$ 是曲线 $y=f(x)$ 的拐点．

(D) $f(0)$ 不是 $f(x)$ 的极值，点 $(0,f(0))$ 也不是曲线 $y=f(x)$ 的拐点．

【解】由题意，$f'(0)=0$，$f''(0)=1>0$，根据极值点判定的第二充分条件，选(B)．

2）利用极限的局部保号性

【例 32】 设 $f(x)$ 在 $x=0$ 处连续，又 $\lim\limits_{x\to 0}\dfrac{f(x)}{x^2}=1$，则 $f(x)$ 在 $x=0$ 处（　　）

(A) 可导，且 $f'(0)\neq 0$．　　(B) 不可导．

(C) 取得极大值．　　(D) 取得极小值．

【分析】对于已知极限，前面多次讲过，既然分母 $x^2\to 0^+$，那么当且仅当函数成为 $\dfrac{0}{0}$ 型，即 $\lim\limits_{x\to 0}f(x)=f(0)=0$ 时极限才可能存在．显然，$f(0)=0$ 这样一个"相等关系"不足以完成判定极值点的"使命"．那么，已知极限还透露了什么信息呢？根据极限的局部保号性，由于 $\lim\limits_{x\to 0}\dfrac{f(x)}{x^2}>0$，因此在 $x=0$ 的某一去心邻域内有 $\dfrac{f(x)}{x^2}>0$，即 $f(x)>0$．巧合的是，极值也是

定义在邻域内的,在 $x=0$ 的某一去心邻域内有 $f(x)>f(0)$,这意味着 $f(0)$是 $f(x)$的极小值,故选(D).$\Bigg($此外,对于$\lim\limits_{x\to 0}\dfrac{f(x)}{x}\cdot\dfrac{1}{x}$,当 $x\to 0$ 时,$\dfrac{1}{x}\to\infty$,故当且仅当函数成为 $0\cdot\infty$ 型时极限才可能存在,即$\lim\limits_{x\to 0}\dfrac{f(x)}{x}=f'(0)=0$,因此可排除(A),(B).$\Bigg)$

【题外话】本例告诉我们,根据局部保号性,极限也能提供“不等关系”.另外,极值定义这一“不等关系”能够帮助认证极值点的“身份”.

(3) 微分方程背景

> **题眼探索**　为什么微分方程能够帮助认证极值点与拐点的“身份”呢?因为微分方程是含有函数及其导数的等式,这意味着它一定能提供与导数有关的“相等关系”.那么如何获取它所提供的信息呢?只需做两件事:
>
> 1° **把所需判断的极值点或拐点代入方程;**
>
> 2° **方程两边同时求导,得到与更高阶导数有关的“相等关系”.**

【例33】　(2000年考研题)设函数 $f(x)$满足关系式 $f''(x)+[f'(x)]^2=x$,且 $f'(0)=0$,则(　　)

(A) $f(0)$是 $f(x)$的极大值.

(B) $f(0)$是 $f(x)$的极小值.

(C) 点$(0,f(0))$是曲线 $y=f(x)$的拐点.

(D) $f(0)$不是 $f(x)$的极值,点$(0,f(0))$也不是曲线 $y=f(x)$的拐点.

【解】把 $x=0$ 代入原方程,得 $f''(0)=0$.

对于 $f''(x)=x-[f'(x)]^2$,由于右端可导,故 $f'''(x)$存在,两边求导,得

$$f'''(x)=1-2f'(x)f''(x).$$

把 $x=0$ 代入上式,得 $f'''(0)=1>0$.

对于 $f'''(0)=\lim\limits_{x\to 0}\dfrac{f''(x)}{x}$,由极限的局部保号性可知,当 $x\in(-\delta,0)$时,$f''(x)<0$;当 $x\in(0,\delta)$时,$f''(x)>0$.

根据拐点判定的充分条件,选(C).

【题外话】本例告诉我们,若 $f(x)$在 $x=x_0$ 处三阶可导,且 $f''(x_0)=0,f'''(x_0)\neq 0$,则$(x_0,f(x_0))$为 $y=f(x)$的拐点.

3. 已知函数图形

> **题眼探索**　类似于已知具体函数和抽象函数,在已知函数图形求极值点或拐点时可分两步走:
>
> 1° 利用极值点(拐点)判定的必要条件,找出所有可能的极值点(拐点);
>
> 2° 利用极值点(拐点)判定的充分条件,逐一判断这些点是否为极值点(拐点).

> 与之前不同的是，这次出现的是函数的另一张“面孔”——图形. 因此，情况就变成：没有了解析式可以“自己动手”求导，没有了导数、极限、微分方程这样的已知条件可以“寄人篱下”，而能做的只有“当翻译”——把图形语言“翻译”为代数语言.

【例 34】 设函数 $f(x)$在$(-\infty,+\infty)$内连续，其导函数的图形如图 2-2 所示，则(　　)

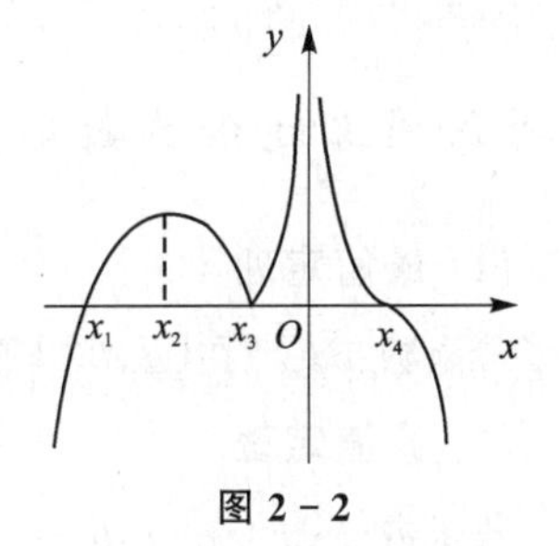

图 2-2

(A) 函数 $f(x)$有 2 个极值点，曲线 $y=f(x)$有 2 个拐点.

(B) 函数 $f(x)$有 2 个极值点，曲线 $y=f(x)$有 3 个拐点.

(C) 函数 $f(x)$有 3 个极值点，曲线 $y=f(x)$有 2 个拐点.

(D) 函数 $f(x)$有 3 个极值点，曲线 $y=f(x)$有 3 个拐点.

【解】使 $f'(x)=0$ 的点有 $x=x_1,x_3,x_4$，使 $f'(x)$不存在的点有 $x=0$. 根据极值点判定的第一充分条件，由于 $f'(x)$在 $x=x_1,x_4$ 的两侧异号，故 $x=x_1,x_4$ 是 $f(x)$的极值点；由于 $f'(x)$在 $x=x_3,0$ 的两侧同号，故 $x=x_3,0$ 不是 $f(x)$的极值点.

使 $f''(x)=0$ 的点有 $x=x_2,x_4$，使 $f''(x)$不存在的点有 $x=x_3,0$. 根据拐点判定的充分条件，由于 $f'(x)$在 $x=x_2,x_3,0$ 的两侧单调性有变化，$f''(x)$在 $x=x_2,x_3,0$ 的两侧异号，故$(x_2,f(x_2))$，$(x_3,f(x_3))$，$(0,f(0))$是 $y=f(x)$的拐点；由于 $f'(x)$在 $x=x_4$ 两侧的单调性无变化，$f''(x)$在 $x=x_4$ 的两侧同号，故$(x_4,f(x_4))$不是 $y=f(x)$的拐点. 选(B).

【题外话】如何把图形语言“翻译”为代数语言呢？

(i) **关注图形中函数值的正负变化和单调性变化**. 本例图形中函数值的正负反映了 $f'(x)$的正负，可用于极值点的判定；单调性反映了 $f''(x)$的正负，可用于拐点的判定.

(ii) **积累特殊点的图形特征**. 要学会识别三种特殊点：

① 间断点. 我们知道，间断点一定是不可导点，而一阶不可导点也一定是二阶不可导点. 本例中的 $x=0$ 就是无穷间断点，也同时是一、二阶不可导点.

② 导数为零的点(驻点). 寻找导数为零的点可借助导数的几何意义. 本例中的 $x=x_2,x_4$ 代表了两种典型的导数为零的点(一种两侧单调性有变化，另一种两侧单调性无变化).

③ 连续的不可导点. 一般地，图形在可导点处是“光滑”的，在连续的不可导点处是“尖”的. 本例中的 $x=x_3$ 就是连续的不可导点. 例如，函数 $f_1(x)=x^3$ (图 2-3(a))在 $x=0$ 处可导$\left(由\lim\limits_{x\to0}\dfrac{x^3-0}{x-0}=0 可知\right)$，函数 $f_2(x)=x^{\frac{1}{3}}$ (图 2-3(b))在 $x=0$ 处不可导$\left(由\lim\limits_{x\to0}\dfrac{x^{\frac{1}{3}}-0}{x-0}=\infty 可知\right)$，请读者比较它们在 $x=0$ 处的图形特征.

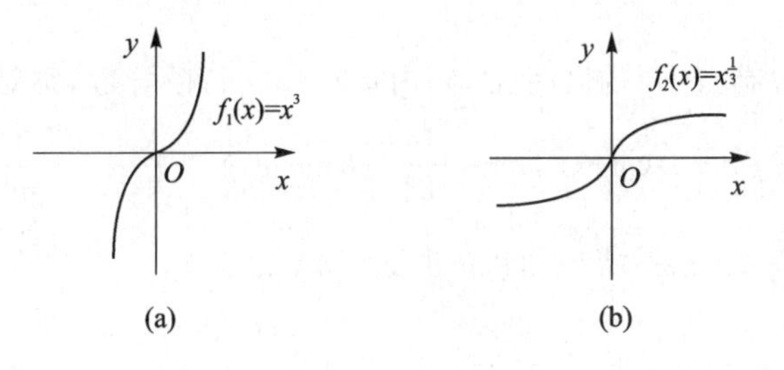

图 2-3

亲爱的读者,让我们在此歇脚,前面的路荆棘丛生,但走过之后将看到一番别样的风景.

问题6　证明含中值的等式

知识储备

1. 闭区间上连续函数的性质

(1) 最值定理

若函数 $f(x)$ 在 $[a,b]$ 上连续,则 $f(x)$ 在 $[a,b]$ 上一定能取得最大值 M 和最小值 m.

(2) 介值定理

若函数 $f(x)$ 在 $[a,b]$ 上连续,且 M 和 m 分别为 $f(x)$ 在 $[a,b]$ 上的最大值和最小值,则对于任意的 $\mu\in[m,M]$,至少存在一点 $\xi\in[a,b]$,使 $f(\xi)=\mu$.

【注】

(i) 注意此处的 ξ 在闭区间 $[a,b]$ 上;

(ii) 若将最大值 M 和最小值 m 分别改为 $f(a)$ 和 $f(b)$,则结论也成立.

(3) 零点定理

若函数 $f(x)$ 在 $[a,b]$ 上连续,且 $f(a)\cdot f(b)<0$,则至少存在一点 $\xi\in(a,b)$,使 $f(\xi)=0$.

2. 微分中值定理

微分中值定理如表2-3所列.

表2-3

定　理	条　件	结　论
罗尔定理	$f(x)$ 在 $[a,b]$ 上连续,在 (a,b) 内可导,$f(a)=f(b)$	至少存在一点 $\xi\in(a,b)$,使 $f'(\xi)=0$
拉格朗日中值定理	$f(x)$ 在 $[a,b]$ 上连续,在 (a,b) 内可导	至少存在一点 $\xi\in(a,b)$,使 $f(b)-f(a)=f'(\xi)(b-a)$
柯西中值定理	$f(x)$,$g(x)$ 在 $[a,b]$ 上连续,在 (a,b) 内可导,$g'(x)\neq0$	至少存在一点 $\xi\in(a,b)$,使 $\dfrac{f(b)-f(a)}{g(b)-g(a)}=\dfrac{f'(\xi)}{g'(\xi)}$

3. 泰勒公式

若函数 $f(x)$ 在含有点 x_0 的区间 (a,b) 内具有 $(n+1)$ 阶导数,则对任一 $x\in(a,b)$,有

$$f(x)=f(x_0)+f'(x_0)(x-x_0)+\frac{f''(x_0)}{2!}(x-x_0)^2+\cdots+\frac{f^{(n)}(x_0)}{n!}(x-x_0)^n+\frac{f^{(n+1)}(\xi)}{(n+1)!}(x-x_0)^{n+1}\quad(\xi\text{ 介于 }x_0\text{ 与 }x\text{ 之间})\tag{2-6}$$

或

$$f(x)=f(x_0)+f'(x_0)(x-x_0)+\frac{f''(x_0)}{2!}(x-x_0)^2+\cdots+$$

$$\frac{f^{(n)}(x_0)}{n!}(x-x_0)^n+o\left[(x-x_0)^n\right], \tag{2-7}$$

其中式(2-6)叫做带有拉格朗日型余项的泰勒公式,式(2-7)叫做带有佩亚诺型余项的泰勒公式.特别地,$x_0=0$ 时的泰勒公式叫做麦克劳林公式,即

$$f(x)=f(0)+f'(0)x+\frac{f''(0)}{2!}x^2+\cdots+\frac{f^{(n)}(0)}{n!}x^n+$$

$$\frac{f^{(n+1)}(\xi)}{(n+1)!}x^{n+1}\quad(\xi\text{ 介于 }0\text{ 与 }x\text{ 之间})$$

或

$$f(x)=f(0)+f'(0)x+\frac{f''(0)}{2!}x^2+\cdots+\frac{f^{(n)}(0)}{n!}x^n+o(x^n).$$

4. 积分中值定理

若函数 $f(x)$ 在 $[a,b]$ 上连续,则至少存在一点 $\xi\in[a,b]$,使

$$\int_a^b f(x)\mathrm{d}x=f(\xi)(b-a).$$

【注】注意此处的 ξ 在闭区间 $[a,b]$ 上.

问题研究

1. 含一个中值的等式

> **题眼探索**　与中值有关的证明问题是许多解题者的"噩梦".**在证明含一个中值的等式时,以使用罗尔定理为主,其基本策略是分析综合法**.前面讲过,分析综合法就是分别从条件和结论入手(可参看第一章问题 7).在这里,从结论入手的目的是构造辅助函数,从条件入手的目的是使罗尔定理"区间端点处函数值相等"的条件得以满足.

【例 35】　设函数 $f(x)$ 在 $[a,b]$ 上连续($ab>0$),在 (a,b) 内可导,求证:至少存在一点 $\xi\in(a,b)$,使 $\dfrac{af(b)-bf(a)}{a-b}=f(\xi)-\xi f'(\xi)$.

【分析】从结论入手,要证明 $G'(\xi)=\xi f'(\xi)-f(\xi)+\dfrac{af(b)-bf(a)}{a-b}=0$.所谓构造辅助函数,就是由 $G'(x)=xf'(x)-f(x)+\dfrac{af(b)-bf(a)}{a-b}$ 构造使用罗尔定理的函数 $G(x)$.根据除法求导法则,$xf'(x)-f(x)$ 俨然就是 $\dfrac{f(x)}{x}$ 的导数的分子,于是不妨在所证等式两边同时除以 ξ^2,从而转化为证明 $F'(\xi)=\dfrac{\xi f'(\xi)-f(\xi)}{\xi^2}+\dfrac{af(b)-bf(a)}{a-b}\cdot\dfrac{1}{\xi^2}=0$.故辅助函数为 $F(x)=\dfrac{f(x)}{x}-\dfrac{af(b)-bf(a)}{a-b}\cdot\dfrac{1}{x}$.幸运的是,$F(a)=F(b)$ 恰好满足,这样就可以在 $[a,b]$ 上使用罗尔定理了.

下面换一个角度思考.在所证等式左边,分子、分母同时除以 ab,得到$\dfrac{\dfrac{f(b)}{b}-\dfrac{f(a)}{a}}{\dfrac{1}{b}-\dfrac{1}{a}}$,从该式可以看出,它的分子和分母不是分别能看做 $P(x)=\dfrac{f(x)}{x}$ 和 $Q(x)=\dfrac{1}{x}$ 在 b,a 两点的函数值之差吗?在所证等式右边,分子、分母同时除以 $-\xi^2$,得到$\dfrac{\dfrac{\xi f'(\xi)-f(\xi)}{\xi^2}}{-\dfrac{1}{\xi^2}}$,从该式可以看出,它的分子和分母不是分别能看做 $P'(\xi)$ 和 $Q'(\xi)$ 吗?这简直就是柯西中值定理的"面貌"!

【证】**法一**:令 $F(x)=\dfrac{f(x)}{x}-\dfrac{af(b)-bf(a)}{a-b}\cdot\dfrac{1}{x}$,则

$$F(a)=F(b)=\frac{f(a)-f(b)}{a-b},$$

由罗尔定理可知,存在 $\xi\in(a,b)$,使 $F'(\xi)=0$,即

$$\frac{af(b)-bf(a)}{a-b}=f(\xi)-\xi f'(\xi).$$

法二:令 $P(x)=\dfrac{f(x)}{x}$,$Q(x)=\dfrac{1}{x}$,由柯西中值定理可知,存在 $\xi\in(a,b)$,使

$$\frac{\dfrac{f(b)}{b}-\dfrac{f(a)}{a}}{\dfrac{1}{b}-\dfrac{1}{a}}=\frac{\dfrac{\xi f'(\xi)-f(\xi)}{\xi^2}}{-\dfrac{1}{\xi^2}},$$

即
$$\frac{af(b)-bf(a)}{a-b}=f(\xi)-\xi f'(\xi).$$

【例36】 (1993年考研题)假设函数 $f(x)$ 在$[0,1]$上连续,在$(0,1)$内二阶可导,过点 $A(0,f(0))$ 与 $B(1,f(1))$ 的直线与曲线 $y=f(x)$ 相交于点 $C(c,f(c))$,其中 $0<c<1$,证明:在$(0,1)$内至少存在一点 ξ,使 $f''(\xi)=0$.

【分析】从结论入手,无需构造辅助函数的"浩大工程"就能发现应对 $f'(x)$ 使用罗尔定理.问题是 $f'(0)$ 与 $f'(1)$ 相等吗?无从知晓.这该如何是好呢?不妨先把这个问题放一放,从条件入手一探究竟."过点 $A(0,f(0))$ 与 $B(1,f(1))$ 的直线与曲线 $y=f(x)$ 相交于点 $C(c,f(c))$"的"潜台词"是 A,B,C 三点共线.那么,"三点共线"意味着什么呢?常用的结论恐怕要数"斜率相等".直线 AC,BC 的斜率$\dfrac{f(c)-f(0)}{c-0}$,$\dfrac{f(c)-f(1)}{c-1}$的形式又让我们想到了什么呢?拉格朗日中值定理.

【证】由拉格朗日中值定理可知,存在 $\xi_1\in(0,c)$,$\xi_2\in(c,1)$,使

$$f'(\xi_1)=\frac{f(c)-f(0)}{c-0},\quad f'(\xi_2)=\frac{f(c)-f(1)}{c-1}.$$

由于 A,B,C 三点共线,故$\dfrac{f(c)-f(0)}{c-0}=\dfrac{f(c)-f(1)}{c-1}$,即

$$f'(\xi_1)=f'(\xi_2),$$

由罗尔定理可知,存在 $\xi\in(\xi_1,\xi_2)\subset(0,1)$,使 $f''(\xi)=0$,如图 2-4 所示.

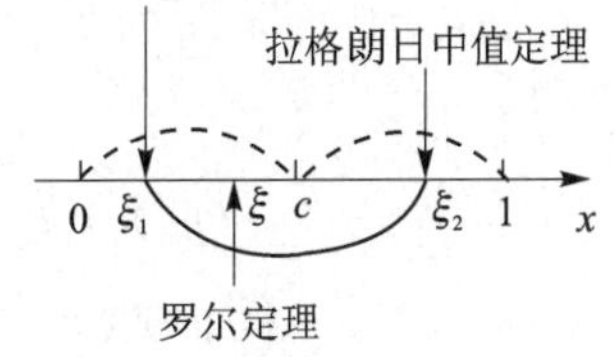

图 2-4

【题外话】为了满足罗尔定理“区间端点处函数值相等”的条件,**可以将证明结论在“大区间”内成立转化为在以其他中值为区间端点的“小区间”内成立**(因为若在“小区间”内存在中值,则该中值也必在包含“小区间”的“大区间”内).

【例 37】 设函数 $f(x)$在$[0,3]$上连续,在$(0,3)$内可导,且$f(0)=f(1)+f(2)+f(3)=0$,试证对任意实数 k,必存在 $\xi\in(0,3)$,使得 $f'(\xi)=kf(\xi)$.

【分析】从结论入手,要由$G'(x)=f'(x)-kf(x)$构造辅助函数,不难想到乘法求导法则,无奈“1”的导数不是“$-k$”. 然而,仿照例 35,一旦在所证等式两边同时乘以 $e^{-k\xi}$ 便立即“柳暗花明又一村”,由 $f'(x)=e^{-kx}f'(x)-ke^{-kx}f(x)$得辅助函数 $F(x)=e^{-kx}f(x)$. 从条件入手,似乎很难得到 $F(0)=F(3)$,于是在$[0,3]$上直接使用罗尔定理的希望再次破灭,而只能“开发小区间”. 为了瓦解诸如“$f(1)+f(2)+f(3)$”之类的多个函数值相加的“集体进攻”,常使用介值定理这个“秘密武器”(说它“秘密”是因为不容易引起解题者的注意).

【证】令 $F(x)=e^{-kx}f(x)$,由于 $f(x)$在$[1,3]$上连续,根据最值定理,$f(x)$在$[1,3]$上必有最大值 M 和最小值 m,则

$$m\leqslant f(1)\leqslant M,\quad m\leqslant f(2)\leqslant M,\quad m\leqslant f(3)\leqslant M,$$

从而

$$m\leqslant\frac{f(1)+f(2)+f(3)}{3}\leqslant M.$$

由介值定理可知,存在 $\eta\in[1,3]$,使

$$f(\eta)=\frac{f(1)+f(2)+f(3)}{3}=0,$$

则 $f(0)=f(\eta)=0$,即 $F(0)=F(\eta)$.

由罗尔定理可知,存在 $\xi\in(0,\eta)\subset(0,3)$,使 $F'(\xi)=0$,即 $f'(\xi)=kf(\xi)$,如图 2-5 所示.

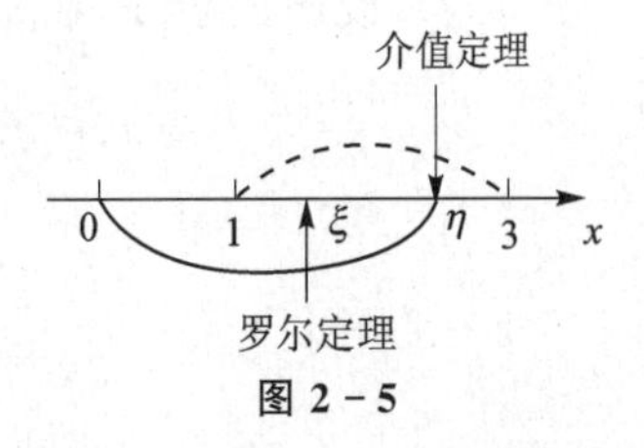

图 2-5

【例 38】 设函数 $f(x)$在$[-1,1]$上具有三阶连续导数,且 $f(-1)=1,f(0)=2,f(1)=6,f''(1)=3$,证明:在$(-1,1)$内至少存在一点 ξ,使 $f'''(\xi)=0$.

【分析】要证明 $f'''(\xi)=0$,可以对 $f''(x)$使用罗尔定理. 无奈的是,与 $f''(x)$有关的条件只有 $f''(1)=3$ 这一棵“独苗”. 而给出的三个函数值从 $f(-1)$到 $f(0)$再到 $f(1)$一个比一个大,几乎没有对 $f(x)$使用罗尔定理的可能,这意味着也很难得到与 $f'(x)$有关的结论. 那么谁能“跨越”$f'(x)$,直接建立 $f(x)$与 $f''(x)$的“桥梁”呢? 泰勒公式.

【证】 $f(x)=f(0)+f'(0)x+\dfrac{1}{2}f''(\eta_0)x^2$ (η_0 介于 0 与 x 之间),

令 $x=-1$,

$$f(-1)=f(0)-f'(0)+\frac{1}{2}f''(\eta_1)\quad(-1<\eta_1<0),\tag{2-8}$$

令 $x=1$,

$$f(1)=f(0)+f'(0)+\frac{1}{2}f''(\eta_2)\quad(0<\eta_2<1),\tag{2-9}$$

式(2-8)+式(2-9)得

$$f(-1)+f(1)=2f(0)+\frac{1}{2}[f''(\eta_1)+f''(\eta_2)],$$

即 $f''(\eta_1)+f''(\eta_2)=6$.

由于 $f''(x)$ 在 $[\eta_1,\eta_2]$ 上连续,根据最值定理,$f''(x)$ 在 $[\eta_1,\eta_2]$ 上必有最大值 M 和最小值 m,则

$$m\leqslant f''(\eta_1)\leqslant M,\quad m\leqslant f''(\eta_2)\leqslant M,$$

从而

$$m\leqslant\frac{f''(\eta_1)+f''(\eta_2)}{2}\leqslant M.$$

由介值定理可知,存在 $\eta\in[\eta_1,\eta_2]$,使

$$f''(\eta)=\frac{f''(\eta_1)+f''(\eta_2)}{2}=3=f''(1),$$

由罗尔定理可知,存在 $\xi\in(\eta,1)\subset(-1,1)$,使 $f'''(\xi)=0$,如图 2-6 所示.

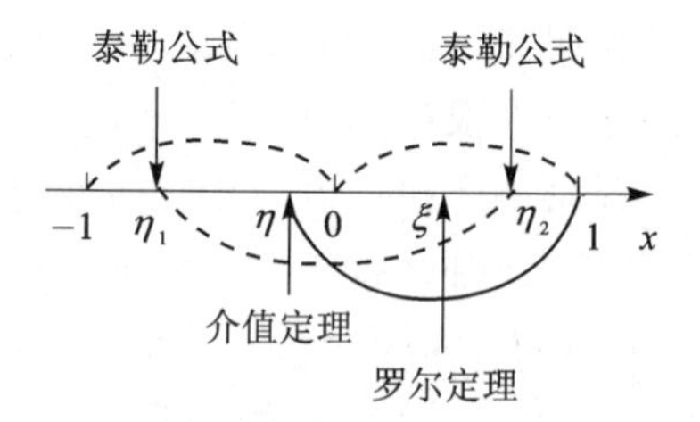

图 2-6

【题外话】

(i) 本例由于已知 $f(-1)$,$f(0)$,$f(1)$,故把 $f(x)$ 按 $(x-0)$ 的幂展开成泰勒公式并赋值 $x=-1$,$x=1$,以便于把已知函数值代入;由于我们需要的是与 $f''(x)$ 有关的结论,故只要展开为一阶泰勒公式即可.

(ii) **先对泰勒公式赋值,再把赋值后的两式相加或相减是常用的方法**(这种方法在问题 8 中还会讲到),本例两式相加是为了消去 $f'(0)$.

【例 39】 设函数 $f(x)$ 在 $[a,d]$ 上连续,在 (a,d) 内存在二阶导数,并满足

$$f(a)\cdot f\left(\frac{b+c}{2}\right)>0,\quad f(b)\cdot f\left(\frac{b+c}{2}\right)<0$$

且

$$2\int_{\frac{b+c}{2}}^{c}f(x)\mathrm{d}x=(c-b)f(d),$$

其中常数 a,b,c,d 满足 $a<b<c<d$. 证明存在 $\xi\in(a,d)$,使 $f''(\xi)=0$.

【分析】显然,最终要对 $f'(x)$ 使用罗尔定理. 然而,从条件入手,似乎对 $f'(x)$ 一无所知. 这时,就需要一个新的思路:如果能在"大区间"$[a,d]$上"开发"出两个没有交集的"小区间",并且能使用罗尔定理证明在两个"小区间"内分别存在 ξ_1 和 ξ_2,使 $f'(\xi_1)=0$ 以及 $f'(\xi_2)=0$,那么由于 $f'(\xi_1)=f'(\xi_2)$,因此在 $[\xi_1,\xi_2]$ 上对 $f'(x)$ 使用罗尔定理也就在情理之中了. 问题是如何在 $[a,d]$ 上"开发"出两个没有交集,并且在端点处函数值相等的"小区间"呢? 下面一起来解密三个已知条件背后的"玄机".

【证】由于 $f(a)\cdot f(b)<0, f(b)\cdot f\left(\frac{b+c}{2}\right)<0$，由零点定理可知，存在 $\eta_1\in(a,b)$，$\eta_2\in\left(b,\frac{b+c}{2}\right)$，使

$$f(\eta_1)=f(\eta_2)=0.$$

由积分中值定理可知，存在 $\eta_3\in\left[\frac{b+c}{2},c\right]$，使

$$\int_{\frac{b+c}{2}}^{c} f(x)\mathrm{d}x=\frac{c-b}{2}f(\eta_3),$$

又由于 $2\int_{\frac{b+c}{2}}^{c} f(x)\mathrm{d}x=(c-b)f(d)$，所以 $f(\eta_3)=f(d)$.

分别在 $[\eta_1,\eta_2]$ 和 $[\eta_3,d]$ 上对 $f(x)$ 使用罗尔定理得到：存在 $\xi_1\in(\eta_1,\eta_2)$，$\xi_2\in(\eta_3,d)$，使 $f'(\xi_1)=f'(\xi_2)=0$. 在 $[\xi_1,\xi_2]$ 上对 $f'(x)$ 使用罗尔定理得到：存在 $\xi\in(\xi_1,\xi_2)\subset(a,d)$，使 $f''(\xi)=0$，如图 2－7 所示.

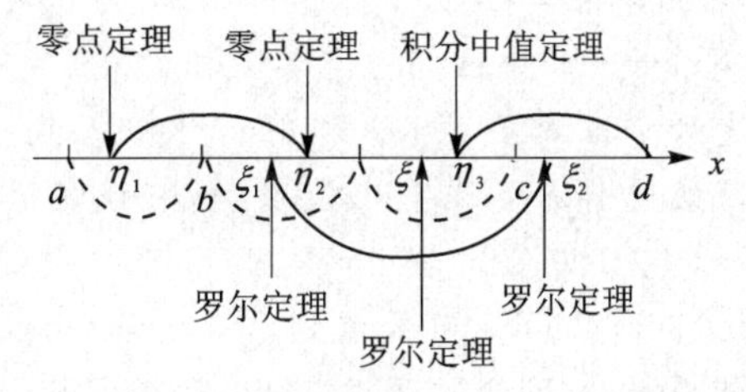

图 2－7

【题外话】

(i) 本例若将条件"$2\int_{\frac{b+c}{2}}^{c} f(x)\mathrm{d}x=(c-b)f(d)$"改为"$2\int_{\frac{b+c}{2}}^{c} f(x)\mathrm{d}x=(c-b)f(c)$"，还能证得相同的结论吗？若依然用积分中值定理得到在闭区间 $\left[\frac{b+c}{2},c\right]$ 上存在这样的 η_3，一旦 η_3 取区间端点 c，η_3 与 c 之间就不能形成开区间了，从而也无法在 $[\eta_3,c]$ 上对 $f(x)$ 使用罗尔定理了. 这时，多么希望能够证得在开区间 $\left(\frac{b+c}{2},c\right)$ 内存在满足相同结论的 η_3 啊！幸运的是，拉格朗日中值定理能够让梦想成真：

令 $\Phi(x)=\int_{\frac{b+c}{2}}^{x} f(t)\mathrm{d}t$，则 $\Phi'(x)=f(x)$，由拉格朗日中值定理可知，存在 $\eta'_3\in\left(\frac{b+c}{2},c\right)$，使

$$\Phi(c)-\Phi\left(\frac{b+c}{2}\right)=\Phi'(\eta'_3)\left(c-\frac{b+c}{2}\right),$$

即

$$\int_{\frac{b+c}{2}}^{c} f(x)\mathrm{d}x=\frac{c-b}{2}f(\eta'_3).$$

于是可以发现，**积分中值定理的结论在开区间内也成立，但是在开区间内成立的结论不能盗用"积分中值定理"的名号，更不能不加以证明地当做定理直接使用**.

(ii) 本例用到了 3 个定理，涉及 6 个中值，胜利的果实当真来之不易. 看来有必要深入研究一下如何突破证明含一个中值的等式的"瓶颈".

深度聚焦

如何用好罗尔定理来证明含一个中值的等式呢

在证明含一个中值的等式时,应该始终贯彻基本策略(分析综合法)并把握以下三个要点:

1° **熟悉求导法则,构造辅助函数**. 前面讲过,构造辅助函数无非就是由 $F'(x)$ 找到 $F(x)$. 最理想的情况是能够通过观察而把 $F'(x)$ 逐项还原为 $F(x)$(可参看例 43). 但有时呈现出的是积或商形式的导数,这就需要基于对乘除法求导法则的熟悉程度来整体识别积或商求导前的"本来面目". 而有时给出的有可能是"不完整"的积的形式的导数(如例 37)或"不完整"的商的形式的导数(如例 35),这就需要在所证等式的两边同时乘、除因子先把它们"补完整".

2° **挖掘已知条件,开发可用区间**. 为什么要"开发"可用区间呢? 因为有时所要证明的"大区间"不满足区间端点处函数值相等的条件. 为了使用罗尔定理,就不得不在"大区间"内找一个满足条件的"小区间". 与其说找的是"区间",不如说找的是函数值相等的点(当然可能是两个点都要找,如例 36 和例 39;也可能是只找一个点,如例 37 和例 38). 那么要找的是什么点呢? 中值点. 如何找呢? 证明它存在. 只是在证明的过程中可能用到拉格朗日中值定理(如例 36),可能用到介值定理(如例 37 和例 38),可能用到泰勒公式(如例 38),可能用到零点定理(如例 39),也可能用到积分中值定理(如例 39),可能需要先用两次罗尔定理(如例 39);可能只用一个定理(如例 36 和例 37),也可能用到多个定理,以在新"开发"的其他"小区间"内寻找最终使用罗尔定理的"小区间"的端点(如例 38 和例 39). 那么如何选择定理呢? 恐怕只有借助已知条件的提示了.

既然"开发小区间"的过程是证明中值点存在的过程,那么,这意味着在证明最终结论的过程中还或多或少地证得了其他含一个中值的等式(如例 37 使用介值定理证得 $f(\eta)=0$,例 39 使用零点定理证得 $f(\eta_1)=0$ 等). 换言之,实践证明,不论是拉格朗日中值定理、介值定理、零点定理、积分中值定理,甚至泰勒公式,都能证明含一个中值的等式,而例 35 的"法二"告诉了我们,这件事柯西中值定理也能办到(这并不奇怪,因为这些定理本身都与中值有关). 但是,证明含一个中值的等式似乎还是罗尔定理在"唱主角",这又是为什么呢? 因为罗尔定理有两个特点. 第一个特点是结论形式简单且等式右边为零. 所以只要经过移项,不论所证等式是什么,它的左边都能看做 $F'(\xi)$(当然辅助函数的构造有难有易). 第二个特点是有"区间端点处函数值相等"的条件. 所以只要命题者在"大区间"破坏了这个条件,其他定理就有机会"出场". "出场"的定理越多,证明的过程就越曲折,试题也就越有区分度. 而这个"舞台"只有罗尔定理才能搭建. 换个角度说,只要真正用好了罗尔定理,那么如何使用其他定理证明含一个中值的等式都将不言自明,因为它们大多能成为使用罗尔定理证明时的一个步骤.

3° **厘清知识脉络,改变导数阶数**. 从逻辑上讲,只要"有函数"、"有区间",就能使用罗尔定理,所以用"分析综合法"的目的就是"构造辅助函数"、"开发可用区间". 而这里谈导数阶数只是多提供一个思考的角度. 其实,使用罗尔定理的次数与结论中所含的导数阶数真的没有关系(如例 36 和例 39 的结论中都含有二阶导数,而例 36 只用了一次罗尔定理,例 39 却用了三次罗尔定理),哪个定理能找到函数值相等的点,哪个定理就是“王道”. 前面讲过,选择“找函数值相等的点”的定理只能借助已知条件的提示,而这种提示的形成很多时候是出于对“如何把已知条件中的导数阶数改变为所需要的导数阶数”的考虑(如例 36 用拉格朗日中值定理把关于 $f(x)$ 的信息改变为关于 $f'(x)$ 的信息,例 38 用泰勒公式把关于 $f(x)$ 的信息改变为关于 $f''(x)$ 的信息,例 39 用积分中值定理把关于 $\int_a^b f(x)\mathrm{d}x$ 的信息改变为关于 $f(x)$ 的信息). 谁能改变导数阶数呢? 主要是拉格朗日中值定理、积分中值定理和泰勒公式. 如何改变呢? 请看图 2-8.

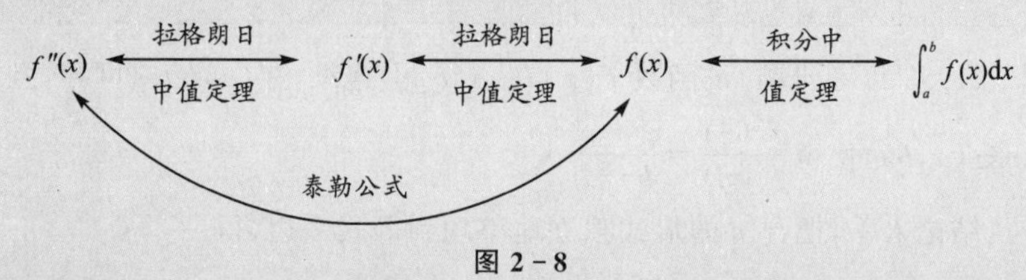

图 2-8

同时也可以发现,在不改变导数阶数的情况下,找函数值相等的点多使用介值定理和零点定理(如例 37 和例 38 使用介值定理找到各自的 η,分别使 $F(0)=F(\eta)$, $f''(\eta)=f''(1)$,例 39 两次使用零点定理找到 η_1,η_2,使 $f(\eta_1)=f(\eta_2)$).

谈了那么多罗尔定理,不禁要问,同为微分中值定理的拉格朗日中值定理和柯西中值定理是否也有“唱主角”的机会呢? 它们的特点又是什么呢? 关于它们,还要从含多个中值的等式的证明说起.

2. 含多个中值的等式

题眼探索　**证明含多个中值**(我们探讨的“多个中值”没有“各中值点是不同的点”的要求)**的等式主要通过多次使用拉格朗日中值定理或柯西中值定理**(可能只用到拉格朗日中值定理,可能只用到柯西中值定理,也可能既用到拉格朗日中值定理又用到柯西中值定理). 为什么罗尔定理不管用了呢? 因为它“等式右边为零”的特点使它不得不“退场”. 以含有两个中值为例,命题者通过使用两次中值定理来构建两个含一个中值的等式,再通过两式相比(或等量代换)并稍加变形“生产”出一个含有两个中值的等式,然后需要解题者做的是从结论入手,推导出那两次中值定理是如何使用的. 假设其中一个等式是通过使用罗尔定理构建的,由于它右边为零,若要与另一式相比(或等量代换),则必先移项,移项之后必然“面目全非”,解题者还能看出谁是使用了罗尔定理的“产物”吗?

伴随着罗尔定理的“退场”,拉格朗日中值定理和柯西中值定理成了证明中的“主角”. 那么,拉格朗日中值定理有什么特点呢? 第一个特点是结论形式较复杂,特征性强,且等式右边不为零;第二个特点是无“区间端点处函数值相等”的条件. 显然,罗尔定理与拉格朗日中值定理的特点截然相反,它俩可真是一对“冤家”! 这也意味着它们会有不同的应用视角(后面还会讲到).而拉格朗日中值定理的这两个特点,柯西中值定理都具备(只是它的结论形式更复杂),而它自己还有第三个特点——"双函数".

此外,**证明含有多个中值的等式的基本策略是分析法**,因为,前面讲过,证明时需"从结论入手"(从另一个角度来说,拉格朗日中值定理和柯西中值定理都没有"区间端点处函数值相等"的条件需要满足,因此也就无须"从条件入手"了),"从结论入手"的目的是推导出所证的含多个中值的等式是如何被命题者"生产"出来的,换言之,就是识破谁是拉格朗日中值定理的"产物",谁是柯西中值定理的"产物".为了便于识破它们的"真面目",建议解题者先做一个准备工作:把含有任一中值的形式独立地整理到等式一边(一般选择出现次数最多的中值).

【例40】 (1998年考研题)设函数 $f(x)$ 在 $[a,b]$ 上连续,在 (a,b) 内可导,且 $f'(x)\neq 0$,试证存在 $\xi,\eta\in(a,b)$,使得 $\dfrac{f'(\xi)}{f'(\eta)}=\dfrac{e^b-e^a}{b-a}\cdot e^{-\eta}$.

【分析】从结论入手,把含 η 的形式独立地整理到等式一边,得

$$\frac{f'(\xi)(b-a)}{e^b-e^a}=\frac{f'(\eta)}{e^\eta}.$$

等式右边可看做对 $f(x)$ 与 e^x 使用柯西中值定理的"产物",等式左边的分子可看做对 $f(x)$ 使用拉格朗日中值定理的"产物",这样等式两边就可以"无缝对接"了.

【证】由拉格朗日中值定理可知,存在 $\xi\in(a,b)$,使得 $f(b)-f(a)=f'(\xi)(b-a)$.

由柯西中值定理可知,存在 $\eta\in(a,b)$,使得 $\dfrac{f(b)-f(a)}{e^b-e^a}=\dfrac{f'(\eta)}{e^\eta}$.

两式相比,得

$$e^b-e^a=\frac{f'(\xi)}{f'(\eta)}(b-a)e^\eta,$$

即

$$\frac{f'(\xi)}{f'(\eta)}=\frac{e^b-e^a}{b-a}\cdot e^{-\eta}.$$

【题外话】命题者多将使用柯西中值定理来解答的题目中的"双函数"设置为一个具体函数和一个抽象函数(因为若两个都为抽象函数则太容易辨识,若两个都为具体函数则又太难辨识),当然也可能是一个具体函数和一个"半抽象"函数(如例35).

【例41】 设 $f(x)$ 在 $\left[0,\dfrac{\pi}{2}\right]$ 上具有连续的二阶导数,且 $f'(0)=0$,证明:存在 $\xi,\eta,\omega\in\left(0,\dfrac{\pi}{2}\right)$,使得 $f'(\xi)=\dfrac{\pi}{2}\eta\sin 2\xi f''(\omega)$.

【分析】把结论中包含 ξ 的形式独立地整理到等式一边,得

$$\frac{f'(\xi)}{\sin 2\xi}=\frac{\pi}{2}\eta f''(\omega). \tag{2-10}$$

式(2-10)左边提示要对 $f(x)$ 与 $-\dfrac{1}{2}\cos 2x$ 使用柯西中值定理,得

$$\frac{f'(\xi)}{\sin 2\xi}=f\left(\frac{\pi}{2}\right)-f(0)\quad\left(0<\xi<\frac{\pi}{2}\right). \tag{2-11}$$

式(2-11)右边给出了使用拉格朗日中值定理的"信号",即

$$f\left(\frac{\pi}{2}\right)-f(0)=\frac{\pi}{2}f'(\eta)\quad\left(0<\eta<\frac{\pi}{2}\right).\tag{2-12}$$

比较式(2-10)右边和式(2-12)右边,如何使 $f'(\eta)$顺利过渡到 $\eta f''(\omega)$呢?可以在$[0,\eta]$上对 $f'(x)$再使用一次拉格朗日中值定理.

【证】由柯西中值定理可知,存在 $\xi\in\left(0,\frac{\pi}{2}\right)$,使$\frac{f'(\xi)}{\sin 2\xi}=f\left(\frac{\pi}{2}\right)-f(0)$.

在$\left[0,\frac{\pi}{2}\right]$上对 $f(x)$使用拉格朗日中值定理得到:存在 $\eta\in\left(0,\frac{\pi}{2}\right)$,使得 $f\left(\frac{\pi}{2}\right)-f(0)=\frac{\pi}{2}f'(\eta)$.

在$[0,\eta]$上对 $f'(x)$使用拉格朗日中值定理得到:存在 $\omega\in(0,\eta)\subset\left(0,\frac{\pi}{2}\right)$,使得 $f'(\eta)=\eta f''(\omega)$.

由以上三式得

$$\frac{f'(\xi)}{\sin 2\xi}=\frac{\pi}{2}\eta f''(\omega),$$

即

$$f'(\xi)=\frac{\pi}{2}\eta\sin 2\xi f''(\omega).$$

【题外话】

(i) 在证明含有多个中值的等式时,也能在包含于"大区间"的"小区间"内使用中值定理;

(ii) 有关中值的证明暂且谈到这里,不知道某些读者的噩梦醒了吗?如果没醒也无妨,可以在研究复杂方程解的问题的过程中继续体会中值问题的奥妙,因为它们之间有着千丝万缕的联系.

问题 7　复杂方程解的问题

问题研究

1. 证明方程有解

题眼探索　面对方程,最理想的"结局"是能求出解.但是要想求形式有些复杂的方程的解(这里都指实数解),我们则无能为力.于是只能退而求其次,去研究解的情况.那么如何研究呢?大体有两条"路线":"代数路线"是转化为函数的零点,"几何路线"是转化为曲线的交点.所以,方程解的问题、函数的零点问题、曲线的交点问题,本质上是同一个问题.在这里,主要谈"代数路线".而把方程的解转化为函数的零点体现了"函数思想".所谓"函数思想",不妨说就是把方程问题和不等式问题转化为函数问题.从不等式问题向函数问题的转化是后话(问题 8),而探讨如何把方程问题转化为函数问题则是当务之急.

下面先探讨证明方程有解.既然选择把方程的解转化为函数的零点来讨论,那么,不难想到,有一个定理似乎是为证明函数有零点"量身定制"的,它就是零点定理.

(1) 利用零点定理

【例42】 设 a,b 为不同的实数,证明方程 $ax^3-4bx-a+b=0$ 在 $(0,2)$ 内至少有一个实根.

【证】令 $f(x)=ax^3-4bx-a+b$,则

$$f(0)\cdot f(2)=-7(a-b)^2<0,$$

由零点定理可知,存在 $\xi\in(0,2)$,使 $f(\xi)=0$.

故 $ax^3-4bx-a+b=0$ 在 $(0,2)$ 内至少有一个实根.

(2) 利用罗尔定理

【例43】 设实数 $a_0,a_1,\cdots,a_n$ 满足

$$a_0+\frac{a_1}{2}+\frac{a_2}{3}+\cdots+\frac{a_n}{n+1}=0,$$

求证:方程 $a_0+a_1x+\cdots+a_nx^n=0$ 在 $(0,1)$ 内有实数解.

【分析】若令 $f(x)=a_0+a_1x+\cdots+a_nx^n$,则 $f(0)\cdot f(1)$ 的符号实难判断.当零点定理"无用武之地"时,它的"替补队员"罗尔定理将完成证明方程有解的使命.而此处由 $f'(x)=a_0+a_1x+\cdots+a_nx^n$ 构造辅助函数 $F(x)$ 简直是"小菜一碟".

【证】令 $F(x)=a_0x+\frac{a_1}{2}x^2+\frac{a_2}{3}x^3+\cdots+\frac{a_n}{n+1}x^{n+1}$,则

$$F(0)=0,\quad F(1)=a_0+\frac{a_1}{2}+\frac{a_2}{3}+\cdots+\frac{a_n}{n+1}=0,$$

由罗尔定理可知,存在 $\xi\in(0,1)$,使 $f'(\xi)=0$.

故方程 $a_0+a_1x+\cdots+a_nx^n=0$ 在 $(0,1)$ 内有实数解.

【题外话】为什么能用罗尔定理证明方程有解呢?因为"$f(x)=0$ 在 (a,b) 内有解"与"存在 $\xi\in(a,b)$,使 $f(\xi)=0$"是含义完全相同的表达,甚至可以说"证明方程有解"和"证明含一个中值的等式"本质上是同一个问题.其实,证明方程有解也好,证明含一个中值的等式也罢,都是想使用操作简单的零点定理.无奈它的条件有时不满足(反观例34~38,它们都不满足零点定理的条件,故只能使用罗尔定理).况且当 $f(x)$ 在 $[a,b]$ 上连续时,"$f(a)\cdot f(b)<0$"只不过是"$f(x)=0$ 在 (a,b) 内有解"的充分条件,这意味着即使断定 $f(a)\cdot f(b)\geqslant 0$,也不能说 $f(x)=0$ 在 (a,b) 内无解(如设 $f(x)=(x-1)(x-2)(x-3)$,则 $f(1)\cdot f(3)=0$,但 $f(x)=0$ 在 $(1,3)$ 内有解 $x=2$),而只有当 $f(x)$ 在 $[a,b]$ 上连续且单调时,"$f(a)\cdot f(b)<0$"才是"$f(x)=0$ 在 (a,b) 内有解"的充分必要条件.由此可见,一个"替补队员"对零点定理而言是多么必要!至于它的"替补队员"罗尔定理的使用,在问题6中已经"深度聚焦"过了.

2. 证明方程有唯一解

题眼探索 在证明方程有唯一解时,有两个"环节"缺一不可:1°证明方程有解;2°证明方程至多有一个解.证明方程有解是刚探讨过的问题,关键在于如何证明方程至多有一个解.主要有两种方法:

1° 从正面证明.我们知道,若 $f(x)$ 在 (a,b) 内单调,则 $f(x)=0$ 在 (a,b) 内至多有一个解.

2° 从反面证明(即反证法). 设 $f(x)$ 在 $[a,b]$ 上连续, 在 (a,b) 内可导. 假设 $f(x)=0$ 在 (a,b) 内有两个不同的解 x_1,x_2(不妨设 $x_1<x_2$), 则

$$f(x_1)=f(x_2)=0.$$

此时 $f(x)$ 在 $[x_1,x_2]$ 上恰好满足罗尔定理的条件! 于是存在 $\xi\in(x_1,x_2)\subset(a,b)$, 使 $f'(\xi)=0$. 若结合已知条件能推出矛盾, 则原假设不成立, 即 $f(x)=0$ 在 (a,b) 内至多有一个解. 由此看来, 罗尔定理既能证明方程有解, 又能证明方程至多有一个解.

(1) 利用单调性证明方程至多有一个解

【例 44】 (1993 年考研题) 设在 $[0,+\infty)$ 上函数 $f(x)$ 有连续导数, 且 $f'(x)\geqslant k>0$, $f(0)<0$, 证明 $f(x)$ 在 $(0,+\infty)$ 内有且仅有一个零点.

【证】由于 $f'(x)>0$, $f(x)$ 在 $(0,+\infty)$ 内递增, 故 $f(x)$ 在 $(0,+\infty)$ 内至多有一个零点. 由拉格朗日中值定理可知, 存在 $\xi\in(0,x)$, 使 $f(x)-f(0)=f'(\xi)x\geqslant kx\ (x>0)$, 即

$$f(x)\geqslant kx+f(0),$$

取 $x_0>-\dfrac{f(0)}{k}>0$, 则 $f(x_0)>f\left[-\dfrac{f(0)}{k}\right]\geqslant k\left[-\dfrac{f(0)}{k}\right]+f(0)=0$.

又因为 $f(0)<0$, 由零点定理可知, 存在 $\eta\in(0,x_0)\subset(0,+\infty)$, 使 $f(\eta)=0$, 即 $f(x)$ 在 $(0,+\infty)$ 内有零点.

综上所述, $f(x)$ 在 $(0,+\infty)$ 内有且仅有一个零点.

【题外话】本例用拉格朗日中值定理把关于 $f'(x)$ 的信息"$f'(x)\geqslant k$"改变为关于 $f(x)$ 的信息"$f(x)\geqslant kx+f(0)$".

(2) 利用罗尔定理证明方程至多有一个解

【例 45】 设函数 $f(x)$ 在 $[0,1]$ 上可导, 对于 $[0,1]$ 上任一 x, 都满足 $0<f(x)<3$, 且 $f'(x)\neq 3$, 证明在 $(0,1)$ 内有且仅有一点 ξ, 使得 $f(\xi)=3\xi$.

【证】令 $F(x)=f(x)-3x$, 则

$$F(0)=f(0)>0,\quad F(1)=f(1)-3<0,$$

由零点定理可知, 存在 $x_1\in(0,1)$, 使得 $F(x_1)=0$.

假设在 $(0,1)$ 内存在 $x_2\neq x_1$(不妨设 $x_1<x_2$), 使得 $F(x_2)=F(x_1)=0$.

由罗尔定理可知, 存在 $\eta\in(x_1,x_2)\subset[0,1]$, 使得 $F'(\eta)=f'(\eta)-3=0$, 即 $f'(\eta)=3$, 与 $f'(x)\neq 3\ (0\leqslant x\leqslant 1)$ 矛盾, 故原假设不成立.

综上所述, 在 $(0,1)$ 内有且仅有一点 ξ, 使得 $f(\xi)=3\xi$.

3. 讨论方程解的个数与范围

题眼探索　最后探讨具体的连续函数的零点个数与范围. 与之前不同, 现在没有了已知的区间可以"锁定", 因此多少有些茫然. 既然选择把方程问题转化为函数问题来讨论, 就要充分利用函数的性质. 前面刚讲过, 函数在单调区间内至多有一个零点,

这岂不是说函数的各单调区间正是讨论时可以"锁定"的区间吗?前面也讲过,当 $f(x)$ 在 $[a,b]$ 上连续且单调时,"$f(a)\cdot f(b)<0$"是"$f(x)$ 在 (a,b) 内有零点"的充分必要条件,这岂不是说通过区间端点处函数值的符号,就能断定函数在单调区间内究竟是有一个零点,还是没有零点吗?所以,解决这类问题大体分两步走:

1° **求函数的单调区间;**

2° **通过区间端点处函数值的符号逐一判断函数在各单调区间内是否有零点.**

(1) 方程中无参数

【例 46】 证明方程 $2\ln(x^2+3)+x+1-2\ln4=0$ 恰有两个实根.

【证】记 $f(x)=2\ln(x^2+3)+x+1-2\ln4$,则

$$f'(x)=\frac{4x}{x^2+3}+1=\frac{(x+1)(x+3)}{x^2+3}.$$

令 $f'(x)=0$,得 $x_1=-1,x_2=-3$. $f(x)$ 的性质如表 2-4 所列.

表 2-4

x	$(-\infty,-3)$	-3	$(-3,-1)$	-1	$(-1,+\infty)$
$f'(x)$	+	0	−	0	+
$f(x)$	↗	$2(\ln3-1)$	↘	0	↗

故 $f(x)$ 在 $(-\infty,-3)$ 和 $(-1,+\infty)$ 内递增,在 $(-3,-1)$ 内递减,从而 $f(x)$ 在 $(-\infty,-3)$,$(-3,-1)$ 和 $(-1,+\infty)$ 内分别至多有一个零点.

由于 $f(-3)=2(\ln3-1)>0$,$f(-9)=2(\ln21-4)<0$,故 $f(x)$ 在 $(-9,-3)$ 内有一个零点.

由于 $f(-1)=0$,故 $f(x)$ 有零点 $x=-1$,且在 $(-3,-1)$ 和 $(-1,+\infty)$ 内都无零点.

综上所述,$f(x)$ 在 $(-\infty,+\infty)$ 内恰有两个零点,即原方程恰有两个实根.

(2) 方程中含参数

【例 47】 当 $x>0$ 时,讨论曲线 $y=e^x$ 与 $y=kx$ 的交点个数.

【解】**法一:**对于 $e^x=kx$,记 $f(x)=e^x-kx$,所以

$$f'(x)=e^x-k,\quad f''(x)=e^x>0,$$

故 $f'(x)$ 在 $(0,+\infty)$ 内递增.

1° 当 $k\leqslant1$ 时,在 $(0,+\infty)$ 内有

$$f'(x)>f'(0)=1-k\geqslant0,$$

故 $f(x)$ 在 $(0,+\infty)$ 内递增,从而 $f(x)$ 在 $(0,+\infty)$ 内至多有一个零点.

由于 $f(0)=1>0$,且 $\lim\limits_{x\to+\infty}f(x)=+\infty>0$,故 $f(x)$ 在 $(0,+\infty)$ 内无零点.

2° 当 $k>1$ 时,令 $f'(x)=0$,得 $x=\ln k$. $f(x)$ 的性质如表 2-5 所列.

表 2-5

x	$(0,\ln k)$	$\ln k$	$(\ln k,+\infty)$
$f'(x)$	$-$	0	$+$
$f(x)$	↘	$k(1-\ln k)$	↗

故 $f(x)$在$(0,\ln k)$内递减，在$(\ln k,+\infty)$内递增，从而 $f(x)$在$(0,\ln k)$和$(\ln k,+\infty)$内分别至多有一个零点.

对于

$$f(0)=1>0,\quad \lim_{x\to+\infty}f(x)=+\infty>0,\quad f(\ln k)=k(1-\ln k),$$

① 当$1<k<\mathrm{e}$时，$f(\ln k)>0$，故 $f(x)$在$(0,\ln k)$和$(\ln k,+\infty)$内都无零点；

② 当$k=\mathrm{e}$时，$f(\ln k)=0$，故 $f(x)$有零点 $x=\ln k=1$，且在$(0,\ln k)$和$(\ln k,+\infty)$内都无零点；

③ 当$k>\mathrm{e}$时，$f(\ln k)<0$，故 $f(x)$在$(0,\ln k)$和$(\ln k,+\infty)$内各有一个零点.

综上所述，当$k<\mathrm{e}$时，两曲线无交点；当$k=\mathrm{e}$时，两曲线有一个交点；当$k>\mathrm{e}$时，两曲线有两个交点.

法二：对于 $\mathrm{e}^x=kx$，分离参数得$\dfrac{\mathrm{e}^x}{x}=k$.

记 $g(x)=\dfrac{\mathrm{e}^x}{x}-k$，则 $g'(x)=\dfrac{x\mathrm{e}^x-\mathrm{e}^x}{x^2}=\dfrac{\mathrm{e}^x}{x^2}(x-1)$.

令 $g'(x)=0$，得 $x=1$. $g(x)$的性质如表 2-6 所列.

表 2-6

x	$(0,1)$	1	$(1,+\infty)$
$g'(x)$	$-$	0	$+$
$g(x)$	↘	$\mathrm{e}-k$	↗

故 $g(x)$在$(0,1)$内递减，在$(1,+\infty)$内递增，从而 $g(x)$在$(0,1)$和$(1,+\infty)$内分别至多有一个零点.

对于

$$\lim_{x\to0^+}g(x)=+\infty>0,\quad \lim_{x\to+\infty}g(x)=+\infty>0,\quad g(1)=\mathrm{e}-k,$$

1° 当$k<\mathrm{e}$时，$g(1)>0$，故 $g(x)$在$(0,1)$和$(1,+\infty)$内都无零点；

2° 当$k=\mathrm{e}$时，$g(1)=0$，故 $g(x)$有零点 $x=1$，且在$(0,1)$和$(1,+\infty)$内都无零点；

3° 当$k>\mathrm{e}$时，$g(1)<0$，故 $g(x)$在$(0,1)$和$(1,+\infty)$内各有一个零点.

综上所述，当$k<\mathrm{e}$时，两曲线无交点；当$k=\mathrm{e}$时，两曲线有一个交点；当$k>\mathrm{e}$时，两曲线有两个交点.

【题外话】

(i) 当把方程解的问题转化为函数的零点问题时，方程中含参数也就意味着要研究的函数含参数. 那么，究竟在什么情况下要对参数进行讨论呢？既然研究分两步走，那么需要讨论参数的只可能是这样两种情况：

① 该函数的导数含参数，并且参数的取值影响了导数的符号，从而影响了函数的单调性.

② 某些单调区间端点处的函数值含参数,并且参数的取值影响了这些函数值的符号.

为了避免这两种情况都出现(如本例的“法一”),**尽量对原方程分离参数,使所研究的函数在求导后不再含参数**,这样就只需在情况②出现时讨论参数了(如本例的“法二”).当然,有时也可能无法分离参数,或由于分离参数后所研究的函数的导数变得太复杂而不宜分离.

(ii) 有一个令人纠结的问题,那就是如何证明函数在无穷区间内有零点.主要有两个策略:

① 在无穷区间内找一点,使这一点处函数值的符号满足零点定理的条件,从而在无穷区间内“开发”一个能用零点定理证明函数有零点的“小区间”.如果函数具体且不含参数,则可以通过多求几个点处的函数值来找到满足条件的点(这样的点一般有无数个,如例 46 找到 $f(-9)<0$);如果函数抽象,则只能利用已知条件了$\left(\right.$这样的点一般需要满足某些条件,如例 44 找到 $x_0>-\dfrac{f(0)}{k}$,使 $f(x_0)>0\left.\right)$.

② 用自变量趋于正(负)无穷的极限值来代替函数值(如本例的“法一”“法二”分别用 $\lim\limits_{x\to+\infty}f(x)$和 $\lim\limits_{x\to+\infty}g(x)$代替 $f(x)$和 $g(x)$在正无穷处不可能有的函数值).其实,当函数在某一区间端点处无定义时,也可以用自变量趋于该点的左(右)极限值代替函数值(如本例的“法二”用 $\lim\limits_{x\to0^+}g(x)$代替不存在的 $g(0)$).

需要指出的是,若已知函数单调,则策略②既能证明该函数在无穷区间内有零点,又能证明该函数在无穷区间内无零点,而策略①只能证明该函数在无穷区间内有零点.

(iii) 本例“法一”由 $f''(x)$的正负得到了 $f'(x)$的单调性,并以此推出 $f(x)$在$(0,+\infty)$内的单调性(当 $k\leqslant1$ 时).这给了我们一个启示:**不但可以由函数一阶导数的正负得到该函数的单调性,而且可以由较高阶导数的正负得到较低阶导数的单调性**.其实,只要“前进一步”,便又可知 $f(x)>f(0)=1$.这就成功地证明了不等式

$$\mathrm{e}^x-kx>1\quad(x>0,\text{常数 }k\leqslant1).$$

那么,能够使用一元函数微分学的方法证明哪些不等式呢?这个问题又是一块难啃的“硬骨头”.

问题 8 用一元微分学的方法证明不等式

问题研究

1. 含一个中值的不等式

题眼探索 即使没有接触过微积分,不等式的证明也不能算是一个新问题.在接受了一元函数微分学的“洗礼”之后,我们如虎添翼,可是“翼”是什么呢?函数.下面,就利用函数来证明不等式.

与其说是利用函数来证明不等式,不如说是利用函数中的不等关系来证明.换言之,**正因为与函数有关的各不等关系成立,因此所要证明的不等式才成立,而利用函数证明不等式的关键就是找到使这个不等式成立的不等关系**.可以根据不等式最显著的特征把不等式分为“含一个中值的不等式”、“含绝对值的不等式”、“含一个变量

字母的不等式”(通常变量字母为 x,这里讨论的不等式不含绝对值)和“含两个常量字母的不等式”(通常常量字母为 a,b)来谈,先找一找函数中分别有哪些不等关系属于这四类不等式,再利用这些不等关系来证明不等式.这是“追根溯源”的研究方法.

首先,可能要问,我们遇到过含一个中值的不等关系吗?恐怕没有.以前接触的与中值有关的定理的结论都是等式.但是,相等关系是可以“衍生”出不等关系的.那么,哪个定理的结论最容易“衍生”不等关系呢?拉格朗日中值定理(原因后面再讲).且看拉格朗日中值定理的结论

$$f'(\xi)=\frac{f(b)-f(a)}{b-a}\quad(a<\xi<b),$$

如果知道了等式右边的正负,那么又何惧没有关于 $f'(\xi)$ 的不等关系呢?

【例 48】(1990 年考研题)设不恒为常数的函数 $f(x)$ 在闭区间 $[a,b]$ 上连续,在开区间 (a,b) 内可导,且 $f(a)=f(b)$,证明在区间 (a,b) 内至少存在一点 ξ,使得 $f'(\xi)>0$.

【分析】若在 $[a,b]$ 上使用拉格朗日中值定理,则有

$$f'(\xi)=\frac{f(b)-f(a)}{b-a}=0\quad(a<\xi<b),$$

显然“衍生”不出不等关系.有了“证明含一个中值的等式”的经验后,就能知道,要想寻找使用定理的区间,则只能破译条件中的“密码”.看似不起眼的条件“$f(x)$ 不恒为常数”绝非赘笔,它告诉我们一定存在 $c\in(a,b)$,使得 $f(c)\neq f(a)$,这就激发了我们在 $[a,c]$ 和 $[c,b]$ 上使用拉格朗日中值定理的灵感.那么,$f(c)$ 和 $f(a)$ 究竟谁大呢?看来有必要分类讨论.

【证】由于 $f(x)$ 不恒为常数,因此存在 $c\in(a,b)$,使得 $f(c)\neq f(a)$.

当 $f(c)>f(a)$ 时,由拉格朗日中值定理可知,存在 $\xi\in(a,c)$,使

$$f'(\xi)=\frac{f(c)-f(a)}{c-a}>0;$$

当 $f(c)<f(a)=f(b)$ 时,同理可知,存在 $\xi\in(c,b)$,使

$$f'(\xi)=\frac{f(b)-f(c)}{b-c}>0.$$

【题外话】可见,不仅限于在证明含中值的等式时,“在大区间内开发小区间”还是证明函数在无穷区间内有零点(问题 7 讲过)以及证明含一个中值的不等式的常见思路.

2. 含绝对值的不等式

题眼探索 在一元函数微分学中似乎找不到含绝对值的不等关系,但是下面这个不等式相信读者并不陌生:

$$|f_1(x)\pm f_2(x)|\leqslant|f_1(x)|+|f_2(x)|.$$

设 $f(x)=f_1(x)+f_2(x)$,若已知 $|f_1(x)|$ 和 $|f_2(x)|$ 的最大值,则利用该不等关系便可知 $|f(x)|$ 的最大值.这告诉我们,如果有一个至少连接三个函数的“媒介”(如此

处$f(x)=f_1(x)+f_2(x)$连接了$f(x),f_1(x),f_2(x)$),则这个不等关系就能施展它的“威力”.泰勒公式就是“称职”的“媒介”,它至少能连接$f(x),f'(x),f''(x)$三个函数.

【例49】 (1996年考研题)设$f(x)$在$[0,1]$上具有二阶导数,且满足条件$|f(x)|\leqslant a$,$|f''(x)|\leqslant b$,其中a,b都是非负常数,c是$(0,1)$内任意一点.证明$|f'(c)|\leqslant 2a+\frac{b}{2}$.

【证】 $$f(x)=f(c)+f'(c)(x-c)+\frac{1}{2}f''(\xi)(x-c)^2 \quad (\xi\text{介于}c\text{与}x\text{之间}).$$

令$x=0$,则

$$f(0)=f(c)-f'(c)c+\frac{1}{2}f''(\xi_1)c^2 \quad (0<\xi_1<c<1). \tag{2-13}$$

令$x=1$,则

$$f(1)=f(c)+f'(c)(1-c)+\frac{1}{2}f''(\xi_2)(1-c)^2 \quad (0<c<\xi_2<1). \tag{2-14}$$

式(2-14)−式(2-13)得

$$f'(c)=f(1)-f(0)+\frac{1}{2}[f''(\xi_1)c^2-f''(\xi_2)(1-c)^2],$$

于是

$$|f'(c)|\leqslant |f(1)|+|f(0)|+\frac{1}{2}|f''(\xi_1)|c^2+\frac{1}{2}|f''(\xi_2)|(1-c)^2$$
$$\leqslant a+a+\frac{b}{2}[c^2+(1-c)^2].$$

由于c和$1-c$都大于0,且$c^2+(1-c)^2<[c+(1-c)]^2=1$,故$|f'(c)|\leqslant 2a+\frac{b}{2}$.

【题外话】

(i) 由于本例要证明的是关于$f'(c)$的结论,故把$f(x)$按$(x-c)$的幂展开;由于已知区间的端点为0和1,故想到赋值$x=0,x=1$;由于本例中出现的最高阶导数为$f''(x)$,故展开为一阶泰勒公式.

(ii) 本例又用到了“先对泰勒公式赋值,再把赋值后的两式相加或相减”的方法(例38用过),两式相减是为了使$f'(c)$的系数不含c.

3.含一个变量字母的不等式

题眼探索 “含一个变量字母的不等式”与“含两个常量字母的不等式”的证明是不等式证明的“重头戏”.那么,在函数中哪里有含一个变量字母的不等关系呢?最熟悉的当属单调性定义:设$f(x)$在$(x_0,+\infty)$内递增,则

$$f(x)>f(x_0) \quad (x>x_0).$$

如此看来,利用单调性定义(这里利用的都是定义的逆命题,以下不再说明)证明

含一个变量字母的不等式只需把握两个要点：1°记函数；2°判断该函数在给定区间的单调性．要点1°是“举手之劳”；但是，看似平常的要点2°完成起来当真是“一马平川”吗？

(1) 利用单调性定义

【例50】 证明：$\ln(x^2+1)\leqslant x^2(x\geqslant 0)$．

【证】记 $f(x)=\ln(x^2+1)-x^2(x\geqslant 0)$，则

$$f'(x)=\frac{2x}{x^2+1}-2x=\frac{-2x^3}{x^2+1}\leqslant 0,$$

故 $f(x)$ 在 $[0,+\infty)$ 上递减，从而

$$f(x)\leqslant f(0)=0,$$

即

$$\ln(x^2+1)\leqslant x^2.$$

【例51】 证明：$\ln(x^2+1)\leqslant e^{2x}-1(x\geqslant 0)$．

【分析】仿照例50，我们想判断 $f(x)=\ln(x^2+1)-e^{2x}+1$ 在 $[0,+\infty)$ 上的单调性．可问题是 $f'(x)=\frac{2x}{x^2+1}-2e^{2x}=\frac{2[x-(x^2+1)e^{2x}]}{x^2+1}$ 的分子的正负难定，这该怎么办呢？不妨记 $g(x)=x-(x^2+1)e^{2x}(x\geqslant 0)$，先利用单调性定义来判断 $g(x)$ 的符号．

【证】记 $f(x)=\ln(x^2+1)-e^{2x}+1(x\geqslant 0)$，则

$$f'(x)=\frac{2x}{x^2+1}-2e^{2x}=\frac{2[x-(x^2+1)e^{2x}]}{x^2+1}.$$

记 $g(x)=x-(x^2+1)e^{2x}(x\geqslant 0)$，则

$$g'(x)=1-2(x^2+x+1)e^{2x}=(1-e^{2x})-(2x^2+2x+1)e^{2x}.$$

当 $x\geqslant 0$ 时，$1-e^{2x}\leqslant 0$，$(2x^2+2x+1)e^{2x}>0$，则 $g'(x)<0$，故 $g(x)$ 在 $[0,+\infty)$ 上递减，从而

$$g(x)\leqslant g(0)=-1<0,$$

即 $f'(x)<0$，故 $f(x)$ 在 $[0,+\infty)$ 上递减，从而

$$f(x)\leqslant f(0)=0,$$

即

$$\ln(x^2+1)\leqslant e^{2x}-1.$$

【题外话】若读者没有对 $g'(x)$ 进行拼凑以判断符号的意识也无妨，由

$$g''(x)=-2(2x^2+4x+3)e^{2x}<0$$

可知，$g'(x)$ 在 $[0,+\infty)$ 上递减，这样也能得到 $g'(x)\leqslant g'(0)=-1<0$．

(2) 利用最值定义

【例52】 证明：$\ln(x^2+1)\leqslant x^2(-\infty<x<+\infty)$．

【分析】例50已证得该不等式在 $[0,+\infty)$ 上成立，现在要把它推广到 $(-\infty,+\infty)$ 内．不幸的是，此时的 $f'(x)=\frac{-2x^3}{x^2+1}$ 可能为正，也可能为负，这意味着单调性定义不再是我们能够依靠的“肩膀”．那么，谁将成为我们的下一个“依靠”呢？最值定义．其实，从判断单调性到求最值也只有“一步之遥”．

【证】记 $f(x)=\ln(x^2+1)-x^2$，则 $f'(x)=\frac{2x}{x^2+1}-2x=\frac{-2x^3}{x^2+1}$.

令 $f'(x)=0$，得 $x=0$. $f(x)$的性质如表 2-7 所列.

表 2-7

x	$(-\infty,0)$	0	$(0,+\infty)$
$f'(x)$	+	0	−
$f(x)$	↗	0	↘

故 $f(x)$在 $x=0$ 处取得极大值，即最大值 0，从而 $f(x)\leqslant 0$，即 $\ln(x^2+1)\leqslant x^2$.

【题外话】

(i) 一元函数微分学中还有一个含一个变量字母的不等关系，那就是最值定义：设 $f(x)$ 在 $x=x_0$ 处取得在区间 I 上的最小值，则

$$f(x)\geqslant f(x_0)\quad (x\in I).$$

利用最值定义证明此类不等式也有两个要点：1°记函数；2°求该函数在给定区间的最值(这里的最值多在区间内部取得，故也是极值).

(ii) 若解题者能够识破本例的 $f(x)$为偶函数，则由 $f(x)\leqslant 0$ 在$[0,+\infty)$上成立便可直接得到它在$(-\infty,+\infty)$内也成立. 这告诉我们，建立考察函数奇偶性的意识可能会减小证明不等式时的工作量(它也可能会减小判断函数性质时的工作量，如例 28).

(iii) 纵观例 50～例 52，不难发现，例 51 和例 52 都是例 50 的“加强版”. **“利用单调性定义”是证明含一个变量字母的不等式时优先的方法. 若一阶导数的符号难以判断，则可以通过对它整体或局部再求一次导来判断它的正负(如例 51)；若断定函数不单调，则可以利用最值定义(如例 52).**

4. 含两个常量字母的不等式

题眼探索 两个常量字母对函数而言代表什么呢？可以代表自变量的两个不同取值. 这时，我们会想到，凹凸性就是借助自变量的两个不同取值来定义的，这意味着凹凸性定义是在证明含两个常量字母的不等式时能够利用的不等关系：设 $y=f(x)$ 在区间 I 上是凹的，则

$$f\left(\frac{a+b}{2}\right)<\frac{f(a)+f(b)}{2}\quad (a\neq b,a,b\in I).\qquad (2-15)$$

此外，单调性还能借助自变量的两个不同取值来定义，此处就利用了这个“版本”的单调性定义：设 $f(x)$在区间 I 上递增，则

$$f(a)<f(b)\quad (a<b,a,b\in I).\qquad (2-16)$$

在利用凹凸性定义和单调性定义证明此类不等式时还要把握两个要点：1°记函数；2°判断该函数(曲线)在给定区间的单调性(凹凸性). 对于单调性的判断也许我们已经烂熟于心，对于凹凸性的判断也只是按部就班，而使我们迷茫的恰恰可能是证明的“起步”，也就是要点 1°，因为这又涉及另一个问题：证明此类不等式何时能用凹凸

性定义，何时能用单调性定义呢？这就要观察两类定义式的形式特征.凹凸性的定义式特征明显，建议以$\frac{a+b}{2}$为切入点，含有这样形式的不等式在证明时要“依靠”凹凸性定义.另外，若将含有不同字母的形式各自分离到所证不等式的两边，就能发现两边具有相同的对应法则，单调性定义就是我们的“依靠”.搞清楚了这个问题自然也就知道该如何“记函数”了.

(1) 利用凹凸性定义

【例 53】　求证：$e^a+e^b>2e^{\frac{a+b}{2}}\ (a\neq b)$.

【证】记 $f(x)=e^x$，则 $f''(x)=e^x>0$，故 $y=f(x)$在$(-\infty,+\infty)$内是凹的，从而当 $a\neq b$ 时，有

$$e^{\frac{a+b}{2}}<\frac{e^a+e^b}{2},$$

即

$$e^a+e^b>2e^{\frac{a+b}{2}}.$$

(2) 利用单调性定义

【例 54】　(1993 年考研题)设 $b>a>e$，证明 $a^b>b^a$.

【分析】看到指数，很容易想到取对数，故欲证原不等式，即要证

$$b\ln a>a\ln b.$$

这时会想到把含有 a 和含有 b 的形式各自分离到不等式的两边，于是两边除以 ab，得

$$\frac{\ln a}{a}>\frac{\ln b}{b}.$$

当发现两边具有相同的对应法则时，就可以果断决定利用单调性定义来证明.

【证】记 $f(x)=\frac{\ln x}{x}(x>e)$，则

$$f'(x)=\frac{1-\ln x}{x^2}<0,$$

故 $f(x)$在$(e,+\infty)$内递减，从而当 $b>a>e$ 时，有

$$\frac{\ln a}{a}>\frac{\ln b}{b},$$

即

$$a^b>b^a.$$

(3) 利用拉格朗日中值定理

题眼探索　刚刚利用函数的单调性证明了含两个常量字母的不等式，那么如果知道了导数的单调性，就能完成此类不等式的证明吗？其实也能.而这回又要“依靠”谁了呢？拉格朗日中值定理.再来看一眼拉格朗日中值定理的结论

$$f'(\xi)=\frac{f(b)-f(a)}{b-a}\quad(a<\xi<b).$$

设 $f'(x)$ 在 (a,b) 内递增,则等式左边就能"衍生"出不等关系

$$f'(a)<f'(\xi)<f'(b),$$

这也就有了关于 $f(b)-f(a)$ 的不等关系

$$f'(a)(b-a)<f(b)-f(a)<f'(b)(b-a). \tag{2-17}$$

现在又一个含两个常量字母的不等关系诞生了!前面讲过,只要"有函数"、"有区间",就能使用罗尔定理.以此类推,利用拉格朗日中值定理证明此类不等式的要点是:1°选择使用定理的函数;2°选择使用定理的区间.那么如何选择使用定理的函数呢?建议以"$f(b)-f(a)$"的形式为切入点(这样的形式也是选用拉格朗日中值定理证明此类不等式的一个"信号",注意有时可能 $f(a)=0$).如何选择使用定理的区间呢?建议在从所证不等式形式入手的同时,关注已知条件的暗示(注意有时可能 $a=0$).

【例55】 设函数 $f(x)$ 在 $[0,c]$ 上具有三阶导数,且满足 $f'''(x)>0, f''(0)=f(0)=0$,证明 $f(a+b)>f(a)+f(b)$,其中常数 a,b 满足 $0<a<b<a+b<c$.

【分析】在 $(0,c)$ 内,$f'''(x)>0$ 意味着什么呢? $f''(x)$ 递增.而由 $f''(x)>f''(0)=0$ 可知 $f'(x)$ 递增.于是知道了,作为已知条件,$f'''(x)>0$ 和 $f''(0)=0$ 这个组合与"$f'(x)$ 递增"其实"扮演着相同的角色".既然 $f'(x)$ 的单调性已知,那么这个不等式的证明就可以"指望"拉格朗日中值定理了.选择对 $f(x)$ 使用定理似乎没有歧义,问题是应该选择在哪个区间使用定理呢?我们好像面临两个选择:一是把所证不等式变形为

$$f(a+b)-f(a)>f(b),$$

这很容易使人想到在 $[a,a+b]$ 上使用定理;二是把所证不等式变形为

$$f(a+b)-f(b)>f(a),$$

这明显是要在 $[b,a+b]$ 上使用定理.当权衡不定时,暂且先选第一种,于是有

$$f(a+b)-f(a)=bf'(\eta_1) \quad (a<\eta_1<a+b).$$

那么,如何进一步证明 $bf'(\eta_1)>f(b)$ 呢?不妨在 $[0,b]$ 上再使用一次拉格朗日中值定理,得

$$f(b)=f(b)-f(0)=bf'(\eta_2) \quad (0<\eta_2<b).$$

如果能够证得 $f'(\eta_1)>f'(\eta_2)$,便可"宣告胜利".显然,只能找 $f'(x)$ 的单调性来"帮忙",可惜它"帮不上我们",因为 $(a,a+b)$ 和 $(0,b)$ 是两个有交集的区间.那么凭什么来断定 $\eta_1>\eta_2$ 呢?这时可以发现,$0<a<b<a+b<c$ 这个不起眼的条件仿佛在暗示什么区间才是"合格"的.没关系,可以从头再来,先在 $[b,a+b]$ 上使用定理.当然,第二次使用定理也就变为在 $[0,a]$ 上了.

【证】由于 $f'''(x)>0$,有 $f''(x)>f''(0)=0$,故 $f'(x)$ 在 $(0,c)$ 内递增.

由拉格朗日中值定理可知,存在 $\xi_1\in(b,a+b), \xi_2\in(0,a)$,使

$$f(a+b)-f(b)=af'(\xi_1), \quad f(a)=f(a)-f(0)=af'(\xi_2).$$

由于 $c>a+b>\xi_1>b>a>\xi_2>0, f'(\xi_1)>f'(\xi_2)$,则

$$f(a+b)>f(a)+f(b).$$

【题外话】我们知道,罗尔定理既能证明方程有解,又能证明方程至多有一个解;拉格朗日中值定理既能证明含一个中值的不等式,又能证明含两个常量字母的不等式.那么,为什

么罗尔定理很“擅长”处理等式问题，而拉格朗日中值定理则很“擅长”处理不等式问题呢？这里面一定有奥秘. 看来我们有必要从一个新的角度来重新审视三个微分中值定理，这个角度就是它们的“桥梁作用”.

深度聚焦

微分中值定理的“桥梁作用”

微分中值定理有“桥梁作用”吗？有. 它们搭建了两座“桥”：第一座桥连接了函数和它的导数，第二座桥连接了区间端点和区间内一点. 那么，哪个微分中值定理最能体现“桥梁作用”呢？拉格朗日中值定理.

还是从拉格朗日中值定理的结论谈起. 请不要小看等式

$$f'(\xi)=\frac{f(b)-f(a)}{b-a}\quad(a<\xi<b),$$

它的右边反映了函数 $f(x)$，它的左边反映了这个函数的导数 $f'(x)$；同时，它的右边反映了区间端点 a,b，它的左边反映了区间内一点 ξ. 它的“桥梁作用”体现得何其完美！而且就是这“两座桥”维系着它与两类不等式的联系. 因为“第一座桥”，当 $f'(x)$ 的单调性使等式左边“衍生”出不等关系时，就能使用拉格朗日中值定理证明含两个常量字母的不等式；因为“第二座桥”，当 $f(x)$ 在 a,b 两点处取到的函数值的大小比较使等式右边“衍生”出不等关系时，就能使用拉格朗日中值定理证明含一个中值的不等式. 由于它很强的“桥梁作用”，再加上没有 $f(a)=f(b)$ 这样的条件，因此使得拉格朗日中值定理成为应用最广泛的微分中值定理. 它的“第二座桥”还能打破求极限时“两点处函数值之差”的“尴尬”形式（如第一章例 38），它的“第一座桥”更是使它具备“改变导数阶数”的良好功能（如本章例 44）. 所以这个定理当真是“八面玲珑”.

罗尔定理是“桥梁作用”最弱的微分中值定理. 它的结论

$$f'(\xi)=0\quad(a<\xi<b)$$

的等式右边为零，这就从形式上“砍断”了那两座“桥”，自然也就断绝了它与不等式的联系. 但是，也正是这个简单的形式使得罗尔定理“充满活力”. 它的“活力”体现在它与很多等式都能“沾亲带故”. 前面讲过，罗尔定理适用于证明含一个中值的等式的一个原因就是不管含一个中值 ξ 的什么等式，只要经过移项，它的左边都能看做 $f'(\xi)$. 同理，因为不管什么方程，只要经过移项，它的左边都能看做 $f'(x)$，故除零点定理外，罗尔定理最适合证明方程有解. 另外，前面也讲过，因为“方程 $f(x)=0$ 有两个不同的解”的数学表达是“$f(x_1)=f(x_2)=0$（不妨设 $x_1<x_2$）”，这使 $f(x)$ 在 $[x_1,x_2]$ 上恰好满足罗尔定理的条件，故罗尔定理又能证明方程至多有一个解. 虽说“罗尔定理能证明方程至多有一个解”在某种程度上是出于巧合，但是他与等式们的“亲缘关系”却是“与生俱来”的. 即使罗尔定理的“桥梁作用”再弱，也不能否认他在微分中值定理这个“家族”中“祖爷爷”的地位. 拉格朗日中值定理是罗尔定理的推广，而柯西中值定理和泰勒公式都是拉格朗日中值定理的推广. 只不过它们是拉格朗日中值定理两种不同意义上的推广，柯西中值定理把一个函数推广为两个函数，泰勒公式把一阶导数推广为 $n+1$ 阶导数. 同时，拉格朗日中值定理和柯西中值定理都能使用罗尔定理来证明（这也是例 35 既能使用罗尔定理又能使用柯西中值定理，但使用罗尔定理

是更一般的方法的原因).所以,不妨说拉格朗日中值定理是罗尔定理的“儿子”,柯西中值定理是拉格朗日中值定理的“儿子”,而拉格朗日中值定理还有一个“女儿”,那就是泰勒公式.他们的“血缘关系”见图 2-9.

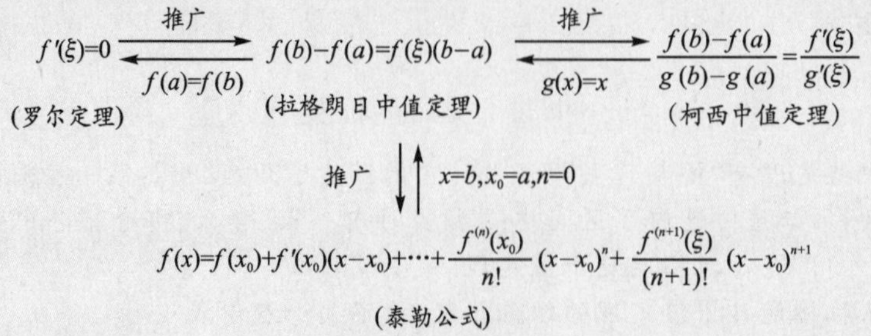

$$f'(\xi)=0 \underset{f(a)=f(b)}{\overset{\text{推广}}{\rightleftarrows}} f(b)-f(a)=f'(\xi)(b-a) \underset{g(x)=x}{\overset{\text{推广}}{\rightleftarrows}} \frac{f(b)-f(a)}{g(b)-g(a)}=\frac{f'(\xi)}{g'(\xi)}$$

(罗尔定理)　　(拉格朗日中值定理)　　(柯西中值定理)

推广 ↓↑ $x=b, x_0=a, n=0$

$$f(x)=f(x_0)+f'(x_0)(x-x_0)+\cdots+\frac{f^{(n)}(x_0)}{n!}(x-x_0)^n+\frac{f^{(n+1)}(\xi)}{(n+1)!}(x-x_0)^{n+1}$$

(泰勒公式)

图 2-9

可惜柯西中值定理是个“不争气的儿子”.他虽然“继承”了“父亲”的“桥梁作用”,但是“双函数”的特点使他形式“笨重”,这就难免“死气沉沉”.实践证明,柯西中值定理是最不受命题者青睐的微分中值定理.然而,令拉格朗日中值定理“欣慰”的是,他的“女儿”泰勒公式“在微积分界风姿绰约”.如果说拉格朗日中值定理“搭了两座桥”,那么泰勒公式就“引了一根线”,这根线“串联”了 $f(x)$,$f'(x)$,$f''(x)$,甚至 $f(x)$ 的更高阶的导数,也只有她才能用一个等式连接跨阶的导数(所以她能跨阶改变导数的阶数).无奈泰勒公式无法“继承父亲的桥梁作用”,她的结论等式本身也难以“衍生”出不等关系.但是她引的那根“线”可以“缠绕”在其他不等关系(比如 $|f_1(x)\pm f_2(x)|\leqslant|f_1(x)|+|f_2(x)|$)上,使她成为一个很好的“媒介”.那么,同为拉格朗日中值定理的“后代”,为什么柯西中值定理“死气沉沉”,而泰勒公式却“风姿绰约”呢?因为她“嫁”进了级数这个“家族”.后面在谈到她的“婆家”时还会谈到她(第七章).

让我们好好回味一下微分中值定理这个“家族”.罗尔定理代表了初创期(充满活力),拉格朗日中值定理代表了兴盛期(八面玲珑),柯西中值定理代表了衰败期(死气沉沉).这是很多家族的命运,这也是许多事物的发展规律,或许这还能体现定理在从特殊变到一般的过程中应用情况的变化.在快要与三个微分中值定理“告别”的时候,就用表格来对它们做最后的梳理吧(表 2-8).

表 2-8

定　理	特点比较	桥梁作用	应用视角
罗尔定理	1. 结论形式简单且等式右边为零; 2. 有“区间端点处函数值相等”的条件	弱	1. 证明含一个中值的等式; 2. 证明方程有解和方程至多有一个解
拉格朗日中值定理	1. 结论形式较复杂,特征性强,且等式右边不为零; 2. 无“区间端点处函数值相等”的条件	强	1. 证明含两个中值的等式; 2. 证明含一个中值的不等式与含两个常量字母的不等式; 3. 改变导数阶数; 4. 求含“两点处函数值之差”的形式的极限
柯西中值定理	1. 结论形式最复杂,特征性强,且等式右边不为零; 2. 无“区间端点处函数值相等”的条件; 3.“双函数”	强	证明含两个中值的等式

(4) 转化为含一个变量字母的不等式

【例 56】 (2004 年考研题)设 $e<a<b<e^2$,证明 $\ln^2 b-\ln^2 a>\frac{4}{e^2}(b-a)$.

【分析】这个不等式有几种证法呢? 首先,可以发现,$\ln^2 b-\ln^2 a$ 俨然就是 $f(b)-f(a)$ 的形式,所以可以对 $f(x)=\ln^2 x$ 在$[a,b]$上使用拉格朗日中值定理,这是“第一条路”. 如果把含有 a 和含有 b 的形式各自分离到不等式的两边,就有

$$\ln^2 b-\frac{4}{e^2}b>\ln^2 a-\frac{4}{e^2}a,$$

不难看出两边具有相同的对应法则 $g(x)=\ln^2 x-\frac{4}{e^2}x$,于是利用单调性定义就成为“第二条路”. 那么还有“第三条路”吗? 有,只是要先做个“手术”,把常量 b 改写为变量 x,即

$$\ln^2 x-\ln^2 a>\frac{4}{e^2}(x-a).$$

这时,含两个常量字母的不等式变为了含一个变量字母的不等式. 因此,我们可以“重操旧业”,记 $h(x)=\ln^2 x-\ln^2 a-\frac{4}{e^2}(x-a)$,再根据它在$(a,e^2)$内的单调性情况来决定是利用单调性定义,还是利用最值定义.

【证】**法一**:记 $f(x)=\ln^2 x(e<x<e^2)$,则 $f'(x)=\frac{2\ln x}{x}$.

由拉格朗日中值定理可知,存在 $\xi\in(a,b)$,使

$$\ln^2 b-\ln^2 a=\frac{2\ln\xi}{\xi}(b-a).$$

由于 $f''(x)=\frac{2(1-\ln x)}{x^2}<0$,$f'(x)$在$(e,e^2)$内递减,从而当 $e<a<\xi<b<e^2$ 时,有

$$\frac{2\ln\xi}{\xi}>\frac{2\ln e^2}{e^2}=\frac{4}{e^2},$$

则

$$\ln^2 b-\ln^2 a>\frac{4}{e^2}(b-a).$$

法二:记 $g(x)=\ln^2 x-\frac{4}{e^2}x(e<x<e^2)$,则

$$g'(x)=\frac{2\ln x}{x}-\frac{4}{e^2},\quad g''(x)=\frac{2(1-\ln x)}{x^2}<0,$$

故 $g'(x)$在(e,e^2)内递减,则由 $g'(x)>g'(e^2)=0$ 可知 $g(x)$在(e,e^2)内递增,从而当 $e<a<b<e^2$ 时,有

$$\ln^2 b-\frac{4}{e^2}b>\ln^2 a-\frac{4}{e^2}a,$$

即

$$\ln^2 b-\ln^2 a>\frac{4}{e^2}(b-a).$$

法三:记 $h(x)=\ln^2 x-\ln^2 a-\frac{4}{e^2}(x-a)(e<a<x<e^2)$,则

$$h'(x)=\frac{2\ln x}{x}-\frac{4}{e^2},\quad h''(x)=\frac{2(1-\ln x)}{x^2}<0,$$

故 $h'(x)$ 在 (a,e^2) 内递减,则由 $h'(x)>h'(e^2)=0$ 可知 $h(x)$ 在 (a,e^2) 内递增,从而

$$h(x)>h(a)=0,$$

即

$$\ln^2 x-\ln^2 a>\frac{4}{e^2}(x-a).$$

令 $x=b$,则 $\ln^2 b-\ln^2 a>\frac{4}{e^2}(b-a)$.

【题外话】

(i) 本例为什么能把证明含两个常量字母的不等式转化为证明含一个变量字母的不等式呢?因为"把常量 b 改写为变量 x"这个"手术"把"特殊性"变成了"一般性".如果能够证明关于 x 的一般不等式在某区间成立,那么 x 在该区间内取一个特殊值 b 后的不等式自然也成立.

(ii) 其实,**我们所说的能利用单调性定义来证明的含两个常量字母的不等式,都能通过转化为含一个变量字母的不等式来证明**$\left(\text{如例 54 还能先记 } g(x)=\frac{\ln x}{x}-\frac{\ln a}{a}\text{,再利用单调性定义证明,读者可以自行练习}\right)$;**能使用拉格朗日中值定理证明的含两个常量字母的不等式,都能通过转化为含一个变量字母的不等式来证明**(如例 55 还能先记 $g(x)=f(a+x)-f(a)-f(x)$,再利用单调性定义来证明,读者可以自行练习);**能利用凹凸性定义证明的含两个常量字母的不等式,也都能通过转化为含一个变量字母的不等式来证明**(如例 53 还能先记 $g(x)=e^x+e^a-2e^{\frac{a+x}{2}}$,再利用最值定义证明,读者可以自行练习).为什么呢?因为这些方法的"来源",即在相应条件下成立的不等关系式(2-15)、式(2-16)和式(2-17)都能通过转化为含一个变量字母的不等式来证明(有兴趣的读者也可以自行练习).由此可见,这种"找不等关系"的研究方法的确给力!那么,这岂不是说我们所遇到的含两个常量字母的不等式大体都能转化为含一个变量字母的不等式来证明了吗?是这样的,只不过这未必是最便捷的方法.此外,**拉格朗日中值定理还能用于证明含一个变量字母的不等式**(如若将例 55 的结论改为 $f(a+x)>f(a)+f(x)(0<a<x<c-a)$,则依然能通过对 $f(t)$ 在 $[x,a+x]$ 和 $[0,x]$ 上使用拉格朗日中值定理证得).不过使用凹凸性定义来证明含一个变量字母的不等式似乎有些牵强,因为凹凸性本身就是用自变量的两个不同取值来定义的.这时,不难发现,所要证明的不等式究竟是含一个变量还是两个常量并不是最重要的,因为常量不等式能转化为变量不等式,而证明常量不等式的某些方法也适用于变量不等式.那么,什么才是最重要的呢?函数的选择.

(iii) 本例使用了三种证法,同时也记了三个不同的函数.这意味着所用的方法不同,记的函数也就不同.纵观用于证明"含一个变量字母的不等式"和"含两个常量字母的不等式"的各个方法的要点,第一个要点无一例外都是选择函数(只不过证明"含一个变量字母的不等式"时选择函数相对容易,证明"含两个常量字母的不等式"时选择函数相对难).那么,第二个要点又是什么呢?不是研究所选函数的性质(包括判断单调性、凹凸性和求极值),就是对所选函数使用微分中值定理(拉格朗日中值定理).而证明"含一个中值的不等式"和"含绝

对值的不等式”的要点也是使用拉格朗日中值定理和泰勒公式(证明这两类不等式时函数似乎不用自己选择).如此看来,**用一元函数微分学的方法证明不等式的过程就是先认准一个函数,然后针对该函数研究其性质或使用微分中值定理(或泰勒公式)的过程**.反观对方程解的问题的讨论,不也是先认准一个函数,再对该函数研究其性质(单调性)或使用微分中值定理(罗尔定理)以及零点定理吗?而我们知道,研究性质也好,使用微分中值定理也罢,都与导数有关.

回首前面走过的路,是一个先研究导数(问题1~3),再利用导数这个“好帮手”研究函数(问题4~6),最后利用函数这个“好帮手”研究方程和不等式(问题7,8)的过程.当探索之旅行至此处时,相信读者已欣然发现了前番“跋山涉水”的意义.那么,接下来将要“拜访”的一位朋友又是谁呢?积分.但是,这位“朋友”恐怕不太招人待见.

实战演练

一、选择题

1. 设连续函数 $f(x)$ 在 $x=1$ 处可导,则 $\lim\limits_{x\to 0}\dfrac{\int_0^x[f(1-t)-f(1+t)]\,\mathrm{d}t}{x^2}=$(　　)

(A) $-f'(1+x)$.　　(B) $f'(1)$.

(C) $-f'(1)$.　　(D) $2f'(1)$.

2. 设函数 $f(x)=(\mathrm{e}^x-1)(\mathrm{e}^{2x}-2)\cdots(\mathrm{e}^{nx}-n)$,其中 n 为正整数,则 $f'(0)=$(　　)

(A) $(-1)^{n-1}(n-1)!$.　　(B) $(-1)^n(n-1)!$.

(C) $(-1)^{n-1}n!$.　　(D) $(-1)^n n!$.

3. 设 $y=f(x)$ 是满足微分方程 $y''+y'-\mathrm{e}^{\sin x}=0$ 的解,且 $f'(x_0)=0$,则 $f(x)$ 在(　　)

(A) x_0 的某个邻域内单调增加.　　(B) x_0 的某个邻域内单调减少.

(C) x_0 处取得极大值.　　(D) x_0 处取得极小值.

4. 函数 $f(x)$ 在 $(-\infty,+\infty)$ 内连续,其二阶导数 $f''(x)$ 的图形如图 2-10 所示,则曲线 $y=f(x)$ 的全部拐点为(　　)

(A) $(x_1,f(x_1))$.

(B) $(x_1,f(x_1)),(0,f(0))$.

(C) $(x_1,f(x_1)),(x_2,f(x_2))$.

(D) $(x_1,f(x_1)),(0,f(0)),(x_2,f(x_2))$.

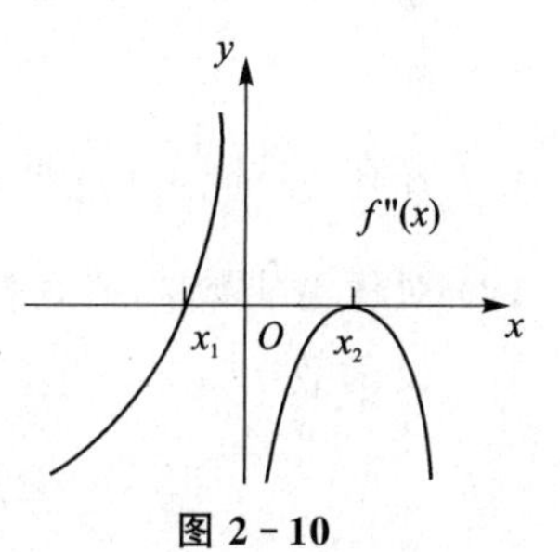

图 2-10

5. 在$[0,1]$上 $f'''(x)>0$,且 $f''(0)=0$,则 $f'(0),f'(1),f(1)-f(0)$ 或 $f(0)-f(1)$ 的大小顺序是(　　)

(A) $f'(1)>f'(0)>f(1)-f(0)$.　　(B) $f'(1)>f(1)-f(0)>f'(0)$.

(C) $f(1)-f(0)>f'(1)>f'(0)$.　　(D) $f'(1)>f(0)-f(1)-f'(0)$.

6. 已知函数 $f(x)$ 在区间 $(1-\delta,1+\delta)$ 内具有二阶导数,$f'(x)$ 单调减少,且 $f(1)=f'(1)=1$,则(　　)

(A) 在$(1-\delta,1)$和$(1,1+\delta)$内均有$f(x)<x$.

(B) 在$(1-\delta,1)$和$(1,1+\delta)$内均有$f(x)>x$.

(C) 在$(1-\delta,1)$内$f(x)<x$,在$(1,1+\delta)$内$f(x)>x$.

(D) 在$(1-\delta,1)$内$f(x)>x$,在$(1,1+\delta)$内$f(x)<x$.

二、填空题

7. 曲线$\tan\left(x+y+\frac{\pi}{4}\right)=e^y$在点$(0,0)$处的切线方程为__________.

8. 设函数$y=x^{\ln x}(x>0)$,则$dy=$__________.

9. $\frac{d}{dx}\int_{x^2}^{0}x\cos t^2\,dt=$__________.

10. 设$\begin{cases}x=f(t)-\pi,\\ y=f(e^{3t}-1),\end{cases}$其中$f$可导,且$f'(0)\neq 0$,则$\left.\frac{dy}{dx}\right|_{t=0}=$__________.

11. 函数$f(x)=\int_2^x(t^2-3t+2)\,dt$的单调递增区间为__________.

12. 若曲线$y=x^3+ax^2+bx+1$有拐点$(-1,0)$,则$b=$__________.

三、解答题

13. 设$f(x)=\begin{cases}\frac{g(x)-e^{-x}}{x}, & x\neq 0,\\ 0, & x=0,\end{cases}$其中$g(x)$具有一阶连续导数,且$g(0)=1,g'(0)=-1,g''(0)$存在.求$f'(x)$并讨论$f'(x)$在$(-\infty,+\infty)$内的连续性.

14. 设函数$f(x)$在$[0,1]$上连续,在$(0,1)$内可导,且$f(0)=f(1)=0,f\left(\frac{1}{2}\right)=1$.试证:

(1) 存在$\eta\in\left(\frac{1}{2},1\right)$,使$f(\eta)=\eta$;

(2) 对任意实数λ,必存在$\xi\in(0,\eta)$,使得$f'(\xi)-\lambda[f(\xi)-\xi]=1$.

15. 设函数$f(x)$在$[0,3]$上连续,在$(0,3)$内存在二阶导数,且

$$2f(0)=\int_0^2 f(x)\,dx=f(2)+f(3).$$

(1) 证明存在$\eta\in(0,2)$,使$f(\eta)=f(0)$;

(2) 证明存在$\xi\in(0,3)$,使$f''(\xi)=0$.

16. 设函数$f(x)$在$[a,b]$上连续,在(a,b)内可导,且$f(a)\neq f(b)$.试证:存在$\eta,\xi\in(a,b)$,使$(a+b)f'(\xi)=2\xi f'(\eta)$.

17. 求证:方程$x+p+q\cos x=0$恰有一个实根,其中p,q为常数,且$0<q<1$.

18. 求方程$k\arctan x-x=0$不同实根的个数,其中k为参数.

19. 若函数 $\varphi(x)$ 具有二阶导数，且满足 $\varphi(2)>\varphi(1)$，$\varphi(2)>\int_2^3\varphi(x)\mathrm{d}x$，证明：至少存在一点 $\xi\in(1,3)$，使得 $\varphi''(\xi)<0$.

20. 设函数 $f(x)$ 在 $(-\infty,+\infty)$ 内具有二阶导数，且 $f(x)$ 和 $f''(x)$ 在 $(-\infty,+\infty)$ 内有界，试证明 $f'(x)$ 在 $(-\infty,+\infty)$ 内有界.

21. 证明不等式 $1+x\ln(x+\sqrt{1+x^2})\geqslant\sqrt{1+x^2}\ (-\infty<x<+\infty)$.

22. 证明：当 $0<a<b<\pi$ 时，$b\sin b+2\cos b+\pi b>a\sin a+2\cos a+\pi a$.

第三章　一元函数积分学

问题 1　求一般的积分
问题 2　求特殊的定积分
问题 3　定积分的几何应用
问题 4　积分与导数的相互变形
问题 5　定积分与抽象函数的相互变形
问题 6　积分等式的证明
问题 7　积分不等式的证明

第三章　一元函数积分学

问题脉络

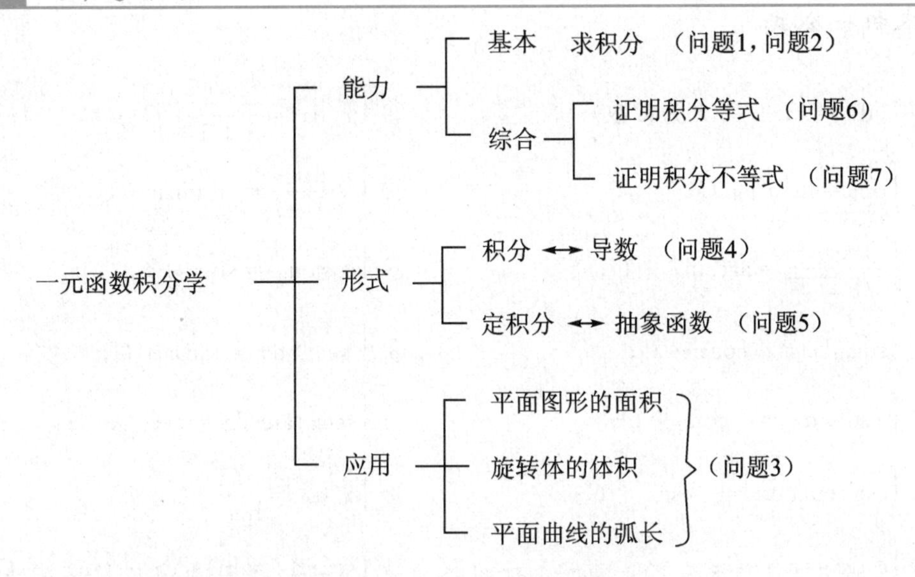

问题1　求一般的积分

知识储备

1. 原函数与不定积分的概念

若对任一$x \in I$都有$F'(x)=f(x)$，则函数$F(x)$叫做函数$f(x)$在区间I上的原函数. $f(x)$在I上带有任意常数项的原函数叫做$f(x)$在I上的不定积分，记作$\int f(x)\mathrm{d}x=F(x)+C$.

【注】连续函数一定有原函数，故初等函数在定义区间上一定有原函数，但其原函数不一定是初等函数. 换言之，有些初等函数的不定积分虽然存在，但是却求不出它，如e^{x^2}，$\sin x^2$，$\frac{\mathrm{e}^x}{x}$，$\frac{\sin x}{x}$等.

2. 导数与不定积分的关系

① $\frac{\mathrm{d}}{\mathrm{d}x}\left[\int f(x)\mathrm{d}x\right]=f(x)$ 或 $\mathrm{d}\left[\int f(x)\mathrm{d}x\right]=f(x)\mathrm{d}x$；

② $\int F'(x)\mathrm{d}x = F(x) + C$ 或 $\int \mathrm{d}F(x) = F(x) + C$.

3. 牛顿-莱布尼茨公式

若函数 $F(x)$ 是连续函数 $f(x)$ 在 $[a,b]$ 上的一个原函数,则

$$\int_a^b f(x)\mathrm{d}x = F(b) - F(a).$$

4. 基本积分公式

① $\int k\mathrm{d}x = kx + C$ (k 为常数);

② $\int x^\mu \mathrm{d}x = \frac{x^{\mu+1}}{\mu+1} + C$ $(\mu \neq -1)$;

③ $\int \frac{\mathrm{d}x}{x} = \ln|x| + C$;

④ $\int \frac{\mathrm{d}x}{1+x^2} = \arctan x + C$;

⑤ $\int \frac{\mathrm{d}x}{\sqrt{1-x^2}} = \arcsin x + C$;

⑥ $\int \cos x\mathrm{d}x = \sin x + C$;

⑦ $\int \sin x\mathrm{d}x = -\cos x + C$;

⑧ $\int \sec^2 x\mathrm{d}x = \tan x + C$;

⑨ $\int \csc^2 x\mathrm{d}x = -\cot x + C$;

⑩ $\int \sec x\tan x\mathrm{d}x = \sec x + C$;

⑪ $\int \csc x\cot x\mathrm{d}x = -\csc x + C$;

⑫ $\int a^x \mathrm{d}x = \frac{a^x}{\ln a} + C$;

⑬ $\int \mathrm{e}^x \mathrm{d}x = \mathrm{e}^x + C$;

⑭ $\int \sec x\mathrm{d}x = \ln|\sec x + \tan x| + C$;

⑮ $\int \csc x\mathrm{d}x = \ln|\csc x - \cot x| + C$.

问题研究

1. 直接积分法

题眼探索 如果想要步入一元函数积分学的大门,就不得不跨过三道门槛,否则难以看到里面的风景.这三道门槛是什么呢?是求不定积分、定积分和反常积分.对于一般的定积分,只要能求出对应的不定积分,就可利用牛顿-莱布尼茨公式轻松得到积分值(当然定积分的换元法和分部积分法与不定积分相比有些许差别).而反常积分则是定积分的一种推广,故对于收敛的反常积分,也只需在利用牛顿-莱布尼茨公式时用极限值代替函数值.所以,不妨把不定积分、一般的定积分和收敛的反常积分作为"一般的积分"来整体谈它们的求法,对于如何求特殊的定积分将在以后单独谈(问题2),对于反常积分(本书所说的反常积分若未作说明都指收敛的反常积分)是否收敛,本书则无意深究.

与求导数相同的是，求积分也离不开公式．但是，求积分和求导数的思维方式恐怕相去甚远．为什么呢？因为函数四则运算的求导法则和复合函数的求导法则“体贴入微”地为各种函数的导数安排好了“出路”．而积分却没那么“幸运”，积的形式的积分是什么，商的形式的积分是什么，复合函数的积分是什么，这些都无章可循，只有基本积分公式是唯一的“靠山”．既然只有这一个“靠山”，那么就只有竭尽所能使被积函数的形式向基本积分公式的形式“靠拢”．由于被积函数的形式不同，因此自然有时易靠拢，有时难靠拢．所以，与求极限、求导数都不同，**求积分是以被积函数的形式为导向的**．而仅用基本积分公式和积分的性质（可推广到定积分）

$$\int[k_1 f(x)+k_2 g(x)]\,\mathrm{d}x=k_1\int f(x)\,\mathrm{d}x+k_2\int g(x)\,\mathrm{d}x$$

来求积分的方法不妨叫做直接积分法．这时，要想向基本积分公式靠拢，就只能对被积函数变形．那么如何变形呢？对于一般整式、三角函数和分式各有不同的方法．

(1) 整式化归

【例 1】 $\int\left(\frac{2}{3^x}+\frac{4}{x^2\sqrt{x}}+1\right)\mathrm{d}x=$____________.

【解】原式 $=2\int\left(\frac{1}{3}\right)^x\mathrm{d}x+4\int x^{-\frac{5}{2}}\mathrm{d}x+\int\mathrm{d}x=\frac{2\left(\frac{1}{3}\right)^x}{\ln\frac{1}{3}}-\frac{8}{3}x^{-\frac{3}{2}}+x+C.$

(2) 三角化归

【例 2】

(1) $\int_0^{\pi}\sin^2\frac{x}{2}\mathrm{d}x=$____________;

(2) $\int\cot^2 x\,\mathrm{d}x=$____________.

【解】

(1) 原式 $=\int_0^{\pi}\frac{1-\cos x}{2}\mathrm{d}x=\frac{1}{2}\Big[x-\sin x\Big]_0^{\pi}=\frac{\pi}{2}.$

(2) 原式 $=\int(\csc^2 x-1)\mathrm{d}x=-\cot x-x+C.$

【题外话】**“降次”和“利用平方关系”是求三角函数积分的常用方法．**

(3) 分式化归

1）拼凑拆项

【例 3】 $\int\frac{x^4}{1+x^2}\mathrm{d}x=$____________.

【解】

$$\text{原式}=\int\frac{(x^2+1)^2-2(x^2+1)+1}{x^2+1}\mathrm{d}x$$

$$=\int\left(x^{2}-1+\frac{1}{1+x^{2}}\right)\mathrm{d}x=\frac{x^{3}}{3}-x+\arctan x+C.$$

【题外话】**“拆项”是求分式积分的常用方法. 当被积函数“头轻脚重”(分子项数少于分母项数)时常考虑“拼凑拆项”**. 所谓“拼凑拆项”,就是先对分子“做手术”将其扩展,再通过除法把分式拆成若干项,拆项的着眼点在分子. 这时,我们很感兴趣,是否能以分母作为拆项的着眼点呢?

2) 一般有理函数拆项

题眼探索 分子、分母都是多项式的有理函数常是重点关注对象,因为这种分式不但具有一般性,而且是后面求一些积分的“跳板”. 它的拆项多分两步走:

1° **若有理函数为假分式**(分子次数高于分母次数),**则先用带余除法把它拆分为多项式加一个真分式**(分子次数低于分母次数). 对于多项式的积分,我们驾轻就熟,而麻烦是那个真分式;(当然若有理函数本身就是真分式,则这一步可以无视)

2° **把真分式拆分为部分分式之和**. 拆分的着眼点在分母. 先对分母因式分解,彻底分解后只可能出现四种因式:$(x-a)$,$(x-a)^{k}$,$(x^{2}+px+q)$和$(x^{2}+px+q)^{k}$ $(p^{2}-4q<0)$.

(i) 若分母有一个因式$(x-a)$,则部分分式中有一项$\dfrac{A}{x-a}$;

(ii) 若分母有一个因式$(x-a)^{k}$,则部分分式中有k项$\dfrac{A_{1}}{x-a}+\dfrac{A_{2}}{(x-a)^{2}}+\cdots+\dfrac{A_{k}}{(x-a)^{k}}$;

(iii) 若分母有一个因式$(x^{2}+px+q)$,则部分分式中有一项$\dfrac{Cx+D}{x^{2}+px+q}$;

(iv) 若分母有一个因式$(x^{2}+px+q)^{k}$,则部分分式中有k项$\dfrac{C_{1}x+D_{1}}{x^{2}+px+q}+\cdots+\dfrac{C_{k}x+D_{k}}{(x^{2}+px+q)^{k}}$.

那么,该如何确定部分分式分子的系数? 又该如何求部分分式的积分呢? 让我们通过例4细细体会.

【例4】

(1) 求$\displaystyle\int\frac{\mathrm{d}x}{x^{2}-9}$;

(2) 求$\displaystyle\int\frac{4x^{6}-x^{4}+4x^{3}+5}{x^{4}-1}\mathrm{d}x$.

【解】

(1) 原式$=\displaystyle\int\frac{1}{6}\left(\frac{1}{x-3}-\frac{1}{x+3}\right)\mathrm{d}x=\frac{1}{6}\left[\int\frac{\mathrm{d}(x-3)}{x-3}-\int\frac{\mathrm{d}(x+3)}{x+3}\right]=\frac{1}{6}\ln\left|\frac{x-3}{x+3}\right|+C.$

(2) 原式$=\displaystyle\int\left[4x^{2}-1+\frac{4x^{3}+4x^{2}+4}{(x-1)(x+1)(x^{2}+1)}\right]\mathrm{d}x.$

设

$$\frac{4x^3+4x^2+4}{(x-1)(x+1)(x^2+1)}=\frac{A}{x-1}+\frac{B}{x+1}+\frac{Cx+D}{x^2+1},$$

则

$$4x^3+4x^2+4=(A+B+C)x^3+(A-B+D)x^2+(A+B-C)x+A-B-D,$$

有

$$\begin{cases}A+B+C=4,\\A-B+D=4,\\A+B-C=0,\\A-B-D=4,\end{cases}\quad \text{解得}\quad \begin{cases}A=3,\\B=-1,\\C=2,\\D=0.\end{cases}$$

$$\begin{aligned}\text{原式}&=\int\left(4x^2-1+\frac{3}{x-1}-\frac{1}{x+1}+\frac{2x}{x^2+1}\right)\mathrm{d}x\\&=\int(4x^2-1)\mathrm{d}x+3\int\frac{\mathrm{d}(x-1)}{x-1}-\int\frac{\mathrm{d}(x+1)}{x+1}+\int\frac{\mathrm{d}(x^2+1)}{x^2+1}\\&=\frac{4}{3}x^3-x+3\ln|x-1|-\ln|x+1|+\ln(x^2+1)+C.\end{aligned}$$

【题外话】

(i) **在拆分假分式时，确定部分分式分子的系数多用待定系数法**. 而本例(1)是特殊的有理函数，通过观察便可得到部分分式分子的系数. 一般地，有

$$\frac{1}{x^2-a^2}=\frac{1}{2a}\left(\frac{1}{x-a}-\frac{1}{x+a}\right).$$

(ii) 如何用带余除法把本例(2)的被积函数拆分为多项式加一个真分式呢? 请看图 3 - 1.

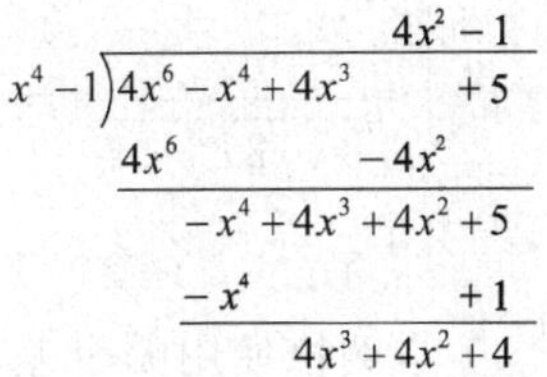

$$\begin{array}{r} 4x^2-1 \\ x^4-1\overline{\big)\,4x^6-x^4+4x^3\qquad\quad+5} \\ \underline{4x^6\qquad\qquad\quad-4x^2\qquad} \\ -x^4+4x^3+4x^2+5 \\ \underline{-x^4\qquad\qquad\qquad+1} \\ 4x^3+4x^2+4 \end{array}$$

图 3 - 1

(iii) 在本例(1)中，在求部分分式$\frac{1}{x-3}$和$\frac{1}{x+3}$的积分时，分别把 $\mathrm{d}x$ 凑成了 $\mathrm{d}(x-3)$和 $\mathrm{d}(x+3)$；在本例(2)中，在求部分分式$\frac{3}{x-1}$，$\frac{1}{x+1}$和$\frac{2x}{x^2+1}$的积分时，分别把 $\mathrm{d}x$ 凑成了 $\mathrm{d}(x-1)$，$\mathrm{d}(x+1)$和 $\mathrm{d}(x^2+1)$. 这用到了凑微分法. 那么，为什么要凑微分? 该如何凑微分呢?

2. 凑微分法

题眼探索　前面讲过，基本积分公式是求积分时唯一的"靠山". 但是，基本积分公式非常有限，若要向它们靠拢，仅通过对被积函数变形不可能"畅行无阻"，途中遇到"路卡"是难免的事. 那么究竟会遇到几个"路卡"呢? 三个. 三个"路卡"对应着三张"通行证"，即三种重要的积分法. 第一个"路卡"是复合函数. 它的"通行证"是凑微分法(又叫配元法、第一类换元法). 以求 $\int\sin2x\,\mathrm{d}x$ 为例. 我们没有 $\sin2x$ 的积分公式，更没有复合函数的积分法则，但却很想把 $2x$ 当做整体. 于是就想到了变 $\mathrm{d}x$ 为 $\mathrm{d}(2x)$，

把积分公式$\int \sin x\,dx=-\cos x+C$推广为$\int \sin 2x\,d(2x)=-\cos 2x+C$. 问题是如果只是单纯地把$\int \sin 2x\,dx$中的$dx$改写为$d(2x)$，那么$dx$一定“得意忘形”，因为自变量的微分$dx$被抬到了与函数的微分$d(2x)$同等的“地位”. 因此必须要“杀杀它的威风”. 我们知道，$d(2x)=(2x)'dx=2dx$，所以dx只能等于$\frac{1}{2}d(2x)$，这样正好可以通过乘以$\frac{1}{2}$来“杀杀dx的威风”. 如此便有

$$\int \sin 2x\,dx=\int \sin 2x\cdot\frac{1}{2}d(2x)=-\frac{1}{2}\cos 2x+C.$$

这就是凑微分中最简单的“系数配元”，其要点是将在d后x上多添的系数在d前“乘回来”.

(1) 系数配元

【例5】

(1) $\int \frac{dx}{\sqrt{4-x^2}}=$____________;

(2) $\int \frac{dx}{\sqrt{4-x}}=$____________;

(3) $\int \frac{dx}{\sqrt{3-2x-x^2}}=$____________.

【分析】

(1) 本例该使用哪个基本积分公式呢？不难发现，被积函数与$\frac{1}{\sqrt{1-x^2}}$“长得很像”. 那么如何向它靠拢呢？不妨分子、分母同时除以2，则

$$原式=\frac{1}{2}\int \frac{dx}{\sqrt{1-\left(\frac{x}{2}\right)^2}}.$$

这时，则想把$\frac{x}{2}$当做整体. 又由于$d\left(\frac{x}{2}\right)=\frac{1}{2}dx$，故可变$dx$为$2d\left(\frac{x}{2}\right)$，于是

$$原式=\frac{1}{2}\int \frac{2d\left(\frac{x}{2}\right)}{\sqrt{1-\left(\frac{x}{2}\right)^2}}=\arcsin\frac{x}{2}+C.$$

(2) 本例的被积函数与本例(1)的被积函数只是x与x^2的差别，但“$\frac{1}{\sqrt{1-x^2}}$”显然已经不是我们的“靠山”了. 那么，新的“靠山”是谁呢？如果把$4-x$当做整体，把被积函数看做$(4-x)^{-\frac{1}{2}}$，则要向“x^{μ}”靠拢就显得一目了然了，即

$$原式=-\int(4-x)^{-\frac{1}{2}}d(4-x)=-2(4-x)^{\frac{1}{2}}+C.$$

这就印证了求积分是以被积函数的形式为导向的，被积函数形式的变化即使很细微，求积分的思路也可能有天壤之别.

(3) 本例根号中是 x 的二次式，这多少有点本例(1)的"影子". 经配方便可知，它们求积分的思路当真是"不分彼此"，即

$$原式=\int\frac{dx}{\sqrt{4-(x+1)^2}}=\frac{1}{2}\int\frac{dx}{\sqrt{1-\left(\frac{x+1}{2}\right)^2}}$$

$$=\frac{1}{2}\int\frac{2d\left(\frac{x+1}{2}\right)}{\sqrt{1-\left(\frac{x+1}{2}\right)^2}}=\arcsin\left(\frac{x+1}{2}\right)+C.$$

(2) 因式配元

【例 6】

(1) (2002 年考研题) $\int_e^{+\infty}\frac{dx}{x\ln^2x}=$________;

(2) $\int_0^{\frac{\pi}{2}}\cos^3x\,dx=$________;

(3) $\int_{\frac{1}{2}}^{\frac{3}{4}}\frac{\arcsin\sqrt{x}}{\sqrt{x(1-x)}}dx=$________.

【分析】

(1) 本例若能把 $\ln x$ 当做整体，把 $\frac{1}{\ln^2x}$ 看做 $(\ln x)^{-2}$，便可向"x^μ"靠拢. 我们知道，$d(\ln x)=\frac{1}{x}dx$，好在被积函数中有因式 $\frac{1}{x}$，这样就能变 $\frac{1}{x}dx$ 为 $d(\ln x)$，即

$$原式=\int_e^{+\infty}(\ln x)^{-2}d(\ln x)=-\left[\frac{1}{\ln x}\right]_e^{+\infty}=-\left(\lim_{x\to+\infty}\frac{1}{\ln x}-1\right)=1.$$

(2) 本例能把 $\cos x$ 当做整体吗？似乎不能. 因为 $d(\cos x)=-\sin x\,dx$，而被积函数中没有 $\sin x$ 这个因式. 那么，若"拆散"三个相乘的 $\cos x$，"指派"一个与 dx"作伴"，并变 $\cos x\,dx$ 为 $d(\sin x)$ 又会如何呢？如此则有

$$原式=\int_0^{\frac{\pi}{2}}\cos^2x\cdot\cos x\,dx=\int_0^{\frac{\pi}{2}}\cos^2x\,d(\sin x).$$

一旦 $\sin x$ 进入 d 后面，被积函数中便只允许 $\sin x$ 这个"同胞"存在，而其他形式则都成为"敌人". 那么如何"驱赶"$\cos x$ 这个"敌人"呢？利用平方关系 $\sin^2x+\cos^2x=1$. 于是

$$原式=\int_0^{\frac{\pi}{2}}(1-\sin^2x)d(\sin x)=\left[\sin x-\frac{1}{3}\sin^3x\right]_0^{\frac{\pi}{2}}=\frac{2}{3}.$$

(3) 本例又该把谁当做整体呢？的确拿捏不准. 不妨求一下 $\arcsin\sqrt{x}$ 的微分，即有

$$d(\arcsin\sqrt{x})=\frac{1}{\sqrt{1-x}}\cdot\frac{1}{2\sqrt{x}}dx=\frac{1}{2}\cdot\frac{dx}{\sqrt{x(1-x)}}.$$

天哪,因式$\dfrac{1}{\sqrt{x(1-x)}}$恰好充斥着被积函数的整个分母！显然,d后面该是$\arcsin\sqrt{x}$的“地盘”了.变$\dfrac{dx}{\sqrt{x(1-x)}}$为$2d(\arcsin\sqrt{x})$,即有

$$原式=\int_{\frac{1}{2}}^{\frac{3}{4}}\arcsin\sqrt{x}\cdot 2d(\arcsin\sqrt{x})=\left[(\arcsin\sqrt{x})^2\right]_{\frac{1}{2}}^{\frac{3}{4}}=\frac{7}{144}\pi^2.$$

【题外话】

(i) 现在,是时候揭示凑微分法的一般形式了(可推广到定积分和反常积分),即

$$\int f[u(x)]u'(x)dx=\int f[u(x)]d[u(x)].$$

当$u(x)=ax+b$(a,b为常数,$a\neq 0$)时就是我们所说的“系数配元”.这时只需着眼于把谁整体地当做$u(x)$.此处$u'(x)=a$,这意味着不论a,b取何值,把dx凑成$d(ax+b)$的“代价”只不过是乘以一个系数$\dfrac{1}{a}$.而且我们知道,该系数对求积分而言毫无影响.可见,这种凑微分法何其自由!

一旦$u'(x)$含有x,则凑微分就需要另一种思考方式.其着眼点既要放在把谁当做$u(x)$,又要放在被积函数中是否有对应的因式$u'(x)$,因为此时只有$u'(x)dx$这个整体才能凑出$d[u(x)]$.而实践证明,在这种情况下,把谁当做$u(x)$又很容易举棋不定(如本例(2),(3)),所以**更多的是在被积函数中寻找是否有合适的因式可以当做**$u'(x)$,故不妨称这种凑微分为“因式配元”.最理想的情况是在被积函数中有很明显的可以当做$u'(x)$的因式(如本例(1)).但有时需要从几个相乘的相同因式中有意拆分出一个当做$u'(x)$(如本例(2)).可以当做$u'(x)$的因式,甚至还可能庞大到充斥着被积函数的整个分子或分母,这恐怕需要通过试着对一些$u(x)$的“可疑分子”求微分来寻找了(如本例(3));

(ii) 本例(1)是收敛的反常积分,在使用牛顿-莱布尼茨公式时可用极限值代替函数值;

(iii) 本例(2)用公式

$$\int_0^{\frac{\pi}{2}}\sin^n x\,dx=\int_0^{\frac{\pi}{2}}\cos^n x\,dx=\begin{cases}\dfrac{n-1}{n}\cdot\dfrac{n-3}{n-2}\cdot\cdots\cdot\dfrac{1}{2}\cdot\dfrac{\pi}{2}, & n\text{为正偶数},\\[2ex] \dfrac{n-1}{n}\cdot\dfrac{n-3}{n-2}\cdot\cdots\cdot\dfrac{2}{3}, & n\text{为大于1的奇数}\end{cases}$$

也能得到相同的结果.

(3) 拆项配元

【例 7】

(1) 求$\displaystyle\int\frac{x^3}{\sqrt{1-x^2}}dx$;

(2) 求$\displaystyle\int\frac{dx}{x(1+x^{2\,025})}$;

(3) (1996年考研题) 求$\displaystyle\int\frac{dx}{1+\sin x}$.

【解】

(1) 原式$=\int\frac{x^2}{\sqrt{1-x^2}}\cdot\frac{1}{2}\mathrm{d}(x^2)=-\frac{1}{2}\int\frac{1-x^2-1}{\sqrt{1-x^2}}\mathrm{d}(x^2)$

$$=-\frac{1}{2}\int\left(\sqrt{1-x^2}-\frac{1}{\sqrt{1-x^2}}\right)\mathrm{d}(x^2)$$

$$=\frac{1}{2}\int\left[(1-x^2)^{\frac{1}{2}}-(1-x^2)^{-\frac{1}{2}}\right]\mathrm{d}(1-x^2)$$

$$=\frac{1}{3}(1-x^2)^{\frac{3}{2}}-(1-x^2)^{\frac{1}{2}}+C.$$

(2) 原式$=\int\frac{1+x^{2\,025}-x^{2\,025}}{x(1+x^{2\,025})}\mathrm{d}x=\int\left(\frac{1}{x}-\frac{x^{2\,024}}{1+x^{2\,025}}\right)\mathrm{d}x$

$$=\int\frac{\mathrm{d}x}{x}-\frac{1}{2\,025}\int\frac{\mathrm{d}(1+x^{2\,025})}{1+x^{2\,025}}=\ln|x|-\frac{1}{2\,025}\ln\left|1+x^{2\,025}\right|+C.$$

(3) **法一**：原式$=\int\frac{1-\sin x}{1-\sin^2x}\mathrm{d}x=\int\left(\frac{1}{\cos^2x}-\frac{\sin x}{\cos^2x}\right)\mathrm{d}x$

$$=\int\sec^2x\,\mathrm{d}x+\int(\cos x)^{-2}\mathrm{d}(\cos x)=\tan x-\frac{1}{\cos x}+C.$$

法二：由于$\sin x=\dfrac{2\sin\frac{x}{2}\cos\frac{x}{2}}{\sin^2\frac{x}{2}+\cos^2\frac{x}{2}}=\dfrac{2\tan\frac{x}{2}}{1+\tan^2\frac{x}{2}}$，令$t=\tan\frac{x}{2}$，则

$$x=2\arctan t,\quad \mathrm{d}x=\frac{2}{1+t^2}\mathrm{d}t.$$

$$\text{原式}=\int\frac{\frac{2}{1+t^2}\mathrm{d}t}{1+\frac{2t}{1+t^2}}=2\int\frac{\mathrm{d}t}{(t+1)^2}=2\int(t+1)^{-2}\mathrm{d}(t+1)$$

$$=-\frac{2}{1+t}+C=-\frac{2}{1+\tan\frac{x}{2}}+C.$$

【题外话】

(i) 前面讲过，“拆项”是求分式积分的常用方法，但它与凑微分法的结合使用(此时的拆项一般是“拼凑拆项”)则是解题者难以想到的.既然难以想到，自然就很关心究竟该何时用它呢？我们知道，被积函数“头轻脚重”是“拼凑拆项”的“信号”，同时也是“拆项配元”的信号.另外，也可以先凑微分再拆项(如本例(1)，当然它的第一次凑微分并不彻底)，还可以先拆项再对其中一项凑微分(如本例(2)和本例(3)的“法一”).

(ii) 本例(1)～(3)“拆项配元”的过程都颇可玩味.本例(1)从x^3中有意拆分出一个x，再由$x\mathrm{d}x$凑出$\frac{1}{2}\mathrm{d}(x^2)$；本例(2)通过把分子“1”代换为$1+x^{2\,025}-x^{2\,025}$完成“拼凑拆项”；本例(3)的“法一”在拆项前分子、分母同时乘以$1+\sin x$，而这样做的一个重要目的是在分母上利用平方关系$\sin^2x+\cos^2x=1$.有意拆分几个相乘的相同因式是“因式配元”的一种情况；“1”的代换是“拼凑拆项”的“杀手锏”(因为“拼凑拆项”就是对分子“做手术”，当分子为1时，

做起手术来自然无拘无束);分子、分母同时乘以一个因式是凑微分之前有时会用到的技巧;利用平方关系是求三角函数积分的常用方法.

(iii) 由“x 的较低次项乘以 dx”凑出关于 x 高一次的项的微分,即根据

$$x^n dx=\frac{1}{n+1}d(x^{n+1}+a)\quad(a\text{ 为常数},n\text{ 为正整数})$$

来凑微分是常见的情形$\Big($如本例(1)由 xdx 凑出 $\frac{1}{2}d(x^2)$,本例(2)由 $x^{2\,024}dx$ 凑出 $\frac{1}{2\,025}d(1+x^{2\,025})\Big)$.

(iv) 本例(3)告诉我们,**用不同的方法求不定积分,结果可能不同**(当然各结果之间最多相差一个常数).

(v) 不妨称以 $\sin x,\cos x$ 为变量的有理函数为三角有理式,记作 $R(\sin x,\cos x)$.求它的积分可能有其他方法,但一定有一种保底的方法(本例(3)的被积函数就是三角有理式,它的“法二”就是用这种保底的方法).利用万能置换公式

$$\sin x=\frac{2\tan\frac{x}{2}}{1+\tan^2\frac{x}{2}},\quad \cos x=\frac{1-\tan^2\frac{x}{2}}{1+\tan^2\frac{x}{2}},$$

$\sin x$ 和 $\cos x$ 都能用 $\tan\frac{x}{2}$ 表示.令 $t=\tan\frac{x}{2}$,则 $x=2\arctan t$,$dx=\frac{2}{1+t^2}dt$,于是

$$\int R(\sin x,\cos x)dx=\int R\left(\frac{2t}{1+t^2},\frac{1-t^2}{1+t^2}\right)\cdot\frac{2}{1+t^2}dt.$$

不难发现,$R\left(\frac{2t}{1+t^2},\frac{1-t^2}{1+t^2}\right)\cdot\frac{2}{1+t^2}$一定是以 t 为自变量的有理函数,而求有理函数的积分我们轻车熟路.所以,**有理函数可以作为求三角有理式积分的“跳板”**.然而,把三角有理式的积分转化为有理函数的积分的关键在于令 $t=\tan\frac{x}{2}$,这就用到了换元积分法(凑微分法也叫第一类换元法,这里讲的换元积分法则是有些教材中所说的第二类换元法).那么,为什么要换元?又该如何换元呢?

3. 换元积分法

题眼探索 为什么要换元呢?因为遇到了第二个“路卡”.它是什么呢?根式.对于含根式的被积函数,现有的办法似乎只有向$\pm\frac{1}{\sqrt{1-x^2}}$(如例5(1),(3))或 x^μ(如例5(2)、例7(1))靠拢,这显然只能解决问题的冰山一角.而根号就像一把枷锁,牢牢地锁住了里面的式子.有办法打碎这把枷锁吗?有,即令根式为 t.所以,**可以令被积函数中形如$\sqrt[n]{ax+b}$或$\sqrt[n]{\frac{ax+b}{cx+d}}$的根式为 t,换元的目的是去根号**,这就是根式代换.

问题是根式代换只适用于根号中是一次式的根式. 是这样吗？下面看一个例子. 对于$\int(x+\sqrt{x^2})\mathrm{d}x$，若令$t=\sqrt{x^2}$，则$x=\pm\sqrt{t^2}$. 由于函数$t=\sqrt{x^2}$不单调，所以它没有反函数，这样$x$也就无法用$t$唯一地表示，从而宣告换元失败. 因此我们得到一个重要的结论：**当用换元法求积分时，令成t的式子必须单调**. 那么，对于根号中是二次式的根式，真的就束手无策了吗？

至少对于三种根号中是二次式的根式而言还是可以驾驭的. 感谢三角函数的平方关系$\sin^2x+\cos^2x=1$和$\sec^2x-\tan^2x=1$，让**我们可以在面对$\sqrt{a^2-x^2}$，$\sqrt{x^2+a^2}$，$\sqrt{x^2-a^2}\ (a>0)$时分别令$x=a\sin t$，$x=a\tan t$，$x=a\sec t$来去根号**. 这就是三角代换.

还有一种换元是倒数代换，即令$x=\dfrac{1}{t}$. 它与"拼凑拆项"一样，适用于被积函数"头轻脚重"的情况，它尤其是解决根号中是二次式的根式的一剂"良药". **当被积函数中含有根号中是二次式的根式，且分子次数低于分母时，可以考虑令$x=\dfrac{1}{t}$，这时换元的目的不再是去根号，而是向$\pm\dfrac{1}{\sqrt{1-x^2}}$或$x^\mu$靠拢**.

(1) 根式代换

【例 8】

(1) 求$\displaystyle\int_1^{16}\frac{\mathrm{d}x}{\sqrt{x}+\sqrt[4]{x}}$；

(2) 求$\displaystyle\int\frac{\mathrm{d}x}{1+\sqrt{\mathrm{e}^x-1}}$.

【解】(1) 令$\sqrt[4]{x}=t$，则$x=t^4$，$\mathrm{d}x=4t^3\mathrm{d}t$，且当$x=1$时，$t=1$；当$x=16$时，$t=2$.

$$\text{原式}=\int_1^2\frac{4t^3\mathrm{d}t}{t^2+t}=4\int_1^2\frac{t^2}{t+1}\mathrm{d}t=4\int_1^2\frac{(t+1)^2-2(t+1)+1}{t+1}\mathrm{d}t$$

$$=4\int_1^2\left(t-1+\frac{1}{t+1}\right)\mathrm{d}t=4\left[\frac{t^2}{2}-t+\ln|t+1|\right]_1^2=4\ln\frac{3}{2}+2.$$

(2) 令$\sqrt{\mathrm{e}^x-1}=t$，则$x=\ln(t^2+1)$，$\mathrm{d}x=\dfrac{2t}{t^2+1}\mathrm{d}t$.

$$\text{原式}=\int\frac{2t}{(1+t)(t^2+1)}\mathrm{d}t.$$

设$\dfrac{2t}{(1+t)(t^2+1)}=\dfrac{At+B}{t^2+1}+\dfrac{C}{t+1}$，则

$$2t=(A+C)t^2+(A+B)t+B+C,$$

有

$$\begin{cases}A+C=0,\\A+B=2,\\B+C=0,\end{cases}\quad 解得\quad \begin{cases}A=1,\\B=1,\\C=-1.\end{cases}$$

$$\begin{aligned}原式&=\int\left(\frac{t+1}{t^2+1}-\frac{1}{t+1}\right)\mathrm{d}t=\int\frac{t}{t^2+1}\mathrm{d}t+\int\frac{\mathrm{d}t}{t^2+1}-\int\frac{\mathrm{d}t}{t+1}\\&=\frac{1}{2}\int\frac{\mathrm{d}(t^2+1)}{t^2+1}+\arctan t-\ln|t+1|=\frac{1}{2}\ln(t^2+1)+\arctan t-\ln|t+1|+C\\&=\frac{x}{2}+\arctan\sqrt{\mathrm{e}^x-1}-\ln(\sqrt{\mathrm{e}^x-1}+1)+C.\end{aligned}$$

【题外话】

(i) 换元的一般形式为(以不定积分为例):设 $x=u(t)$ 单调可导且 $u'(t)\neq 0$,

$$\int f(x)\mathrm{d}x\xlongequal{令 x=u(t)}\int f[u(t)]\,\mathrm{d}[u(t)]\Big|_{t=u^{-1}(x)}=\int f[u(t)]\,u'(t)\mathrm{d}t\Big|_{t=u^{-1}(x)}.$$

我们知道,当 $x=u(t)$ 时,$\mathrm{d}x$ 一般不等于 $\mathrm{d}t$,而是等于 $u'(t)\mathrm{d}t$. 所以,不管是不定积分、定积分,还是反常积分,**换元后都要及时求 $x=u(t)$ 的微分,并把 $\mathrm{d}x$ 换成 $u'(t)\mathrm{d}t$,而不能只单纯地把 $\mathrm{d}x$ 改写为 $\mathrm{d}t$.**

(ii) 不定积分与定积分(或反常积分)的换元有所不同. **不定积分的换元要"回代"**,即在求出结果后把 t 的函数改写为 x 的函数;**定积分(或反常积分)的换元要"换限"**,即在换元的同时把关于 x 的上、下限换成关于 t 的上、下限.

(iii) 本例(1)告诉我们,当被积函数中含有多个根式 $\sqrt[n_1]{ax+b}$, $\sqrt[n_2]{ax+b}$, $\cdots$, $\sqrt[n_k]{ax+b}$ 时,可令 $\sqrt[n_l]{ax+b}=t$(其中 n_l 为 $n_1,n_2,\cdots,n_k$ 的最小公倍数),因为这样能同时去掉所有根号.

(iv) 本例(2)告诉我们,根式代换不仅限于根号中是 x 的一次式的根式,根号中是 e^x 的一次式的根式也可以通过令成 t 来去根号.

(v) 本例(1)和本例(2)通过根式代换分别把无理函数的积分转化为了有理函数 $\dfrac{4t^3}{t^2+t}$ 和 $\dfrac{2t}{(1+t)(t^2+1)}$ 的积分(只是求积分时本例(1)用到了"拼凑拆项",而本例(2)则用到了"一般有理函数拆项"). 可见,**有理函数还可以作为求简单无理函数积分的"跳板".**

(2) 三角代换

【例 9】 计算 $\int\sqrt{3-2x-x^2}\,\mathrm{d}x$.

【解】由于 $3-2x-x^2=4-(x+1)^2$,令 $x+1=2\sin t\left(-\dfrac{\pi}{2}<t<\dfrac{\pi}{2}\right)$,则 $x=2\sin t-1$,$\mathrm{d}x=2\cos t\,\mathrm{d}t$.

$$\begin{aligned}原式&=4\int\cos^2 t\,\mathrm{d}t=4\int\frac{1+\cos 2t}{2}\mathrm{d}t=2\left[\int\mathrm{d}t+\frac{1}{2}\int\cos 2t\,\mathrm{d}(2t)\right]\\&=2t+\sin 2t+C=2\arcsin\frac{x+1}{2}+\frac{1}{2}(x+1)\sqrt{3-2x-x^2}+C.\end{aligned}$$

【题外话】

(i) 本例告诉我们，三角代换不仅适用于$\sqrt{a^2-x^2}$，$\sqrt{x^2+a^2}$，$\sqrt{x^2-a^2}$ $(a>0)$，若能将根号中的二次式配方成$\sqrt{a^2-\varphi^2(x)}$，$\sqrt{\varphi^2(x)+a^2}$，$\sqrt{\varphi^2(x)-a^2}$的形式则也可使用.

(ii) 前面讲过，当用换元法求积分时，令成t的式子必须单调. 所以，当令$x=a\sin t$及$x=a\tan t$时，一般取$t\in\left(-\frac{\pi}{2},\frac{\pi}{2}\right)$；当令$x=a\sec t$时，一般取$t\in\left(0,\frac{\pi}{2}\right)$(以下三角代换若不作说明，则$t$都取在这个范围内).

(iii) 三角代换后如何"回代"呢？可以借助辅助三角形. 如图 3-2 所示，本例中

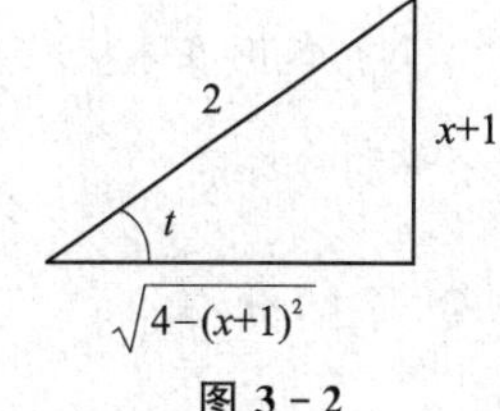

图 3-2

$$\sin 2t=2\sin t\cos t=2\cdot\frac{x+1}{2}\cdot\frac{\sqrt{4-(x+1)^2}}{2}.$$

(3) 倒数代换

【例 10】 设函数$f(x)=\begin{cases}\dfrac{1}{x\sqrt{x^2-1}}, & x<-2,\\ xe^x, & x\geqslant -2,\end{cases}$求$\int f(x)\mathrm{d}x$.

【解】当$x<-2$时，令$x=\frac{1}{t}$，则$\mathrm{d}x=-\frac{\mathrm{d}t}{t^2}$.

$$\int f(x)\mathrm{d}x=\int\frac{1}{\frac{1}{t}\sqrt{\frac{1}{t^2}-1}}\cdot\left(-\frac{\mathrm{d}t}{t^2}\right)$$

$$=-\int\frac{t|t|}{t^2\sqrt{1-t^2}}\mathrm{d}t=\int\frac{\mathrm{d}t}{\sqrt{1-t^2}}=\arcsin t+C=\arcsin\frac{1}{x}+C;$$

当$x\geqslant-2$时，

$$\int f(x)\mathrm{d}x=\int xe^x\mathrm{d}x=\int x\mathrm{d}(e^x)=xe^x-\int e^x\mathrm{d}x=xe^x-e^x+C_1.$$

由于$\int f(x)\mathrm{d}x$在$x=-2$处可导，故在$x=-2$处连续，于是$-\frac{\pi}{6}+C=-3e^{-2}+C_1$，即$C_1=3e^{-2}-\frac{\pi}{6}+C$，所以

$$\int f(x)\mathrm{d}x=\begin{cases}\arcsin\dfrac{1}{x}+C, & x<-2,\\ (x-1)e^x+3e^{-2}-\dfrac{\pi}{6}+C, & x\geqslant-2.\end{cases}$$

【题外话】

(i) 倒数代换后，在对被积函数化简时很容易遇到$\sqrt{t^2}=|t|$的情况，因此常需按$x>0$和$x<0$分类讨论.

(ii) 本例$\frac{1}{x\sqrt{x^2-1}}$中出现了$\sqrt{x^2-a^2}$的形式，故也可通过三角代换来求它的不定积分. 值得注意的是，$x=\sec t$在它的单调区间$\left(0,\frac{\pi}{2}\right)$内大于零，而已知此时$x<-2$，所以只能令

$x=-\sec t\left(0<t<\frac{\pi}{2}\right)$. 于是

$$\int\frac{\mathrm{d}x}{x\sqrt{x^2-1}}=\int\frac{-\sec t\ \tan t}{-\sec t\ \tan t}\mathrm{d}t=t+C=\arccos\left(-\frac{1}{x}\right)+C=\arcsin\frac{1}{x}+C_1,$$

其中 $C_1=\frac{\pi}{2}+C$.

(iii) 求分段函数的不定积分时需利用不定积分在分段点的连续性统一任意常数 C.

(iv) 本例在求 $\int x\mathrm{e}^x\mathrm{d}t$ 时用到了分部积分法. 那么,为什么要进行分部积分呢? 应该如何分部积分呢?

4. 分部积分法

题眼探索 现在迎来了最后一个"路卡",它就是难积的函数. 请不要奇怪,因为本来就求不出每个初等函数的积分,更何况只是遇到一些难积的"顽固分子". 这里要谈的"顽固分子"大致分两批:1°某种类型的函数本身很难积(如 $\arcsin x$);2°由于两种不同类型的函数相乘而显得难积,当然这两种类型的函数本身未必难积(如 $x\mathrm{e}^x$). 但是,这两批"顽固分子"也并非"冥顽不灵". 在对那种难积的函数求导(就1°而言),或对相乘的两个函数中的一个求导(就2°而言)后,它们就变得不难积了. 而如果知道了在积分过程中如何对相乘的两个函数中的一个求导,也就自然知道了如何对整个被积函数求导,因为可以将该被积函数看做与1相乘. 那么,在积分过程中,如何对相乘的两个函数中的一个求导呢? 这恐怕要从乘积形式的导数谈起.

由 $(uv)'=u'v+uv'$ 可知 $uv'=(uv)'-u'v$,等式两边求不定积分,得

$$\int uv'\mathrm{d}x=uv-\int u'v\mathrm{d}x. \tag{3-1}$$

这就是分部积分法. **所谓"分部积分",就是对被积函数 uv' 中的一个"部分" u 求导,对另一个"部分" v' 积分,从而把求 $\int uv'\mathrm{d}x$ 转化为求 $\int u'v\mathrm{d}x$.** 那么,问题来了,该选谁作 u,选谁作 v' 呢? 换言之,就是对谁求导,对谁积分呢?

对于第1°批"顽固分子",这似乎不是问题,因为我们的目标是对整个被积函数求导,所以理所当然地把整个被积函数看做 u. 那么,选谁作 v' 呢? 不好意思,只能把 v' 看做1了. 麻烦就在第2°批"顽固分子". 当然,我们的宗旨很明确:**将求导后使积分变得容易的函数看做 u,本身相对容易积分的函数看做 v'**. 那么,在五种基本初等函数——幂函数、指数函数、对数函数、三角函数和反三角函数中,谁求导后使积分变得容易,谁求导后没有使积分变得容易呢? 这需要一张排行榜(不妨叫排行榜1°). 同时,谁本身相对容易积分,谁本身相对难积分呢? 这又需要一张排行榜(不妨叫排行榜2°). 有了这两张排行榜,也就清楚了谁更适合作 u,谁更适合作 v'.

反三角函数和对数函数显然最难积. 但若对它们求导,则反三角函数的导数不是具有可以三角代换的形式(如 $\arcsin x$),就是创造了使被积函数成为有理函数的可能

(如 $\arctan x$);而对数函数的导数则形式更简单,这些特点都给求积分提供了方便. 所以,在排行榜 2°上,反三角函数和对数函数并列倒数第一,而在排行榜 1°上,它们却并列第一. 幂函数是一个"中庸"的角色. 它不似反三角函数和对数函数那般难积,但着实是越积形式越复杂;对它求导也不像前两位那样能够创造形式上翻天覆地的变化,但随着它次数的降低,被积函数的确越来越简单. 因此,在两张排行榜上,幂函数都是"老三". 而三角函数和指数函数就显得有些"碌碌无为"了,因为对它们求导也好,积分也罢,仿佛都是在"原地踏步". 由于对它们求导无法使积分变得容易,但它们本身却最容易积分,故它俩在排行榜 1°上是"老末",在排行榜 2°上却高居榜首.

综上所述,**各类函数作 v' 的合适程度按以下次序递减(作 u 的合适程度按以下次序递增):三角函数,指数函数(并列)→幂函数→反三角函数,对数函数(并列).**

这时又出现了一个新问题,分部积分法的公式(3-1)虽然便于理解(后面还要从它入手理解分部积分法更深层次的内涵),但是用它求积分则操作不便,不妨稍做变形:

$$\int u\,\mathrm{d}v = uv - \int v\,\mathrm{d}u. \tag{3-2}$$

从公式(3-2)中不难发现,**用分部积分法的关键就是在两个相乘的函数中选择一个进行凑微分**(当然这是对第 2°批顽固分子而言的),而选谁凑微分,则就选谁作 v',对它凑微分,也无异于对它积分. 当然,在用分部积分法求定积分时可以"边积边代限",即

$$\int_a^b u\,\mathrm{d}v = [uv]_a^b - \int_a^b v\,\mathrm{d}u.$$

(1) 直接分部

【例 11】 $\int_0^{\frac{\pi}{2}} x^2 \sin x\,\mathrm{d}x =$ ______.

【解】原式 $= -\int_0^{\frac{\pi}{2}} x^2\,\mathrm{d}(\cos x) = -\left[\left[x^2\cos x\right]_0^{\frac{\pi}{2}} - \int_0^{\frac{\pi}{2}} \cos x\,\mathrm{d}(x^2)\right] = 2\int_0^{\frac{\pi}{2}} x\cos x\,\mathrm{d}x$

$$= 2\int_0^{\frac{\pi}{2}} x\,\mathrm{d}(\sin x) = 2\left(\left[x\sin x\right]_0^{\frac{\pi}{2}} - \int_0^{\frac{\pi}{2}} \sin x\,\mathrm{d}x\right) = 2\left(\frac{\pi}{2} - \left[-\cos x\right]_0^{\frac{\pi}{2}}\right) = \pi - 2.$$

【题外话】在求一个积分时可能要多次使用分部积分法,**当每次使用分部积分法时,看做 u 及 v' 的函数必须是同种类型的**. 为什么呢?假设第一次使用分部积分法时已经通过对 u 求导,对 v' 积分,把求 $\int uv'\mathrm{d}x$ 转化为了求 $\int u'v\mathrm{d}x$. 如果第二次使用分部积分法时转而对 u' 积分,对 v 求导,那么又会把求 $\int u'v\mathrm{d}x$ 变回求 $\int uv'\mathrm{d}x$,这不但半途而废,而且周而复始.

【例 12】 (2000 年考研题)$\int \frac{\arcsin\sqrt{x}}{\sqrt{x}}\mathrm{d}x =$ ______.

【解】原式 $= 2\int \arcsin\sqrt{x}\,\mathrm{d}(\sqrt{x}) \xlongequal{\text{令}\sqrt{x}=t} 2\int \arcsin t\,\mathrm{d}t = 2\left(t\arcsin t - \int \frac{t}{\sqrt{1-t^2}}\mathrm{d}t\right)$

$$=2\left[t\arcsin t+\frac{1}{2}\int\frac{d(1-t^2)}{\sqrt{1-t^2}}\right]=2t\arcsin t+2\sqrt{1-t^2}+C$$

$$=2\sqrt{x}\arcsin\sqrt{x}+2\sqrt{1-x}+C.$$

【题外话】稍稍凑一下微分,本例的被积函数就露出了第1°批"顽固分子"的真面目.

(2) 换元分部

【例13】 计算$\int\arcsin\sqrt{x}\,dx$.

【分析】比起例12,失去了分母的$\sqrt{x}$,也就失去了通过凑微分把$\sqrt{x}$当做整体的机会.那么此时的x能挣脱外面根号的"枷锁"吗?当然能,因为我们还有"老把戏"——令$\sqrt{x}=t$.

【解】原式$\xlongequal{令\sqrt{x}=t}\int\arcsin t\cdot 2t\,dt=\int\arcsin t\,d(t^2)=t^2\arcsin t-\int\frac{t^2}{\sqrt{1-t^2}}dt$

$$=t^2\arcsin t+\int\frac{1-t^2-1}{\sqrt{1-t^2}}dt=t^2\arcsin t-\arcsin t+\int\sqrt{1-t^2}\,dt.$$

$$\int\sqrt{1-t^2}\,dt\xlongequal{令t=\sin u}\int\cos^2u\,du=\int\frac{1+\cos 2u}{2}du=\frac{1}{2}\left[\int du+\frac{1}{2}\int\cos 2u\,d(2u)\right]$$

$$=\frac{u}{2}+\frac{1}{4}\sin 2u+C=\frac{1}{2}\arcsin t+\frac{t}{2}\sqrt{1-t^2}+C.$$

原式$=\left(t^2-\frac{1}{2}\right)\arcsin t+\frac{t}{2}\sqrt{1-t^2}+C=\left(x-\frac{1}{2}\right)\arcsin\sqrt{x}+\frac{1}{2}\sqrt{x(1-x)}+C.$

【例14】 计算$\int(\arcsin x)^2dx$.

【分析】又见反正弦.当然可以直接分部积分,但也不难看出那将是"漫漫征途".如果做一个大胆的尝试——令$\arcsin x=t$,又会如何呢?见证奇迹的时刻到了!不定积分瞬间"改头换面",成为$\int t^2\cos t\,dt$.

【解】**法一:**原式$=x(\arcsin x)^2-\int\frac{2x\arcsin x}{\sqrt{1-x^2}}dx$.

由于$\int\frac{x}{\sqrt{1-x^2}}dx=-\frac{1}{2}\int\frac{d(1-x^2)}{\sqrt{1-x^2}}=-\sqrt{1-x^2}+C$,故

$$原式=x(\arcsin x)^2+2\int\arcsin x\,d(\sqrt{1-x^2})$$

$$=x(\arcsin x)^2+2\arcsin x\sqrt{1-x^2}-2\int\sqrt{1-x^2}\cdot\frac{dx}{\sqrt{1-x^2}}$$

$$=x(\arcsin x)^2+2\arcsin x\sqrt{1-x^2}-2x+C.$$

法二:原式$\xlongequal{令t=\arcsin x}\int t^2\cos t\,dt=\int t^2d(\sin t)=t^2\sin t-\int 2t\sin t\,dt$

$$=t^2\sin t+\int 2t\,d(\cos t)=t^2\sin t+2t\cos t-2\int\cos t\,dt$$

$$=t^2\sin t+2t\cos t-2\sin t+C=x(\arcsin x)^2+2\arcsin x\sqrt{1-x^2}-2x+C.$$

【题外话】

(i) 本例的“法一”先求了$\frac{x}{\sqrt{1-x^2}}$的不定积分，再由$-\frac{x}{\sqrt{1-x^2}}dx$凑出$d(\sqrt{1-x^2})$. 其实，从某种意义上说，对一个函数凑微分无异于对它求积分. 所以，在使用分部积分法时，先对被积函数中的某个因式求不定积分，再对它凑微分是再正常不过的事了.

(ii) 本例“法二”的换元与例 13 的换元有所不同. 请问面对例 13，除了令$\sqrt{x}=t$外，还有别的选择吗？好像没有. 而之前讲过的根式代换(例 13 就是)、三角代换和倒数代换，对于它们的使用，在多数情况下都是别无选择的. 但本例就不一样了，令$\arcsin x=t$显然不是唯一的出路，它只不过使求积分更加得心应手. 这就给了我们一个启示：除了使用那三种典型的换元法外，**还可以酌情把被积函数中难积的部分令成t**，这可能会提高求积分的效率. 令反三角函数为t就是其中的“代表”，它常与分部积分法结合使用.

(iii) 纵观例 12～14，在它们的被积函数中都有$\arcsin x$. 如果说根号像一把枷锁，那么反三角函数就像一块又臭又硬的石头，怎么砸也砸不碎(难积分). 但是这并不意味着不能用试剂把它腐蚀(对它求导)，甚至还可以直接把它搬走(令它为t). 有些时候，搬走反三角函数这块石头就为求积分腾出了一条康庄大道. 是这样吗？请看例 15.

(3) 循环分部

【例 15】 (2003 年考研题) 计算不定积分$\int\frac{xe^{\arctan x}}{(1+x^2)^{\frac{3}{2}}}dx$.

【分析】本例被积函数的分母$(\sqrt{1+x^2})^3$给出了三角代换的“信号”，而令$x=\tan t$还有一个“意外的收获”，那就是同时把$\arctan x$换成了t. 更令人叫绝的是，此时

$$原式=\int\frac{e^t\tan t}{\sec^3 t}\cdot\sec^2 t\,dt=\int e^t\sin t\,dt.$$

这就是把反三角函数这块石头搬走后的“结局”！

【解】

$$\begin{aligned}原式&\xlongequal{令x=\tan t}\int e^t\sin t\,dt=\int\sin t\,d(e^t)=e^t\sin t-\int e^t\cos t\,dt\\&=e^t\sin t-\int\cos t\,d(e^t)=e^t\sin t-e^t\cos t-\int e^t\sin t\,dt,\end{aligned}$$

故

$$\begin{aligned}原式&=\frac{1}{2}e^t(\sin t-\cos t)+C\\&=\frac{1}{2}e^{\arctan x}\left(\frac{x}{\sqrt{1+x^2}}-\frac{1}{\sqrt{1+x^2}}\right)+C=\frac{(x-1)e^{\arctan x}}{2\sqrt{1+x^2}}+C.\end{aligned}$$

【题外话】面对被积函数形如$e^{kx}\sin(ax+b)$或$e^{kx}\cos(ax+b)$的积分，前面讲过，三角函数和指数函数作u及作v'的合适程度是并列的，所以选谁作u、选谁作v'就显得无关紧要了. 我们知道，对三角函数或指数函数求导是无法使积分变得容易的，故此处采用分部积分法也无法直接计算出积分的结果，但必然会出现“循环”. **当两次分部积分后出现与原积分完全相同的形式时，稍做整理便能得到积分的结果.**

(4) 拆项分部

【例16】 (1998年考研题)$\int \frac{\ln x-1}{x^2}dx=$__________.

【分析】显然,求$\frac{1}{x^2}$的积分很容易,求$\frac{\ln x}{x^2}$的积分似乎有点难.为了不让$\frac{\ln x}{x^2}$"拖$\frac{1}{x^2}$的后腿",现在选择把它们"拆散",即

$$\text{原式}=\int \frac{\ln x}{x^2}dx-\int \frac{dx}{x^2}=\int \frac{\ln x}{x^2}dx+\frac{1}{x}.$$

那么,如何求$\int \frac{\ln x}{x^2}dx$呢?"幂函数乘以对数函数"是第2°批"顽固分子"的标准"长相",只有分部积分法才能"战胜"它.由于

$$\int \frac{\ln x}{x^2}dx=-\int \ln x\, d\left(\frac{1}{x}\right)=-\frac{\ln x}{x}+\int \frac{1}{x}\cdot\frac{dx}{x}=-\frac{\ln x}{x}-\frac{1}{x}+C,$$

故原式$=-\frac{\ln x}{x}+C$.

【题外话】

(i) 何时需要"拆项分部"呢?当发现如果"拆项"后,有一项的积分相对容易求解时.当然,可能积分较容易的项和积分较难的项都要使用分部积分法,也可能只有积分较难的项才需要使用分部积分法.此外,被积函数"头重脚轻"(分子项数多于分母项数)也是"拆项分部"的一个"信号".

(ii) 一路走来,到了该歇歇脚做一个回顾的时候了.我们通过了三个"路卡"——复合函数、根式、难积的函数,靠的是三张"通行证"——凑微分法、换元积分法、分部积分法.这一路走得好坎坷!快与"求一般的积分"说再见吧,这里的回忆并不美好.

不,亲爱的读者,请不要着急离开,让我们再看一眼这道例题,它的玄机还没有被完全道破.

本例被积函数的分母是x的平方,分子是两个函数的差,一副商的导数的"面孔".如果能够直接识破被积函数是$-\frac{\ln x}{x}$的导数,那么"拆项分部"就显得多此一举了.是啊,既然能够对被积函数中的因式凑微分,那么为什么不能对整个被积函数凑微分呢?如果能够凑出被积函数是谁的微分,区区积分号有何惧哉?!**我们不妨称这种通过对整个被积函数凑微分来求积分的方法为"逆运算法",它是凑微分法的特例.**

5. 逆运算法

【例17】 $\int \frac{(1-x)f(x)-xf'(x)}{e^x f^2(x)}dx=$__________.

【解】原式$=\int e^{-x}\frac{f(x)-xf'(x)-xf(x)}{f^2(x)}dx=\int\left[e^{-x}\frac{f(x)-xf'(x)}{f^2(x)}-e^{-x}\frac{x}{f(x)}\right]dx$

$$=\int\left\{e^{-x}\left[\frac{x}{f(x)}\right]'+(e^{-x})'\frac{x}{f(x)}\right\}dx=\int d\left[\frac{xe^{-x}}{f(x)}\right]=\frac{xe^{-x}}{f(x)}+C.$$

问题2　求特殊的定积分

知识储备

1. 定积分的定义

设函数 $f(x)$ 在 $[a,b]$ 上有界，在 $[a,b]$ 中任意插入若干个分点

$$a=x_0<x_1<x_2<\cdots<x_n=b,$$

将 $[a,b]$ 分成 n 个区间 $[x_{i-1},x_i]$ $(i=1,2,\cdots,n)$. 令 $\Delta x_i=x_i-x_{i-1}$，若任取 $\xi_i\in[x_{i-1},x_i]$，当 $\lambda=\max\limits_{1\leqslant i\leqslant n}\{\Delta x_i\}\to 0$ 时，$\sum\limits_{i=1}^{n}f(\xi_i)\Delta x_i$ 总趋于确定的极限 I，则称 $f(x)$ 在 $[a,b]$ 上可积，I 叫做 $f(x)$ 在 $[a,b]$ 上的定积分，记作 $\int_a^b f(x)\mathrm{d}x=\lim\limits_{\lambda\to 0}\sum\limits_{i=1}^{n}f(\xi_i)\Delta x_i$.

【注】这里并没有规定积分下限 a 小于积分上限 b，但是规定了 $\int_b^a f(x)\mathrm{d}x=-\int_a^b f(x)\mathrm{d}x$，$\int_a^a f(x)\mathrm{d}x=0$.

2. 定积分的可加性

$$\int_a^b f(x)\mathrm{d}x=\int_a^c f(x)\mathrm{d}x+\int_c^b f(x)\mathrm{d}x.$$

【注】不论 a,b,c 的相对大小如何，上式都成立.

3. 定积分的对称性

设函数 $f(x)$ 在 $[-a,a]$ 上连续，则

$$\int_{-a}^{a} f(x)\mathrm{d}x=\begin{cases}2\int_0^a f(x)\mathrm{d}x, & f(x)\text{ 为偶函数},\\ 0, & f(x)\text{ 为奇函数}.\end{cases}$$

4. 定积分的几何意义

设函数 $f(x)$ 在 $[a,b]$ 上与 x 轴围成的曲边梯形的面积为 A，若 $f(x)\geqslant 0$，则 $\int_a^b f(x)\mathrm{d}x=A$；若 $f(x)<0$，则 $\int_a^b f(x)\mathrm{d}x=-A$.

问题研究

题眼探索　为什么要单独谈某些定积分的求法呢？因为定积分并不能单纯地看做具有积分限的不定积分，它还具有不少特殊性. 那么定积分是如何定义的呢？是

"微分"求和后的极限.不定积分又是如何定义的呢?是带有任意常数项的原函数.就定义而言,定积分与不定积分之间并没有什么联系.那么,又是什么把它们联系到一起了呢?是牛顿-莱布尼茨公式.该公式使我们能通过找原函数的方式来求定积分.但是,有些定积分是难以或不适合用求不定积分的方法来求的,这就要利用定积分相对于不定积分的特殊性.那么,能利用定积分的哪些特殊性呢?主要有可加性、积分限、对称性和几何意义.

1. 利用定积分具有可加性的特殊性

【例18】 (1992年考研题)求$\int_0^{\pi}\sqrt{1-\sin x}\,\mathrm{d}x$.

【解】原式$=\int_0^{\pi}\sqrt{\sin^2\frac{x}{2}+\cos^2\frac{x}{2}-2\sin\frac{x}{2}\cos\frac{x}{2}}\,\mathrm{d}x=\int_0^{\pi}\left|\sin\frac{x}{2}-\cos\frac{x}{2}\right|\mathrm{d}x$

$$=\int_0^{\frac{\pi}{2}}\left(\cos\frac{x}{2}-\sin\frac{x}{2}\right)\mathrm{d}x+\int_{\frac{\pi}{2}}^{\pi}\left(\sin\frac{x}{2}-\cos\frac{x}{2}\right)\mathrm{d}x$$

$$=2\left[\sin\frac{x}{2}+\cos\frac{x}{2}\right]_0^{\frac{\pi}{2}}+2\left[-\cos\frac{x}{2}-\sin\frac{x}{2}\right]_{\frac{\pi}{2}}^{\pi}=4(\sqrt{2}-1).$$

【题外话】**可以利用定积分的可加性来求分段函数的定积分**.当然,这里的分段函数还是指广义的分段函数,它包括了狭义的分段函数,绝对值函数,最大值、最小值函数,以及取整函数.

【例19】 设$f(x)=\max(x\mathrm{e}^{x^2},x^3\mathrm{e}^{x^2})$,求函数$F(x)=\int_0^x f(x-t)\mathrm{d}t\,(x\geqslant 0)$的表达式.

【解】

$$f(x)=\begin{cases}x\mathrm{e}^{x^2}, & 0\leqslant x\leqslant 1,\\ x^3\mathrm{e}^{x^2}, & x>1.\end{cases}$$

$$F(x)=\int_0^x f(x-t)\mathrm{d}t\xlongequal{\text{令}u=x-t}\int_x^0 f(u)\cdot(-\mathrm{d}u)=\int_0^x f(u)\mathrm{d}u.$$

当$0\leqslant x\leqslant 1$时,$F(x)=\int_0^x u\mathrm{e}^{u^2}\mathrm{d}u=\frac{1}{2}\int_0^x \mathrm{e}^{u^2}\mathrm{d}(u^2)=\frac{1}{2}\left[\mathrm{e}^{u^2}\right]_0^x=\frac{1}{2}(\mathrm{e}^{x^2}-1)$;

当$x>1$时,$F(x)=\int_0^1 u\mathrm{e}^{u^2}\mathrm{d}u+\int_1^x u^3\mathrm{e}^{u^2}\mathrm{d}u=\frac{1}{2}\int_0^1\mathrm{e}^{u^2}\mathrm{d}(u^2)+\frac{1}{2}\int_1^x u^2\mathrm{d}(\mathrm{e}^{u^2})$

$$=\frac{1}{2}\left[\mathrm{e}^{u^2}\right]_0^1+\frac{1}{2}\left[\left[u^2\mathrm{e}^{u^2}\right]_1^x-\int_1^x\mathrm{e}^{u^2}\mathrm{d}(u^2)\right]$$

$$=\frac{1}{2}\mathrm{e}^{x^2}(x^2-1)+\frac{\mathrm{e}-1}{2},$$

故

$$F(x)=\begin{cases}\frac{1}{2}(\mathrm{e}^{x^2}-1), & 0\leqslant x\leqslant 1,\\ \frac{1}{2}\mathrm{e}^{x^2}(x^2-1)+\frac{\mathrm{e}-1}{2}, & x>1.\end{cases}$$

【题外话】当 $f(x)$ 的表达式已知，要求 $\int_a^b f(x+m)\mathrm{d}x$ 时，可以通过令 $u=x+m$ 换元来求积分.

2. 利用定积分具有积分限的特殊性

【例 20】　设 $f(x)$ 是非负的连续函数，且 $f(x)f(-x)=1$，则 $\int_{-\frac{\pi}{2}}^{\frac{\pi}{2}} \frac{\cos x}{1+f(x)}\mathrm{d}x=$____________.

【分析】如何利用条件 $f(x)f(-x)=1$ 呢？为了获取与 $f(-x)$ 有关的信息，我们想到了对定积分换元. 令 $t=-x$，则

$$
\begin{aligned}
\text{原式}&=\int_{\frac{\pi}{2}}^{-\frac{\pi}{2}} \frac{\cos(-t)}{1+f(-t)}\cdot(-\mathrm{d}t)\\
&=\int_{-\frac{\pi}{2}}^{\frac{\pi}{2}} \frac{\cos t}{1+\frac{1}{f(t)}}\mathrm{d}t=\int_{-\frac{\pi}{2}}^{\frac{\pi}{2}} \frac{f(t)\cos t}{1+f(t)}\mathrm{d}t=\int_{-\frac{\pi}{2}}^{\frac{\pi}{2}} \frac{f(x)\cos x}{1+f(x)}\mathrm{d}x.
\end{aligned}
$$

这时，可以发现，只要将 $\int_{-\frac{\pi}{2}}^{\frac{\pi}{2}} \frac{f(x)\cos x}{1+f(x)}\mathrm{d}x$ 与 $\int_{-\frac{\pi}{2}}^{\frac{\pi}{2}} \frac{\cos x}{1+f(x)}\mathrm{d}x$ 相加，就能消去被积函数分母的 $1+f(x)$，即

$$
\text{原式}=\frac{1}{2}\left[\int_{-\frac{\pi}{2}}^{\frac{\pi}{2}} \frac{\cos x}{1+f(x)}\mathrm{d}x+\int_{-\frac{\pi}{2}}^{\frac{\pi}{2}} \frac{f(x)\cos x}{1+f(x)}\mathrm{d}x\right]=\frac{1}{2}\int_{-\frac{\pi}{2}}^{\frac{\pi}{2}} \cos x\,\mathrm{d}x=\frac{1}{2}\Big[\sin x\Big]_{-\frac{\pi}{2}}^{\frac{\pi}{2}}=1.
$$

【题外话】

(i) 在获知 $A=B$ 的情况下，通过 $A=\frac{1}{2}(A+B)$ 来计算或证明是之后还会多次用到的方法.

(ii) 本例的换元是受了条件 $f(x)f(-x)=1$ 的指引，不曾想却意外地扫除了障碍 $1+f(x)$. 当然，这有一个重要的前提，那就是换元恰好"保住"了原来的积分限. 那么，如何确保换元不破坏积分限呢？怎样换元才可能像本例一样，创造使被积函数中"制造麻烦"的因子被消去的"奇迹"呢？下面再看一道例题.

【例 21】　$\int_0^{\frac{\pi}{2}} \frac{\mathrm{d}x}{1+\tan^{2\,025}x}=$____________.

【分析】若将本例当做"一般的积分"来求，则其中的困难不言而喻，于是就想再次创造例 20 的"奇迹". 要想创造"奇迹"，只有换元；要想"保住"积分限，只有令 $t=0+\frac{\pi}{2}-x$，于是

$$
\begin{aligned}
\text{原式}&=\int_{\frac{\pi}{2}}^{0} \frac{-\mathrm{d}t}{1+\tan^{2\,025}\left(\frac{\pi}{2}-t\right)}=\int_0^{\frac{\pi}{2}} \frac{\mathrm{d}t}{1+\cot^{2\,025}t}=\int_0^{\frac{\pi}{2}} \frac{\tan^{2\,025}t}{\tan^{2\,025}t+1}\mathrm{d}t\\
&=\frac{1}{2}\left(\int_0^{\frac{\pi}{2}} \frac{\mathrm{d}t}{1+\tan^{2\,025}t}+\int_0^{\frac{\pi}{2}} \frac{\tan^{2\,025}t}{\tan^{2\,025}t+1}\mathrm{d}t\right)=\frac{1}{2}\int_0^{\frac{\pi}{2}}\mathrm{d}t=\frac{\pi}{4}.
\end{aligned}
$$

就这样，"奇迹"再次出现！

【题外话】本例得到了一个重要结论：**要想使换元后 $\int_a^b f(x)\mathrm{d}x$ 的积分限不被破坏，则只**

有令 $t=a+b-x$ $\left(\right.$如例19和例20分别通过令 $u=0+x-t$ 和 $t=-\frac{\pi}{2}+\frac{\pi}{2}-x$ 来换元，积分限都没有被破坏$\left.\right)$. 这也给了我们一个启示：由于

$$\int_a^b f(x)\mathrm{d}x \xlongequal{令t=a+b-x} \int_a^b f(a+b-t)\mathrm{d}t=\frac{1}{2}\int_a^b [f(x)+f(a+b-x)]\,\mathrm{d}x,$$

所以当 $\int_a^b f(x)\mathrm{d}x$ 很难求时，可以试着去求 $\int_a^b [f(x)+f(a+b-x)]\,\mathrm{d}x$.

3. 利用定积分具有对称性的特殊性

【例22】 计算 $\int_{-2}^{2}\left(\ln\frac{3+x}{3-x}+\frac{x^2}{2+\sqrt{4-x^2}}\right)\mathrm{d}x$.

【分析】当看到 $\ln\frac{3+x}{3-x}$ 这个第1°批“顽固分子”时，多么想把它“赶出”被积函数！好在要求的是定积分，好在积分区间恰好关于原点对称，好在这个“顽固分子”还是奇函数. 根据定积分的对称性，$\int_{-2}^{2}\ln\frac{3+x}{3-x}\mathrm{d}x=0$，这样，“顽固分子”瞬间“销声匿迹”了.

【解】

$$\begin{aligned}
原式&=\int_{-2}^{2}\frac{x^2}{2+\sqrt{4-x^2}}\mathrm{d}x=\int_{-2}^{2}\frac{x^2(2-\sqrt{4-x^2})}{(2+\sqrt{4-x^2})(2-\sqrt{4-x^2})}\mathrm{d}x=\int_{-2}^{2}(2-\sqrt{4-x^2})\,\mathrm{d}x\\
&=2\int_0^2(2-\sqrt{4-x^2})\,\mathrm{d}x=8-2\int_0^2\sqrt{4-x^2}\,\mathrm{d}x \xlongequal{令x=2\sin t} 8-8\int_0^{\frac{\pi}{2}}\cos^2 t\,\mathrm{d}t\\
&=8-8\int_0^{\frac{\pi}{2}}\frac{1+\cos 2t}{2}\mathrm{d}t=8-8\left[\frac{t}{2}+\frac{1}{4}\sin 2t\right]_0^{\frac{\pi}{2}}=2(4-\pi).
\end{aligned}$$

【题外话】

(i) 在以往与难积的“顽固分子”斗争的过程中，大致走这样三条“路线”：

① 使用分部积分法；

② 把被积函数中难积的部分令成 t；

③ 把求 $\int_a^b f(x)\mathrm{d}x$ 转化为求 $\int_a^b [f(x)+f(a+b-x)]\,\mathrm{d}x$(仅限于定积分).

现在，又有了第四条“路线”(仅限于定积分)：当积分区间关于原点对称时，可以判断被积函数中难积的部分是否为奇函数，若是，则能利用定积分的对称性. 当然，即使积分不难求，也能利用定积分的对称性来减小计算量(如本例由于 $f(x)=2-\sqrt{4-x^2}$ 为偶函数，所以可把求 $\int_{-2}^{2}(2-\sqrt{4-x^2})\,\mathrm{d}x$ 转化为求 $2\int_0^2(2-\sqrt{4-x^2})\,\mathrm{d}x$).

(ii) 本例若对 $\int_{-2}^{2}\frac{x^2}{2+\sqrt{4-x^2}}\mathrm{d}x$ 直接进行三角代换，则求积分的过程恐怕更加曲折. 所以，可以通过有理化来化简含根式的被积函数.

4. 利用定积分具有几何意义的特殊性

【例 23】 $\int_{0}^{n\pi}|\sin x|\mathrm{d}x=$____________. (其中 n 为正整数)

【分析】本例中不但被积函数含有绝对值,而且积分限还含有 n,因此要想求这个积分显然“荆棘丛生”. 这时就会想到,定积分的几何意义是被积函数在积分区间上的图形与 x 轴所围成的面积,而作出 $f(x)=|\sin x|$ 的图形似乎并不难. 观察图 3-3,不难发现,曲线 $f(x)=|\sin x|$ 在 $[0,n\pi]$ 上与 x 轴围成的面积不就是该曲线在 $[0,\pi]$ 上与 x 轴围成的面积的 n 倍吗? 于是

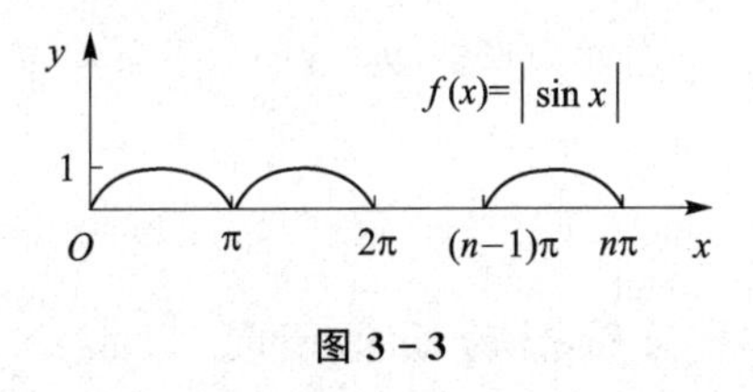

图 3-3

$$\text{原式}=n\int_{0}^{\pi}\sin x\mathrm{d}x=n\Big[-\cos x\Big]_{0}^{\pi}=2n.$$

【题外话】

(i) 本例若利用如下结论, 则也能把求 $\int_{0}^{n\pi}|\sin x|\mathrm{d}x$ 转化为求 $n\int_{0}^{\pi}|\sin x|\mathrm{d}x$:若 $f(x)$ 是以 T 为周期的连续函数,则 $\int_{a}^{a+nT}f(x)\mathrm{d}x=n\int_{0}^{T}f(x)\mathrm{d}x\,(n\in\mathbf{N})$.

(ii) 我们知道,定积分的几何意义是平面图形的面积. 既然可以通过考察平面图形的面积来求定积分,那么为什么不能通过求定积分来求平面图形的面积呢? 定积分究竟能帮助我们解决哪些几何问题呢?

问题 3　定积分的几何应用

知识储备

1. 平面图形的面积

① 对 x 积分:曲线 $y=y_1(x)$ 和 $y=y_2(x)$ 及 $x=a,x=b\,(a<b)$ 所围成的平面图形的面积为 $A=\int_{a}^{b}|y_1(x)-y_2(x)|\mathrm{d}x$.

② 对 y 积分:曲线 $x=x_1(y)$ 和 $x=x_2(y)$ 及 $y=c,y=d\,(c<d)$ 所围成的平面图形的面积为 $A=\int_{c}^{d}|x_1(y)-x_2(y)|\mathrm{d}y$.

2. 旋转体的体积

① 绕 x 轴旋转:曲线 $y=y(x)$ 和 $x=a,x=b\,(a<b)$ 及 x 轴所围成的平面图形绕 x 轴旋转一周所得的旋转体的体积为 $V=\pi\int_{a}^{b}y^2(x)\mathrm{d}x$.

② 绕 y 轴旋转:曲线 $x=x(y)$ 和 $y=c,y=d\,(c<d)$ 及 y 轴所围成的平面图形绕 y 轴

旋转一周所得的旋转体的体积为 $V=\pi\int_c^d x^2(y)\mathrm{d}y$.

3. 平面曲线的弧长

平面光滑曲线 $y=y(x)(a\leqslant x\leqslant b)$ 的弧长为 $s=\int_a^b \sqrt{1+[y'(x)]^2}\,\mathrm{d}x$.

问题研究

1. 平面图形的面积问题

【例 24】 (1997 年考研题)设在区间$[a,b]$上 $f(x)>0, f'(x)<0, f''(x)>0$. 令 $S_1=\int_a^b f(x)\mathrm{d}x, S_2=f(b)(b-a), S_3=\dfrac{1}{2}[f(a)+f(b)](b-a)$, 则(　　)

(A) $S_1<S_2<S_3$.　　(B) $S_2<S_1<S_3$.　　(C) $S_3<S_1<S_2$.　　(D) $S_2<S_3<S_1$.

【分析】两个条件 $f'(x)<0$ 和 $f''(x)>0$ 告诉了我们什么呢？曲线 $f(x)$在$[a,b]$上既下降又下凹.这样就能作出 $f(x)$在$[a,b]$上的示意图.如图 3-4 所示,显然,曲边梯形 $ABCD$ 的面积大于矩形 $ABCE$ 的面积,而梯形 $ABCD$ 的面积又大于曲边梯形 $ABCD$ 的面积,故选(B).

【题外话】本例对用定积分表示的平面图形面积的大小进行了定性判断,那么如何利用定积分对平面图形的面积进行定量计算呢？

【例 25】

(1) 曲线 $y=x^3-4x^2+3x$ 与 x 轴所围成的图形(图 3-5)的面积为________;

(2) 抛物线 $y^2=2x$ 与直线 $y=-x+\dfrac{3}{2}$ 所围成的图形(图 3-6)的面积为________.

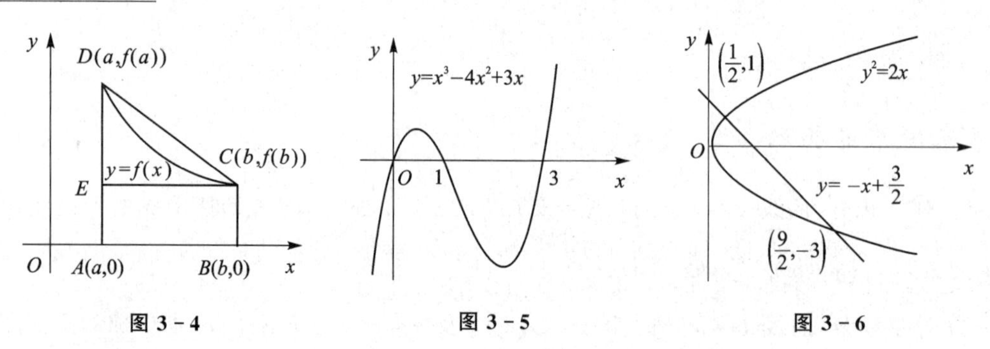

图 3-4　　图 3-5　　图 3-6

【解】(1) 由 $x^3-4x^2+3x=0$ 得 $x_1=0, x_2=1, x_3=3$. 故所求面积为

$$A=\int_0^1(x^3-4x^2+3x)\mathrm{d}x-\int_1^3(x^3-4x^2+3x)\mathrm{d}x$$

$$=\left[\frac{x^4}{4}-\frac{4}{3}x^3+\frac{3}{2}x^2\right]_0^1-\left[\frac{x^4}{4}-\frac{4}{3}x^3+\frac{3}{2}x^2\right]_1^3=\frac{37}{12}.$$

(2) **法一:** 由$\begin{cases}y^2=2x,\\ y=-x+\dfrac{3}{2}\end{cases}$得抛物线与直线的交点为$\left(\dfrac{1}{2},1\right),\left(\dfrac{9}{2},-3\right)$. 故所求面积为

$$A=\int_0^{\frac{1}{2}}\left[\sqrt{2x}-(-\sqrt{2x})\right]\mathrm{d}x+\int_{\frac{1}{2}}^{\frac{9}{2}}\left[-x+\frac{3}{2}-(-\sqrt{2x})\right]\mathrm{d}x$$

$$=\left[\frac{4\sqrt{2}}{3}x^{\frac{3}{2}}\right]_0^{\frac{1}{2}}+\left[-\frac{x^2}{2}+\frac{3}{2}x+\frac{2\sqrt{2}}{3}x^{\frac{3}{2}}\right]_{\frac{1}{2}}^{\frac{9}{2}}=\frac{16}{3}.$$

法二：所求面积为 $A=\int_{-3}^{1}\left(\frac{3}{2}-y-\frac{y^2}{2}\right)\mathrm{d}y=\left[\frac{3}{2}y-\frac{y^2}{2}-\frac{y^3}{6}\right]_{-3}^{1}=\frac{16}{3}.$

【题外话】

(i) 本例(1)能通过求 $\int_0^3(x^3-4x^2+3x)\mathrm{d}x$ 来求面积吗？不能. 因为当 $1\leqslant x\leqslant 3$ 时，$y\leqslant 0$，此时曲线与 x 轴所围成的面积为 $-\int_1^3(x^3-4x^2+3x)\mathrm{d}x$. 所以，当求曲线与 x 轴所围成的面积时，要注意该曲线是在 x 轴的上方还是下方.

(ii) 本例(2)若通过对 x 积分来求面积（"法一"），则需把图形分割成两部分$\Big($因为当 $0\leqslant x\leqslant\frac{1}{2}$ 时，图形由 $y=\sqrt{x}$ 和 $y=-\sqrt{x}$ 围成；当 $\frac{1}{2}\leqslant x\leqslant\frac{9}{2}$ 时，图形由 $y=-x+\frac{3}{2}$ 和 $y=-\sqrt{x}$ 围成$\Big)$，并求两个定积分；若通过对 y 积分来求面积（"法二"），则只需求一个定积分. 孰繁孰简，一目了然. 所以，在求面积时，如果对 x 积分需要分割图形，则可以考虑对 y 积分.

【例 26】 (1987 年考研题) 在第一象限内求曲线 $y=-x^2+1$ 上一点，使该点处的切线与所给曲线及两坐标轴所围成的图形面积最小，并求此最小面积.

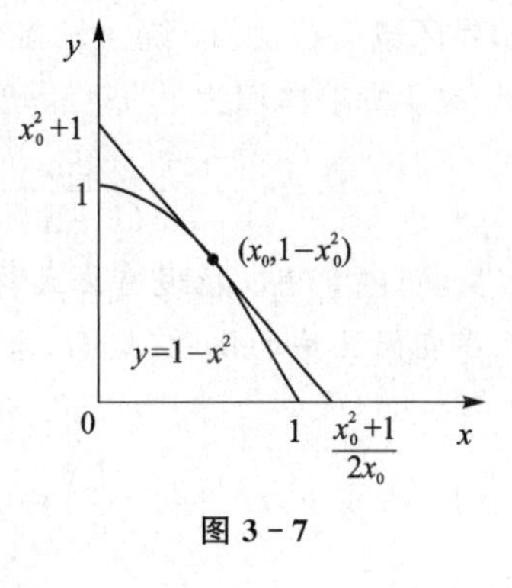

图 3-7

【解】如图 3-7 所示，设所求点为 $(x_0,1-x_0^2)(0<x_0<1)$，则 $y'|_{x=x_0}=-2x_0$，曲线在该点处的切线方程为

$$y-(1-x_0^2)=-2x_0(x-x_0).$$

令 $x=0$，得 $y=x_0^2+1$；令 $y=0$，得 $x=\frac{x_0^2+1}{2x_0}$. 于是，所求面积为

$$A(x_0)=\frac{1}{2}(x_0^2+1)\frac{x_0^2+1}{2x_0}-\int_0^1(1-x^2)\mathrm{d}x$$

$$=\frac{1}{4}x_0^3+\frac{1}{2}x_0+\frac{1}{4x_0}-\frac{2}{3}\quad x_0\in(0,1).$$

$$A'(x_0)=\frac{3}{4}x_0^2-\frac{1}{4x_0^2}+\frac{1}{2}=\frac{(3x_0^2-1)(x_0^2+1)}{4x_0^2}.$$

令 $A'(x_0)=0$，得 $x_0=\frac{\sqrt{3}}{3}$. $A(x_0)$ 的性质如表 3-1 所列.

$A(x_0)$ 在 $x_0=\frac{\sqrt{3}}{3}$ 处取得极小值即最小值 $\frac{2}{9}(2\sqrt{3}-3)$. 故所求点为 $\left(\frac{\sqrt{3}}{3},\frac{2}{3}\right)$，所求最小

面积为$\frac{2}{9}(2\sqrt{3}-3)$.

表 3-1

x_0	$\left(0,\frac{\sqrt{3}}{3}\right)$	$\frac{\sqrt{3}}{3}$	$\left(\frac{\sqrt{3}}{3},1\right)$
$A'(x_0)$	$-$	0	$+$
$A(x_0)$	↘	$\frac{2}{9}(2\sqrt{3}-3)$	↗

【题外话】

(i) 本例所求的面积是由切线与坐标轴所围成的三角形的面积,减去抛物线与坐标轴所围成的图形的面积.通过求图形的面积之差来求面积有时会很高效.

(ii) “定积分的几何应用”搭建了一个“舞台”,在这个“舞台”上,平面图形的面积问题是“主角”,切线问题和最(极)值问题是常见的“龙套”.当然,又一位“主角”即将登场,它就是旋转体的体积问题.

2. 旋转体的体积问题

【例 27】 (2010年考研题)设位于曲线$y=\frac{1}{\sqrt{x(1+\ln^2 x)}}$($\mathrm{e}\leqslant x<+\infty$)下方、$x$轴上方的无界区域为$G$,则$G$绕$x$轴旋转一周所得空间区域的体积为__________.

【解】所求体积为

$$V=\pi\int_{\mathrm{e}}^{+\infty}\frac{\mathrm{d}x}{x(1+\ln^2 x)}=\pi\int_{\mathrm{e}}^{+\infty}\frac{\mathrm{d}(\ln x)}{1+\ln^2 x}=\pi\Big[\arctan(\ln x)\Big]_{\mathrm{e}}^{+\infty}=\frac{\pi^2}{4}.$$

【题外话】可以把现有公式推广,通过求反常积分来求无界平面图形的面积和旋转而成的无界空间区域的体积.然而,求所有的旋转体体积都只是单纯地套用公式吗?

【例 28】

(1) 曲线$y=x^2\left(x\geqslant\frac{1}{2}\right)$和$x=\frac{1}{2}$及$y=1$所围成的图形绕$x=\frac{1}{2}$旋转所成的旋转体体积为__________;

(2) 曲线$y=x^2$和$y=x$所围成的图形绕y轴旋转所成的旋转体体积为__________.

【分析】

(1) 本例的旋转轴是$x=\frac{1}{2}$,但我们熟悉的是绕y轴旋转,这该如何是好呢?别慌,只需把$x=\sqrt{y}$向左平移$\frac{1}{2}$个单位.如图3-8所示,不难看出,已知旋转体(实线)与$x=\sqrt{y}-\frac{1}{2}$和y轴及$y=1$所围成的图形绕y轴旋转所成的新旋转体(虚线)体积相等,而求新旋转体的体积可以套用公式,即

$$\pi\int_{\frac{1}{4}}^{1}\left(\sqrt{y}-\frac{1}{2}\right)^2\mathrm{d}y=\pi\int_{\frac{1}{4}}^{1}\left(y+\frac{1}{4}-\sqrt{y}\right)\mathrm{d}y=\pi\left[\frac{y^2}{2}+\frac{y}{4}-\frac{2}{3}y^{\frac{3}{2}}\right]_{\frac{1}{4}}^{1}=\frac{7}{96}\pi.$$

(2) 如图3-9所示,$x=\sqrt{y}$和$y=1$及y轴所围成的图形绕y轴旋转所成的旋转体极

像一个碗，$x=y$ 和 $y=1$ 及 y 轴所围成的图形绕 y 轴旋转所成的旋转体极像一个冰淇淋. 那么，所求的体积不就是"碗"中盛了一个"冰淇淋"后剩下的空间区域的体积吗？于是，"碗"的体积减去"冰淇淋"的体积，得

$$\pi\int_0^1(\sqrt{y})^2\mathrm{d}y-\pi\int_0^1 y^2\mathrm{d}y=\pi\int_0^1\left[(\sqrt{y})^2-y^2\right]\mathrm{d}y=\pi\left[\frac{y^2}{2}-\frac{y^3}{3}\right]_0^1=\frac{\pi}{6}.$$

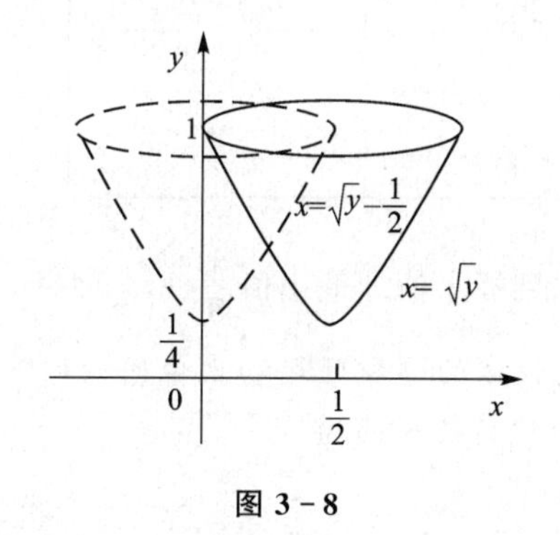

图 3-8

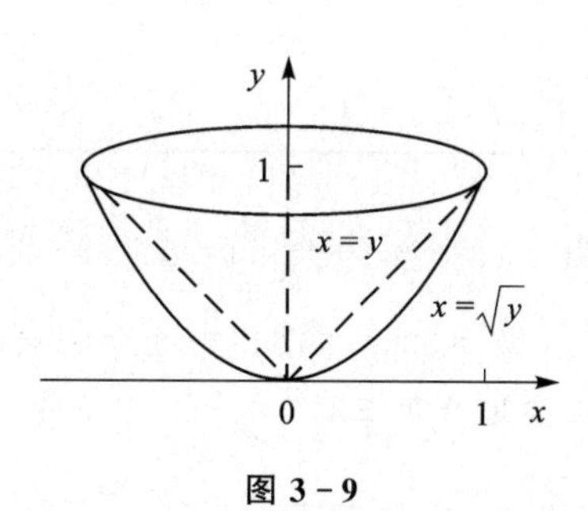

图 3-9

【题外话】

(i) 本例(2)也可用圆锥体的体积公式求"冰淇淋"的体积，即

$$V_{锥}=\frac{1}{3}S_{底}\cdot h=\frac{1}{3}\pi\cdot 1^2\cdot 1=\frac{\pi}{3}.$$

(ii) 本例(1)告诉我们：曲线 $x=x(y)$ 和 $y=c,y=d(c<d)$ 及 $x=m$ 所围成的平面图形绕 $x=m$ 旋转一周所得的旋转体的体积为 $V=\pi\int_c^d[x(y)-m]^2\mathrm{d}y$（类似可得绕与 x 轴平行的直线旋转时的相应结论）.

(iii) 本例(2)告诉我们：曲线 $x=x_1(y)\geqslant 0$ 和 $x=x_2(y)\geqslant 0$ 及 $y=c,y=d(c<d)$ 所围成的平面图形绕 y 轴旋转一周所得的旋转体的体积为 $V=\pi\int_c^d|x_1^2(y)-x_2^2(y)|\mathrm{d}y$（类似可得绕 x 轴旋转时的相应结论）.

(iv) 请读者自行练习：曲线 $y=x^2\left(x\geqslant\frac{1}{2}\right)$ 和 $y=x$ 及 $x=\frac{1}{2}$ 所围成的图形绕 $x=\frac{1}{2}$ 旋转所成的旋转体体积为________. $\left(答案为\frac{\pi}{32}\right)$

【例 29】 设抛物线 $y=ax^2+bx$，已知当 $0\leqslant x\leqslant 1$ 时 $y\geqslant 0$，且该抛物线与 x 轴及直线 $x=1$ 所围成的图形面积 $A=\frac{1}{3}$. 试确定常数 a,b，使得该图形绕 x 轴旋转一周而成的旋转体的体积 V 最小，并求出此最小值.

【解】由题意，$A=\int_0^1(ax^2+bx)\mathrm{d}x=\left[\frac{a}{3}x^3+\frac{b}{2}x^2\right]_0^1=\frac{a}{3}+\frac{b}{2}=\frac{1}{3}$，即 $b=\frac{2}{3}(1-a)$.

$$\begin{aligned}V&=\pi\int_0^1(ax^2+bx)^2\mathrm{d}x=\pi\left[\frac{a^2}{5}x^5+\frac{ab}{2}x^4+\frac{b^2}{3}x^3\right]_0^1=\pi\left(\frac{a^2}{5}+\frac{ab}{2}+\frac{b^2}{3}\right)\\&=\pi\left[\frac{a^2}{5}+\frac{a}{2}\cdot\frac{2}{3}(1-a)+\frac{1}{3}\cdot\frac{4}{9}(1-a)^2\right]=\frac{\pi}{135}(2a^2+5a+20).\end{aligned}$$

令 $V'=\frac{\pi}{135}(4a+5)=0$,得 $a=-\frac{5}{4}$. V 的性质如表 3-2 所列.

表 3-2

a	$\left(-\infty,-\frac{5}{4}\right)$	$-\frac{5}{4}$	$\left(-\frac{5}{4},+\infty\right)$
V'	$-$	0	$+$
V	↘	$\frac{\pi}{8}$	↗

所以,当 $a=-\frac{5}{4}$,$b=\frac{2}{3}(1-a)=\frac{3}{2}$时,$V$ 取到极小值即最小值$\frac{\pi}{8}$.

【题外话】在见识了平面图形的面积问题、旋转体的体积问题和最值问题的"同台表演"之后,下面又要迎来第三位"主角",它就是平面曲线的弧长问题.

3. 平面曲线的弧长问题

【例 30】 设$\int f(x)\mathrm{d}x=x\ln(1-x^2)-2x+\ln\frac{1+x}{1-x}+C$,求曲线 $f(x)$ 相应于 $0\leqslant x\leqslant\frac{1}{2}$ 的一段弧的长度.

【解】已知等式两边对 x 求导,得 $f(x)=\ln(1-x^2)$. 故所求弧长为

$$s=\int_0^{\frac{1}{2}}\sqrt{1+\left(\frac{-2x}{1-x^2}\right)^2}\,\mathrm{d}x=\int_0^{\frac{1}{2}}\frac{1+x^2}{1-x^2}\mathrm{d}x=\int_0^{\frac{1}{2}}\left(\frac{1}{1+x}+\frac{1}{1-x}-1\right)\mathrm{d}x$$

$$=\Big[\ln(1+x)-\ln(1-x)-x\Big]_0^{\frac{1}{2}}=\ln3-\frac{1}{2}$$

【题外话】本例为了求 $f(x)$,在已知等式两边同时对 x 求导,把积分式变形为导数式. 这也激起了我们探讨一元函数积分学中变形问题的兴趣.

问题 4 积分与导数的相互变形

问题研究

1. 变积分式为导数式

(1) 积分号内无积分号

【例 31】

(1) (1996 年考研题)设不定积分 $\int xf(x)\mathrm{d}x=\arcsin x+C$,则$\int\frac{\mathrm{d}x}{f(x)}=$__________;

(2) 已知 $f(x)$ 连续,$\int_0^x tf(x-t)\mathrm{d}t=\arctan x^2$,求$\int_0^2 f(x)\mathrm{d}x$ 的值;

(3) 已知$\int_0^1 f(tx)\mathrm{d}t = f(x) + x\sin x$，且 $f(0)=2$，求连续函数 $f(x)$.

【解】

(1) 已知等式两边对 x 求导，得 $xf(x)=\dfrac{1}{\sqrt{1-x^2}}$，即 $f(x)=\dfrac{1}{x\sqrt{1-x^2}}$. 故

$$\int \frac{\mathrm{d}x}{f(x)} = \int x\sqrt{1-x^2}\,\mathrm{d}x = -\frac{1}{2}\int (1-x^2)^{\frac{1}{2}}\mathrm{d}(1-x^2) = -\frac{1}{3}(1-x^2)^{\frac{3}{2}} + C.$$

(2) 令 $x-t=u$，则

$$\int_0^x tf(x-t)\mathrm{d}t = \int_0^x (x-u)f(u)\mathrm{d}u = x\int_0^x f(u)\mathrm{d}u - \int_0^x uf(u)\mathrm{d}u,$$

于是 $x\int_0^x f(u)\mathrm{d}u - \int_0^x uf(u)\mathrm{d}u = \arctan x^2$.

两边对 x 求导，得$\int_0^x f(u)\mathrm{d}u + xf(x) - xf(x) = \dfrac{2x}{1+x^4}$，即$\int_0^x f(u)\mathrm{d}u = \dfrac{2x}{1+x^4}$.

令 $x=2$，则$\int_0^2 f(x)\mathrm{d}x = \int_0^2 f(u)\mathrm{d}u = \dfrac{4}{17}$.

(3) 令 $tx=u$，则

$$\int_0^1 f(tx)\mathrm{d}t = \int_0^x f(u)\cdot\frac{\mathrm{d}u}{x} = \frac{1}{x}\int_0^x f(u)\mathrm{d}u,$$

于是 $\dfrac{1}{x}\int_0^x f(u)\mathrm{d}u = f(x) + x\sin x$，即$\int_0^x f(u)\mathrm{d}u = xf(x) + x^2\sin x$.

两边对 x 求导，得 $f(x)=f(x)+xf'(x)+2x\sin x+x^2\cos x$，即 $f'(x)=-2\sin x - x\cos x$.

$$f(x) = 2\cos x - \int x\,\mathrm{d}(\sin x) = 2\cos x - x\sin x + \int \sin x\,\mathrm{d}x = \cos x - x\sin x + C.$$

由 $f(0)=2$ 得 $C=1$. 故 $f(x)=\cos x - x\sin x + 1$.

【题外话】

(i) 不论是含不定积分的等式(如例 30，本例(1))，还是含变限积分的等式(如本例(2)，(3))，都可以在等式两边同时对 x 求导. 对于前者，求导的目的一般都是求被积函数，当然求出被积函数后也可以求另一积分. 对于后者，求导的目的可能是求被积函数(如本例(3))，也可能是为了得到一个便于赋值的形式，求某一定积分(如本例(2)).

(ii) 对于形如$\int_a^x \varphi(x)f(t)\mathrm{d}t$ 的变限积分，求导后得 $\varphi'(x)\int_a^x f(t)\mathrm{d}t + \varphi(x)f(x)$，再次求导后得 $\varphi''(x)\int_a^x f(t)\mathrm{d}t + 2\varphi'(x)f(x) + \varphi(x)f'(x)$. 不难想象，不论求导多少次，积分号都去不掉. 所以，如果要由已知的含变限积分的等式来求被积函数，则为了防止多次求导后积分号仍然难以去除，应尽量在求导前把变限积分与它含 x 的系数分离$\Big($如本例(3)中，为了防止$\dfrac{1}{x}\int_0^x f(u)\mathrm{d}u$ 多次求导后积分号仍然难以去除，在求导前先在等式两边乘以 $x\Big)$.

(2) 积分号内有积分号

【例 32】　设函数 $f(x)=\int_1^{\sqrt{x}} \mathrm{e}^{-y^2}\mathrm{d}y$，则$\int_0^1 \dfrac{f(x)}{\sqrt{x}}\mathrm{d}x =$ __________.

【分析】本例无异于求$\int_0^1 \frac{1}{\sqrt{x}}\left(\int_1^{\sqrt{x}} e^{-y^2}dy\right)dx$. 我们多么希望能在求积分的过程中对$f(x)$求导,从而打破"积分套积分"的"僵局"啊！那么,如何去掉积分号内的积分号呢？若运用分部积分法,便有

$$\text{原式}=2\int_0^1 f(x)d(\sqrt{x})=2\left[\sqrt{x}f(x)\right]_0^1-2\int_0^1\sqrt{x}f'(x)dx$$

$$=-2\int_0^1\sqrt{x}\cdot\frac{1}{2\sqrt{x}}e^{-x}dx=-\int_0^1 e^{-x}dx=\left[e^{-x}\right]_0^1=e^{-1}-1.$$

【题外话】

(i) 为什么运用分部积分法能去掉积分号内的积分号呢？这恐怕要从分部积分公式

$$\int uv'dx=uv-\int u'vdx$$

谈起. 该公式揭示了分部积分法的两个作用:

① 把被积函数中原先不求导的因式u变为求导;

② 把被积函数中原先求导的因式v'变为不求导.

这意味着与拉格朗日中值定理、积分中值定理和泰勒公式一样,**分部积分法也能改变导数的阶数,但它改变的是被积函数的导数阶数**. 正是由于作用①,采用分部积分法才能去掉积分号内的积分号.

(ii) 对于形如$\int_a^b f(x)\left[\int_{\varphi_1(x)}^{\varphi_2(x)} g(y)dy\right]dx$的积分,既可以采用分部积分法来求,也可以采用二次积分的方法来求. 至于二次积分的方法的使用,那就是后话了(详见第五章).

2. 变导数式为积分式

(1) 导数号外无积分号

【例 33】 (1995年考研题)设$f'(\ln x)=1+x$,则$f(x)=$____________.

【解】**法一:** $f(\ln x)=\int f'(\ln x)d(\ln x)=\int(1+x)d(\ln x)=\int\frac{1+x}{x}dx=\ln|x|+x+C.$

令$\ln x=t$,则$x=e^t$,$f(t)=\ln|e^t|+e^t+C=t+e^t+C$,即$f(x)=x+e^x+C$.

法二: 令$\ln x=t$,则$x=e^t$,$f'(t)=1+e^t$,即$f'(x)=1+e^x$.

$$f(x)=\int f'(x)dx=\int(1+e^x)dx=x+e^x+C.$$

【题外话】前面讲过,$f'[g(x)]$表示把$g(x)$代入$f'(x)$表达式后的函数. 若已知$f'[g(x)]$,要求$f(x)$,则可以先求$f'[g(x)]$对$g(x)$的积分得到$f[g(x)]$,再由$f[g(x)]$求出$f(x)$(如本例的"法一");也可以先由$f'[g(x)]$求出$f'(x)$,再求$f'(x)$对x的积分得到$f(x)$(如本例的"法二").

(2) 导数号外有积分号

【例 34】 设$\frac{\ln x}{x}$为$f(x)$的一个原函数,则$\int xf'(x)dx=$____________.

【分析】"$\frac{\ln x}{x}$为$f(x)$的一个原函数"意味着什么呢？$\int f(x)dx=\frac{\ln x}{x}+C_1$. 这样就有

$f(x)=\left(\frac{\ln x}{x}\right)'=\frac{1-\ln x}{x^2}$. 此时，可以发现，若要再求 $f(x)$ 的导数，则必定“气喘吁吁”. 无奈的是，被积函数中含有 $f'(x)$. 那么，能去掉积分号内的导数号吗？当然能. 因为分部积分法还有作用 ②—— 把被积函数中原先求导的因式变为不求导. 于是

$$\int xf'(x)\mathrm{d}x=\int x\mathrm{d}[f(x)]=xf(x)-\int f(x)\mathrm{d}x=\frac{1-2\ln x}{x}+C.$$

问题 5 定积分与抽象函数的相互变形

问题研究

1. 变定积分式为抽象函数式

【例 35】 已知 $f''(x)$在$[0,1]$上连续，且 $f(0)=1,f(2)=3,f'(2)=5$，则$\int_0^1 xf''(2x)\mathrm{d}x=$ ______.

【分析】仿照例 34，依然运用分部积分法降低被积函数中的导数阶数，即

$$\begin{aligned}\int_0^1 xf''(2x)\mathrm{d}x&=\frac{1}{2}\int_0^1 x\mathrm{d}[f'(2x)]=\frac{1}{2}\Big[xf'(2x)\Big]_0^1-\frac{1}{2}\int_0^1 f'(2x)\mathrm{d}x\\&=\frac{1}{2}f'(2)-\frac{1}{4}\Big[f(2x)\Big]_0^1=\frac{1}{2}f'(2)-\frac{1}{4}f(2)+\frac{1}{4}f(0).\end{aligned}$$

幸运的是，抽象函数 $f(x)$和 $f'(x)$的函数值 $f(0),f(2),f'(2)$恰好已知，故$\int_0^1 xf''(2x)\mathrm{d}x=2$.

2. 变抽象函数式为定积分式

【例 36】 设 $f(x)=x^2-x\int_0^2 f(x)\mathrm{d}x+2\int_0^1 f(x)\mathrm{d}x$，则 $f(x)=$ ______.

【分析】在本例的条件等式中出现了 $f(x)$的两个定积分，这告诉我们，求 $f(x)$的定积分是求 $f(x)$的“必经之路”. 然而，求 $f(x)$的定积分的障碍就在于 $f(x)$的表达式未知，这便成为一个“死结”. 同时我们也知道，要想解开这个“死结”，只能使 $f(x)$不再“抽象”. 不妨设 $\int_0^2 f(x)\mathrm{d}x=a$，$\int_0^1 f(x)\mathrm{d}x=b$，则 $f(x)=x^2-ax+2b$. 于是，问题归结为求 a,b 的值. 要想求两个未知数，需要两个方程. 这时，可以发现，$\int_0^2 f(x)\mathrm{d}x=a$ 和$\int_0^1 f(x)\mathrm{d}x=b$ 不是正好可以作为两个方程吗？ 于是列方程组

$$\begin{cases}a=\left[\dfrac{x^3}{3}-\dfrac{a}{2}x^2+2bx\right]_0^2=\dfrac{8}{3}-2a+4b,\\ b=\left[\dfrac{x^3}{3}-\dfrac{a}{2}x^2+2bx\right]_0^1=\dfrac{1}{3}-\dfrac{a}{2}+2b,\end{cases}\quad\text{解得}\quad\begin{cases}a=\dfrac{4}{3},\\ b=\dfrac{1}{3}.\end{cases}$$

故 $f(x)=x^2-\frac{4}{3}x+\frac{2}{3}$.

【题外话】

(i) 解开本例“死结”的关键在于设 $\int_0^2 f(x)\mathrm{d}x=a$，$\int_0^1 f(x)\mathrm{d}x=b$，这是基于“定积分的结果是一个常数”的结论.该结论似乎并不陌生，但在需要应用时却不太容易想到.这是为什么呢？因为难免会受到不定积分的干扰.前面讲过，定积分并不能单纯地看做具有积分限的不定积分，它与不定积分的定义完全不同.有了这个意识，也就不难想到定积分的结果是一个常数了.

(ii) 在第二章中谈了导数与极限的相互变形，前面又讲了积分与导数、定积分与抽象函数的相互变形.实践证明，变形问题是不少解题者难以逾越的鸿沟.那么，为什么一元函数微积分学的三个“巨头”——极限、导数、积分都“参与”了变形问题呢？我们又该如何冲破解决变形问题过程中的“瓶颈”呢？让我们一起探讨.

深度聚焦

变形问题的秘密

为什么要变形呢？因为已知的形式与所需的形式不同.为了使用关于极限的条件来求导数，则变导数式为极限式(如第二章例20)；为了使用在某点处可导的条件来求极限，则变极限式为导数式(如第二章例21).同样，变积分式为导数式不是因为积分号(包括积分号内的积分号)成为了解题的障碍而需要去除(如例31(1)，(3)和例32)，就是为了得到一个与所求定积分形式相近的变限积分来赋值(如例31(2))；变导数式为积分式也是为了去导数号(包括积分号内的导数号)以便解题(如例33和例34).定积分与抽象函数的相互变形更是源于已知抽象函数的某些函数值，而要求解相关的定积分(如例35)，或者已知与抽象函数的定积分有关的条件，而要求解该函数的解析式(如例36).

但是，需要变形并不一定就能实现变形.这样就产生了第二个问题：为什么能变形呢？

导数与极限之所以能够相互变形，是因为导数是借助极限来定义的.定义式

$$f'(x_0)=\lim_{\Delta x\to 0}\frac{f(x_0+\Delta x)-f(x_0)}{\Delta x}$$

是变形的依据.不妨把它们的关系称为“**借助关系**”.积分与导数相互变形的依据是

$$F'(x)=f(x) \quad 及 \quad \int f(x)\mathrm{d}x=F(x)+C \quad \left(或\int_a^x f(t)\mathrm{d}t=F(x)\right),$$

其中 $F(x)$ 是 $f(x)$ 的原函数(下同).这两个等式的同时成立揭示了导数与不定积分(或变限积分)是互逆运算，它们的关系不妨称为“**互逆关系**”.那么，定积分与抽象函数为什么能够相互变形呢？因为牛顿-莱布尼茨公式

$$\int_a^b f(x)\mathrm{d}t=F(b)-F(a)$$

告诉我们，定积分可以展开为抽象函数(由于该问题在实际题目中往往是 $f(x)$ 及 $F(x)$

的表达式未知,故称为抽象函数)的两个函数值相减.不妨称定积分与抽象函数的关系为“**展开关系**”.于是可以明白,“数学关系”是变形问题背后的“秘密”,因为有了数学关系就有了数学形式,有了数学形式就可以互相转变形式.在揭示了变形问题的秘密之后,恐怕要问一个更为实际的问题,那就是:该如何变形呢?

“借助关系”的变形要点是转化.由于导数是借助极限来定义的,故导数问题有时需要转化为极限问题,用解决极限问题的方法来解决,如第二章例20在求$f(0)$时就用到了“已知极限求参数的值”的思考方法.此外,因为能够根据需要,把变形后的方程或不等式的一边记作函数,所以也可以把函数与方程,以及函数与不等式的关系看做“借助关系”.同样,方程的解的问题和不等式的证明问题也常常转化为函数问题来解决.

“互逆关系”的变形要点是抵消.能够抵消是互逆运算的一大特点.我们知道,减法能抵消加法,除法能抵消乘法,乘方能抵消根号,对数能抵消指数.因此,对于成为解题障碍的运算,可以考虑用它的逆运算来抵消,如例31通过对等式两边求导抵消了不定积分或变限积分,例33通过求不定积分抵消了导数.前面讲过,分部积分公式$\int uv'\mathrm{d}x=uv-\int u'v\mathrm{d}x$是由乘积形式的导数$(uv)'=u'v+uv'$经两边求不定积分推导而来的,这个过程就是不定积分抵消导数的过程.所以,在例32中采用分部积分法去掉了积分号内的积分号,在例34中采用分部积分法去掉了积分号内的导数号,它们的实质也是抵消.此外,通过取对数来求幂指函数的极限或导数,也不过是想用对数抵消指数而已.

“展开关系”的变形要点是选择.把定积分展开为抽象函数的函数值之差是形式上的“改头换面”,所以,要不要展开,什么时候展开都需要选择.例35的“幸运”似乎是按部就班的结果.但是,要想解开例36的“死结”却充满了选择.在例36中,为什么最初不把$\int_0^2 f(x)\mathrm{d}x$和$\int_0^1 f(x)\mathrm{d}x$展开呢?因为在不知道$f(x)$的原函数的情况下,如果硬要展开,只会徒增一个新的抽象函数.那么,为什么最终还是把它们展开了呢?因为只有这样才能产生两个方程.此外,当把函数用泰勒公式展开时,也要选择按什么的幂展开,展开至哪一阶为止.

上面所谈的三个变形问题是数学变形的九牛一毛,而借助关系、互逆关系和展开关系也不过是数学关系的沧海一粟.只是由于这三种变形涉及了极限、导数、积分这三个“巨头”而显得很有代表性.其实,变形无处不在.求极限时可能要变形,求导数时可能要变形,求积分时更是离不开变形.变形可能是解题过程中一个不起眼的步骤,但也可能决定了解一道题的整体思路.是这样吗?是的,证明积分等式的思路就来自如何变形.

问题 6 积分等式的证明

问题研究

题眼探索 证明积分等式是变形吗？是，它的过程无异于从等式一边向等式另一边变形. 前面讲过，变形源于已知形式与所需形式的不同. 所以，**证明积分等式的切入点是比较等式两边的不同**. 那么，积分等式的两边可能有哪些不同呢？积分限不同或被积函数的形式不同(也可能两者兼而有之). 而有一种被积函数的形式不同比较特殊，那就是被积函数的导数阶数不同. 这就有了证明积分等式的三个思路：通过换元改变积分限，通过换元改变被积函数的形式，通过分部积分改变被积函数的导数阶数.

1. 通过换元改变积分限

【例 37】 (2004 年考研题) 设 $f(x)=\int_{x}^{x+\frac{\pi}{2}}|\sin t|\mathrm{d}t$，证明 $f(x)$ 是以 π 为周期的函数.

【分析】现在要证明的是 $f(x+\pi)=f(x)$，即 $\int_{x+\pi}^{x+\frac{3}{2}\pi}|\sin t|\mathrm{d}t=\int_{x}^{x+\frac{\pi}{2}}|\sin t|\mathrm{d}t$. 请问 $\int_{x+\pi}^{x+\frac{3}{2}\pi}|\sin t|\mathrm{d}t$ 和 $\int_{x}^{x+\frac{\pi}{2}}|\sin t|\mathrm{d}t$ 有什么不同？前者的上限和下限分别比后者多了一个 π. 所以对前者换元：令 $u=t-\pi$.

【证】
$$f(x+\pi)=\int_{x+\pi}^{x+\frac{3}{2}\pi}|\sin t|\mathrm{d}t \xlongequal{令 u=t-\pi} \int_{x}^{x+\frac{\pi}{2}}|\sin(u+\pi)|\mathrm{d}u$$
$$=\int_{x}^{x+\frac{\pi}{2}}|\sin u|\mathrm{d}u=\int_{x}^{x+\frac{\pi}{2}}|\sin t|\mathrm{d}t=f(x),$$
所以 $f(x)$ 是以 π 为周期的函数.

【例 38】 已知 $f(x)$ 为连续的奇函数，试判断函数 $F(x)=\int_{a}^{x}f(t)\mathrm{d}t$ 的奇偶性.

【分析】判断 $F(x)$ 的奇偶性无异于判断 $F(-x)=\int_{a}^{-x}f(t)\mathrm{d}t$ 与 $F(x)$ 的关系. 然而，$F(x)$ 的上限是 x，$F(-x)$ 的上限却是 $-x$. 为了统一它们的上限，对 $F(-x)$ 换元：令 $u=-t$.

【解】
$$F(-x)=\int_{a}^{-x}f(t)\mathrm{d}t \xlongequal{令 u=-t} -\int_{-a}^{x}f(-u)\mathrm{d}u=\int_{-a}^{x}f(u)\mathrm{d}u$$
$$=\int_{a}^{x}f(u)\mathrm{d}u+\int_{-a}^{a}f(u)\mathrm{d}u=\int_{a}^{x}f(u)\mathrm{d}u=F(x),$$
所以 $F(x)$ 为偶函数.

【题外话】本例为什么想到把 $\int_{-a}^{x}f(u)\mathrm{d}u$ 拆成 $\int_{a}^{x}f(u)\mathrm{d}u+\int_{-a}^{a}f(u)\mathrm{d}u$ 呢？因为 $\int_{a}^{x}f(u)\mathrm{d}u$ 就等于 $F(x)$，而根据定积分的对称性，有 $\int_{-a}^{a}f(u)\mathrm{d}u=0$. **利用可加性把定积分拆成两项是证明积分等式时常用的方法.**

2. 通过换元改变被积函数的形式

【例 39】　设函数 $f(x)$ 在 $[0,1]$ 上连续，证明 $\int_0^{\frac{\pi}{2}} f(\sin x)\mathrm{d}x = \int_0^{\frac{\pi}{2}} f(\cos x)\mathrm{d}x$.

【分析】如何把等式左边的 $\sin x$ 变形为右边的 $\cos x$ 呢？也许我们会想到下面四种换元：令 $t=\frac{\pi}{2}+x$，$t=-\frac{\pi}{2}+x$，$t=\frac{\pi}{2}-x$，$t=-\frac{\pi}{2}-x$. 值得注意的是，等式两边的定积分的积分限相同. 而之前讲过，要想使换元后 $\int_a^b f(x)\mathrm{d}x$ 的积分限不被破坏，只有令 $t=a+b-x$. 就这样，"令 $t=\frac{\pi}{2}-x$" 从它的三个"同伴"中脱颖而出.

【证】

$$\int_0^{\frac{\pi}{2}} f(\sin x)\mathrm{d}x \xlongequal{\text{令 } t=\frac{\pi}{2}-x} \int_{\frac{\pi}{2}}^0 f\left[\sin\left(\frac{\pi}{2}-t\right)\right](-\mathrm{d}t)$$

$$=\int_0^{\frac{\pi}{2}} f(\cos t)\mathrm{d}t = \int_0^{\frac{\pi}{2}} f(\cos x)\mathrm{d}x.$$

【例 40】　(1995 年考研题)设 $f(x)$，$g(x)$ 在区间 $[-a,a]$ $(a>0)$ 上连续，$g(x)$ 为偶函数，且 $f(x)$ 满足条件 $f(x)+f(-x)=A$ (A 为常数).

(1) 证明 $\int_{-a}^a f(x)g(x)\mathrm{d}x = A\int_0^a g(x)\mathrm{d}x$；

(2) 利用(1)的结论计算定积分 $\int_{-\frac{\pi}{2}}^{\frac{\pi}{2}} |\sin x| \arctan \mathrm{e}^x \mathrm{d}x$.

【解】(1) $\int_{-a}^a f(x)g(x)\mathrm{d}x \xlongequal{\text{令 } t=-x} \int_{-a}^a f(-t)g(-t)\mathrm{d}t = \int_{-a}^a f(-t)g(t)\mathrm{d}t$，故

$$\int_{-a}^a f(x)g(x)\mathrm{d}x = \frac{1}{2}\left[\int_{-a}^a f(x)g(x)\mathrm{d}x + \int_{-a}^a f(-x)g(x)\mathrm{d}x\right]$$

$$=\frac{1}{2}\int_{-a}^a [f(x)+f(-x)]g(x)\mathrm{d}x = \frac{A}{2}\int_{-a}^a g(x)\mathrm{d}x = A\int_0^a g(x)\mathrm{d}x.$$

(2) 取 $f(x)=\arctan \mathrm{e}^x$，$g(x)=|\sin x|$，$a=\frac{\pi}{2}$，则 $f(x)$，$g(x)$ 在 $\left[-\frac{\pi}{2},\frac{\pi}{2}\right]$ 上连续，且 $g(x)$ 为偶函数，并有

$$(\arctan \mathrm{e}^x + \arctan \mathrm{e}^{-x})' = \frac{\mathrm{e}^x}{1+\mathrm{e}^{2x}} + \frac{-\mathrm{e}^{-x}}{1+\mathrm{e}^{-2x}} = \frac{\mathrm{e}^x}{1+\mathrm{e}^{2x}} + \frac{-\mathrm{e}^x}{\mathrm{e}^{2x}+1} = 0.$$

故 $\arctan \mathrm{e}^x + \arctan \mathrm{e}^{-x} = A$. 令 $x=0$，得 $A=\frac{\pi}{2}$，即 $f(x)+f(-x)=\frac{\pi}{2}$. 于是

$$\int_{-\frac{\pi}{2}}^{\frac{\pi}{2}} |\sin x| \arctan \mathrm{e}^x \mathrm{d}x = \frac{\pi}{2}\int_0^{\frac{\pi}{2}} |\sin x|\mathrm{d}x = \frac{\pi}{2}\int_0^{\frac{\pi}{2}} \sin x\mathrm{d}x = \frac{\pi}{2}\Big[-\cos x\Big]_0^{\frac{\pi}{2}} = \frac{\pi}{2}.$$

【题外话】

(i) 在本例(1)中，为什么对等式左边令 $t=-x$ 呢？因为只有得到关于 $f(-x)$ 的信息，才能使用条件 $f(x)+f(-x)=A$.

(ii) 本例(1)在证得 $A=B$ 的情况下，利用 $A=\frac{1}{2}(A+B)$ 完成了证明(例 20 和例 21 也曾使用类似的方法求定积分).

(iii) 本例(2)在说明 $\arctan e^{x}+\arctan e^{-x}=\frac{\pi}{2}$ 时用到了拉格朗日中值定理的推论:若函数 $f(x)$ 在区间 I 上的导数恒为零,则 $f(x)$ 在 I 上是一个常数. **一般都用拉格朗日中值定理的这个推论来证明某函数恒等于一个常数.**

3. 通过分部积分改变被积函数的导数阶数

【例 41】 求证 $\int_0^1 f(x)\mathrm{d}x=\frac{f(0)+f(1)}{2}-\frac{1}{2}\int_0^1 x(1-x)f''(x)\mathrm{d}x$,其中 $f''(x)$ 在 $[0,1]$ 上连续.

【分析】在等式右边定积分的被积函数中有 $f(x)$ 的二阶导数,而等式左边定积分的被积函数却只是 $f(x)$. 面对"去掉积分号内的导数号"这个老问题,自然要采用老办法——分部积分法来解决.

【证】

$$\begin{aligned}\int_0^1 x(1-x)f''(x)\mathrm{d}x&=\int_0^1 x(1-x)\mathrm{d}[f'(x)]\\&=\Big[x(1-x)f'(x)\Big]_0^1-\int_0^1(1-2x)f'(x)\mathrm{d}x\\&=\int_0^1(2x-1)\mathrm{d}[f(x)]\\&=\Big[(2x-1)f(x)\Big]_0^1-2\int_0^1 f(x)\mathrm{d}x\\&=f(1)+f(0)-2\int_0^1 f(x)\mathrm{d}x,\end{aligned}$$

故

$$\frac{f(0)+f(1)}{2}-\frac{1}{2}\int_0^1 x(1-x)f''(x)\mathrm{d}x=\frac{f(0)+f(1)}{2}-\frac{1}{2}\Big[f(1)+f(0)-2\int_0^1 f(x)\mathrm{d}x\Big]=\int_0^1 f(x)\mathrm{d}x.$$

【题外话】换元积分法和分部积分法原本是求积分的方法,可它们却在证明积分等式时帮了大忙. 而更让人摸不着头脑的是,在其他问题中也频频见到它们的"身影". 那么,换元积分法和分部积分法究竟有哪些用处呢?

深度聚焦

换元积分法与分部积分法的用处

还记得是什么决定了三个微分中值定理的应用视角吗?是它们的特点和"桥梁作用"的强弱. 然而,决定换元积分法和分部积分法用处的,是它们的作用. 为什么决定三个微分中值定理和两个积分法用处的因素不同呢?前面讲过,三个微分中值定理都具有"桥梁作用"(虽然罗尔定理的"桥梁作用"很弱),只不过强弱不同,所以面对各种不同问题,它们要"竞争上岗". 而换元积分法和分部积分法的作用大相径庭,所以理所当然地各管一片"领地".

换元积分法换的是被积函数的自变量，所以，它的第一个作用显而易见：改变被积函数的形式. 另外，对于定积分、反常积分和变限积分，在被积函数的自变量被替换的同时，积分限也要随之改变. 所以，对于它们，换元积分法还有第二个作用：改变积分限. 正是这两个作用成就了换元积分法在证明积分等式时的“功劳”. 同时，因为换元积分法能够改变被积函数的形式，所以在求积分时，它能成为第二个“路卡”(根式)的“通行证”；在求变限积分的导数时，它能统一被积函数的字母以便使用公式(可参看第二章例10，本章例31(2)，(3))；当$\int_a^b f(x)\mathrm{d}x$难以求解时，它能帮助我们转而去求$\int_a^b [f(x)+f(a+b-x)]\mathrm{d}x$(可参看例20和例21).

前面讲过，分部积分法的作用是改变被积函数的导数阶数. 具体地说，它既能把被积函数中原先不求导的因式变为求导，又能把被积函数中原先求导的因式变为不求导. 也正是它的这个作用使得“证明积分等式”成了它的“用武之地”. 同时，因为它能把被积函数中原先不求导的因式变为求导，所以它不但能战胜两批“顽固分子”，而且还能帮助求解形如$\int_a^b f(x)\left[\int_{\varphi_1(x)}^{\varphi_2(x)} g(y)\mathrm{d}y\right]\mathrm{d}x$的积分(可参看例32)；因为它能把被积函数中原先求导的因式变为不求导，所以它能帮助求解形如$\int f(x)g^{(n)}(x)\mathrm{d}x$或$\int_a^b f(x)g^{(n)}(x)\mathrm{d}x$的积分(其中$f(x)$为具体函数，$g(x)$为抽象函数，可参看例34和例35).

说到这里，不知道读者朋友们是否对换元积分法和分部积分法有了一个新的认识？下面就仿照微分中值定理，使用表格梳理一下这两种“活跃”在一元函数积分学中的积分法吧(表3-3).

表3-3

方 法	不同作用	应用视角
换元积分法	1. 改变被积函数的形式； 2. 改变积分限(不定积分没有)	1. 求四种积分： (1)被积函数含有在根号中是一次式的根式(根式代换)； (2)被积函数含有形如$\sqrt{a^2-\varphi^2(x)}$，$\sqrt{\varphi^2(x)+a^2}$和$\sqrt{\varphi^2(x)-a^2}$的部分(三角代换)； (3)被积函数含有在根号中是二次式的根式，且分子的次数低于分母的次数(倒数代换)； (4)被积函数含有难积的部分(如$\arcsin x$). 2. 证明积分等式. 3. 求变限积分的导数. 4. 把求$\int_a^b f(x)\mathrm{d}x$转化为求$\int_a^b [f(x)+f(a+b-x)]\mathrm{d}x$

续表 3-3

方　法	不同作用	应用视角
分部积分法	改变被积函数的导数阶数 (1.把被积函数中原先不求导的因式变为求导; 2.把被积函数中原先求导的因式变为不求导)	1.求两种积分: (1)被积函数为难积的函数类型(如 $\arcsin x$); (2)被积函数为两种不同类型的函数相乘. 2.求形如 $\int f(x)g^{(n)}(x)\mathrm{d}x$ 或 $\int_a^b f(x)g^{(n)}(x)\mathrm{d}x$ 的积分(其中 $f(x)$ 为具体函数,$g(x)$ 为抽象函数). 3.求形如 $\int_a^b f(x)\left[\int_{\varphi_1(x)}^{\varphi_2(x)} g(y)\mathrm{d}y\right]\mathrm{d}x$ 的积分. 4.证明积分等式

问题7　积分不等式的证明

知识储备

定积分的比较定理

若在$[a,b]$上有 $f(x)\leqslant g(x)$,则$\int_a^b f(x)\mathrm{d}x \leqslant \int_a^b g(x)\mathrm{d}x(a<b)$.

【注】

(i) 值得注意的是,此处的积分下限 a 必须小于积分上限 b.

(ii) 若积分限中有一个是变量,则只要满足积分下限恒小于积分上限,结论就成立.若在$[a,+\infty)$上有 $f(x)\leqslant g(x)$,则当 $x\geqslant a$ 时有$\int_a^x f(t)\mathrm{d}t \leqslant \int_a^x g(t)\mathrm{d}t$.

(iii) 不能由$\int_a^b f(x)\mathrm{d}x \leqslant \int_a^b g(x)\mathrm{d}x(a<b)$ 推出在$[a,b]$上有 $f(x)\leqslant g(x)$.

(iv) 特别地,若在$[a,b]$上有 $f(x)\geqslant 0$,则$\int_a^b f(x)\mathrm{d}x \geqslant 0(a<b)$.

(v) 该定理有如下推论:若在$[a,b]$上有 $f(x)\leqslant g(x)$,且 $f(x)$ 不恒等于 $g(x)$,则$\int_a^b f(x)\mathrm{d}x < \int_a^b g(x)\mathrm{d}x(a<b)$.

问题研究

1. 用一元微分学的方法证明积分不等式

【例 42】 (2005 年考研题)设 $f(x)$,$g(x)$在$[0,1]$上的导数连续,且 $f(0)=0$,$f'(x)\geqslant 0$,$g'(x)\geqslant 0$.证明:对任何 $a\in[0,1]$,有$\int_0^a g(x)f'(x)\mathrm{d}x+\int_0^1 f(x)g'(x)\mathrm{d}x \geqslant f(a)g(1)$.

【分析】本例要证的是第二章讲过的哪一类不等式呢？含一个变量字母的不等式，且变量字母为 a. 于是可以沿用旧法，记 $F(a)=\int_0^a g(x)f'(x)\mathrm{d}x+\int_0^1 f(x)g'(x)\mathrm{d}x-f(a)g(1)$，再根据它在$[0,1]$上的单调性情况决定是利用单调性定义还是利用最值定义.

【证】记 $F(a)=\int_0^a g(x)f'(x)\mathrm{d}x+\int_0^1 f(x)g'(x)\mathrm{d}x-f(a)g(1)(0\leqslant a\leqslant 1)$，则

$$F'(a)=g(a)f'(a)-f'(a)g(1)=f'(a)\left[g(a)-g(1)\right],$$

由于 $g'(x)\geqslant 0$，有 $g(a)\leqslant g(1)$，即 $F'(a)\leqslant 0$，故 $F(a)$在$[0,1]$上单调非增，从而

$$F(a)\geqslant F(1)=\int_0^1 g(x)f'(x)\mathrm{d}x+\int_0^1 f(x)g'(x)\mathrm{d}x-f(1)g(1)$$

$$=\int_0^1 \mathrm{d}\left[f(x)g(x)\right]-f(1)g(1)=\left[f(x)g(x)\right]_0^1-f(1)g(1)=0,$$

即
$$\int_0^a g(x)f'(x)\mathrm{d}x+\int_0^1 f(x)g'(x)\mathrm{d}x\geqslant f(a)g(1).$$

2. 用一元积分学的方法证明积分不等式

题眼探索 例 42 告诉我们，一元函数微分学的方法在积分不等式的证明中并没有“过时”. 然而，如果只是“因循守旧”，那么能够证明的积分不等式将十分有限. 这意味着要在一元函数积分学中开拓新的证明方法. 仿照第二章对不等式证明的研究方法，先找一找在一元函数积分学中有哪些可以利用的不等关系.

现在就从定积分的比较定理谈起：若在$[a,b]$上有 $f(x)\leqslant g(x)$，则

$$\int_a^b f(x)\mathrm{d}x\leqslant\int_a^b g(x)\mathrm{d}x \quad (a<b).$$

不但该定理本身是一个很管用的不等关系，而且还能由它推导出两个“面貌一新”的不等关系. 首先，设 M,m 分别是 $f(x)$在$[a,b]$上的最大值和最小值，则 $m\leqslant f(x)\leqslant M$，于是

$$\int_a^b m\mathrm{d}x\leqslant\int_a^b f(x)\mathrm{d}x\leqslant\int_a^b M\mathrm{d}x,$$

即
$$m(b-a)\leqslant\int_a^b f(x)\mathrm{d}x\leqslant M(b-a)\quad (a<b). \tag{3-3}$$

另外，由于 $-|f(x)|\leqslant f(x)\leqslant|f(x)|$，故

$$-\int_a^b|f(x)|\mathrm{d}x\leqslant\int_a^b f(x)\mathrm{d}x\leqslant\int_a^b|f(x)|\mathrm{d}x,$$

即
$$\left|\int_a^b f(x)\mathrm{d}x\right|\leqslant\int_a^b|f(x)|\mathrm{d}x\quad (a<b). \tag{3-4}$$

由于不等关系式(3-3)常用于估计定积分值的范围(可参看例 44)，所以称它为定积分的估值定理，而称不等关系式(3-4)为定积分的绝对值比较定理. 这三个不等关系是“捅破”积分不等式的三把“利剑”.

(1) 利用定积分的比较定理

【例43】 设 $I=\int_0^1 \sin x^2 \mathrm{d}x, J=\int_0^1 \sin x \mathrm{d}x, K=\int_0^1 \sin\sqrt{x}\mathrm{d}x$,则 I,J,K 的大小关系是( )

(A) $I<J<K$. (B) $I<K<J$. (C) $J<I<K$. (D) $K<J<I$.

【分析】当发现 I,J,K 的积分限相同时,应该意识到,要想比较 I,J,K 的大小,只需比较 $\sin x^2, \sin x, \sin\sqrt{x}$ 在$[0,1]$上的大小. 又因为 $y=\sin x$ 在$[0,1]$上递增,所以问题最终归结为比较 $x^2, x, \sqrt{x}$ 在$[0,1]$上的大小. 我们知道,在$[0,1]$上有 $x^2\leqslant x\leqslant\sqrt{x}$,且仅当 $x=0,1$ 时取等号成立,故选(A).

(2) 利用定积分的估值定理

【例44】 求证:$2\left(1-\frac{1}{\mathrm{e}}\right)\leqslant\int_{\mathrm{e}}^{\mathrm{e}^2}\frac{\ln x}{x}\mathrm{d}x\leqslant \mathrm{e}-1$.

【证】记 $f(x)=\frac{\ln x}{x}(\mathrm{e}\leqslant x\leqslant \mathrm{e}^2)$,则

$$f'(x)=\frac{1-\ln x}{x^2}\leqslant 0,$$

故 $f(x)$在$[\mathrm{e},\mathrm{e}^2]$上递减,于是有最小值 $f(\mathrm{e}^2)=\frac{2}{\mathrm{e}^2}$,最大值 $f(\mathrm{e})=\frac{1}{\mathrm{e}}$,从而

$$\frac{2}{\mathrm{e}^2}(\mathrm{e}^2-\mathrm{e})\leqslant\int_{\mathrm{e}}^{\mathrm{e}^2}\frac{\ln x}{x}\mathrm{d}x\leqslant\frac{1}{\mathrm{e}}(\mathrm{e}^2-\mathrm{e}),$$

即

$$2\left(1-\frac{1}{\mathrm{e}}\right)\leqslant\int_{\mathrm{e}}^{\mathrm{e}^2}\frac{\ln x}{x}\mathrm{d}x\leqslant \mathrm{e}-1.$$

(3) 利用定积分的绝对值比较定理

【例45】 (1993年考研题)设 $f'(x)$在$[0,a]$上连续,且 $f(0)=0$. 证明:

$$\left|\int_0^a f(x)\mathrm{d}x\right|\leqslant\frac{Ma^2}{2}, \quad 其中 \quad M=\max_{0\leqslant x\leqslant a}|f'(x)|.$$

【分析】所证不等式的左边与 $f(x)$的定积分有关,而不等式右边的 M 却是关于 $f'(x)$的最值. 如何把关于 $f(x)$的信息改变为关于 $f'(x)$的信息呢?不妨使用拉格朗日中值定理,即

$$f(x)=f(x)-f(0)=xf'(\xi) \quad (0<\xi<x\leqslant a).$$

这样就有 $\left|\int_0^a f(x)\mathrm{d}x\right|=\left|\int_0^a xf'(\xi)\mathrm{d}x\right|$. 为了体现 $|f'(\xi)|\leqslant M$,需要把积分号外的绝对值"转移"到积分号内. 这时,定积分的绝对值比较定理就有了"用武之地".

【证】$\left|\int_0^a f(x)\mathrm{d}x\right|=\left|\int_0^a xf'(\xi)\mathrm{d}x\right|\leqslant\int_0^a|xf'(\xi)|\mathrm{d}x\leqslant\int_0^a Mx\mathrm{d}x=M\left[\frac{x^2}{2}\right]_0^a=\frac{Ma^2}{2}.$

【题外话】

(i) 我们经常在证明不等式时使用定积分的绝对值比较定理把积分号外的绝对值"转移"到积分号内.

(ii) 我们前面使用一元函数微分学的"工具"——拉格朗日中值定理改变了导数的阶

数. 此外,本例还能使用一元函数积分学的"工具"——分部积分法来改变导数的阶数并完成证明,即

$$\begin{aligned}\left|\int_0^a f(x)\mathrm{d}x\right| &= \left|\int_0^a f(x)\mathrm{d}(x-a)\right| = \left|\Big[(x-a)f(x)\Big]_0^a - \int_0^a (x-a)f'(x)\mathrm{d}x\right| \\ &= \left|\int_0^a (x-a)f'(x)\mathrm{d}x\right| \leqslant \int_0^a |(x-a)f'(x)|\mathrm{d}x \leqslant \int_0^a |x-a|M\mathrm{d}x \\ &= M\int_0^a (a-x)\mathrm{d}x = M\left[ax - \frac{x^2}{2}\right]_0^a = \frac{Ma^2}{2}.\end{aligned}$$

其中,为了使分部积分后只剩下有积分号的项,在进行分部积分之前先凑 $\mathrm{d}x$ 为 $\mathrm{d}(x-a)$.

(4) 利用积分中值定理

题眼探索　如果已知 $f(x)$ 的单调性,那么能够完成关于 $\int_a^b f(x)\mathrm{d}x$ 的不等式的证明吗? 能,只是需要一个"帮手",它就是积分中值定理. 积分中值定理的结论为

$$f(\xi) = \frac{1}{b-a}\int_a^b f(x)\mathrm{d}x \quad (a \leqslant \xi \leqslant b).$$

设 $f(x)$ 在 (a,b) 内递增,则等式左边能够"衍生"出不等关系

$$f(a) \leqslant f(\xi) \leqslant f(b),$$

于是便有

$$f(a)(b-a) \leqslant \int_a^b f(x)\mathrm{d}x \leqslant f(b)(b-a).$$

这是一元函数积分学中可以利用的第四个不等关系.

【例 46】　(1989 年考研题)假设函数 $f(x)$ 在 $[a,b]$ 上连续,在 (a,b) 内可导,且 $f'(x) \leqslant 0$,记 $F(x) = \dfrac{1}{x-a}\int_a^x f(t)\mathrm{d}t$,证明在 (a,b) 内 $F'(x) \leqslant 0$.

【分析】不难得到,$F'(x) = \dfrac{(x-a)f(x) - \int_a^x f(t)\mathrm{d}t}{(x-a)^2}$. 要想判断 $F'(x)$ 的符号,分子的 $\int_a^x f(t)\mathrm{d}t$ 显得很碍眼,因为它有积分号. 我们能通过恒等变形去掉 $\int_a^x f(t)\mathrm{d}t$ 的积分号吗? 能,只需使用积分中值定理.

【证】由积分中值定理可知,存在 $\xi \in [a,x]$,使 $\int_a^x f(t)\mathrm{d}t = (x-a)f(\xi)$. 于是

$$F'(x) = \frac{(x-a)f(x) - \int_a^x f(t)\mathrm{d}t}{(x-a)^2} = \frac{f(x) - f(\xi)}{x-a}.$$

由于 $f'(x) \leqslant 0$,有 $f(x) \leqslant f(\xi)$,故 $F'(x) \leqslant 0$.

【例 47】　设 $0 < a \leqslant b$,连续函数 $f(x)$ 在 $(0,+\infty)$ 内单调减少,证明 $b\int_0^a f(x)\mathrm{d}x \geqslant a\int_0^b f(x)\mathrm{d}x$.

【分析】现在要证明的是第二章中所说的含两个常量字母的不等式. 如果两边同时除以 ab,那么就能把含 a 和含 b 的形式各自分离到不等式的两边,即

$$\frac{\int_0^a f(x)\mathrm{d}x}{a} \geqslant \frac{\int_0^b f(x)\mathrm{d}x}{b}.$$

前面讲过,不等式两边具有相同的对应法则是利用单调性定义的"信号".

【证】记 $F(x)=\dfrac{\int_0^x f(t)\mathrm{d}t}{x}(x>0)$,则

$$F'(x)=\frac{xf(x)-\int_0^x f(t)\mathrm{d}t}{x^2}=\frac{xf(x)-xf(\xi)}{x^2}=\frac{f(x)-f(\xi)}{x} \quad (0\leqslant\xi\leqslant x).$$

由于 $f(x)$ 在 $(0,+\infty)$ 内单调减少,故有 $f(x)\leqslant f(\xi)$,即有 $F'(x)\leqslant 0$,因此 $F(x)$ 在 $(0,+\infty)$ 内单调非增,从而当 $0<a\leqslant b$ 时,有

$$\frac{\int_0^a f(x)\mathrm{d}x}{a} \geqslant \frac{\int_0^b f(x)\mathrm{d}x}{b},$$

即

$$b\int_0^a f(x)\mathrm{d}x \geqslant a\int_0^b f(x)\mathrm{d}x.$$

【题外话】

(i) 本例也可通过转化为含有一个变量字母的不等式 $x\int_0^a f(t)\mathrm{d}t \geqslant a\int_0^x f(t)\mathrm{d}t$ 来证明. 这时,不妨记 $G(x)=x\int_0^a f(t)\mathrm{d}t - a\int_0^x f(t)\mathrm{d}t$.

(ii) 本例的证明总体上是利用单调性的定义,这是一元函数微分学的方法. 但在判断 $F'(x)$ 的符号时却使用了积分中值定理,这又用到了一元函数积分学的方法. 所以,在证明积分不等式时,可能需要结合使用一元函数微分学与一元函数积分学的方法;也可能在证明的某个环节中,既能使用一元函数微分学的方法,又能使用一元函数积分学的方法(如例45).

(iii) 本例所记的函数 $F(x)$ 含有变限积分,例42所记的函数 $F(a)$ 及例46已知的函数 $F(x)$ 也都含有变限积分. 可见,变限积分是积分不等式证明中的"常客". 不仅如此,从极限,到导数,再到积分,似乎都要与变限积分"打交道". 看来我们有必要研究一下变限积分这个一元函数微积分学中的"活跃分子".

深度聚焦

变限积分:一只"八脚章鱼"

为什么变限积分能在一元函数微积分学中如此"活跃"呢? 因为它具有双重"身份". 其中的一个身份是积分,另一个身份是函数. 正是因为变限积分有积分的身份,所以可以采用换元积分法和分部积分法来证明含变限积分的等式;也正是因为变限积分有函数的身份,所以这种积分等式的证明常以判断函数的周期性或奇偶性的"面孔"出现(如例37和例38);还是因为变限积分有积分的身份,所以可以通过求积分来求出 $\int_a^x f(t)\mathrm{d}t$ 的表达式,当然这里的 $f(t)$ 多为分段函数(如例19).

变限积分的活跃更多地源于其函数的身份. 变限积分不但是函数,而且是可导的函数,是我们能够求导的函数. 既然如此,含有变限积分的隐函数和参数方程等各种类型的函数的导数都能求(如第二章例 9、例 10 和例 11),它们的切线和法线方程我们也都能求(如第二章例 22). 同时,因为变限积分能够求导,而使用洛必达法则求极限就是对分子、分母同时求导,所以可以使用洛必达法则求含有变限积分的函数的极限(如第一章例 27). 我们知道,解决函数的连续性问题的关键就是求极限,所以通过求极限还能解决含有变限积分的函数的连续性问题(如第一章例 44). 还是因为变限积分能够求导,所以就能研究它的单调性、凹凸性以及极值和最值(如第二章例 27). 而一元函数微分学中很多证明不等式的方法又都是基于函数的这些性质的,所以如果要用一元函数微分学的方法来证明积分不等式,恐怕就难以摆脱先记一个含有变限积分的函数,再研究这个函数的性质的过程(如例 42 和例 47). 此外,当需要等式两边求导或用分部积分法去积分号时,也会涉及变限积分的求导(如例 31(2),(3)和例 32).

如此看来,变限积分就像一只八脚章鱼,它把"脚"伸向了导数,伸向了极限,也伸向了积分,从而显得无处不在. 参阅图 3 - 10 就全清楚了,变限积分的其中两只"脚"来自积分的身份,其余六只"脚"来自函数的身份.

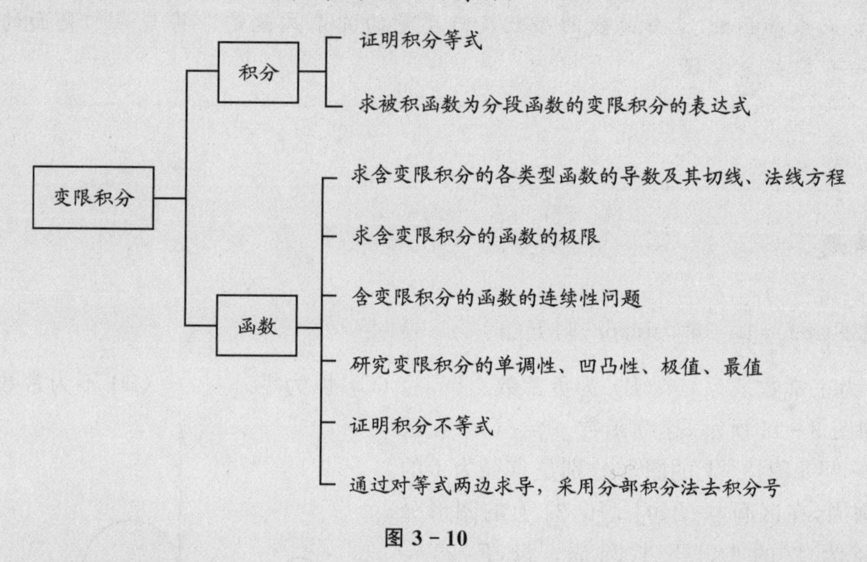

图 3 - 10

与其说变限积分的六只"脚"来自函数的身份,不如说变限积分能与很多问题产生联系的原因都是它能够求导. 试问大家为什么那么热衷于求变限积分的导数呢? 因为求导多能去掉它的积分号. 所以,**对等式两边求导也是最容易想到的去积分号的方法**(但是无法用于去定积分的积分号). 可惜的是,这个方法并非恒等变形. 那么,如何通过恒等变形去积分号呢? 这恐怕要借助另外三个"工具":

1° **分部积分法**(如例 32,但只能用于去积分号内的积分号);

2° **积分中值定理**(如例 46 和例 47,但无法用于去不定积分的积分号);

3° **牛顿-莱布尼茨公式**(如例 35,但也无法用于去不定积分的积分号).

是的,我们常常觉得积分号很碍眼,常常觉得积分号是解题的障碍,常常很想把积分号去掉. 这又是为什么呢?

或许因为我们不太喜欢积分,相比之下更喜欢导数.在更多情况下,求导能使函数的形式变简单,而积分只能把函数的形式变复杂.此外,当各种求导法则为相应类型函数的导数安排好"出路"的时候,求积分却"路卡"重重.微积分是在欧洲奠基的,那里的语言或许可以使我们对积分有一个感性的认识.不定积分的英语是 antiderivative(其中 derivative 是导数的意思),其前缀 anti 是"反对的、反对者"的意思.当然,该前缀体现了不定积分是导数的逆运算.但有意思的是,很多以 anti 为前缀的单词都有"抗争"的意味(如 antibiotics 有抗生素的意思,antivirus 有抗病毒程序的意思).没错,求积分的过程也许就是抗争的过程,要与复合函数抗争,与根式抗争,还要与难积的函数抗争.比起求导,求积分太不容易了.而喜欢简单、喜欢容易恐怕是人类思维的天性,所以积分往往不招人待见.我们甚至怀疑,分部积分法的"创造"或许就是源于人们不喜欢积分,而更喜欢导数,所以希望通过对被积函数中难积的部分求导来把函数的形式变得简单.

虽然积分不招人待见,但是它却能帮我们一个忙,那就是去掉导数号(如例 33).要想根据未知函数、未知函数的导数及自变量的关系式解出未知函数,主要也是找积分帮忙.而未知函数、未知函数的导数及自变量的关系式就是即将与我们见面的"新朋友"——常微分方程.

实战演练

一、选择题

1. 设 $F(x)=\int_x^{x+2\pi} e^{\sin t}\sin t\,dt$,则 $F(x)$(　　)

(A) 为正常数.　　(B) 为负常数.　　(C) 恒为零.　　(D) 不为常数.

2. 如图 3-11 所示,连续函数 $y=f(x)$ 在区间 $[-3,-2]$,$[2,3]$ 上的图形分别是直径为 1 的上、下半圆周,在区间 $[-2,0]$,$[0,2]$ 上的图形分别是直径为 2 的上、下半圆周,设 $F(x)=\int_0^x f(t)\,dt$,则下列结论正确的是(　　)

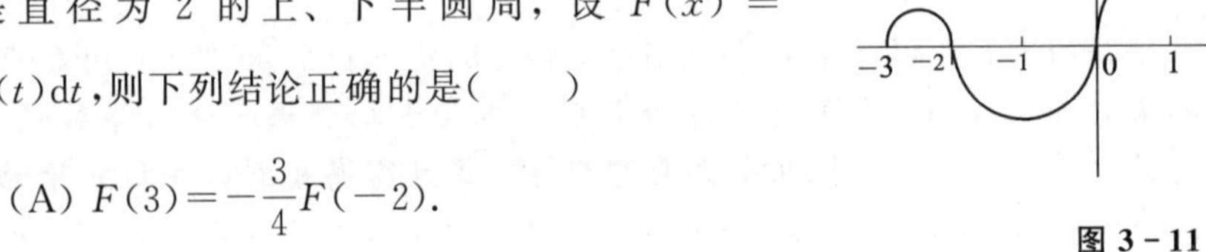

图 3-11

(A) $F(3)=-\frac{3}{4}F(-2)$.

(B) $F(3)=\frac{5}{4}F(2)$.

(C) $F(-3)=\frac{3}{4}F(2)$.

(D) $F(-3)=-\frac{5}{4}F(-2)$.

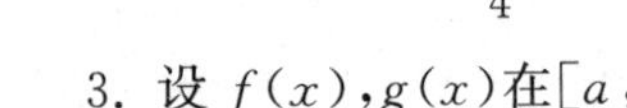

3. 设 $f(x)$,$g(x)$在$[a,b]$上连续,且 $g(x)<f(x)<m$(m 为常数),则曲线 $y=g(x)$,

$y=f(x)$，$x=a$ 及 $x=b$ 所围成的平面图形绕直线 $y=m$ 旋转而成的旋转体体积为(　　)

(A) $\int_a^b \pi[2m-f(x)+g(x)][f(x)-g(x)]\mathrm{d}x$.

(B) $\int_a^b \pi[2m-f(x)-g(x)][f(x)-g(x)]\mathrm{d}x$.

(C) $\int_a^b \pi[m-f(x)+g(x)][f(x)-g(x)]\mathrm{d}x$.

(D) $\int_a^b \pi[m-f(x)-g(x)][f(x)-g(x)]\mathrm{d}x$.

4. 使不等式 $\int_1^x \frac{\sin t}{t}\mathrm{d}t > \ln x$ 成立的 x 的范围是(　　)

(A) $(0,1)$.　　(B) $\left(1,\frac{\pi}{2}\right)$.　　(C) $\left(\frac{\pi}{2},\pi\right)$.　　(D) $(\pi,+\infty)$.

5. 设可导函数 $f(x)$，$g(x)$满足 $f(0)=g(0)$，则对于任意 $x\in[0,1]$，下列命题正确的是(　　)

(A) 若 $f(x)\leqslant g(x)$，则 $f'(x)\leqslant g'(x)$.

(B) 若 $f'(x)\leqslant g'(x)$，则 $f(x)\leqslant g(x)$.

(C) 若 $f(x)\leqslant g(x)$，则$\int_1^x f(t)\mathrm{d}t\leqslant\int_1^x g(t)\mathrm{d}t$.

(D) 若$\int_0^1 f(x)\mathrm{d}x\leqslant\int_0^1 g(x)\mathrm{d}x$，则 $f(x)\leqslant g(x)$.

二、填空题

6. $\int_{-\infty}^{+\infty}\frac{\mathrm{d}x}{\mathrm{e}^{-x}+\mathrm{e}^{x}}=$__________.

7. $\int\frac{1+\ln x}{(x\ln x)^2}\mathrm{d}x=$__________.

8. $\int\frac{\sin^3 x}{\sqrt{\cos x}}\mathrm{d}x=$__________.

9. 设函数 $f(x)=\begin{cases}1+x^2, & x\leqslant 0,\\ \mathrm{e}^{-x}, & x>0,\end{cases}$则$\int_1^3 f(x-2)\mathrm{d}x=$__________.

10. 设函数 $f(x)=\mathrm{e}^x$，则$\int\frac{f'(\ln x)}{x}\mathrm{d}x=$__________.

11. 已知 $f(2)=1$，则$\int_0^2 f(x)\mathrm{d}x+\int_0^2 xf'(x)\mathrm{d}x=$__________.

三、解答题

12. 计算不定积分$\int\frac{x^5+x^4-8}{x^3-x}\mathrm{d}x$.

13. 计算反常积分$\int_3^{+\infty}\frac{\mathrm{d}x}{(x-1)^4\sqrt{x^2-2x}}$.

14. 计算不定积分$\int \frac{x e^x}{\sqrt{e^x - 1}} dx$.

15. 计算定积分$\int_{-\frac{1}{2}}^{\frac{1}{2}} \left[\ln(\sqrt{x^2+1} - x) + \arcsin\sqrt{\frac{2x+1}{2}}\right] dx$.

16. 设 $f(x) = \int_0^x \frac{\sin t}{\pi - t} dt$,计算$\int_0^\pi f(x) dx$.

17. 设函数 $f(x)$ 连续,且$\lim\limits_{t\to\infty}\left(1+\frac{x}{t}\right)^{2t} = \int_0^x t f(2x-t) dt \ (x > 0)$. 已知 $f(1) = e^2$. 求$\int_1^2 f(x) dx$.

18. 证明$\int_1^a f\left(x^2 + \frac{a^2}{x^2}\right)\frac{dx}{x} = \int_1^a f\left(x + \frac{a^2}{x}\right)\frac{dx}{x}$.

19. 设 $f(x)$ 在$[a,b]$上有二阶连续导数,且 $f(a) + f(b) = 0$,求证:

$$2\int_a^b f(x) dx = \int_a^b (x-a)(x-b) f''(x) dx.$$

20. 设函数 $f(x)$在$[0,+\infty)$上连续,在$(0,+\infty)$内可导,且 $f'(x) \geqslant 0$,记

$$F(x) = \int_0^x (x-2t) f(x-t) dt,$$

证明 $F(x)$在$(0,+\infty)$内单调非减.

第四章　常微分方程

问题 1　解常微分方程
问题 2　已知常微分方程解的相关问题
问题 3　求平面曲线的方程

第四章 常微分方程

问题脉络

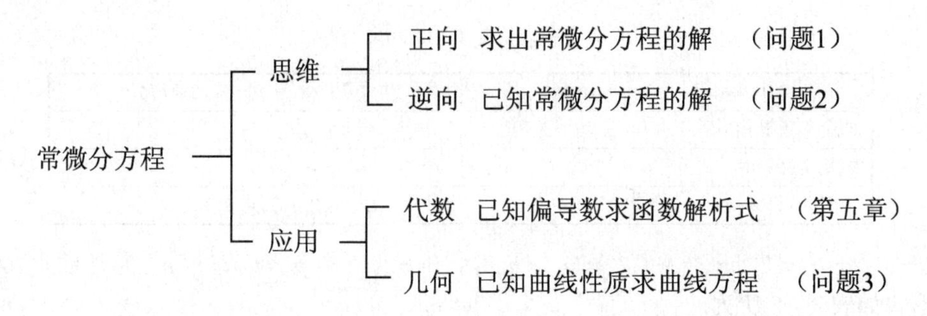

问题1 解常微分方程

知识储备

1. 微分方程及其阶

表示未知函数、未知函数的导数与自变量之间的关系的方程叫做微分方程. 未知函数是一元函数的微分方程叫做常微分方程. 微分方程中所出现的最高阶导数的阶数叫做微分方程的阶. 其中二阶及二阶以上的微分方程叫做高阶微分方程.

2. 微分方程的解

(1) 通 解

若微分方程的解中所含的相互独立的任意常数的个数与阶数相同，则该解叫做方程的通解.

(2) 特 解

若微分方程通解中的任意常数的值都得以确定，则该解叫做方程的特解.

【注】一般利用初始条件来确定微分方程通解中任意常数的值. 求 n 阶方程的特解在理论上需要 n 个形如 $y|_{x=x_0}=y_0, y'|_{x=x_0}=y'_0, \cdots, y^{(n-1)}|_{x=x_0}=y_0^{(n-1)}$ 的初始条件. 所以，求微分方程满足初始条件的特解的问题又叫做初值问题.

3. 二阶非齐次线性方程解的结构

若 y^* 为非齐次线性方程 $y''+P(x)y'+Q(x)y=f(x)$ 的一个特解，Y 是该方程对应的齐次线性方程 $y''+P(x)y'+Q(x)y=0$ 的通解，则 $y=Y+y^*$ 就是该方程的通解.

4. 高阶常系数齐次线性方程通解的形式

① $y''+py'+qy=0$(p,q 为常数)型方程通解的形式如表 4-1 所列.

表 4-1

特征方程 $r^2+pr+q=0$ 的根	$y''+py'+qy=0$ 的通解
两个单实根 r_1,r_2	$y=C_1e^{r_1x}+C_2e^{r_2x}$
二重实根 r	$y=(C_1+C_2x)e^{rx}$
一对共轭复根 $r_{1,2}=\alpha\pm i\beta$	$y=e^{\alpha x}(C_1\cos\beta x+C_2\sin\beta x)$

② $y^{(n)}+p_1y^{(n-1)}+p_2y^{(n-2)}+\cdots+p_{n-1}y'+p_ny=0$($p_1,p_2,\cdots,p_n$ 为常数)型方程通解的形式如表 4-2 所列.

表 4-2

特征方程 $r^n+p_1r^{n-1}+p_2r^{n-2}+\cdots+p_{n-1}r+p_n=0$ 的根	$y^{(n)}+p_1y^{(n-1)}+p_2y^{(n-2)}+\cdots+p_{n-1}y'+p_ny=0$ 的通解
有 $k(k\leqslant n)$ 个单实根 $r_1,r_2,\cdots,r_k$	对应含有 k 项：$C_1e^{r_1x}+C_2e^{r_2x}+\cdots+C_ke^{r_kx}$
有 $k(k\leqslant n)$ 重实根 r	对应含有 k 项：$(C_1+C_2x+\cdots+C_kx^{k-1})e^{rx}$
有一对 $k(k<n)$ 重复根 $r_{1,2}=\alpha\pm i\beta$	对应含有 $2k$ 项：$e^{\alpha x}[(C_1+C_2x+\cdots+C_kx^{k-1})\cos\beta x+(D_1+D_2x+\cdots+D_kx^{k-1})\sin\beta x]$

5. 两类特殊的二阶常系数非齐次线性方程特解的形式

① $y''+py'+qy=A\cos\omega x$ 或 $y''+py'+qy=A\sin\omega x$(p,q,A,ω 为常数)型方程特解的形式如表 4-3 所列.

表 4-3

$i\omega$ 与特征方程 $r^2+pr+q=0$ 的关系	特解 y^* 的设法(待定两个系数 M,N)
$i\omega$ 不是 $r^2+pr+q=0$ 的根	设 $y^*=M\cos\omega x+N\sin\omega x$
$i\omega$ 是 $r^2+pr+q=0$ 的根	设 $y^*=x(M\cos\omega x+N\sin\omega x)$

② $y''+py'+qy=e^{\lambda x}P_m(x)$($p,q,\lambda$ 为常数，$P_m(x)$ 为 x 的一个 m 次多项式)型方程特解的形式如表 4-4 所列.

表 4-4

λ 与特征方程 $r^2+pr+q=0$ 的关系	特解 y^* 的设法(待定 $m+1$ 个系数 $b_0,b_1,\cdots,b_m$)
λ 不是 $r^2+pr+q=0$ 的根	设 $y^*=(b_0+b_1x+b_2x^2+\cdots+b_mx^m)e^{\lambda x}$
λ 是 $r^2+pr+q=0$ 的单根	设 $y^*=x(b_0+b_1x+b_2x^2+\cdots+b_mx^m)e^{\lambda x}$
λ 是 $r^2+pr+q=0$ 的重根	设 $y^*=x^2(b_0+b_1x+b_2x^2+\cdots+b_mx^m)e^{\lambda x}$

6. 二阶线性方程特解的叠加原理

若 y_1^* 和 y_2^* 分别为 $y''+P(x)y'+Q(x)y=f_1(x)$ 和 $y''+P(x)y'+Q(x)y=f_2(x)$ 的特解，则 $y_1^*+y_2^*$ 是 $y''+P(x)y'+Q(x)y=f_1(x)+f_2(x)$ 的特解.

问题研究

1. 一阶方程

题眼探索　前面讲过，求初等函数的极限是以“代入”后的“型”为导向的，求导数是以函数的类型为导向的，求积分是以被积函数的形式为导向的. 那么，解常微分方程又是以什么为导向的呢？方程的形式，也可以说是方程的类型. 根据方程的形式把方程分成若干类型，对于能解的类型，每类方程对应一种（或几种）解法，而每种解法又基本只需遵循一定的程序. 这样，**解常微分方程的关键就在于根据方程的形式来判断方程的类型**，因为知道了方程的类型也就知道了应该使用哪种（或哪几种）解法. 令人好奇的是，能解的常微分方程到底有多少呢？答案是少得可怜. 是这样吗？下面从一阶方程的解法谈起.

对于一阶方程，建议读者在解题前先把 $\frac{\mathrm{d}y}{\mathrm{d}x}$ 分离到等式的一边，因为分离之后就能很容易地判断出方程的类型. 我们能解的第一类一阶方程是形如

$$\frac{\mathrm{d}y}{\mathrm{d}x}=\frac{f(x)}{g(y)}$$

的方程. 因为它能写成等式一边只有 y，另一边只有 x，即

$$g(y)\mathrm{d}y=f(x)\mathrm{d}x, \tag{4-1}$$

的形式，故称式(4－1)为可分离变量的方程. 不妨将式(4－1)的左边对 y、右边对 x 积分，即

$$\int g(y)\mathrm{d}y=\int f(x)\mathrm{d}x.$$

设 $G(y)$ 和 $F(x)$ 分别为 $g(y)$ 和 $f(x)$ 的原函数，这样就得到了方程的通解

$$G(y)=F(x)+C.$$

我们还能解两类一阶方程. 一类是形如

$$\frac{\mathrm{d}y}{\mathrm{d}x}=\varphi\left(\frac{y}{x}\right)$$

的方程，叫做齐次方程. 另一类是形如

$$\frac{\mathrm{d}y}{\mathrm{d}x}=-P(x)y+Q(x),$$

或写作

$$y'+P(x)y=Q(x) \tag{4-2}$$

的方程. 由于式(4－2)中的 y 和 y' 都是一次的，故把这类方程叫做一阶线性方程. 另外，当 $Q(x)$ 恒等于零时，称式(4－2)为一阶齐次线性方程；当 $Q(x)$ 不恒等于零时，称式(4－2)为一阶非齐次线性方程. 那么为什么能解这两类方程呢？简单地说，之所以

能解齐次方程,是因为在令 $u=\frac{y}{x}$ 后式(4-2)就变成了可分离变量的方程;之所以能解一阶齐次线性方程,是因为形如 $\frac{\mathrm{d}y}{\mathrm{d}x}=-P(x)y$ 的一阶齐次线性方程是可分离变量的方程,而若要求一阶非齐次线性方程的通解,则只需在其所对应的齐次线性方程的通解上做个"小手术",即把任意常数 C_1 变易为变量 u.

(1) 可分离变量的方程

【例1】 微分方程 $y\mathrm{d}x-\tan x\mathrm{d}y=0$ 的通解为____________.

【解】原方程可化为

$$\frac{\mathrm{d}y}{\mathrm{d}x}=\frac{y}{\tan x},$$

分离变量得

$$\frac{\mathrm{d}y}{y}=\frac{\mathrm{d}x}{\tan x},$$

两端积分

$$\int\frac{\mathrm{d}y}{y}=\int\frac{\mathrm{d}x}{\tan x},$$

即

$$\int\frac{\mathrm{d}y}{y}=\int\frac{\mathrm{d}(\sin x)}{\sin x},$$

得

$$\ln|y|=\ln|\sin x|+\ln|C|,$$

从而原方程的通解为

$$y=C\sin x.$$

【题外话】在解常微分方程时,若两端积分后出现对数,则为了方便化简,常把任意常数 C 写作 $\ln|C|$.

(2) 齐次方程

【例2】 微分方程 $xy'-y\ln y+y\ln x=0$ 满足初始条件 $y(1)=\mathrm{e}^2$ 的特解为____________.

【解】原方程可化为

$$\frac{\mathrm{d}y}{\mathrm{d}x}=\frac{y}{x}\ln\frac{y}{x}.$$

令 $u=\frac{y}{x}$,则 $y=ux$,$\frac{\mathrm{d}y}{\mathrm{d}x}=u+x\frac{\mathrm{d}u}{\mathrm{d}x}$,于是

$$u+x\frac{\mathrm{d}u}{\mathrm{d}x}=u\ln u,$$

分离变量得

$$\frac{\mathrm{d}u}{u(\ln u-1)}=\frac{\mathrm{d}x}{x},$$

两端积分

$$\int\frac{\mathrm{d}(\ln u-1)}{\ln u-1}=\int\frac{\mathrm{d}x}{x},$$

得

$$\ln|\ln u-1|=\ln|x|+\ln|C|,$$

从而

$$u=\mathrm{e}^{Cx+1},$$

即得原方程的通解为

$$y=x\mathrm{e}^{Cx+1}.$$

由 $y(1)=\mathrm{e}^2$ 得 $C=1$,故所求特解为 $y=x\mathrm{e}^{x+1}$.

【题外话】**解齐次方程可遵循如下程序**(这里给出的是求通解的程序,下同):①令 $u=\frac{y}{x}$;

②用 $u+x\dfrac{du}{dx}$ 代换 $\dfrac{dy}{dx}$；③分离变量；④两端积分；⑤用 $\dfrac{y}{x}$ 代换 u 并化简.

(3) 一阶线性方程

【例 3】（2004 年考研题）过点 $\left(\dfrac{1}{2},0\right)$ 且满足关系式 $y'\arcsin x+\dfrac{y}{\sqrt{1-x^2}}=1$ 的曲线方程为__________.

【解】**法一**：原方程可化为

$$\frac{dy}{dx}=-\frac{y}{\arcsin x\sqrt{1-x^2}}+\frac{1}{\arcsin x}.$$

其对应的齐次线性方程为

$$\frac{dy}{dx}=-\frac{y}{\arcsin x\sqrt{1-x^2}},$$

分离变量得

$$\frac{dy}{y}=-\frac{dx}{\arcsin x\sqrt{1-x^2}},$$

两端积分得

$$\ln|y|=-\ln|\arcsin x|+\ln|C_1|,$$

从而

$$y=\frac{C_1}{\arcsin x}.$$

设 $y=\dfrac{u(x)}{\arcsin x}$，则 $\dfrac{dy}{dx}=\dfrac{u'}{\arcsin x}-\dfrac{u}{(\arcsin x)^2\sqrt{1-x^2}}$，把 y 和 $\dfrac{dy}{dx}$ 代入原方程得

$$u'=1.$$

于是

$$u=\int dx=x+C.$$

故原方程的通解为 $y=\dfrac{1}{\arcsin x}(x+C)$.

由 $y\left(\dfrac{1}{2}\right)=0$ 得 $C=-\dfrac{1}{2}$，故所求曲线方程为 $y=\dfrac{1}{\arcsin x}\left(x-\dfrac{1}{2}\right)$.

法二：

$$y=e^{-\int\frac{dx}{\arcsin x\sqrt{1-x^2}}}\left(\int\frac{1}{\arcsin x}e^{\int\frac{dx}{\arcsin x\sqrt{1-x^2}}}+C\right)$$

$$=e^{-\ln(\arcsin x)}\left(\int dx+C\right)=\frac{1}{\arcsin x}(x+C).$$

由 $y\left(\dfrac{1}{2}\right)=0$ 得 $C=-\dfrac{1}{2}$，故所求曲线方程为 $y=\dfrac{1}{\arcsin x}\left(x-\dfrac{1}{2}\right)$.

法三：由于 $(y\arcsin x)'=1$，故原方程的通解为 $y\arcsin x=x+C$.

由 $y\left(\dfrac{1}{2}\right)=0$ 得 $C=-\dfrac{1}{2}$，故所求曲线方程为 $y\arcsin x=x-\dfrac{1}{2}$.

【题外话】该如何解一阶线性方程呢？有以下三种解法：

(i) **常数变易法**（如本例的"法一"）. **可遵循如下程序**：

① 求对应齐次线性方程的通解；

② 设原方程的通解形式（把对应齐次线性方程通解中的任意常数 C_1 变易为变量 u）；

③ 把 y 和 $\frac{\mathrm{d}y}{\mathrm{d}x}$ 代入原方程得到 u'；

④ 求 u' 的不定积分得到 u；

⑤ 把求出的 u 代入所设的通解.

(ii) **公式法**(如本例的“法二”). 可直接套用 $y'+P(x)y=Q(x)$ 的通解公式

$$y=\mathrm{e}^{-\int P(x)\mathrm{d}x}\left[\int Q(x)\mathrm{e}^{\int P(x)\mathrm{d}x}\mathrm{d}x+C\right].$$

套用时应注意每个不定积分的结果都不带有任意常数项.

(iii) **凑导数法**(如本例的“法三”). 在 $y'+P(x)y=Q(x)$ 的两边同时乘以 $\mathrm{e}^{\int P(x)\mathrm{d}x}$ 就有 $\left[y\mathrm{e}^{\int P(x)\mathrm{d}x}\right]'=Q(x)\mathrm{e}^{\int P(x)\mathrm{d}x}$，两端积分便可得到通解. 当一阶线性方程以 $R(x)y'+R'(x)y=a$(a 为常数)的形式给出时(如本例)，通过凑导数来解方程会非常便捷.

【例 4】 求微分方程 $\frac{\mathrm{d}y}{\mathrm{d}x}=\frac{1}{x+y}$ 的通解.

【分析】本例是能解的类型的方程吗？看似不是. 但是，如果互换 x，y 的“身份”，则

$$\frac{\mathrm{d}x}{\mathrm{d}y}=x+y$$

就成了以 y 为自变量、x 为因变量的一阶线性方程.

【解】**法一：** 对于 $\frac{\mathrm{d}x}{\mathrm{d}y}=x$，有 $\frac{\mathrm{d}x}{x}=\mathrm{d}y$，则有 $\ln|x|=y+\ln|C_1|$，从而 $x=C_1\mathrm{e}^y$.

设 $x=u(y)\mathrm{e}^y$，则 $\frac{\mathrm{d}x}{\mathrm{d}y}=(u'+u)\mathrm{e}^y$，代入原方程得 $u'=y\mathrm{e}^{-y}$，于是

$$u=\int y\mathrm{e}^{-y}\mathrm{d}y=-\int y\mathrm{d}(\mathrm{e}^{-y})=-y\mathrm{e}^{-y}+\int \mathrm{e}^{-y}\mathrm{d}y=-y\mathrm{e}^{-y}-\mathrm{e}^{-y}+C.$$

故原方程的通解为 $x=C\mathrm{e}^y-y-1$.

法二： 令 $u=x+y$，则 $\frac{\mathrm{d}u}{\mathrm{d}x}=1+\frac{\mathrm{d}y}{\mathrm{d}x}$，于是

$$\frac{\mathrm{d}u}{\mathrm{d}x}-1=\frac{1}{u}.$$

分离变量得 $$\frac{u}{u+1}\mathrm{d}u=\mathrm{d}x,$$

两端积分得 $$u-\ln|u+1|=x+C,$$

从而原方程的通解为 $$y-\ln|x+y+1|=C.$$

【题外话】

(i) 我们应该建立互换 x，y“身份”的意识，当所给一阶方程难解时，应想到考察该方程是否为以 y 为自变量、x 为因变量的一阶线性方程.

(ii) 本例告诉我们，采用不同的方法解常微分方程，得到的解的形式可能不同，但是不同形式的解之间最多相差一个常数.

(iii) 本例通过换元把原方程转化为可分离变量的方程. 其实，有些时候只要通过换元就能把一阶方程转化为可分离变量的方程、齐次方程或一阶线性方程. 那么，究竟哪些形式的一阶方程换元后就变得可解了呢？我们又该如何对这些形式的方程换元呢？

(4) 换元后可解的一阶方程

【例 5】 求微分方程$\frac{dy}{dx}=\sin(x+y)$的通解.

【分析】看着被符号 sin“包裹”着的 $x+y$,不难发现,要想使原方程能够分离变量,只有把 $x+y$ 整体换成 u. 换元后,原方程“摇身一变”成为

$$\frac{du}{dx}-1=\sin u.$$

这时,分离变量不再是“梦想”.

【解】令 $u=x+y$,则$\frac{du}{dx}=1+\frac{dy}{dx}$,于是

$$\frac{du}{dx}-1=\sin u.$$

分离变量得

$$\frac{du}{1+\sin u}=dx,$$

两端积分

$$\int\frac{du}{1+\sin u}=\int dx,$$

得

$$\tan u-\frac{1}{\cos u}=x+C,$$

从而原方程的通解为

$$\tan(x+y)-\sec(x+y)-x=C.$$

【题外话】对于形如$\frac{dy}{dx}=f(ax+by+c)$的方程,可以通过令 $u=ax+by+c$ 把其转化为可分离变量的方程$\frac{1}{b}\left(\frac{du}{dx}-a\right)=f(u)$.

【例 6】 求微分方程$\frac{dy}{dx}=\frac{x-y-1}{x+y-3}$的通解.

【分析】我们多么希望能把原方程转化为

$$\frac{dY}{dX}=\frac{X-Y}{X+Y}, \tag{4-3}$$

因为它是能解的齐次方程. 可以办到吗?不妨令 $x=X+h$,$y=Y+k$,则原方程可化为

$$\frac{dY}{dX}=\frac{X-Y+h-k-1}{X+Y+h+k-3}. \tag{4-4}$$

比较方程(4-3)和方程(4-4),列方程组$\begin{cases}h-k-1=0,\\h+k-3=0,\end{cases}$解得$\begin{cases}h=2,\\k=1.\end{cases}$这样,就找到了原方程通往方程(4-3)的“换元之路”.

【解】令 $x=X+2$,$y=Y+1$,则 $dx=dX$,$dy=dY$,于是

$$\frac{dY}{dX}=\frac{X-Y}{X+Y}=\frac{1-\frac{Y}{X}}{1+\frac{Y}{X}}.$$

令 $u=\frac{Y}{X}$,则 $Y=uX$,$\frac{dY}{dX}=u+X\frac{du}{dX}$,于是

$$u+X\frac{\mathrm{d}u}{\mathrm{d}X}=\frac{1-u}{1+u},$$

分离变量得
$$\frac{1+u}{1-2u-u^2}\mathrm{d}u=\frac{\mathrm{d}X}{X},$$

两端积分得
$$\ln|C_1|-\frac{1}{2}\ln|1-2u-u^2|=\ln|X|,$$

从而
$$\frac{C_1}{\sqrt{1-2u-u^2}}=|X|,$$

即
$$X^2-2XY-Y^2=C_1^2,$$

故原方程的通解为 $x^2-2xy-y^2-2x+6y=C(C=C_1^2+1)$.

【题外话】对于形如$\frac{\mathrm{d}y}{\mathrm{d}x}=f\left(\frac{ax+by+c}{a_1x+b_1y+c_1}\right)$($c,c_1$ 不全为零)的方程:

(i) 当$\begin{vmatrix} a & b \\ a_1 & b_1 \end{vmatrix}\neq 0$ 时(如本例),可以通过令 $x=X+h,y=Y+k$ 将其转化为齐次方程 $\frac{\mathrm{d}Y}{\mathrm{d}X}=f\left(\frac{aX+bY}{a_1X+b_1Y}\right)$,其中常数 h,k 的值可通过解方程组$\begin{cases} ah+bk+c=0, \\ a_1h+b_1k+c_1=0 \end{cases}$得到.

(ii) 当$\begin{vmatrix} a & b \\ a_1 & b_1 \end{vmatrix}=0$ 时,不妨令$\frac{a_1}{a}=\frac{b_1}{b}=\lambda$,则方程可化为$\frac{\mathrm{d}y}{\mathrm{d}x}=f\left[\frac{ax+by+c}{\lambda(ax+by)+c_1}\right]$. 然后再通过令 $u=ax+by$ 将其转化为可分离变量的方程$\frac{1}{b}\left(\frac{\mathrm{d}u}{\mathrm{d}x}-a\right)=f\left(\frac{u+c}{\lambda u+c_1}\right)$.

【例 7】 求微分方程$\frac{\mathrm{d}y}{\mathrm{d}x}+\frac{y}{x}=x^2y^2$ 满足$y|_{x=1}=1$ 的特解.

【分析】原方程和一阶线性方程$\frac{\mathrm{d}y}{\mathrm{d}x}+P(x)y=Q(x)$有什么不同呢?原方程的右边既有 x 又有 y,而给出的一阶线性方程的右边只有 x. 于是,不妨在原方程两边同时除以 y^2,则

$$\frac{1}{y^2}\frac{\mathrm{d}y}{\mathrm{d}x}+\frac{1}{x}\cdot\frac{1}{y}=x^2.$$

不难发现,$\frac{1}{y^2}\frac{\mathrm{d}y}{\mathrm{d}x}$就是$-\frac{1}{y}$对 x 求导的结果. 这意味着只要令 $z=\frac{1}{y}$,就能把原方程转化为一阶线性方程

$$\frac{\mathrm{d}z}{\mathrm{d}x}-\frac{z}{x}=-x^2.$$

【解】令 $z=\frac{1}{y}$,则$\frac{\mathrm{d}z}{\mathrm{d}x}=-\frac{1}{y^2}\frac{\mathrm{d}y}{\mathrm{d}x}$,于是$\frac{\mathrm{d}z}{\mathrm{d}x}-\frac{z}{x}=-x^2$.

对于$\frac{\mathrm{d}z}{\mathrm{d}x}-\frac{z}{x}=0$,有$\frac{\mathrm{d}z}{z}=\frac{\mathrm{d}x}{x}$,则有 $\ln|z|=\ln|x|+\ln|C_1|$,从而 $z=C_1x$.

设 $z=u(x)x$,则$\frac{\mathrm{d}z}{\mathrm{d}x}=xu'+u$,代入原方程得 $u'=-x$,于是 $u=-\int x\,\mathrm{d}x=-\frac{x^2}{2}+C_2$.

故 $z=C_2x-\frac{x^3}{2}=\frac{x(C-x^2)}{2}(C=2C_2)$,从而原方程的通解为 $y=\frac{2}{x(C-x^2)}$.

由 $y|_{x=1}=1$ 得 $C=3$，故所求特解为 $y=\dfrac{2}{x(3-x^2)}$.

【题外话】形如 $\dfrac{\mathrm{d}y}{\mathrm{d}x}+P(x)y=Q(x)y^n\ (n\neq 0,1)$ 的方程叫做伯努利方程，可以通过令 $z=y^{1-n}$ 将其转化为一阶线性方程 $\dfrac{\mathrm{d}z}{\mathrm{d}x}+(1-n)P(x)z=(1-n)Q(x)$.

2. 高阶方程

题眼探索　我们能解的高阶方程依然很少. 首先，有三类高阶方程可以降阶，它们分别是 $y^{(n)}=f(x)$ 型、$y''=f(x,y')$ 型和 $y''=f(y,y')$ 型. 我们可以把这三类高阶方程的求解转化为一阶方程的求解. 除此之外，能解的高阶方程就只有**高阶线性方程**了.

什么是高阶线性方程呢？就是形如

$$y^{(n)}+a_1(x)y^{(n-1)}+\cdots+a_{n-1}(x)y'+a_n(x)y=f(x) \tag{4-5}$$

的方程. 与一阶线性方程一样，由于式(4-5)中的 y 和 $y',y'',\cdots,y^{(n)}$ 都是一次的，故名"线性". 但是，能解的高阶线性方程只是所有高阶线性方程的沧海一粟，即形如

$$y^{(n)}+p_1y^{(n-1)}+p_2y^{(n-2)}+\cdots+p_{n-1}y'+p_ny=f(x)\quad (p_1,p_2,\cdots,p_n\text{ 为常数}) \tag{4-6}$$

的**高阶常系数线性方程**. 类比一阶线性方程，当式(4-6)中的 $f(x)$ 恒等于零时，称它为**高阶常系数齐次线性方程**；当式(4-6)中的 $f(x)$ 不恒等于零时，称它为**高阶常系数非齐次线性方程**. 值得欣慰的是，所有的高阶常系数齐次线性方程在理论上都能求解. 那么，我们能解所有的高阶常系数非齐次线性方程吗？不能. 下面只谈当 $f(x)=A\cos\omega x$ 或 $f(x)=A\sin\omega x$ (A,ω 为常数)时，以及当 $f(x)=\mathrm{e}^{\lambda x}P_m(x)$ (λ 为常数，$P_m(x)$ 为 x 的一个 m 次多项式)时的高阶常系数非齐次线性方程的解法. 也就是说，在读完本书之后，我们能解的高阶线性方程只有高阶常系数齐次线性方程和两类特殊的高阶常系数非齐次线性方程，真是少得可怜！

下一个问题是，应该如何解高阶常系数齐次线性方程及两类特殊的高阶常系数非齐次线性方程呢？对于高阶常系数齐次线性方程

$$y^{(n)}+p_1y^{(n-1)}+p_2y^{(n-2)}+\cdots+p_{n-1}y'+p_ny=0, \tag{4-7}$$

可以先求出它的特征方程，即一元 n 次代数方程

$$r^n+p_1r^{n-1}+p_2r^{n-2}+\cdots+p_{n-1}r+p_n=0$$

的根，再套用通解的形式(见"知识储备")写出方程(4-7)的通解. 对于两类特殊的高阶常系数非齐次线性方程，下面只谈形如

$$y''+py'+qy=f(x)\quad (p,q\text{ 为常数}) \tag{4-8}$$

的二阶常系数非齐次线性方程的解法(当然，这里 $f(x)$ 的形式仅限于上述两种情况).

根据方程(4-7)的解法，不难求得方程(4-8)对应的齐次线性方程

$$y''+py'+qy=0$$

的通解Y.而如果能够求得方程(4-8)的一个特解y^*,也就能得到方程(4-8)的通解

$$y=Y+y^*.$$

所以,问题的关键在于如何求y^*.简单地说,可以采用待定系数法,即先设y^*的形式(设的方法见"知识储备"),再把$y^*,y^{*\prime},y^{*\prime\prime}$代入方程(4-8)中求出各系数.

(1) 三类可降阶的高阶方程

1) $y^{(n)}=f(x)$型

【例8】 微分方程$y''=x+\sin x$的通解为(　　)

(A) $y=\dfrac{x^2}{2}-\cos x+C$.　　(B) $y=\dfrac{x^3}{6}-\sin x+C_1x+C_2$.

(C) $y=\dfrac{x^3}{6}-\sin x+C$.　　(D) $y=\dfrac{x^3}{6}+\sin x+C_1x+C_2$.

【解】

$$y'=\int(x+\sin x)\mathrm{d}x=\frac{x^2}{2}-\cos x+C_1,$$

$$y=\int\left(\frac{x^2}{2}-\cos x+C_1\right)\mathrm{d}x=\frac{x^3}{6}-\sin x+C_1x+C_2,$$

故选(B).

【题外话】本例根据"常微分方程通解中相互独立的任意常数的个数等于方程的阶数",就可以排除选项(A)和(C).这个结论也可用于检验所求常微分方程的通解是否正确.

2) $y''=f(x,y')$型(不显含y)

【例9】 微分方程$xy'+x^2y''=y'^2$满足初始条件$y|_{x=1}=\ln 2,y'|_{x=1}=1$的特解是__________.

【解】令$y'=p(x)$,则$y''=\dfrac{\mathrm{d}p}{\mathrm{d}x}$,于是$xp+x^2\dfrac{\mathrm{d}p}{\mathrm{d}x}=p^2$,即

$$\frac{\mathrm{d}p}{\mathrm{d}x}=\left(\frac{p}{x}\right)^2-\frac{p}{x}.$$

令$u=\dfrac{p}{x}$,则$p=ux,\dfrac{\mathrm{d}p}{\mathrm{d}x}=u+x\dfrac{\mathrm{d}u}{\mathrm{d}x}$,于是

$$u+x\frac{\mathrm{d}u}{\mathrm{d}x}=u^2-u,$$

分离变量得

$$\frac{\mathrm{d}u}{u^2-2u}=\frac{\mathrm{d}x}{x},$$

两端积分

$$\frac{1}{2}\int\left(\frac{1}{u-2}-\frac{1}{u}\right)\mathrm{d}u=\int\frac{\mathrm{d}x}{x},$$

得

$$\frac{1}{2}(\ln|u-2|-\ln|u|)=\ln|x|+\ln|C_1|,$$

从而
$$\frac{u-2}{u}=C_2x^2\quad(C_2=C_1^2),$$
即
$$p=y'=\frac{2x}{1-C_2x^2}.$$

由 $y'|_{x=1}=1$ 得 $C_2=-1$,故 $y'=\dfrac{2x}{1+x^2}$. 于是
$$y=\int\frac{2x}{1+x^2}\mathrm{d}x=\ln(1+x^2)+C_3.$$
又由 $y|_{x=1}=\ln 2$ 得 $C_3=0$,故所求特解为 $y=\ln(1+x^2)$.

【题外话】

(i) 在求可降阶的高阶方程的特解时,建议解题者每积分一次,就及时利用相应的初始条件确定出现的任意常数的值,这样可以简化后面的解题过程.

(ii) 本例令 $y'=p(x)$后,得到的方程可化为
$$\frac{\mathrm{d}p}{\mathrm{d}x}+\frac{p}{x}=\frac{p^2}{x^2},$$
这俨然是一副伯努利方程的"长相". 所以,本例还可采用伯努利方程的解法,即通过令 $z=\dfrac{1}{y}$ 来求 $p(x)$.

(iii) **解 $y''=f(x,y')$ 型方程可遵循如下程序**:①令 $y'=p(x)$;②用 $\dfrac{\mathrm{d}p}{\mathrm{d}x}$ 代换 y'';③解换元后关于 x,p 的一阶方程;④求 $p(x)$的不定积分得到原方程的通解.

3) $y''=f(y,y')$型(不显含 x)

【例 10】 (2002 年考研题)微分方程 $yy''+y'^2=0$ 满足初始条件 $y|_{x=0}=1,y'|_{x=0}=\dfrac{1}{2}$ 的特解是____________.

【解】令 $y'=p(y)$,则 $y''=\dfrac{\mathrm{d}p}{\mathrm{d}x}=\dfrac{\mathrm{d}p}{\mathrm{d}y}\cdot\dfrac{\mathrm{d}y}{\mathrm{d}x}=p\dfrac{\mathrm{d}p}{\mathrm{d}y}$,于是
$$yp\frac{\mathrm{d}p}{\mathrm{d}y}+p^2=0.$$
分离变量得
$$\frac{\mathrm{d}p}{p}=-\frac{\mathrm{d}y}{y},$$
两端积分得
$$\ln|p|=-\ln|y|+\ln|C_1|,$$
从而
$$p=y'=\frac{C_1}{y}.\tag{4-9}$$

由 $y|_{x=0}=1,y'|_{x=0}=\dfrac{1}{2}$ 得 $C_1=\dfrac{1}{2}$,故
$$\frac{\mathrm{d}y}{\mathrm{d}x}=\frac{1}{2y}.$$
分离变量得
$$2y\mathrm{d}y=\mathrm{d}x,$$
两端积分得
$$y^2=x+C_2.$$
由 $y|_{x=0}=1$ 得 $C_2=1$,故所求特解为 $y^2=x+1$.

【题外话】

(i) 本例的两个初始条件告诉我们,当 $x=0$ 时,方程同时满足 $y=1$ 和 $y'=\frac{1}{2}$,所以可以把 $y=1,y'=\frac{1}{2}$ 代入式(4-9)求出 C_1. 求 $y''=f(y,y')$ 型方程的特解一般都需要经历把 y 和 y' 的值同时代入方程,以确定任意常数的值的过程.

(ii) **解 $y''=f(y,y')$ 型方程可遵循如下程序**:①令 $y'=p(y)$;②用 $p\frac{\mathrm{d}p}{\mathrm{d}y}$ 代换 y'';③解换元后关于 y,p 的一阶方程得到通解 $p=\frac{\mathrm{d}y}{\mathrm{d}x}=\varphi(y,C_1)$;④通过对 $\frac{\mathrm{d}y}{\mathrm{d}x}=\varphi(y,C_1)$ 分离变量求得原方程的通解.

(iii) 至此,在解常微分方程时所能用到的换元方法都讲完了. 其实,换元的麻烦并不是换元本身,而是如何在换元后代换更高一阶的导数. 在解一阶方程时,在换元后要代换 y';在解 $y''=f(x,y')$ 型和 $y''=f(y,y')$ 型方程时,在换元后要代换 y''. 要想在换元后代换更高一阶的导数,就需要一个原变量的导数与新变量的导数之间的关系式.

一般,通过在原变量与新变量的关系式的两边对 x 求导来确定原变量的导数与新变量的导数之间的关系式,求导时应注意原变量和新变量都是与 x 有关的变量$\Big($如在解齐次方程时,在令 $u=\frac{y}{x}$ 之后,为了得到原变量的导数 $\frac{\mathrm{d}y}{\mathrm{d}x}$ 与新变量的导数 $\frac{\mathrm{d}u}{\mathrm{d}x}$ 之间的关系式,在原变量与新变量的关系式 $y=ux$ 两边对 x 求导,求导时不能把 u 看做常量,而应看做与 x 有关的变量. 在得到了 $\frac{\mathrm{d}y}{\mathrm{d}x}=u+x\frac{\mathrm{d}u}{\mathrm{d}x}$ 之后,就能用 $u+x\frac{\mathrm{d}u}{\mathrm{d}x}$ 来代换方程中的 $\frac{\mathrm{d}y}{\mathrm{d}x}$ 了$\Big)$.

但是,$y''=f(y,y')$ 型方程的换元是特例. 为什么呢? 因为原变量 y' 是对 x 所求的导数,而新变量 $p(y)$ 是关于 y 的变量. 当然,用关于 y 的变量来代换对 x 所求的导数是有"苦衷"的,那就是这类方程不显含 x,而只显含 y. 然而,方程中的 y'' 也是对 x 所求的二阶导数,它等于 $\frac{\mathrm{d}p}{\mathrm{d}x}$. 由于方程中不显含 x,而只显含 y,因此不希望换元后出现 $\mathrm{d}x$,而只希望出现 $\mathrm{d}y$. 所以,要对 $\frac{\mathrm{d}p}{\mathrm{d}x}$ 做个"手术",先变对 x 求导为对 y 求导,再乘以 $\frac{\mathrm{d}y}{\mathrm{d}x}$ 以满足等式,这也就有了

$$y''=\frac{\mathrm{d}p}{\mathrm{d}x}=\frac{\mathrm{d}p}{\mathrm{d}y}\cdot\frac{\mathrm{d}y}{\mathrm{d}x}=p\frac{\mathrm{d}p}{\mathrm{d}y},$$

于是便能用 $p\frac{\mathrm{d}p}{\mathrm{d}y}$ 来代换方程中的 y'' 了. 其实,这种对一阶导数"做手术"的方法我们曾经用过(在第二章求反函数的导数时),只是现在又与我们"重逢"了而已.

(2) 高阶常系数齐次线性方程

【例 11】 微分方程 $y^{(4)}-2y'''=0$ 的通解为__________.

【解】解特征方程 $r^4-2r^3=0$ 得 $r_1=r_2=r_3=0,r_4=2$.

故原方程的通解为 $y=C_1+C_2x+C_3x^2+C_4\mathrm{e}^{2x}$.

【题外话】**解高阶常系数齐次线性方程可遵循如下程序**:

① 写出特征方程;

② 求特征方程的根；

③ 根据特征方程根的类型套用通解的形式(见“知识储备”)写出通解.

(3) 两类特殊的二阶常系数非齐次线性方程

1) $y''+py'+qy=A\cos\omega x$ 或 $y''+py'+qy=A\sin\omega x$ 型

【例 12】 求微分方程 $y''+y=\sin x$ 的通解.

【解】对于原方程对应的齐次线性方程 $y''+y=0$,解特征方程 $r^2+1=0$ 得 $r_{1,2}=\pm i$,故它的通解为 $Y=C_1\cos x+C_2\sin x$.

设原方程的一个特解为 $y^*=x(M\cos x+N\sin x)$,则

$$y^{*\prime}=(M+Nx)\cos x+(N-Mx)\sin x,$$

$$y^{*\prime\prime}=(2N-Mx)\cos x-(2M+Nx)\sin x.$$

将 y^* 和 $y^{*\prime\prime}$代入原方程得

$$2N\cos x-2M\sin x=\sin x.$$

列方程组

$$\begin{cases}-2M=1,\\ 2N=0,\end{cases}\quad 解得\quad \begin{cases}M=-\dfrac{1}{2},\\ N=0,\end{cases}$$

故 $y^*=-\dfrac{1}{2}x\cos x$.

所以,原方程的通解为 $y=C_1\cos x+C_2\sin x-\dfrac{1}{2}x\cos x$.

【题外话】**解 $y''+py'+qy=A\cos\omega x$ 或 $y''+py'+qy=A\sin\omega x$ 型方程可遵循如下程序：**

① 求原方程对应的齐次线性方程的通解 Y；

② 判断 $i\omega$ 与特征方程的关系(如本例中的 i 是特征方程 $r^2+1=0$ 的根)；

③ 设原方程的一个特解 y^* 的形式(设的方法见“知识储备”)；

④ 把 $y^*,y^{*\prime},y^{*\prime\prime}$代入原方程；

⑤ 根据代入后的等式两边对应项系数相等,列方程组求出 y^* 的各系数,得到 y^*；

⑥ 写出原方程的通解 $y=Y+y^*$.

2) $y''+py'+qy=e^{\lambda x}P_m(x)$型

【例 13】 设有微分方程 $y''-3y'=\varphi(x)$,其中 $\varphi(x)=\begin{cases}4xe^x, & x<1,\\ 0, & x>1.\end{cases}$ 试求在$(-\infty,+\infty)$内的可导函数 $y=f(x)$,使之在$(-\infty,1)$和$(1,+\infty)$内都满足所给方程,且满足条件 $f(0)=f'(0)=0$.

【分析】本例无异于求两个微分方程的特解,一个是 $y''+py'+qy=e^{\lambda x}P_m(x)$型方程,另一个是它所对应的齐次线性方程.要想求两个二阶方程的特解,理论上需要四个初始条件.但是,现在只知道 $f(0)=f'(0)=0$,因此利用这两个初始条件只能求得当 $x<1$ 时的微分方程的特解.那么,该如何确定当 $x>1$ 时微分方程通解中的两个任意常数的值呢？本例还有一个不起眼的条件——$f(x)$是可导函数.我们知道,函数在可导的点处一定连续.所以,如果已知函数可导,那么有些时候是可以求出两个参数的(可参看第二章例 19).于是,难以确定的另外两个任意常数的值就有了“着落”.

【解】当 $x>1$ 时,有 $y''-3y'=0$,解特征方程 $r^2-3r=0$ 得 $r_1=0,r_2=3$,故方程的通解为 $y=C_1+C_2e^{3x}(x>1)$.

当 $x<1$ 时,有 $y''-3y'=4xe^x$,设方程的一个特解为 $y^*=(b_0+b_1x)e^x$,则

$$y^{*\prime}=(b_0+b_1+b_1x)e^x,\quad y^{*\prime\prime}=(b_0+2b_1+b_1x)e^x.$$

将 $y^{*\prime}$ 和 $y^{*\prime\prime}$ 代入方程得

$$-2b_0-b_1-2b_1x=4x.$$

列方程组

$$\begin{cases}-2b_1=4,\\-2b_0-b_1=0,\end{cases}\quad 解得\quad \begin{cases}b_0=1,\\b_1=-2,\end{cases}$$

故 $y^*=(1-2x)e^x$,从而方程的通解为

$$y=C_3+C_4e^{3x}+(1-2x)e^x\quad (x<1).$$

由 $f(0)=f'(0)=0$ 得 $C_3=-\frac{4}{3},C_4=\frac{1}{3}$,故 $y=-\frac{4}{3}+\frac{1}{3}e^{3x}+(1-2x)e^x(x<1)$.

综上所述,

$$f(x)=\begin{cases}-\frac{4}{3}+\frac{1}{3}e^{3x}+(1-2x)e^x, & x<1,\\C_1+C_2e^{3x}, & x>1.\end{cases}$$

故

$$f(1^+)=\lim_{x\to1^+}(C_1+C_2e^{3x})=C_1+C_2e^3,$$

$$f(1^-)=\lim_{x\to1^-}\left[-\frac{4}{3}+\frac{1}{3}e^{3x}+(1-2x)e^x\right]=-\frac{4}{3}+\frac{1}{3}e^3-e,$$

由 $f(1)=f(1^+)=f(1^-)$ 得 $f(1)=C_1+C_2e^3=-\frac{4}{3}+\frac{1}{3}e^3-e$;

$$f'_+(1)=\lim_{x\to1^+}\frac{C_1+C_2e^{3x}-f(1)}{x-1}\xlongequal{洛必达法则}\lim_{x\to1^+}3C_2e^{3x}=3C_2e^3,$$

$$f'_-(1)=\lim_{x\to1^-}\frac{-\frac{4}{3}+\frac{1}{3}e^{3x}+(1-2x)e^x-f(1)}{x-1}$$

$$\xlongequal{洛必达法则}\lim_{x\to1^-}[e^{3x}-(2x+1)e^x]=e^3-3e,$$

由 $f'_+(1)=f'_-(1)$ 得 $3C_2e^3=e^3-3e$.

解方程组

$$\begin{cases}C_1+C_2e^3=-\frac{4}{3}+\frac{1}{3}e^3-e,\\3C_2e^3=e^3-3e,\end{cases}\quad 得\quad \begin{cases}C_1=-\frac{4}{3},\\C_2=\frac{1}{3}-e^{-2}.\end{cases}$$

所以,

$$f(x)=\begin{cases}-\frac{4}{3}+\frac{1}{3}e^{3x}+(1-2x)e^x, & x\leqslant1,\\-\frac{4}{3}+\left(\frac{1}{3}-e^{-2}\right)e^{3x}, & x>1.\end{cases}$$

【题外话】**解 $y''+py'+qy=e^{\lambda x}P_m(x)$ 型方程可遵循如下程序：**

① 求原方程对应的齐次线性方程的通解 Y；

② 判断 λ 与特征方程的关系(如对于本例中的方程 $y''-3y'=4xe^x$，$\lambda=1$ 不是特征方程 $r^2-3r=0$ 的根)；

③ 设原方程的一个特解 y^* 的形式(设的方法见“知识储备”)；

④ 把 y^*，$y^{*\prime}$，$y^{*\prime\prime}$代入原方程；

⑤ 根据代入后的等式两边对应项系数相等，列方程组求出 y^* 的各系数，得到 y^*；

⑥ 写出原方程的通解 $y=Y+y^*$.

【例 14】 (1990 年考研题)求微分方程 $y''+4y'+4y=e^{ax}$ 的通解，其中 a 为常数.

【分析】本例该如何设原方程的一个特解 y^* 呢？我们知道，y^* 的设法取决于 $\lambda=a$ 与特征方程 $r^2+4r+4=0$ 的关系. 然而，当 $a\neq-2$ 时，$\lambda=a$ 不是特征方程的根；当 $a=-2$ 时，$\lambda=a$ 却成为特征方程的重根. 看来有必要按 a 是否等于-2 进行分类讨论.

【解】对于 $y''+4y'+4y=0$，解特征方程 $r^2+4r+4=0$ 得 $r_1=r_2=-2$，故其通解为

$$Y=(C_1+C_2x)e^{-2x}.$$

当 $a\neq-2$ 时，设 $y^*=b_0e^{ax}$，则 $y^{*\prime}=ab_0e^{ax}$，$y^{*\prime\prime}=a^2b_0e^{ax}$，代入原方程得

$$(a^2+4a+4)b_0=1,$$

即 $b_0=\dfrac{1}{(a+2)^2}$，故 $y^*=\dfrac{e^{ax}}{(a+2)^2}$；

当 $a=-2$ 时，设 $y^*=b_0x^2e^{-2x}$，则 $y^{*\prime}=2b_0(x-x^2)e^{-2x}$，$y^{*\prime\prime}=2b_0(2x^2-4x+1)e^{-2x}$，代入原方程得 $2b_0=1$，即 $b_0=\dfrac{1}{2}$，故 $y^*=\dfrac{1}{2}x^2e^{-2x}$.

所以，原方程的通解为

$$y=\begin{cases}(C_1+C_2x)e^{-2x}+\dfrac{e^{ax}}{(a+2)^2}, & a\neq-2,\\ \left(C_1+C_2x+\dfrac{1}{2}x^2\right)e^{-2x}, & a=-2.\end{cases}$$

【题外话】**我们需要建立对两类特殊的二阶常系数非齐次线性方程中的参数进行分类讨论的意识.** 对于 $y''+py'+qy=A\cos\omega x$ 或 $y''+py'+qy=A\sin\omega x$ 型方程，方程中参数的不同取值可能影响 $i\omega$ 与特征方程的关系，从而影响特解 y^* 的设法；对于 $y''+py'+qy=e^{\lambda x}P_m(x)$型方程，方程中参数的不同取值可能影响 λ 与特征方程的关系，从而也会影响特解 y^* 的设法.

【例 15】 求微分方程 $y''+y'=2x+5\cos3x+1$ 的通解.

【分析】本例要解的是我们陌生的二阶常系数非齐次线性方程. 当然，要想求出它所对应的齐次线性方程的通解并非难事，关键在于，能够求出它的一个特解吗？这时可以发现，求 $y''+y'=5\cos3x$ 的特解 y_1^* 和 $y''+y'=2x+1$ 的特解 y_2^* 都只需按部就班地进行. 而根据叠加原理，$y_1^*+y_2^*$ 就是原方程的特解.

【解】对于 $y''+y'=0$，解特征方程 $r^2+r=0$ 得 $r_1=0$，$r_2=-1$，故其通解为 $Y=C_1+C_2e^{-x}$.

对于 $y''+y'=5\cos3x$，设它的一个特解为 $y_1^*=M\cos3x+N\sin3x$，则

$$y_1^{*\prime}=-3M\sin3x+3N\cos3x,\quad y_1^{*\prime\prime}=-9M\cos3x-9N\sin3x,$$

代入原方程,得

$$(3N-9M)\cos 3x-(3M+9N)\sin 3x=5\cos 3x,$$

列方程组

$$\begin{cases}3N-9M=5,\\3M+9N=0,\end{cases}\quad 解得 \quad \begin{cases}M=-\dfrac{1}{2},\\N=\dfrac{1}{6},\end{cases}$$

故 $y_1^*=-\dfrac{1}{2}\cos 3x+\dfrac{1}{6}\sin 3x$.

对于 $y''+y'=2x+1$,设它的一个特解为 $y_2^*=x(b_0+b_1x)$,则

$$y_2^{*\prime}=b_0+2b_1x,\quad y_2^{*\prime\prime}=2b_1,$$

代入原方程,得

$$2b_1x+b_0+2b_1=2x+1,$$

列方程组

$$\begin{cases}2b_1=2,\\b_0+2b_1=1,\end{cases}\quad 解得 \quad \begin{cases}b_0=-1,\\b_1=1,\end{cases}$$

故 $y_2^*=x^2-x$.

根据叠加原理,$y_1^*+y_2^*=-\dfrac{1}{2}\cos 3x+\dfrac{1}{6}\sin 3x+x^2-x$ 是原方程的一个特解.

所以,原方程的通解为 $y=C_1+C_2\mathrm{e}^{-x}-\dfrac{1}{2}\cos 3x+\dfrac{1}{6}\sin 3x+x^2-x$.

【题外话】

(i) 可以利用叠加原理解形如 $y''+py'+qy=A\cos\omega x+\mathrm{e}^{\lambda x}P_m(x)$ 或 $y''+py'+qy=A\sin\omega x+\mathrm{e}^{\lambda x}P_m(x)$ 的方程.

(ii) 对于像 $y''+y'=2x+1$ 这样的等式右边只有一个 x 的多项式,甚至只有一个非零常数的二阶常系数非齐次线性方程,应能够识别出它是 $\lambda=0$ 时的 $y''+py'+qy=\mathrm{e}^{\lambda x}P_m(x)$ 型方程.

(iii) 我们知道,求高阶常系数齐次线性方程的通解的关键是求出特征方程的根,求两类特殊的二阶常系数非齐次线性方程的一个特解的关键是判断 $\mathrm{i}\omega$ 或 λ 与特征方程的关系.而特征方程就是一元代数方程.可见,这样就把高阶常系数线性方程解的问题转化为了一元代数方程根的问题.同时,还知道,对于一元代数方程,不但可以讨论如何在已知方程的情况下求出根,而且还可以讨论如何在已知根的情况下求出方程.这岂不是说,对于高阶常系数线性方程,也可以讨论如何在已知解的情况下求出方程吗?因为**只需把已知解求高阶常系数线性方程的问题转化为已知根求特征方程的问题**.而要想进一步洞悉线性方程解的奥秘,也不得不从已知常微分方程解的相关问题谈起.

问题 2　已知常微分方程解的相关问题

二阶齐次线性方程解的结构

若 y_1,y_2 为 $y''+P(x)y'+Q(x)y=0$ 的两个线性无关的解，则 $y=C_1y_1+C_2y_2$(C_1,C_2 为任意常数)就是该方程的通解.

【注】若存在不全为零的常数 $k_1,k_2,\cdots,k_n$，使得 $k_1y_1+k_2y_2+\cdots+k_ny_n=0$ 恒成立，则函数 $y_1,y_2,\cdots,y_n$ 线性相关；否则线性无关. 特别地，若函数 y_1,y_2 满足 $\frac{y_2}{y_1}$ 不恒等于常数的条件，则 y_1,y_2 线性无关；否则线性相关.

问题研究

1. 已知解求高阶常系数线性方程

(1) 已知通解求高阶常系数齐次线性方程

【例 16】　设 $y=C_1\mathrm{e}^x+C_2\mathrm{e}^{-x}+C_3x\mathrm{e}^x$($C_1,C_2,C_3$ 为任意常数)为某三阶常系数齐次线性方程的通解，则该方程为____________.

【分析】我们能够从通解中看出所求方程的特征方程有哪些根吗？能. $(C_1+C_3x)\mathrm{e}^x$ 是特征方程的二重根 1 对应的项，$C_2\mathrm{e}^{-x}$ 是特征方程的单根 -1 对应的项. 既然知道了特征方程有二重根 1 和单根 -1，那么也就知道了特征方程为 $(r-1)^2(r+1)=0$，即 $r^3-r^2-r+1=0$. 于是，便能由特征方程"破译"出所求方程为 $y'''-y''-y'+y=0$.

【题外话】本例是在已知通解的情况下求高阶常系数齐次线性方程. 那么，可以由已知的特解求出高阶常系数非齐次线性方程吗？可以，请看例 17.

(2) 已知特解求二阶常系数非齐次线性方程

【例 17】　设微分方程 $y''+ay=b\cos2x$ 的一个特解为 $y=\cos2x+(x+1)\sin2x$，则(　　)

(A) $a=2,b=2$.　　　　(B) $a=2,b=4$.

(C) $a=4,b=2$.　　　　(D) $a=4,b=4$.

【分析】本例至少有保底的方法. 只要把已知的特解代入方程，根据等式两边对应项系数相等便能求出 a,b. 但是，求 y' 和 y'' 着实"工程浩大". 那么，有"捷径"可走吗？有，只是需要看出已知特解中的"秘密". 结合 $y''+py'+qy=0$ 型方程通解的形式，以及 $y''+py'+qy=A\cos\omega x$ 型方程特解的形式，不难发现，给出的方程的通解为

$$y=C_1\cos2x+C_2\sin2x+x\sin2x,$$

其中 $Y=C_1\cos2x+C_2\sin2x$ 是 $y''+ay=0$ 的通解，$y^*=x\sin2x$ 是给出的方程的一个特解. 既然这样，也就知道了 $\pm2\mathrm{i}$ 是特征方程 $r^2+a=0$ 的一对共轭复根，故 $a=4$. 另外，将

$y^*=x\sin2x$ 代入 $y''+4y=b\cos2x$，根据等式两边对应项系数相等便可知 $b=4$. 选(D).

【题外话】本例中，先由方程的特解求出了方程的通解，再由方程的通解去求方程. 这告诉我们，在已知一个不缺项的特解(即通解中各任意常数的值都不取零)的情况下，只要知道方程右边的形式，就能结合方程解的形式求出二阶常系数非齐次线性方程的通解. 那么，在已知多个缺项的特解(即通解中有的任意常数的值取零)的情况下，有可能求出二阶常系数非齐次线性方程的通解吗？其实也可能. 只是要想更顺利地由多个特解求出它的通解，不妨先探讨一下非齐次线性方程与它所对应的齐次线性方程解的关系.

2. 已知特解求非齐次线性方程的通解

题眼探索 说到非齐次线性方程与它所对应的齐次线性方程解的关系，我们所熟悉的是它们通解之间的关系：若 y^* 是某非齐次线性方程的一个特解，Y 是该方程对应的齐次线性方程的通解，则该方程的通解为 $y=Y+y^*$. 除此之外，我们很想知道，非齐次线性方程与它所对应的齐次线性方程的特解之间又有什么关系呢？

以二阶线性方程为例. 设 y_1,y_2 是非齐次线性方程

$$y''+P(x)y'+Q(x)y=f(x) \tag{4-10}$$

的两个特解，则

$$y''_1+P(x)y'_1+Q(x)y_1=f(x), \tag{4-11}$$

$$y''_2+P(x)y'_2+Q(x)y_2=f(x), \tag{4-12}$$

式(4-11)−式(4-12)，得

$$(y_1-y_2)''+P(x)(y_1-y_2)'+Q(x)(y_1-y_2)=0.$$

由此可见，y_1-y_2 是方程(4-10)对应的齐次线性方程 $y''+P(x)y'+Q(x)y=0$ 的特解. 其实，对于各阶线性方程都有一个重要结论：**若 y_1,y_2 是某非齐次线性方程的两个特解，则 y_1-y_2 是该方程对应的齐次线性方程的特解**. 利用这个结论，就能在已知多个特解的情况下，顺利地求得非齐次线性方程的通解了.

【例 18】 设函数 $y_1=xe^x$，$y_2=xe^x+e^x$，$y_3=xe^x+e^{-x}$ 都是二阶常系数非齐次线性方程的解，则该非齐次线性方程的通解是__________.

【解】由题意，$y_2-y_1=e^x$，$y_3-y_1=e^{-x}$ 是该方程对应的齐次线性方程的解.

又因为 $\dfrac{y_2-y_1}{y_3-y_1}$ 不恒等于常数，即 y_2-y_1，y_3-y_1 线性无关，故该方程对应齐次线性方程的通解为 $Y=C_1e^x+C_2e^{-x}$，从而该方程的通解为 $y=Y+y_1=C_1e^x+C_2e^{-x}+xe^x$.

【题外话】

(i) 本例还能够再由通解求出方程. 不难看出，该方程的特征方程有两个单根 $r_1=1$，$r_2=-1$，故特征方程为 $r^2-1=0$. 不妨设所求方程为 $y''-y=f(x)$，将 y_1 代入所求方程，得 $f(x)=2e^x$. 所以，所求方程为 $y''-y=2e^x$.

(ii) 本例中，我们面对的是熟悉的二阶常系数非齐次线性方程. 虽然例题中没有明说方程右边的形式，但是根据 y_1,y_2,y_3 的形式，不难推测出所求方程为 $y''+py'+qy=e^{\lambda x}P_m(x)$

型方程.所以,即便不知道非齐次线性方程与其所对应的齐次线性方程的特解有什么关系,但是要想推测出该方程的通解也并非难事.而当面对一般的二阶非齐次线性方程时,就很难由三个特解凭空推测出它的通解了.那么,一般的二阶非齐次线性方程的三个线性无关的特解与它的通解之间究竟满足怎样的关系呢?这正是需要通过例19回答的问题.

【例19】 (1989年考研题)设线性无关的函数y_1,y_2,y_3都是二阶非齐次线性方程的解,C_1,C_2是任意常数,则该非齐次线性方程的通解是(　　)

(A) $C_1y_1+C_2y_2+y_3$.　　(B) $C_1y_1+C_2y_2+(C_1+C_2)y_3$.

(C) $C_1y_1+C_2y_2-(1-C_1-C_2)y_3$.　　(D) $C_1y_1+C_2y_2+(1-C_1-C_2)y_3$.

【分析】由题意,y_1-y_3,y_2-y_3是该方程对应的齐次线性方程的解.所以,只要y_1-y_3与y_2-y_3线性无关,该方程对应的齐次线性方程的通解就是$Y=C_1(y_1-y_3)+C_2(y_2-y_3)$.那么,$y_1-y_3$与$y_2-y_3$线性无关吗?

不妨假设y_1-y_3与y_2-y_3线性相关,则存在不全为零的常数k_1,k_2,使

$$k_1(y_1-y_3)+k_2(y_2-y_3)=0,$$

即

$$k_1y_1+k_2y_2-(k_1+k_2)y_3=0.$$

由于$k_1,k_2,-(k_1+k_2)$不全为零,y_1,y_2,y_3线性相关,与已知条件矛盾.由此可见,原假设不成立,y_1-y_3与y_2-y_3线性无关.故原方程的通解为

$$y=C_1(y_1-y_3)+C_2(y_2-y_3)+y_3=C_1y_1+C_2y_2+(1-C_1-C_2)y_3,$$

选(D).

问题3　求平面曲线的方程

问题研究

题眼探索　常微分方程是求未知一元函数的表达式的方程.而一元函数的表达式,在几何背景下,就是平面曲线的方程.所以,在几何背景下,可以通过解常微分方程来求平面曲线的方程.那么,要解的常微分方程从哪里来呢?理想的情况是直接建立.我们知道,常微分方程中必须含有未知函数的导数,这意味着要想直接建立常微分方程,就必须找到与导数有关的等量关系;我们还知道,在一点的导数的几何意义是在该点处的切线的斜率,这意味着可以利用与切线或法线有关的等量关系来建立常微分方程.

1.根据导数的几何意义直接建立常微分方程

【例20】 (1995年考研题)设曲线L位于xOy平面的第一象限内,L上任一点M处的切线与y轴总相交,交点记为A.已知$|\overline{MA}|=|\overline{OA}|$,且$L$过点$\left(\frac{3}{2},\frac{3}{2}\right)$,求$L$的方程.

【解】设点M的坐标为(x,y),则点M处的切线方程为$Y-y=y'(X-x)$.

令$X=0$,则$Y=y-xy'$,即点A的坐标为$(0,y-xy')$.

由$|\overline{MA}|=|\overline{OA}|$,有$\sqrt{x^2+(xy')^2}=|y-xy'|$,即

$$\frac{\mathrm{d}y}{\mathrm{d}x}=\frac{y^2-x^2}{2xy}=\frac{\left(\frac{y}{x}\right)^2-1}{2\left(\frac{y}{x}\right)}.$$

令$u=\frac{y}{x}$,则$y=ux$,$\frac{\mathrm{d}y}{\mathrm{d}x}=u+x\frac{\mathrm{d}u}{\mathrm{d}x}$,于是

$$u+x\frac{\mathrm{d}u}{\mathrm{d}x}=\frac{u^2-1}{2u},$$

分离变量得
$$\frac{2u}{u^2+1}\mathrm{d}u=-\frac{\mathrm{d}x}{x},$$

两端积分得
$$\ln(u^2+1)=-\ln|x|+\ln|C|,$$

从而
$$u^2+1=\frac{C}{x},$$

即得原方程的通解为
$$y^2=Cx-x^2.$$

由$y\left(\frac{3}{2}\right)=\frac{3}{2}$得$C=3$.又因为$L$在第一象限内,故$L$的方程为

$$y=\sqrt{3x-x^2}\quad(0<x<3).$$

【题外话】本例得到的常微分方程可化为$\frac{\mathrm{d}y}{\mathrm{d}x}-\frac{y}{2x}=-\frac{x}{2y}$,它还是一个伯努利方程,故还可以用伯努利方程的解法,即通过令$z=y^2$来解.

2. 根据定积分的几何应用先建立含变限积分的方程

【例 21】 已知曲线$y=f(x)$在$[0,a]$上(当$x\geqslant0$时,$f(x)>0$)与x轴围成的面积值比$f(a)$大$b\mathrm{e}^a$(其中常数$a>0,b\neq0$),且$f(x)$在$x=b$处取极小值,试求$f(x)$的表达式.

【解】由题意,$\int_0^a f(x)\mathrm{d}x-f(a)=b\mathrm{e}^a$,即$\int_0^x f(t)\mathrm{d}t-f(x)=b\mathrm{e}^x$. 两边对$x$求导,得$f(x)-f'(x)=b\mathrm{e}^x$,即有

$$\frac{\mathrm{d}y}{\mathrm{d}x}-y=-b\mathrm{e}^x,\quad y|_{x=0}=-b.$$

对于$\frac{\mathrm{d}y}{\mathrm{d}x}-y=0$,有$\frac{\mathrm{d}y}{y}=\mathrm{d}x$,则有$\ln|y|=x+\ln|C_1|$,从而$y=C_1\mathrm{e}^x$.

设$y=u(x)\mathrm{e}^x$,则$\frac{\mathrm{d}y}{\mathrm{d}x}=u'\mathrm{e}^x+u\mathrm{e}^x$,代入原方程得$u'=-b$,于是$u=-bx+C$,从而

$$y=C\mathrm{e}^x-bx\mathrm{e}^x.$$

由$y|_{x=0}=-b$得$C=-b$,故$y=-b(\mathrm{e}^x+x\mathrm{e}^x)$.

因为$f(x)$在$x=b$处取极小值,由$f'(b)=-b\mathrm{e}^b(b+2)=0$可知$b=-2$.

所以,$f(x)=2\mathrm{e}^x(x+1)$.

【题外话】

(i) 前面讲过,面对一个含有变限积分的等式,可以通过两边对x求导来求被积函数.有

时，求导之后就能顺利地得到被积函数的表达式；也有时，求导之后得到的是被积函数的导数的表达式，通过两边积分也能较为顺利地求出要求的被积函数(可参看第三章例31(3)).然而，并非所有含变限积分的等式在两边求导后都能出现“圆满的结局”，因为求导之后得到的可能是一个以要求的被积函数为未知函数的常微分方程(如本例).这时，要想求出这个被积函数，就要解常微分方程.

这给了我们一个启示：既然有能力由一个含变限积分的等式求出被积函数的表达式，那么，也可以通过建立一个含变限积分的方程来求平面曲线的方程.当然，这个方程很可能只是一个“跳板”，而最终要解的是两边求导后得到的常微分方程.那么，又该如何建立含变限积分的方程呢？这就要根据定积分的几何应用了.前面曾经讲过定积分的三个几何应用：平面图形的面积、旋转体的体积、平面曲线的弧长(可参看第三章问题3).

(ii) 本例中，对于$f(x)-\int_0^x f(t)\mathrm{d}t=b\mathrm{e}^x$，令$x=0$便能得到$f(0)=b$，这成为要解的常微分方程的初始条件.没有这个初始条件，最终得到的$f(x)$的表达式中就会含有任意常数.所以，**需要建立对含变限积分的方程赋值从而得到初始条件的意识，赋值的原则是使积分值为零**.

(iii) 在本例求$f(x)$的表达式的过程中，为了建立方程，用到了定积分的几何意义，这是一元函数积分学的知识；为了求参数b，用到了极值点判定的必要条件，这是一元函数微分学的知识.不可忽视的是，还解了一个常微分方程.至此，高等数学中一元函数的三个“代表”——一元函数的导数、一元函数的积分和常微分方程都已悉数“登场”.当然，还有一个“缺席的代表”，那就是一元函数的极限.是的，一元函数的极限问题、导数问题、积分问题和常微分方程问题“代表”了高等数学中的一元函数问题.更重要的是，在解决这些问题的过程中，太多的方法与我们“相遇”.再见了，一元函数，多元函数正在下一站等待着我们.亲爱的读者，其实，无需太过怀念陪伴了我们整整四章的一元函数，因为其中的很多方法还会在下一站与我们再次“见面”.

实战演练

一、选择题

1. 设$y=y(x)$是二阶常系数微分方程$y''+py'+qy=\mathrm{e}^{3x}$满足初始条件$y(0)=y'(0)=0$的特解，则当$x\to 0$时，函数$\dfrac{\ln(1+x^2)}{y(x)}$的极限(　　)

(A) 不存在.　(B) 等于1.　(C) 等于2.　(D) 等于3.

2. 设非齐次线性微分方程$y'+P(x)y=Q(x)$有两个不同的解$y_1(x)$，$y_2(x)$，C为任意常数，则该方程的通解是(　　)

(A) $C[y_1(x)-y_2(x)]$.　(B) $y_1(x)+C[y_1(x)-y_2(x)]$.

(C) $C[y_1(x)+y_2(x)]$.　(D) $y_1(x)+C[y_1(x)+y_2(x)]$.

3. 具有特解$y_1=\mathrm{e}^{-x}$，$y_2=2x\mathrm{e}^{-x}$，$y_3=3\mathrm{e}^x$的三阶常系数齐次线性微分方程是(　　)

(A) $y'''-y''-y'+y=0$.　(B) $y'''+y''-y'-y=0$.

(C) $y'''-6y''+11y'-6y=0$.　(D) $y'''-2y''-y'+2y=0$.

4. 微分方程$y''-y=\mathrm{e}^x+1$的一个特解应具有形式(式中a,b为常数)(　　)

(A) $a\mathrm{e}^x+b$.　(B) $ax\mathrm{e}^x+b$.　(C) $a\mathrm{e}^x+bx$.　(D) $ax\mathrm{e}^x+bx$.

二、填空题

5. 微分方程 $3e^x\tan y\mathrm{d}x+(1-e^x)\sec^2 y\mathrm{d}y=0$ 的通解是____________.

6. 微分方程 $(x^3+y^3)\mathrm{d}x-3xy^2\mathrm{d}y=0$ 的通解是____________.

7. 微分方程 $y''=y'+x$ 满足 $y|_{x=0}=3, y'|_{x=0}=0$ 的特解是____________.

8. 微分方程 $y''+4y=25xe^x$ 的通解是____________.

三、解答题

9. 设有微分方程 $y'-2y=\varphi(x)$，其中 $\varphi(x)=\begin{cases}2, & x<1,\\ 0, & x>1,\end{cases}$ 试求在 $(-\infty,+\infty)$ 上的连续函数 $y=y(x)$，使之在 $(-\infty,1)$ 和 $(1,+\infty)$ 内都满足所给方程，且满足条件 $y(0)=0$.

10. 求微分方程 $y''+\lambda y'=2x+1$ 的通解，其中 λ 为常数.

11. 设 $f(x)=\sin x-\int_0^x (x-t)f(t)\mathrm{d}t$，其中 $y=f(x)$ 为连续函数，求 $f(x)$ 的表达式.

12. 设曲线 $y=f(x)$，其中 $f(x)$ 是可导函数，且 $f(x)>0$. 已知曲线 $y=f(x)$ 与直线 $y=0, x=1$ 及 $x=t(t>1)$ 所围成的曲边梯形绕 x 轴旋转一周所得的立体体积值是该曲边梯形面积值的 πt 倍，求该曲线的方程.

13. 设函数 $y(x)(x\geqslant 0)$ 二阶可导且 $y'(x)>0, y(0)=1$. 过曲线 $y=y(x)$ 上任意一点 $P(x,y)$ 作该曲线的切线及 x 轴的垂线，上述两直线与 x 轴所围成的三角形的面积记为 S_1，在区间 $[0,x]$ 上以 $y=y(x)$ 为曲线的曲边梯形面积记为 S_2，并设 $2S_1-S_2$ 恒为 1，求曲线 $y=y(x)$ 的方程.

第五章　代数视角的多元函数微积分学

问题 1　求偏导数与全微分

问题 2　求二元初等函数的极限

问题 3　判断二元函数的连续性、偏导数的存在性、二元函数的可微性以及偏导数的连续性

问题 4　多元函数的极值与最值问题

问题 5　已知偏导数求函数的表达式

问题 6　求二重积分

问题 7　二次积分的坐标系和积分次序的改变

问题 8　用二重积分的方法证明积分不等式

问题 9　求曲顶柱体的体积

第五章　代数视角的多元函数微积分学

问题脉络

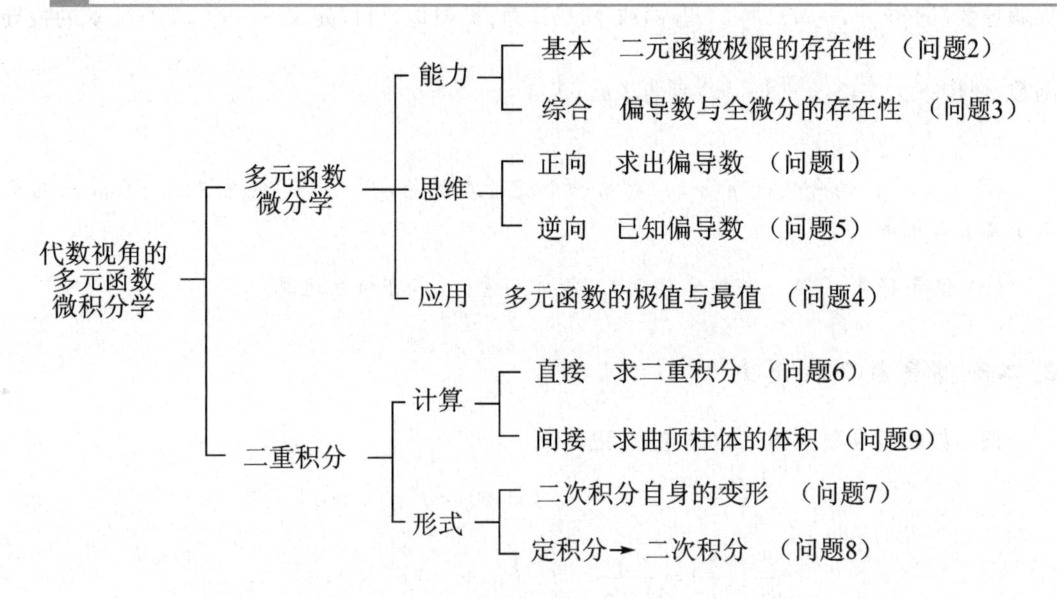

问题1　求偏导数与全微分

知识储备

1. 偏导数及其记法

(1) 在一点处的偏导数及其记法

设函数 $z=f(x,y)$ 在点 (x_0,y_0) 的某一邻域内有定义，若

$$\lim_{\Delta x\to 0}\frac{f(x_0+\Delta x,y_0)-f(x_0,y_0)}{\Delta x}$$

存在，则该极限值叫做 $z=f(x,y)$ 在 (x_0,y_0) 处对 x 的偏导数，记作 $\left.\frac{\partial z}{\partial x}\right|_{(x_0,y_0)}$，$\left.\frac{\partial f}{\partial x}\right|_{(x_0,y_0)}$，$\left.z_x\right|_{(x_0,y_0)}$，$f_x(x_0,y_0)$，$f'_1(x_0,y_0)$ 或 $\left.\frac{\mathrm{d}}{\mathrm{d}x}f(x,y_0)\right|_{x=x_0}$；类似地，$z=f(x,y)$ 在 (x_0,y_0) 处对 y 的偏导数定义为

$$\lim_{\Delta y\to 0}\frac{f(x_0,y_0+\Delta y)-f(x_0,y_0)}{\Delta y},$$

记作$\left.\frac{\partial z}{\partial y}\right|_{(x_0,y_0)}$,$\left.\frac{\partial f}{\partial y}\right|_{(x_0,y_0)}$,$z_y|_{(x_0,y_0)}$,$f_y(x_0,y_0)$,$f'_2(x_0,y_0)$或$\left.\frac{\mathrm{d}}{\mathrm{d}y}f(x_0,y)\right|_{y=y_0}$.

(2) 偏导函数及其记法

若函数$z=f(x,y)$在区域D内的每点处对x的偏导数都存在,则任意$(x,y)\in D$对应的$z=f(x,y)$对x的偏导数值构成的一个新的函数,叫做$z=f(x,y)$对x的偏导函数,简称偏导数,记作$\frac{\partial z}{\partial x}$,$\frac{\partial f}{\partial x}$,$z_x$,$f_x(x,y)$或$f'_1(x,y)$;类似地,可以定义$z=f(x,y)$对$y$的偏导函数,记作$\frac{\partial z}{\partial y}$,$\frac{\partial f}{\partial y}$,$z_y$,$f_y(x,y)$或$f'_2(x,y)$.

【注】

(i) $f'_1(x,y)$的含义是$f(x,y)$对第一个变量求偏导,$f'_2(x,y)$的含义是$f(x,y)$对第二个变量求偏导.

(ii) 偏导符号$\frac{\partial z}{\partial x}$是一个整体,$\partial z$,$\partial x$各自无意义,不可独立运算.

2. 二阶偏导数及其记法

偏导数的偏导数叫做二阶偏导数,记作

$$\frac{\partial}{\partial x}\left(\frac{\partial z}{\partial x}\right)=\frac{\partial^2 z}{\partial x^2}=f_{xx}(x,y)=f''_{11}(x,y),$$

$$\frac{\partial}{\partial y}\left(\frac{\partial z}{\partial x}\right)=\frac{\partial^2 z}{\partial x\partial y}=f_{xy}(x,y)=f''_{12}(x,y),$$

$$\frac{\partial}{\partial x}\left(\frac{\partial z}{\partial y}\right)=\frac{\partial^2 z}{\partial y\partial x}=f_{yx}(x,y)=f''_{21}(x,y),$$

$$\frac{\partial}{\partial y}\left(\frac{\partial z}{\partial y}\right)=\frac{\partial^2 z}{\partial y^2}=f_{yy}(x,y)=f''_{22}(x,y).$$

其中$\frac{\partial^2 z}{\partial x\partial y}$,$\frac{\partial^2 z}{\partial y\partial x}$叫做混合偏导数.

【注】

(i) $\frac{\partial^2 z}{\partial x\partial y}$分母中$\partial x$,$\partial y$的次序表示对$x$,$y$的求导次序,$f_{xy}(x,y)$的下标$x$,$y$的次序表示对$x$,$y$的求导次序,$f''_{12}(x,y)$的下标1,2的次序表示对第一、第二个变量的求导次序.

(ii) 二阶混合偏导数在连续的条件下与求导次序无关.

问题研究

题眼探索 现在,我们的探索之旅已行至半途,下面要和我们"打交道"的是多元函数.面对多元函数微积分学,下面将从两个视角来谈.一个是代数视角,另一个是几何视角(至于为什么要分为这两个视角,在第六章中再讲).那么,当用"代数的眼光"去看多元函数微积分学的时候，看到的是哪些问题呢？是多元函数微分学的主要问题（多元函数微分学的几何应用除外），以及二重积分的相关问题．这些问题都有什么特点呢？它们是一元函数微积分学的延续．换言之，**在研究多元函数微分学的主要问题和二重积分的相关问题的过程中，会大量借鉴在研究一元函数时用过的方法，或将问题转化为一元函数的相应问题**．是这样吗？下面从求偏导数谈起．

偏导数是对多元函数而言的．相应地，一元函数的导数又称全导数．那么能把求多元函数的偏导数转化为求一元函数的全导数吗？能，可以采取控制变量的方法．对于$z=f(x,y)$，在求$\frac{\partial z}{\partial x}$时只需把$y$看做常量，然后求$z$对$x$的全导数，在求$\frac{\partial z}{\partial y}$时只需把$x$看做常量，然后求$z$对$y$的全导数．另外，对于一元函数，前面讲过，如果求出了全导数，那么求微分就是举手之劳了．同样，如果求出了$z=f(x,y)$的偏导数$\frac{\partial z}{\partial x}$和$\frac{\partial z}{\partial y}$，那么求其全微分$\mathrm{d}z$也是举手之劳了，因为

$$\mathrm{d}z=\frac{\partial z}{\partial x}\mathrm{d}x+\frac{\partial z}{\partial y}\mathrm{d}y.$$

1. 多元简单显函数

(1) 具体的多元简单显函数

【例 1】　设$z=x+y^2+(y-1)\arcsin\sqrt{\frac{x}{y}}$，则$\left.\frac{\partial z}{\partial x}\right|_{\left(\frac{1}{2},1\right)}=$__________.

【解】**法一**：由于$\frac{\partial z}{\partial x}=1+(y-1)\frac{1}{\sqrt{1-\frac{x}{y}}}\cdot\frac{1}{2\sqrt{\frac{x}{y}}}\cdot\frac{1}{y}$，故$\left.\frac{\partial z}{\partial x}\right|_{\left(\frac{1}{2},1\right)}=1$.

法二：由于$z|_{y=1}=x+1$，故$\left.\frac{\partial z}{\partial x}\right|_{\left(\frac{1}{2},1\right)}=\left.\frac{\mathrm{d}}{\mathrm{d}x}(x+1)\right|_{x=\frac{1}{2}}=1$.

【题外话】在求多元函数在一点的偏导数时，我们似乎习惯了先求导再把点代入．其实，可以试着先把求导时要看做常量的变量的值代入函数再求导，即对于$z=f(x,y)$，有

$$\left.\frac{\partial z}{\partial x}\right|_{(x_0,y_0)}=\left.\frac{\mathrm{d}}{\mathrm{d}x}f(x,y_0)\right|_{x=x_0},\quad \left.\frac{\partial z}{\partial y}\right|_{(x_0,y_0)}=\left.\frac{\mathrm{d}}{\mathrm{d}y}f(x_0,y)\right|_{y=y_0}.$$

这是因为$f(x,y_0)$或$f(x_0,y)$的形式有时比$f(x,y)$简单得多．

【例 2】　设$z=y^x$，则$f_{xy}(x,y)=$__________.

【解】$f_x(x,y)=y^x\ln y$，$f_{xy}(x,y)=xy^{x-1}\cdot\ln y+y^x\cdot\frac{1}{y}=y^{x-1}(x\ln y+1)$.

【题外话】我们需要牢记一阶和二阶偏导数的各种记法，它们好比是偏导数的不同“面孔”．如果本来会求偏导数，却不知道要求的是偏导数，那就太可惜了！

(2) 抽象的多元简单显函数

【例 3】　(2006 年考研题)设函数$f(u)$可微，且$f'(0)=\frac{1}{2}$，则$z=f(4x^2-y^2)$在点(1,2)

处的全微分 $dz|_{(1,2)}=$__________.

【解】因为 $$\frac{\partial z}{\partial x}=8xf'(4x^2-y^2),\quad \frac{\partial z}{\partial y}=-2yf'(4x^2-y^2),$$

$$\left.\frac{\partial z}{\partial x}\right|_{(1,2)}=4,\quad \left.\frac{\partial z}{\partial y}\right|_{(1,2)}=-2,$$

所以 $$dz|_{(1,2)}=4dx-2dy.$$

【题外话】本例中，面对的是形如 $f[\varphi(x,y)]$ 的复合函数. 对于这种复合函数，求一元复合函数导数的方法依然适用，因为它只有一个中间变量. 那么，如果要求的是具有不止一个中间变量的复合函数的(偏)导数，又该怎么办呢？

2. 多元复合显函数

题眼探索　多元复合函数是多元函数吗？不一定. **对于我们所说的多元复合函数，其中的"多元"二字一般不是指自变量的个数，而是指中间变量的个数**. 所以，对于形如 $f[\varphi(x,y)]$ 的函数，一般不把它归为多元复合函数，而只能让它暂且站在多元简单函数的"队伍"里(虽然在严格意义上说它并非简单函数). 多元复合函数有两种典型的形式：一种形如 $f[\varphi(t),\psi(t)]$，它是由一元函数 $u=\varphi(t)$，$v=\psi(t)$ 与多元函数 $z=f(u,v)$ 复合而成的一元函数；另一种形如 $f[\varphi(x,y),\psi(x,y)]$，它是由多元函数 $u=\varphi(x,y)$，$v=\psi(x,y)$ 与多元函数 $z=f(u,v)$ 复合而成的多元函数.

多元复合函数的麻烦在于它的中间变量不止一个，所以**求导的关键在于理清函数的"变量链"**(即明确函数有哪几个中间变量，各中间变量又与哪个或哪几个自变量有关)，其求导方法称为"链式求导法". 下面以求形如 $f[\varphi(t),\psi(t)]$ 的函数的导数为例. 首先画出"变量链"的树状图(图5-1)，最上层为因变量 z，最下层为自变量 t. 然后，对于分叉 $z-u-t$，上层变量逐层对下层变量求导并相乘得 $\frac{\partial z}{\partial u}\cdot\frac{du}{dt}$；对于分叉 $z-v-t$，上层变量逐层对下层变量求导并相乘得 $\frac{\partial z}{\partial v}\cdot\frac{dv}{dt}$. 最后，把两个分叉所求的(偏)导数之积相加，得

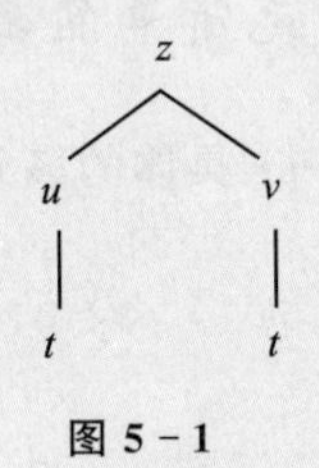

图5-1

$$\frac{dz}{dt}=\frac{\partial z}{\partial u}\cdot\frac{du}{dt}+\frac{\partial z}{\partial v}\cdot\frac{dv}{dt}.$$

我们应注意两点：

1° 由于最下层只有一个自变量 t，为一元函数，故使用了全导符号 $\frac{dz}{dt}$；由于 z 的下层有 u,v 两个变量，故使用了偏导符号 $\frac{\partial z}{\partial u},\frac{\partial z}{\partial v}$；由于 u,v 的下层都只有 t 一个变量，故使用了全导符号 $\frac{du}{dt},\frac{dv}{dt}$.

2° 求 $\frac{\partial z}{\partial u},\frac{\partial z}{\partial v}$ 时只要立足于表达式 $z=f(u,v)$ 求偏导即可，而无须考虑 u,v 是否与 t 有关. 同理可得形如 $f[\varphi(x,y),\psi(x,y)]$ 的函数的偏导数为

$$\frac{\partial z}{\partial x}=\frac{\partial z}{\partial u}\cdot\frac{\partial u}{\partial x}+\frac{\partial z}{\partial v}\cdot\frac{\partial v}{\partial x},\quad \frac{\partial z}{\partial y}=\frac{\partial z}{\partial u}\cdot\frac{\partial u}{\partial y}+\frac{\partial z}{\partial v}\cdot\frac{\partial v}{\partial y}.$$

(1) 具体的多元复合显函数

【例 4】　设 $u=\frac{e^{ax}(y-z)}{a^2+1}$，而 $y=a\sin x, z=\cos x$，求 $\frac{du}{dx}$.

【分析】毋庸置疑，本例能采用链式求导法(图 5 - 2). 但是，如果没有学会链式求导法，就真的束手无策了吗？并非如此. 把 $y=a\sin x, z=\cos x$ 代入 $u=\frac{e^{ax}(y-z)}{a^2+1}$ 中，得

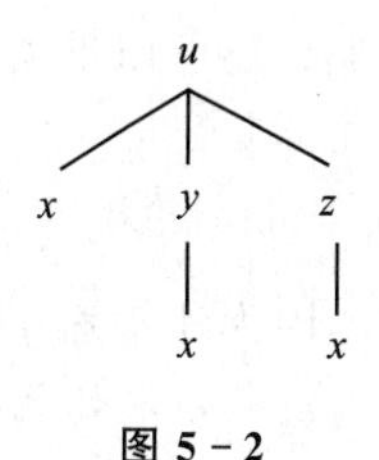

图 5 - 2

$$u=\frac{e^{ax}(a\sin x-\cos x)}{a^2+1},$$

这不就是一个普普通通的一元函数吗？

【解】**法一：** $\frac{du}{dx}=\frac{\partial u}{\partial x}+\frac{\partial u}{\partial y}\cdot\frac{dy}{dx}+\frac{\partial u}{\partial z}\cdot\frac{dz}{dx}$

$$=\frac{ae^{ax}(y-z)}{a^2+1}+\frac{e^{ax}}{a^2+1}\cdot a\cos x-\frac{e^{ax}}{a^2+1}\cdot(-\sin x)$$

$$=\frac{e^{ax}}{a^2+1}(a^2\sin x-a\cos x+a\cos x+\sin x)=e^{ax}\sin x.$$

法二： $\frac{du}{dx}=\frac{d}{dx}\left[\frac{e^{ax}(a\sin x-\cos x)}{a^2+1}\right]$

$$=\frac{1}{a^2+1}\left[ae^{ax}(a\sin x-\cos x)+e^{ax}(a\cos x+\sin x)\right]=e^{ax}\sin x.$$

【题外话】

(i) 本例若采用链式求导法，则应注意 u 的下层有 x, y, z 三个变量，不要无视 $u=\frac{e^{ax}(y-z)}{a^2+1}$ 中不太起眼的 x.

(ii) 在采用链式求导法时，如果要书写公式，则需注意何时使用偏导符号，何时使用全导符号.

(iii) 本例的"法一"和"法二"可谓各有千秋. "法一"需要以"掌握链式求导法"为起点，但是运算相对简单；"法二"的运算相对复杂，但是只需"会求一元函数的导数"这样一个很低的起点. 其实，**对于具体的多元复合函数，只要把中间变量的表达式代入，就能将其转化为一元函数或多元简单函数**. 而不管是求一元函数的导数，还是求多元简单函数的偏导数，用的都是一元函数的求导方法. 所以，具体的多元复合函数都是"纸老虎"，对于它们，链式求导法也显得无用武之地了. 然而，面对抽象的多元复合函数(这里所说的抽象函数包括了"半抽象"函数，以下不再说明)，恐怕就不得不"仰仗"链式求导法了.

(2) 抽象的多元复合显函数

【例 5】　设 f 可微，$f(2x,x^2)=2x^3+x^2+5$，$f'_1(2x,x^2)=x$，则 $f'_2(2x,x^2)=$ __________.

【分析】本例要求的是对中间变量的偏导数,这显然无法直接求导.那么,能够对谁直接求导呢?对自变量 x.先令 $u=2x,v=x^2$,并画出"变量链"的树状图(图5-3).用链式求导法可得

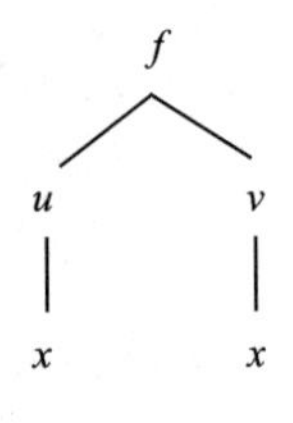

图5-3

$$\frac{\mathrm{d}f}{\mathrm{d}x}=2f'_1+2xf'_2,$$

这样便建立了 f'_2 与 $\frac{\mathrm{d}f}{\mathrm{d}x}$,$f'_1$之间的关系式.既然 $f(2x,x^2)$ 的表达式已知,那么还可以根据表达式来求$\frac{\mathrm{d}f}{\mathrm{d}x}$,即

$$\frac{\mathrm{d}f}{\mathrm{d}x}=6x^2+2x.$$

此外,因为还知道 f'_1 的表达式,因此便有 $2x+2xf'_2=6x^2+2x$,解之得 $f'_2(2x,x^2)=3x$.

【题外话】抽象的多元复合函数一般"抽象"在哪里呢?"抽象"在不知道因变量关于各中间变量的表达式$\left(\text{如例4的 } u=\frac{\mathrm{e}^{ax}(y-z)}{a^2+1}\right)$.因此,在一般情况下,即使知道各中间变量关于自变量的表达式(如例4的 $y=a\sin x,z=\cos x$,本例的 $u=2x,v=x^2$),也无法像具体的多元复合函数那样,通过把它们代入而得到相应的一元函数或多元简单函数的表达式.然而,有意思的是,本例的函数没有给出因变量关于各中间变量的表达式,却给出了把中间变量的表达式代入后得到的一元函数的表达式.这意味着既能根据"变量链"的树状图,采用链式求导法对自变量求导(如例4的"法一"),又能根据把中间变量的表达式代入后得到的一元函数的表达式,用一元函数的求导方法对自变量求导(如例4的"法二").由于两种方法的求导结果相同,因此建立起了求 f'_2 的方程.

【例6】 (1993年考研题)设 $z=x^3f\left(xy,\frac{y}{x}\right)$,$f$ 具有连续二阶偏导数,求$\frac{\partial z}{\partial y}$,$\frac{\partial^2 z}{\partial y^2}$及$\frac{\partial^2 z}{\partial x\partial y}$.

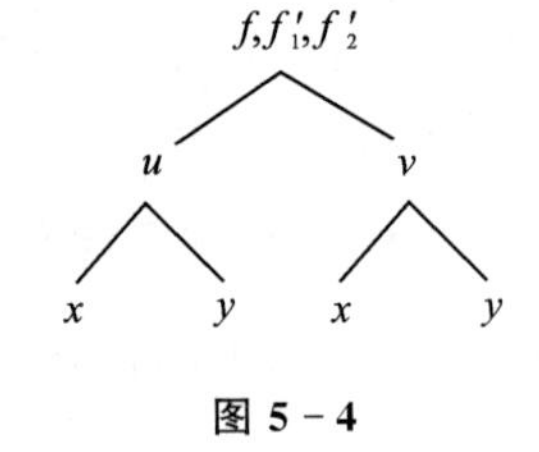

图5-4

【解】"变量链"的树状图如图5-4所示.令 $u=xy,v=\frac{y}{x}$,则 $z=x^3f(u,v)$.因此

$$\begin{aligned}\frac{\partial z}{\partial y}&=x^3\left(\frac{\partial f}{\partial u}\cdot\frac{\partial u}{\partial y}+\frac{\partial f}{\partial v}\cdot\frac{\partial v}{\partial y}\right)\\&=x^3\left(f'_1\cdot x+f'_2\cdot\frac{1}{x}\right)=x^4f'_1+x^2f'_2.\end{aligned}$$

$$\begin{aligned}\frac{\partial^2 z}{\partial y^2}&=x^4\frac{\partial f'_1}{\partial y}+x^2\frac{\partial f'_2}{\partial y}\\&=x^4\left(\frac{\partial f'_1}{\partial u}\cdot\frac{\partial u}{\partial y}+\frac{\partial f'_1}{\partial v}\cdot\frac{\partial v}{\partial y}\right)+x^2\left(\frac{\partial f'_2}{\partial u}\cdot\frac{\partial u}{\partial y}+\frac{\partial f'_2}{\partial v}\cdot\frac{\partial v}{\partial y}\right)\\&=x^4\left(f''_{11}\cdot x+f''_{12}\cdot\frac{1}{x}\right)+x^2\left(f''_{21}\cdot x+f''_{22}\cdot\frac{1}{x}\right)=x^5f''_{11}+2x^3f''_{12}+xf''_{22}.\end{aligned}$$

$$\frac{\partial^2 z}{\partial x\partial y}=\frac{\partial^2 z}{\partial y\partial x}=4x^3f'_1+x^4\frac{\partial f'_1}{\partial x}+2xf'_2+x^2\frac{\partial f'_2}{\partial x}$$

$$=4x^3f'_1+x^4\left(\frac{\partial f'_1}{\partial u}\cdot\frac{\partial u}{\partial x}+\frac{\partial f'_1}{\partial v}\cdot\frac{\partial v}{\partial x}\right)+2xf'_2+x^2\left(\frac{\partial f'_2}{\partial u}\cdot\frac{\partial u}{\partial x}+\frac{\partial f'_2}{\partial v}\cdot\frac{\partial v}{\partial x}\right)$$

$$=4x^3f'_1+x^4\left(f''_{11}\cdot y-f''_{12}\cdot\frac{y}{x^2}\right)+2xf'_2+x^2\left(f''_{21}\cdot y-f''_{22}\cdot\frac{y}{x^2}\right)$$

$$=4x^3f'_1+2xf'_2+x^4yf''_{11}-yf''_{22}.$$

【题外话】

(i) 求抽象的多元复合函数的二阶导数往往令人头疼.本例中,值得注意的是,$f'_1(u,v)$和$f'_2(u,v)$仍然是以$u=xy,v=\frac{y}{x}$为中间变量的多元复合函数,这意味着它们与$f(u,v)$有着完全相同的“变量链”.所以,依然可以根据f的“变量链”来求$\frac{\partial f'_1}{\partial y},\frac{\partial f'_2}{\partial y}$以及$\frac{\partial f'_1}{\partial x},\frac{\partial f'_2}{\partial x}$.这也道出了一个重要结论:**对于多元复合函数,不管它对谁求导,也不管已经求了几阶导,求导后的新函数与原函数具有相同的“变量链”.**

(ii) 在求抽象的多元复合函数的(偏)导数时,一般用f'_1,f''_{11}这样的记号来表示最终的结果,而不使用f_x,f_{xx}这样含义不清的记号.

(iii) 在求抽象的多元复合函数的二阶导数时,常会用到“二阶混合偏导数在连续的条件下与求导次序无关”的结论.本例中,因为有这个结论,所以可以把求$\frac{\partial^2 z}{\partial x\partial y}$转化为求$\frac{\partial^2 z}{\partial y\partial x}$$\left(因为\frac{\partial z}{\partial y}已经求出\right)$;还是因为有这个结论,所以可以根据$f''_{12}=f''_{21}$来化简$\frac{\partial^2 z}{\partial y^2}$和$\frac{\partial^2 z}{\partial x\partial y}$的结果.

3. 隐函数

(1) 由一个方程确定的隐函数

题眼探索　隐函数是由什么确定的呢?由含有自变量和因变量的方程确定.当然,隐函数可以由一个方程确定,也可以由方程组确定.下面先谈由一个方程确定的隐函数的求导问题.一个方程可以确定一元隐函数,也可以确定多元隐函数.求由一个方程确定的一元隐函数的导数已是老生常谈(可参看第二章问题1),现在就一起聊聊如何求由一个方程确定的二元隐函数的偏导数.还记得当初是如何求由一个方程确定的一元隐函数的导数的吗?等式两边同时对自变量求导.既然这样,**那么在求由一个方程确定的二元隐函数的偏导数时,也可以在等式两边同时对相应的自变量求偏导**.此外,**求由一个方程确定的二元隐函数的一阶偏导数还有公式可用**:设$F(x,y,z)=0$确定可微函数$z=z(x,y)$,则

$$\frac{\partial z}{\partial x}=-\frac{F_x}{F_z},\quad \frac{\partial z}{\partial y}=-\frac{F_y}{F_z}$$

(其实,由一个方程确定的一元隐函数也有类似的求导公式:设$F(x,y)=0$确定可微函数$y=y(x)$,则$\frac{\mathrm{d}y}{\mathrm{d}x}=-\frac{F_x}{F_y}$).如此说来,对于由一个方程确定的二元隐函数,就有了

两种求偏导数的方法.问题是该如何选择这两种方法呢?

1)由一个方程确定的具体隐函数

【例7】 设$x^3+z^3=3xyz$,则$\frac{\partial z}{\partial x}=$____________.

【解】**法一**:两边对x求偏导,得$3x^2+3z^2\frac{\partial z}{\partial x}=3y\left(z+x\frac{\partial z}{\partial x}\right)$,从而

$$\frac{\partial z}{\partial x}=\frac{yz-x^2}{z^2-xy}.$$

法二:令$F(x,y,z)=x^3+z^3-3xyz$,则$F_x=3x^2-3yz$,$F_z=3z^2-3xy$,于是

$$\frac{\partial z}{\partial x}=-\frac{F_x}{F_z}=\frac{yz-x^2}{z^2-xy}.$$

【题外话】

(i)请关注采用两种方法求由一个方程确定的二元隐函数的偏导数时的不同.如果等式两边同时对自变量求偏导(如本例的"法一"),那么在求导时需要考虑因变量z与自变量x,y有关;如果使用公式求偏导(如本例的"法二"),那么在求F_z时只要立足于表达式$F(x,y,z)$求偏导即可,而无须考虑z是否与x,y有关.其实,隐函数求导公式无非就是把求n元隐函数的(偏)导数转化为求对应$n+1$元显函数的偏导数.

(ii)本例的"法一"和"法二"的运算量大体相当,"法一"的步骤显得稍简单些.那么,对于由一个方程确定的二元隐函数,使用公式求偏导就当真没有优越性了吗?

【例8】 (1988年考研题)已知$u+\mathrm{e}^u=xy$,求$\frac{\partial^2 u}{\partial x\partial y}$.

【分析】有了例7的经验,我们知道,通过两边对x求偏导来求$\frac{\partial u}{\partial x}$的步骤会稍简单些.于是,我们果断"抛弃"了公式法.先是方程两边对x求偏导,得$\frac{\partial u}{\partial x}+\mathrm{e}^u\frac{\partial u}{\partial x}=y$,即得$\frac{\partial u}{\partial x}=\frac{y}{1+\mathrm{e}^u}$.再求$\frac{\partial u}{\partial x}$对$y$的偏导数,得

$$\frac{\partial^2 u}{\partial x\partial y}=\frac{1+\mathrm{e}^u-y\mathrm{e}^u\frac{\partial u}{\partial y}}{(1+\mathrm{e}^u)^2}.$$

意想不到的事情发生了,在求$\frac{\partial^2 u}{\partial x\partial y}$的过程中竟然会冒出$\frac{\partial u}{\partial y}$!这时,如果再通过原方程两边对$y$求偏导来求$\frac{\partial u}{\partial y}$,就要"另起炉灶",基本上是重复前面求$\frac{\partial u}{\partial x}$的过程.但是,假如之前使用公式法来求$\frac{\partial u}{\partial x}$,则现在只要再多求一个$F_y$(令$F(x,y,u)=u+\mathrm{e}^u-xy$)就能轻松得到$\frac{\partial u}{\partial y}$.真是悔不该当初"抛弃"公式法啊!

【解】令$F(x,y,u)=u+\mathrm{e}^u-xy$,则$F_x=-y$,$F_y=-x$,$F_u=1+\mathrm{e}^u$,于是

$$\frac{\partial u}{\partial x}=-\frac{F_x}{F_u}=\frac{y}{1+e^u},\quad \frac{\partial u}{\partial y}=-\frac{F_y}{F_u}=\frac{x}{1+e^u},$$

故
$$\frac{\partial^2 u}{\partial x\partial y}=\frac{1+e^u-ye^u\dfrac{\partial u}{\partial y}}{(1+e^u)^2}=\frac{1+e^u-ye^u\cdot\dfrac{x}{1+e^u}}{(1+e^u)^2}=\frac{1}{1+e^u}-\frac{xye^u}{(1+e^u)^3}.$$

【题外话】

(i) 本例告诉我们，在求隐函数 $F(x,y,u)=0$ 的二阶混合偏导数 $\frac{\partial^2 u}{\partial x\partial y}$ 时一定会经历把 $\frac{\partial u}{\partial y}$ 代入的过程. 所以，我们最好做足准备，在求二阶导数之前先把 $\frac{\partial u}{\partial x}$ 和 $\frac{\partial u}{\partial y}$ 一并求出来. 同时，通过本例也了解到，**对于由一个方程确定的二元隐函数，如果对两个自变量都要求偏导数，则采用公式法一般会更方便.**

(ii) **不论是由一个方程确定的一元隐函数，还是由一个方程确定的二元隐函数，都没有二阶导数的求导公式，而只能通过在一阶导数的等式两边同时对自变量求导来求二阶导数.** 因此请解题者不要胡乱发明隐函数的二阶导数的求导公式.

(iii) 纵观例 7 和例 8，已经探讨了两种对于由一个方程确定的具体隐函数的求导方法的优劣. 那么，在求由一个方程确定的抽象隐函数的偏导数时，又该如何选择这两种方法呢?

2) 由一个方程确定的抽象隐函数

【例 9】 设 $\Phi(u,v)$ 具有连续偏导数，$\Phi(cx-az,cy-bz)=0$ 确定函数 $z=f(x,y)$，求证：

$$a\frac{\partial z}{\partial x}+b\frac{\partial z}{\partial y}=c.$$

【分析】本例若是分别通过等式两边对 x 和 y 求偏导数来求 $\frac{\partial z}{\partial x}$ 和 $\frac{\partial z}{\partial y}$，这样做方便吗? 很不方便. 面对复合方式复杂的多元复合函数，如果在求导时还不得不考虑 z 与 x,y 有关，岂非自寻烦恼?

【证】"变量链"的树状图如图 5－5 所示. 令 $u=cx-az$，$v=cy-bz$，则 $\Phi(cx-az,cy-bz)=\Phi(u,v)$，且有

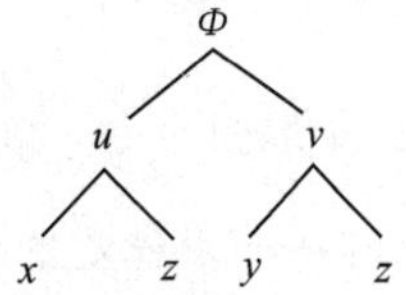

$$\Phi_x=\frac{\partial\Phi}{\partial u}\cdot\frac{\partial u}{\partial x}=c\Phi'_1,$$

$$\Phi_y=\frac{\partial\Phi}{\partial v}\cdot\frac{\partial v}{\partial y}=c\Phi'_2,$$

$$\Phi_z=\frac{\partial\Phi}{\partial u}\cdot\frac{\partial u}{\partial z}+\frac{\partial\Phi}{\partial v}\cdot\frac{\partial v}{\partial z}=-a\Phi'_1-b\Phi'_2,$$

图 5－5

于是
$$\frac{\partial z}{\partial x}=-\frac{\Phi_x}{\Phi_z}=\frac{c\Phi'_1}{a\Phi'_1+b\Phi'_2},\quad \frac{\partial z}{\partial y}=-\frac{\Phi_y}{\Phi_z}=\frac{c\Phi'_2}{a\Phi'_1+b\Phi'_2}.$$

故
$$a\frac{\partial z}{\partial x}+b\frac{\partial z}{\partial y}=\frac{ac\Phi'_1+bc\Phi'_2}{a\Phi'_1+b\Phi'_2}=c.$$

【例 10】 设函数 $z=f(u)$，方程 $u=\varphi(u)+\int_y^{xy}p(xy+y-t)\mathrm{d}t$ 确定 u 是 x,y 的函数，

其中 $f(u),\varphi(u)$ 可微;$p(t),\varphi'(u)$ 连续,且 $\varphi'(u)\neq 1$.求$\dfrac{\partial z}{\partial x}$.

【分析】本例中,面对的是形如 $f[u(x,y)]$ 的复合函数.虽然一般不把它归为多元复合函数,但是也可以画出它的"变量链"(图5-6).根据图5-6,不难得到,

$$\frac{\partial z}{\partial x}=f'(u)\frac{\partial u}{\partial x}.$$

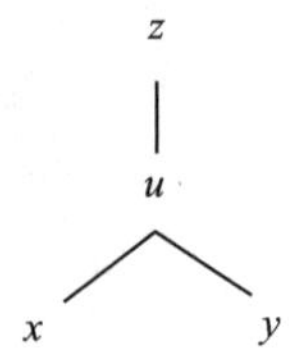

图5-6

显然,问题的关键在于求$\dfrac{\partial u}{\partial x}$,而中间变量 u 与自变量 x,y 之间的关系正是由一个方程确定的二元隐函数.那么要想求这个隐函数的偏导数,应该选择哪种方法呢?其实,在这里,两种方法难分伯仲,不妨就通过等式两边对 x 求偏导数来求$\dfrac{\partial u}{\partial x}$吧.

【解】令 $v=xy+y-t$,则$\int_y^{xy}p(xy+y-t)\mathrm{d}t=\int_y^{xy}p(v)\mathrm{d}v$,于是

$$u=\varphi(u)+\int_y^{xy}p(v)\mathrm{d}v.$$

两边对 x 求偏导数,得$\dfrac{\partial u}{\partial x}=\varphi'(u)\dfrac{\partial u}{\partial x}+yp(xy)$,从而

$$\frac{\partial u}{\partial x}=\frac{yp(xy)}{1-\varphi'(u)}.$$

故
$$\frac{\partial z}{\partial x}=f'(u)\frac{\partial u}{\partial x}=\frac{yp(xy)f'(u)}{1-\varphi'(u)}.$$

【题外话】

(i) 纵观例9和例10,可以发现,**对于由一个方程确定的二元抽象隐函数,当抽象的部分是关于因变量 z 以及自变量 x,y 的多元复合函数时,一般更适合使用公式法来求它的偏导数**.在其他情况下,若只求对一个自变量的偏导数,则两种方法的运算量一般相差无几.

(ii) 本例也可以看做是求由方程组$\begin{cases}z=f(u),\\ u=\varphi(u)+\int_y^{xy}p(xy+y-t)\mathrm{d}t\end{cases}$确定的隐函数的导数.方程组中 $z=f(u)$ 是显函数,$u=\varphi(u)+\int_y^{xy}p(xy+y-t)\mathrm{d}t$ 是隐函数.正是由于方程组中有一个方程是显函数,因此可以把 u 看做中间变量而采用复合函数的求导方法求导.那么,对于两个方程都是隐函数的方程组,由它们确定的函数又该如何求导呢?

(2) 由方程组确定的隐函数

题眼探索 最后讨论由方程组$\begin{cases}F(x,y,u,v)=0,\\ G(x,y,u,v)=0\end{cases}$确定的函数 $u=u(x,y),v=v(x,y)$ 的求导方法.面对由一个方程确定的隐函数,可以等式两边对自变量求导.同样,**面对由方程组确定的隐函数,也可以每个方程都等式两边对自变量求导**,当然求导

时应注意 u 和 v 都与 x,y 有关(图 5-7). 以求 $\frac{\partial u}{\partial x},\frac{\partial v}{\partial x}$ 为例,每个方程两边对 x 求偏导数,得

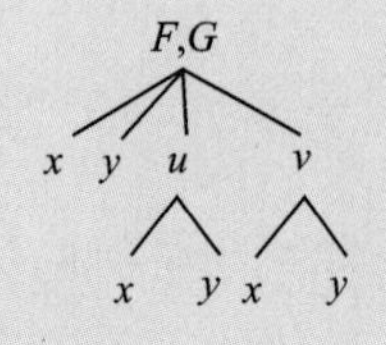

图 5-7

$$\begin{cases}F_x+F_u\frac{\partial u}{\partial x}+F_v\frac{\partial v}{\partial x}=0,\\G_x+G_u\frac{\partial u}{\partial x}+G_v\frac{\partial v}{\partial x}=0,\end{cases}$$

移项得

$$\begin{cases}F_u\frac{\partial u}{\partial x}+F_v\frac{\partial v}{\partial x}=-F_x,\\G_u\frac{\partial u}{\partial x}+G_v\frac{\partial v}{\partial x}=-G_x.\end{cases}\tag{5-1}$$

不妨把式(5-1)看做以 $\frac{\partial u}{\partial x},\frac{\partial v}{\partial x}$ 为未知量的线性方程组,那么求 $\frac{\partial u}{\partial x},\frac{\partial v}{\partial x}$ 的问题也就转化为了解二元线性方程组问题. 解线性方程组是线性代数问题,常采用克莱姆法则. 什么是克莱姆法则呢? 下面以二元线性方程组 $\begin{cases}a_{11}x_1+a_{12}x_2=b_1,\\a_{21}x_1+a_{22}x_2=b_2\end{cases}$ 为例进行说明.

记 $D=\begin{vmatrix}a_{11}&a_{12}\\a_{21}&a_{22}\end{vmatrix}$, $D_1=\begin{vmatrix}b_1&a_{12}\\b_2&a_{22}\end{vmatrix}$, $D_2=\begin{vmatrix}a_{11}&b_1\\a_{21}&b_2\end{vmatrix}$, 若 $D\neq0$, 则 $x_1=\frac{D_1}{D}$, $x_2=\frac{D_2}{D}$. 由此可见,当 $\begin{vmatrix}F_u&F_v\\G_u&G_v\end{vmatrix}\neq0$ 时,有

$$\frac{\partial u}{\partial x}=\frac{\begin{vmatrix}-F_x&F_v\\-G_x&G_v\end{vmatrix}}{\begin{vmatrix}F_u&F_v\\G_u&G_v\end{vmatrix}},\quad \frac{\partial v}{\partial x}=\frac{\begin{vmatrix}F_u&-F_x\\G_u&-G_x\end{vmatrix}}{\begin{vmatrix}F_u&F_v\\G_u&G_v\end{vmatrix}}.$$

类似地,每个方程两边对 y 求偏导数便能求得 $\frac{\partial u}{\partial y},\frac{\partial v}{\partial y}$.

1) 由方程组确定的具体隐函数

【例 11】 设 $\begin{cases}xu+y^2=v^2,\\yv+x^2=u^2,\end{cases}$ 求 $\frac{\partial u}{\partial y},\frac{\partial v}{\partial y}$.

【解】每个方程两边对 y 求偏导数,得

$$\begin{cases}x\frac{\partial u}{\partial y}+2y=2v\frac{\partial v}{\partial y},\\v+y\frac{\partial v}{\partial y}=2u\frac{\partial u}{\partial y},\end{cases}$$

移项得

$$\begin{cases} x\dfrac{\partial u}{\partial y}-2v\dfrac{\partial v}{\partial y}=-2y, \\ 2u\dfrac{\partial u}{\partial y}-y\dfrac{\partial v}{\partial y}=v. \end{cases}$$

当$\begin{vmatrix} x & -2v \\ 2u & -y \end{vmatrix}=-xy+4uv\neq 0$时，

$$\frac{\partial u}{\partial y}=\frac{\begin{vmatrix} -2y & -2v \\ v & -y \end{vmatrix}}{\begin{vmatrix} x & -2v \\ 2u & -y \end{vmatrix}}=\frac{2y^2+2v^2}{4uv-xy},\quad \frac{\partial v}{\partial y}=\frac{\begin{vmatrix} x & -2y \\ 2u & v \end{vmatrix}}{\begin{vmatrix} x & -2v \\ 2u & -y \end{vmatrix}}=\frac{xv+4uy}{4uv-xy}.$$

【题外话】对于由方程组确定的隐函数，如何判断它是几元函数呢？**一般情况下，变量的总个数减去方程的个数就等于自变量的个数**(其实这个结论有特例，在第六章中会讲到). 如此说来，本例是由方程组确定的二元隐函数，函数有x，y两个自变量. 也正是因为它有两个自变量，所以只能求它的偏导数(而不是全导数). 那么，由方程组可以确定一元隐函数吗？当然可以. 关于三个变量的两个方程就能确定一元函数，对于这样的函数，只能求它的全导数(而不是偏导数)，例12就是如此.

2) 由方程组确定的抽象隐函数

【例12】 (1999年考研题)设$y=y(x)$，$z=z(x)$是由方程$z=xf(x+y)$和$F(x,y,z)=0$所确定的函数，其中f和F分别具有一阶连续导数和一阶连续偏导数，求$\dfrac{dz}{dx}$.

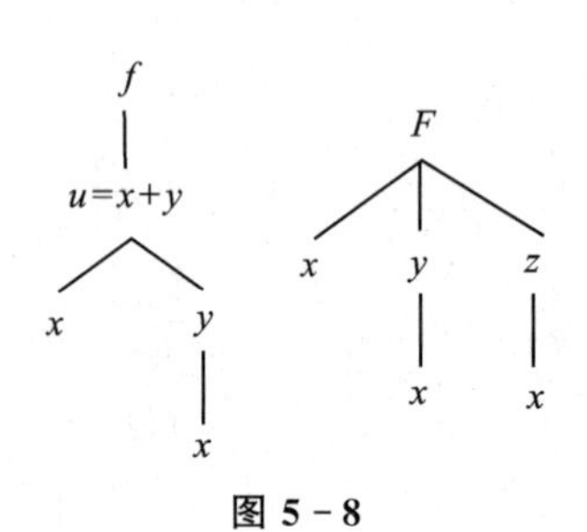

图5-8

【解】“变量链”的树状图如图5-8所示. 对于$\begin{cases} z=xf(x+y), \\ F(x,y,z)=0, \end{cases}$每个方程两边对$x$求导，得

$$\begin{cases} \dfrac{dz}{dx}=f+x\left(1+\dfrac{dy}{dx}\right)f', \\ F_x+F_y\dfrac{dy}{dx}+F_z\dfrac{dz}{dx}=0, \end{cases}$$

移项得

$$\begin{cases} -xf'\dfrac{dy}{dx}+\dfrac{dz}{dx}=f+xf', \\ F_y\dfrac{dy}{dx}+F_z\dfrac{dz}{dx}=-F_x. \end{cases}$$

当$\begin{vmatrix} -xf' & 1 \\ F_y & F_z \end{vmatrix}=-xf'F_z-F_y\neq 0$时，

$$\frac{dz}{dx}=\frac{\begin{vmatrix} -xf' & f+xf' \\ F_y & -F_x \end{vmatrix}}{\begin{vmatrix} -xf' & 1 \\ F_y & F_z \end{vmatrix}}=\frac{F_y(f+xf')-xf'F_x}{xf'F_z+F_y}.$$

【题外话】

(i) 本例是以 x 为自变量的一元函数，所以在画抽象函数 f 和 F 的“变量链”的树状图(图 5－8)时，也要体现出 y 和 z 都与 x 有关，以便于正确求导.

(ii) 谈完了偏导数的求法之后，要探讨的下一个问题是什么呢？在研究一元函数时，曾深入研究了函数的连续性、可导性(可微性)、导数的连续性，以及它们的推出关系，而这些问题最终都归结为了一元函数的极限问题. 现在，我们同样关心二元函数的连续性、偏导数的存在性、二元函数的可微性以及偏导数的连续性，以及它们的推出关系. 然而，要想研究其中的某些问题，就要求出二元函数的极限. 所以，在讨论这些问题之前，不得不先谈一谈二元函数的极限的求法.

问题 2　求二元初等函数的极限

知识储备

1. 二元函数极限的概念

设二元函数 $f(x,y)$ 在点 (x_0,y_0) 的某去心邻域内有定义，若当动点 (x,y) 以任何方式趋于 (x_0,y_0) 时，$f(x,y)$ 都无限接近于常数 A，则 A 称为 $f(x,y)$ 当 $(x,y)\to(x_0,y_0)$ 时的极限，记作 $\lim\limits_{(x,y)\to(x_0,y_0)} f(x,y)=A$ 或 $\lim\limits_{\substack{x\to x_0\\ y\to y_0}} f(x,y)=A$.

2. 二元函数连续性的定义

若 $\lim\limits_{(x,y)\to(x_0,y_0)} f(x,y)=f(x_0,y_0)$，则称函数 $f(x,y)$ 在点 (x_0,y_0) 处连续. 特别地，一切二元初等函数在其定义区域内都是连续的.

【注】由常数和具有不同变量的一元基本初等函数经有限次四则运算或有限次复合构成的用一个式子表示的多元函数叫做多元初等函数.

问题研究

题眼探索　回想当初，是如何探讨一元函数极限的求法的呢？以一个“另类”——一元初等函数为切入点. 同样，在二元函数中也有一个“另类”，它就是二元初等函数. 为什么呢？因为二元初等函数在其定义区域内也是连续的. 既然这样，**求二元初等函数极限的基本策略则也是“代入”，即两个自变量趋于什么，就把什么代入函数解析式**. 类似地，若代入后的形式能确定极限值，则称它为“已定型”；若代入后的形式不能确定极限值，则称它为“未定型”. 那么，该怎样确定已定型和未定型的极限值呢？其实，**除了一元函数的洛必达法则和“单调有界数列必有极限”的准则，其他求一元函数极限的方法都适用于二元函数**，比如无穷小的等价替换(可参看例 15)，以及利用重要极限(可参看例 16)和利用夹逼准则(可参看例 17).

1. 二元初等函数呈已定型

【例 13】 $\lim\limits_{(x,y)\to(1,2)}\dfrac{xy}{x+y}=$____________.

【解】原式$=\dfrac{1\times2}{1+2}=\dfrac{2}{3}$.

【例 14】 讨论极限$\lim\limits_{(x,y)\to(0,0)}\dfrac{xy}{x+y}$的存在性.

【分析】将$x=0,y=0$代入函数解析式,可以发现这是一个$\dfrac{0}{0}$型的未定型极限. 为了把未定型转化为已定型,我们想到了分子、分母同时除以xy,如此,则原式$=\lim\limits_{(x,y)\to(0,0)}\dfrac{1}{\dfrac{1}{y}+\dfrac{1}{x}}$.
根据求一元函数极限的经验,我们知道,当$x\to0$时,$\dfrac{1}{x}\to\infty$;当$y\to0$时,$\dfrac{1}{y}\to\infty$. 于是便很容易得出$\dfrac{1}{y}+\dfrac{1}{x}\to\infty$和极限值为0的结论. 问题是这个结论正确吗? 如果不正确,它又错在哪里呢? 不妨先看一下本例正确的解法.

【解】由于$\lim\limits_{\substack{x\to0\\y=x}}\dfrac{xy}{x+y}=\lim\limits_{x\to0}\dfrac{x^2}{2x}=0$, $\lim\limits_{\substack{x\to0\\y=\frac{x}{x-1}}}\dfrac{xy}{x+y}=\lim\limits_{x\to0}\dfrac{x\cdot\dfrac{x}{x-1}}{x+\dfrac{x}{x-1}}=1$,故原极限不存在.

【题外话】

(i) 我们知道,只有当不论(x,y)以何种方式趋于(x_0,y_0),$f(x,y)$都无限接近于同一个值时,才能说$\lim\limits_{(x,y)\to(x_0,y_0)}f(x,y)$存在. 但是该如何理解"方式"二字呢? 可以把它理解为$(x,y)\to(x_0,y_0)$的"路径",或者说当$(x,y)\to(x_0,y_0)$时x与y的关系,更直白地说,就是当$(x,y)\to(x_0,y_0)$时y关于x的表达式. 也就是说,要想说明$\lim\limits_{(x,y)\to(x_0,y_0)}f(x,y)$存在,就必须说明不管$y=y(x)$是什么(只要满足当$x\to x_0$时,$y(x)\to y_0$),$\lim\limits_{\substack{x\to x_0\\y=y(x)}}f(x,y)$的值始终不变. 换言之,**如果要说明$\lim\limits_{(x,y)\to(x_0,y_0)}f(x,y)$不存在,则只需选取$y=y_1(x)$,$y=y_2(x)$(满足当$x\to x_0$时,$y_1(x)$,$y_2(x)\to y_0$)来说明$\lim\limits_{\substack{x\to x_0\\y=y_1(x)}}f(x,y)\neq\lim\limits_{\substack{x\to x_0\\y=y_2(x)}}f(x,y)$**. 本例就是选取了$y=x$,$y=\dfrac{x}{x-1}$,通过说明$\lim\limits_{\substack{x\to0\\y=x}}\dfrac{xy}{x+y}\neq\lim\limits_{\substack{x\to0\\y=\frac{x}{x-1}}}\dfrac{xy}{x+y}$来说明$\lim\limits_{(x,y)\to(0,0)}\dfrac{xy}{x+y}$不存在.

(ii) 既然已经说明了原极限不存在,那么之前给出的极限为零的结论又错在哪里呢? 错在以偏概全. 简单地说,如果$x\to0^-$,$y\to0^+$,那么就有$\dfrac{1}{x}\to-\infty$,$\dfrac{1}{y}\to+\infty$,从而也就有$\dfrac{1}{y}+\dfrac{1}{x}\to\infty-\infty$,而$\infty-\infty$型是未定型. 可见,$\dfrac{1}{y}+\dfrac{1}{x}\to\infty$的结论下得多么轻率,轻率在默认

了当$(x,y)\to(0,0)$时x,y同号.然而,这种轻率又确实情有可原,因为我们已经习惯了像求一元初等函数极限那样,直接把x,y趋于的东西代入函数解析式,而没有考虑x与y之间关系的意识.是的,这就是二元函数极限的麻烦.如果说一元函数极限的麻烦在于$x\to x_0$隐含了$x\to x_0^+$和$x\to x_0^-$两种情况(所以第一章中一直在与左、右极限不等的“恐怖分子”们做斗争),那么**二元函数极限的麻烦就在于$(x,y)\to(x_0,y_0)$隐含了x与y之间的无数种关系**.显然,不可能在求每一个极限时都考虑到x与y之间的无数种关系.但是,不能面对,却可以回避.问题是该如何回避呢?

(iii) 回避二元函数极限的麻烦的方法是将其转化为一元函数的极限.对于呈已定型的二元初等函数,如果“代入”后的结果非零、非无穷,则还能比较放心地写答案(如果“代入”后的结果是零或无穷,则最好斟酌一下极限是否存在,如本例的分子、分母同时除以xy后的极限).但是,对于呈未定型的二元初等函数,则只有将其转化为熟悉的一元函数的极限才最有安全感.所以,**要想求呈未定型的二元初等函数的极限,优先的方法是将其转化为一元函数的极限,尤其是当极限形如$\lim\limits_{(x,y)\to(x_0,y_0)}f[\varphi(x,y)]$时,只要$\lim\limits_{(x,y)\to(x_0,y_0)}\varphi(x,y)$容易求,就把$\varphi(x,y)$换元成$t$,这样做会稳妥许多**.当然,如果不能将其转化为一元函数的极限,则也无可奈何,这时常使用的方法是夹逼准则.

2. 二元初等函数呈未定型

(1) 转化为一元函数的极限

1) 换　元

【例 15】 $\lim\limits_{(x,y)\to(0,0)}\dfrac{y\ln(1+2x)}{\sqrt{xy+1}-1}=$____________.

【解】原式$=\lim\limits_{(x,y)\to(0,0)}\dfrac{2xy}{\sqrt{xy+1}-1}\xlongequal{令\ t=xy}\lim\limits_{t\to0}\dfrac{2t}{\sqrt{t+1}-1}$

$$=\lim_{t\to0}\frac{2t(\sqrt{t+1}+1)}{(\sqrt{t+1}-1)(\sqrt{t+1}+1)}$$

$$=\lim_{t\to0}\frac{2t(\sqrt{t+1}+1)}{t}=\lim_{t\to0}2(\sqrt{t+1}+1)=4.$$

2) 分离变量

【例 16】 $\lim\limits_{(x,y)\to(2,0)}(1+xy)^{\frac{1}{y}}=$____________.

【分析】本例是1^{∞}型,而且“长相”神似一元函数的重要极限$\lim\limits_{f(x)\to0}[1+f(x)]^{\frac{1}{f(x)}}=\mathrm{e}$.因此不妨稍稍变形,使它向重要极限“靠拢”,即

$$原式=\lim_{(x,y)\to(2,0)}(1+xy)^{\frac{1}{xy}\cdot x}.$$

这时,可以发现,变量xy已经与变量x分离,只要令$t=xy$,就能把原极限转化为两个一元函数的极限,即

$$原式=\left[\lim_{t\to0}(1+t)^{\frac{1}{t}}\right]^{\lim\limits_{x\to2}x}=\mathrm{e}^2.$$

(2) 利用夹逼准则

【例 17】 $\lim\limits_{(x,y)\to(0,0)}\dfrac{xy}{\sqrt{x^2+y^2}}=$________.

【解】由基本不等式可知

$$0\leqslant\left|\frac{xy}{\sqrt{x^2+y^2}}\right|\leqslant\frac{\dfrac{x^2+y^2}{2}}{\sqrt{x^2+y^2}}=\frac{1}{2}\sqrt{x^2+y^2},$$

根据夹逼准则，

$$\lim_{(x,y)\to(0,0)}\left|\frac{xy}{\sqrt{x^2+y^2}}\right|=\lim_{(x,y)\to(0,0)}\frac{1}{2}\sqrt{x^2+y^2}=0,$$

故原式$=0$.

问题3 判断二元函数的连续性、偏导数的存在性、二元函数的可微性以及偏导数的连续性

知识储备

全微分的定义

若函数 $z=f(x,y)$在点(x,y)处的全增量

$$\Delta z=f(x+\Delta x,y+\Delta y)-f(x,y)$$

可表示为

$$\Delta z=A\Delta x+B\Delta y+o\left[\sqrt{(\Delta x)^2+(\Delta y)^2}\right],$$

其中 A,B 不依赖于 $\Delta x,\Delta y$ 而仅与 x,y 有关，则称 $z=f(x,y)$在点(x,y)处可微，$A\Delta x+B\Delta y$ 叫做 $z=f(x,y)$在点(x,y)处的全微分，记作 $\mathrm{d}z=A\Delta x+B\Delta y$.

【注】若 $z=f(x,y)$在点(x,y)处可微，则该函数在点(x,y)处的两个偏导数都存在，且 $A=\dfrac{\partial z}{\partial x},B=\dfrac{\partial z}{\partial y}$.

问题研究

【例 18】 二元函数 $f(x,y)=\begin{cases}\dfrac{x^2y}{x^4+y^2}, & (x,y)\neq(0,0),\\ 0, & (x,y)=(0,0)\end{cases}$ 在点$(0,0)$处(　　)

(A) 连续，偏导数存在.　　　　(B) 连续，偏导数不存在.

(C) 不连续，偏导数存在.　　　(D) 不连续，偏导数不存在.

【解】对于 $\lim\limits_{(x,y)\to(0,0)}\dfrac{x^2y}{x^4+y^2}$，有

$$\lim_{\substack{x\to 0\\ y=x}}\frac{x^2y}{x^4+y^2}=\lim_{x\to 0}\frac{x^3}{x^4+x^2}=0,\quad \lim_{\substack{x\to 0\\ y=x^2}}\frac{x^2y}{x^4+y^2}=\lim_{x\to 0}\frac{x^4}{x^4+x^4}=\frac{1}{2},$$

故极限不存在，从而 $f(x,y)$ 在点 $(0,0)$ 处不连续.

由于

$$\lim_{\Delta x\to 0}\frac{f(\Delta x,0)-f(0,0)}{\Delta x}=\lim_{\Delta x\to 0}\frac{0-0}{\Delta x}=0,$$

$$\lim_{\Delta y\to 0}\frac{f(0,\Delta y)-f(0,0)}{\Delta y}=\lim_{\Delta y\to 0}\frac{0-0}{\Delta y}=0,$$

故 $f(x,y)$ 在点 $(0,0)$ 处偏导数存在. 选(C).

【题外话】

(i) 与求一元分段函数在分段点的导数一样，**多元分段函数在分段点的偏导数也要使用偏导数定义来求**，因为它不一定存在.

(ii) 我们知道，一元函数在导数存在的点处一定连续. 但是，本例告诉我们，**多元函数在偏导数存在的点处不一定连续.**

【例 19】 (2012 年考研题)设连续函数 $z=f(x,y)$ 满足 $\lim\limits_{\substack{x\to 0\\ y\to 1}}\dfrac{f(x,y)-2x+y-2}{\sqrt{x^2+(y-1)^2}}=0$，则 $dz|_{(0,1)}=$____________.

【分析】本例的条件只有一个极限，所以就从已知极限入手一探究竟. 可以发现，当 $(x,y)\to(0,1)$ 时，分母 $\sqrt{x^2+(y-1)^2}\to 0$，故当且仅当成为 $\dfrac{0}{0}$ 型，即分子 $f(x,y)-2x+y-2\to 0$ 时极限才可能存在. 又因为 $f(x,y)$ 连续，所以得到 $\lim\limits_{\substack{x\to 0\\ y\to 1}}[f(x,y)-2x+y-2]=f(0,1)-1=0$，即 $f(0,1)=1$. 下面对已知极限稍作变形，得

$$\lim_{\substack{x\to 0\\ y\to 1}}\frac{f(x,y)-f(0,1)-2x+(y-1)}{\sqrt{x^2+(y-1)^2}}=0.$$

令 $x=\Delta x, y-1=\Delta y$，则有

$$\lim_{\substack{\Delta x\to 0\\ \Delta y\to 0}}\frac{f(0+\Delta x,1+\Delta y)-f(0,1)-2\Delta x+\Delta y}{\sqrt{(\Delta x)^2+(\Delta y)^2}}=0,$$

这意味着 $f(0+\Delta x,1+\Delta y)-f(0,1)-2\Delta x+\Delta y$ 是比 $\sqrt{(\Delta x)^2+(\Delta y)^2}$ 高阶的无穷小，即 $f(0+\Delta x,1+\Delta y)-f(0,1)-2\Delta x+\Delta y=o\left[\sqrt{(\Delta x)^2+(\Delta y)^2}\right]$（当 $(\Delta x,\Delta y)\to(0,0)$ 时）. 因此，$\Delta z=f(0+\Delta x,1+\Delta y)-f(0,1)$ 可表示为

$$\Delta z=2\Delta x-\Delta y+o\left[\sqrt{(\Delta x)^2+(\Delta y)^2}\right].$$

根据全微分定义，$z=f(x,y)$ 在点 $(0,1)$ 处可微，且 $dz|_{(0,1)}=2dx-dy$.

【题外话】本例中，通过 $\lim\limits_{\substack{\Delta x\to 0\\ \Delta y\to 0}}\dfrac{f(0+\Delta x,1+\Delta y)-f(0,1)-2\Delta x+\Delta y}{\sqrt{(\Delta x)^2+(\Delta y)^2}}=0$ 说明了 $z=f(x,y)$ 在点 $(0,1)$ 处可微. 这给出了一个重要启示：**可以根据**

$$\lim_{\substack{\Delta x\to 0\\ \Delta y\to 0}}\frac{f(x_0+\Delta x,y_0+\Delta y)-f(x_0,y_0)-f_x(x_0,y_0)\Delta x-f_y(x_0,y_0)\Delta y}{\sqrt{(\Delta x)^2+(\Delta y)^2}}=0$$

是否成立来判断或证明 $f(x,y)$ 在点 (x_0,y_0) 处是否可微. 下面通过例20来体会这种方法.

【例20】 证明二元函数

$$f(x,y)=\begin{cases}\dfrac{xy^2}{x^2+y^2}, & x^2+y^2\neq 0,\\ 0, & x^2+y^2=0\end{cases}$$

在点(0,0)处的偏导数存在,但不可微.

【证】由于

$$\lim_{\Delta x\to 0}\frac{f(\Delta x,0)-f(0,0)}{\Delta x}=\lim_{\Delta x\to 0}\frac{0-0}{\Delta x}=0,$$

$$\lim_{\Delta y\to 0}\frac{f(0,\Delta y)-f(0,0)}{\Delta y}=\lim_{\Delta y\to 0}\frac{0-0}{\Delta y}=0,$$

故 $f(x,y)$ 在点(0,0)处的偏导数存在,且 $f_x(0,0)=f_y(0,0)=0$.

而

$$\lim_{\substack{\Delta x\to 0\\ \Delta y\to 0}}\frac{f(\Delta x,\Delta y)-f(0,0)-f_x(0,0)\Delta x-f_y(0,0)\Delta y}{\sqrt{(\Delta x)^2+(\Delta y)^2}}=\lim_{\substack{\Delta x\to 0\\ \Delta y\to 0}}\frac{\Delta x(\Delta y)^2}{[(\Delta x)^2+(\Delta y)^2]^{\frac{3}{2}}},$$

因为

$$\lim_{\substack{\Delta x\to 0\\ \Delta y=\Delta x}}\frac{\Delta x(\Delta y)^2}{[(\Delta x)^2+(\Delta y)^2]^{\frac{3}{2}}}=\frac{\sqrt{2}}{4},$$

$$\lim_{\substack{\Delta x\to 0\\ \Delta y=2\Delta x}}\frac{\Delta x(\Delta y)^2}{[(\Delta x)^2+(\Delta y)^2]^{\frac{3}{2}}}=\frac{4}{25}\sqrt{5},$$

故极限不存在,从而 $f(x,y)$ 在点(0,0)处不可微.

【题外话】

(i) 本例还有一种方法可以证明极限不存在:取 $\Delta y=k\Delta x$,则

$$\lim_{\substack{\Delta x\to 0\\ \Delta y=k\Delta x}}\frac{\Delta x(\Delta y)^2}{[(\Delta x)^2+(\Delta y)^2]^{\frac{3}{2}}}=\lim_{\Delta x\to 0}\frac{k^2(\Delta x)^3}{[(\Delta x)^2+k^2(\Delta x)^2]^{\frac{3}{2}}}=\frac{k^2}{(1+k^2)^{\frac{3}{2}}},$$

可见极限值随 k 的变化而变化,故极限不存在.

这告诉我们,要想证明 $\lim\limits_{(x,y)\to(0,0)}f(x,y)$ 不存在,既可以考虑选取两条"路径" $y=y_1(x)$, $y=y_2(x)$(满足当 $x\to 0$ 时, $y_1(x),y_2(x)\to 0$),来说明 $\lim\limits_{\substack{x\to 0\\ y=y_1(x)}}f(x,y)\neq\lim\limits_{\substack{x\to 0\\ y=y_2(x)}}f(x,y)$,又可以考虑选取无数条"路径" $y=kx$ 来说明 $\lim\limits_{\substack{x\to 0\\ y=kx}}f(x,y)$ 的值随 k 的变化而变化. 只是有时候 $\lim\limits_{\substack{x\to 0\\ y=kx}}f(x,y)$ 是定值,这时, $\lim\limits_{(x,y)\to(0,0)}f(x,y)$ 也可能不存在. 如果想证明极限不存在,则只能通过另选两条"路径"来说明(如例14和例18). 那么该如何选取"路径"呢? 其实没有过多的技巧,只有通过多次尝试和对函数表达式的把握 $\left(\text{如例 14 中令}\dfrac{xy}{x+y}=1,\text{解出 }y=\dfrac{x}{x-1},\text{从而选取了"路径"}y=\dfrac{x}{x-1}\right)$.

(ii) 其实，本例不用得出极限不存在的结论就能断定 $f(x,y)$ 在点 $(0,0)$ 处不可微. 在得知 $\lim\limits_{\substack{\Delta x\to 0\\ \Delta y=\Delta x}}\dfrac{\Delta x(\Delta y)^2}{[(\Delta x)^2+(\Delta y)^2]^{\frac{3}{2}}}=\dfrac{\sqrt{2}}{4}$ 以后，不难发现，$\lim\limits_{\substack{\Delta x\to 0\\ \Delta y\to 0}}\dfrac{f(\Delta x,\Delta y)-f(0,0)-f_x(0,0)\Delta x-f_y(0,0)\Delta y}{\sqrt{(\Delta x)^2+(\Delta y)^2}}$ 不是等于 $\dfrac{\sqrt{2}}{4}$，就是不存在，不可能等于零，故一定不可微.

(iii) 我们知道，一元函数在导数存在的点处一定可微. 但是，本例告诉我们，**多元函数在偏导数存在的点处不一定可微**. 就这样，得到了多元函数的第二个与一元函数不同的结论. 看来，有必要回顾一下一元函数的极限存在、连续、可微、导数存在、导数连续之间的推出关系（可参看第二章问题 2 中的欧拉文氏图），如图 5－9 所示.

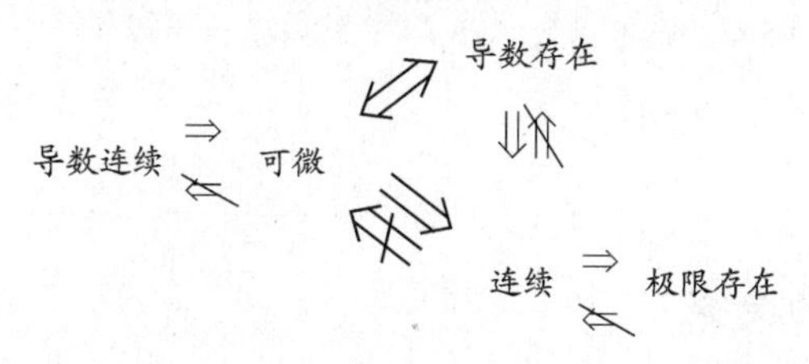

图 5－9

下面对多元函数中的相应推出关系（图 5－10）进行小结，并通过欧拉文氏图（图 5－11）进行直观的理解.

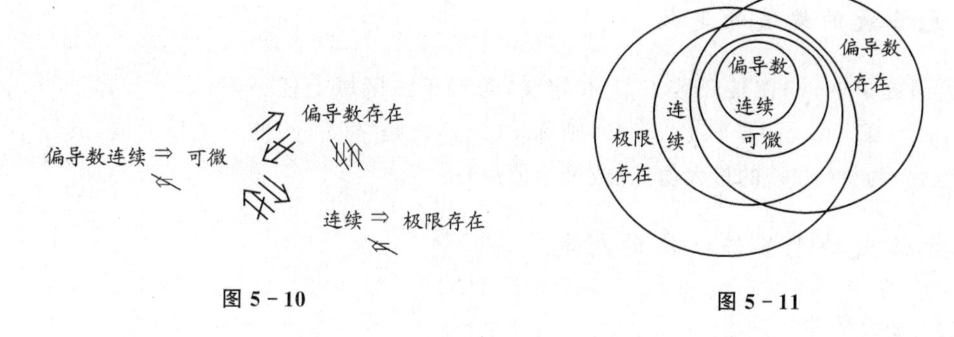

图 5－10　　　　图 5－11

不难看出，多元函数与一元函数的相应推出关系有两处不同，但它们都有着“求导后的函数较难连续”的共同点. 那么，判断二元函数的偏导数在某点处是否连续应该经历怎样的过程呢？请看例 21.

【例 21】 设函数 $f(x,y)=\begin{cases}\dfrac{x^3-y^3}{x^2+y^2}, & x^2+y^2>0,\\ 0, & x^2+y^2=0,\end{cases}$ 试判断 $f_x(x,y)$ 在点 $(0,0)$ 处的连续性.

【解】当 $x^2+y^2>0$ 时，$f_x(x,y)=\dfrac{3x^2(x^2+y^2)-2x(x^3-y^3)}{(x^2+y^2)^2}=\dfrac{x^4+3x^2y^2+2xy^3}{x^4+2x^2y^2+y^4}$；

当 $x^2+y^2=0$ 时，$f_x(0,0)=\lim\limits_{\Delta x\to 0}\dfrac{f(\Delta x,0)-f(0,0)}{\Delta x}=\lim\limits_{\Delta x\to 0}\dfrac{\Delta x-0}{\Delta x}=1$.

故 $$f_x(x,y)=\begin{cases}\dfrac{x^4+3x^2y^2+2xy^3}{x^4+2x^2y^2+y^4}, & x^2+y^2>0,\\ 1, & x^2+y^2=0.\end{cases}$$

对于 $\lim\limits_{(x,y)\to(0,0)}\dfrac{x^4+3x^2y^2+2xy^3}{x^4+2x^2y^2+y^4}$,取 $y=kx$,则

$$\lim_{\substack{x\to 0\\ y=kx}}\frac{x^4+3x^2y^2+2xy^3}{x^4+2x^2y^2+y^4}=\lim_{x\to 0}\frac{x^4+3k^2x^4+2k^3x^4}{x^4+2k^2x^4+k^4x^4}=\frac{1+3k^2+2k^3}{1+2k^2+k^4},$$

因此,极限随 k 的变化而变化,故极限不存在,从而 $f_x(x,y)$ 在点(0,0)处不连续.

问题4　多元函数的极值与最值问题

知识储备

1. 二元函数的极值的定义

设函数 $f(x,y)$ 在点 (x_0,y_0) 处的某一邻域内有定义,若对于该邻域内任一异于 (x_0,y_0) 的点 (x,y),有 $f(x,y)<f(x_0,y_0)$(或 $f(x,y)>f(x_0,y_0)$),则称 $f(x_0,y_0)$ 是 $f(x,y)$ 的一个极大值(或极小值),称 (x_0,y_0) 为 $f(x,y)$ 的极大值点(或极小值点).

2. 二元函数的最值的定义

设函数 $f(x,y)$ 在某区域 D 上有定义,若对于该区域上任一点 (x,y),有 $f(x,y)\leqslant f(x_0,y_0)$(或 $f(x,y)\geqslant f(x_0,y_0)$),则称 $f(x_0,y_0)$ 是 $f(x,y)$ 的一个最大值(或最小值),称 (x_0,y_0) 为 $f(x,y)$ 的最大值点(或最小值点).

3. 二元函数的无条件极值的判定

(1) 必要条件

设函数 $f(x,y)$ 在点 (x_0,y_0) 处的一阶偏导数存在,且 $f(x,y)$ 在点 (x_0,y_0) 处取极值,则 $f_x(x_0,y_0)=0,f_y(x_0,y_0)=0$.

(2) 充分条件

设函数 $f(x,y)$ 在点 (x_0,y_0) 处的某一邻域内连续且有一阶及二阶连续偏导数,又 $f_x(x_0,y_0)=0,f_y(x_0,y_0)=0$,令 $A=f_{xx}(x_0,y_0),B=f_{xy}(x_0,y_0),C=f_{yy}(x_0,y_0)$,则

① 当 $AC-B^2>0$ 时有极值,且当 $A<0$ 时有极大值,当 $A>0$ 时有极小值;

② 当 $AC-B^2<0$ 时无极值;

③ 当 $AC-B^2=0$ 时可能有极值,也可能无极值,需另做讨论.

【注】

(i) 上述必要条件适用于三元函数,上述充分条件不适用于三元函数;

(ii) 能使 $f_x(x_0,y_0)=0,f_y(x_0,y_0)=0$ 同时成立的点 (x_0,y_0) 叫做函数 $f(x,y)$ 的

驻点；

(iii) 多元函数的极值点既可能是驻点，又可能是偏导数不存在的点，但一般很少考虑后者.

4. 二元函数的条件极值的判定

(1) 转化为无条件极值

若能将隐函数 $\varphi(x,y)=0$ 写成显函数 $y=y(x)$（或 $x=x(y)$），则函数 $f(x,y)$ 在附加条件 $\varphi(x,y)=0$ 下的极值问题等价于函数 $f[x,y(x)]$（或 $f[x(y),y]$）的极值问题.

(2) 拉格朗日乘数法

作辅助函数 $L(x,y,\lambda)=f(x,y)+\lambda\varphi(x,y)$，解方程组

$$\begin{cases}L_x=f_x(x,y)+\lambda\varphi_x(x,y)=0,\\L_y=f_y(x,y)+\lambda\varphi_y(x,y)=0,\\L_\lambda=\varphi(x,y)=0\end{cases}$$

所得的 (x,y) 为函数 $f(x,y)$ 在附加条件 $\varphi(x,y)=0$ 下的可能极值点.

【注】

(i) 上述两种判定方法都适用于三元函数；

(ii) 拉格朗日乘数法还可推广到有两个附加条件的情形：作辅助函数

$$L(x,y,\lambda,\mu)=f(x,y)+\lambda\varphi(x,y)+\mu\psi(x,y),$$

解方程组

$$\begin{cases}L_x=f_x(x,y)+\lambda\varphi_x(x,y)+\mu\psi_x(x,y)=0,\\L_y=f_y(x,y)+\lambda\varphi_y(x,y)+\mu\psi_y(x,y)=0,\\L_\lambda=\varphi(x,y)=0,\\L_\mu=\psi(x,y)=0\end{cases}$$

所得的 (x,y) 为函数 $f(x,y)$ 在附加条件 $\varphi(x,y)=0,\psi(x,y)=0$ 下的可能极值点.

5. 二元函数在闭区域上的最值的判定

设函数 $f(x,y)$ 在闭区域 D 上连续，在 D 内可微，若将 $f(x,y)$ 在 D 内所有驻点处的函数值及在 D 边界上的最大值和最小值相互比较，则其中最大的就是 $f(x,y)$ 在 D 上的最大值，最小的就是 $f(x,y)$ 在 D 上的最小值.

问题研究

1. 求多元具体函数的极值与最值

(1) 无条件极值

【例 22】 求二元函数 $f(x,y)=2x^3+3y^2+6xy-12x+4$ 的极值.

【解】解方程组 $\begin{cases}f_x(x,y)=6x^2+6y-12=0,\\f_y(x,y)=6y+6x=0,\end{cases}$ 得驻点 $(-1,1),(2,-2)$. 则有

$$f_{xx}(x,y)=12x,\quad f_{xy}(x,y)=6,\quad f_{yy}(x,y)=6.$$

在点$(-1,1)$处,$AC-B^2=-108<0$,故$f(-1,1)$不是极值.

在点$(2,-2)$处,$AC-B^2=108>0$,又$A=24>0$,故$f(x,y)$有极小值$f(2,-2)=-16$.

【题外话】**求二元函数 $f(x,y)$ 的无条件极值可遵循如下程序:**

① 解方程组$\begin{cases}f_x(x,y)=0,\\ f_y(x,y)=0\end{cases}$得到所有驻点;

② 求$f_{xx}(x,y),f_{xy}(x,y),f_{yy}(x,y)$;

③ 根据在各驻点处$AC-B^2$的符号及A的符号逐一判断各驻点处的极值情况.

(2) 条件极值(最值)

【例 23】 求内接于半径为R的球的体积为最大的长方体.

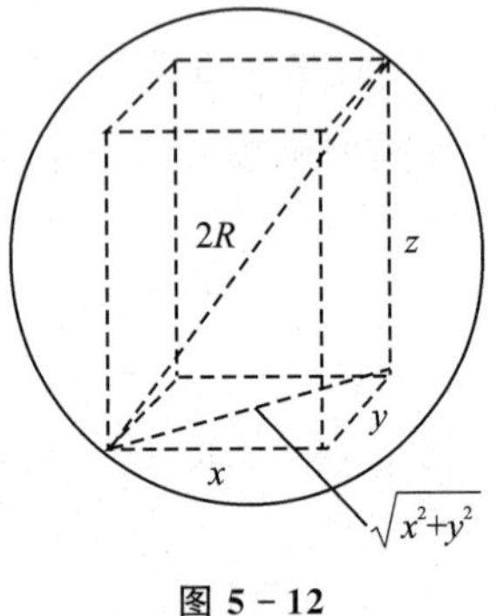

图 5-12

【解】如图 5-12 所示,设所求长方体的长为x、宽为y、高为$z(x>0,y>0,z>0)$,则其体积为$f(x,y,z)=xyz$,且满足条件$x^2+y^2+z^2=4R^2$.

设$L(x,y,z,\lambda)=xyz+\lambda(x^2+y^2+z^2-4R^2)$,列方程组

$$\begin{cases}L_x=yz+2\lambda x=0,\\ L_y=xz+2\lambda y=0,\\ L_z=xy+2\lambda z=0,\\ L_\lambda=x^2+y^2+z^2-4R^2=0,\end{cases}\tag{5-2}$$

解之得唯一可能的极值点$\left(\frac{2}{3}\sqrt{3}R,\frac{2}{3}\sqrt{3}R,\frac{2}{3}\sqrt{3}R\right)$.

由题意,内接于球的长方体的体积没有最小值,只有最大值,故长、宽、高都为$\frac{2}{3}\sqrt{3}R$的长方体即为所求长方体,体积为$\frac{8}{9}\sqrt{3}R^3$.

【题外话】

(i) **采用拉格朗日乘数法求函数 $f(x,y,z)$ 在附加条件 $\varphi(x,y,z)=0$ 下的条件极值可遵循如下程序:**

① 设辅助函数$L(x,y,z,\lambda)=f(x,y,z)+\lambda\varphi(x,y,z)$.

② 列方程组

$$\begin{cases}L_x=f_x(x,y,z)+\lambda\varphi_x(x,y,z)=0,\\ L_y=f_y(x,y,z)+\lambda\varphi_y(x,y,z)=0,\\ L_z=f_z(x,y,z)+\lambda\varphi_z(x,y,z)=0,\\ L_\lambda=\varphi(x,y,z)=0.\end{cases}\tag{5-3}$$

③ 解方程组得到可能的极值点.

④ 所要求的条件极值一般都是在极值点取到的最值,若只解出一个可能的极值点,则一般该点就是所求的最大值或最小值点;若解出多个可能的极值点,则一般函数值最大的点

就是最大值点，函数值最小的点就是最小值点.

(ii) 采用拉格朗日乘数法求条件极值的麻烦往往在解方程组. 观察方程组(5-3)不难发现，前三个方程中的 λ 都是一次的，所以**常常先用 x,y,z 表示 λ，从而把 λ 消去**. 如本例的方程组(5-2)，由前三个方程组得 $\lambda=-\frac{yz}{2x}=-\frac{xz}{2y}=-\frac{xy}{2z}$，即 $\frac{yz}{x}=\frac{xz}{y}=\frac{xy}{z}$，两两对角相乘便不难得到 $x=y=z$，把 $x=y=z$ 代入第四个方程就能解出 $x=y=z=\frac{2}{3}\sqrt{3}R$. 当然，通过观察 $f(x,y,z)=xyz$ 及 $x^2+y^2+z^2=4R^2$ 也能发现，若任意互换 x,y,z，则两式都不变，这说明三个自变量 x,y,z 的"地位"相同. 而极值点 (x,y,z) 既要满足 $f(x,y,z)=xyz$，又要满足 $x^2+y^2+z^2=4R^2$，故一定有 $x=y=z$.

(iii) 求条件极值一定要使用拉格朗日乘数法吗？不一定. 当附加条件 $\varphi(x,y,z)=0$ 能写成 $z=z(x,y)$ 时，就能把函数 $f(x,y,z)$ 在条件 $\varphi(x,y,z)=0$ 下的条件极值问题转化为函数 $f[x,y,z(x,y)]$ 的无条件极值问题. 下面通过例 24 来体会从条件极值向无条件极值的转化.

(3) 闭区域上的最值

【例 24】 求函数 $z=f(x,y)=x^2+y^2-2x-4y$ 在区域 $D=\{(x,y)|x^2+y^2\leqslant 20,y\geqslant 0\}$ 上的最大值和最小值.

【解】解方程组 $\begin{cases} f_x(x,y)=2x-2=0, \\ f_y(x,y)=2y-4=0,\end{cases}$ 得 D 内部的驻点 $(1,2)$，且有 $f(1,2)=-5$.

在 D 的边界 $y=0\,(-2\sqrt{5}<x<2\sqrt{5})$ 上，把 $y=0$ 代入 $f(x,y)$，得

$$z=x^2-2x=(x-1)^2-1\quad(-2\sqrt{5}<x<2\sqrt{5}),$$

易知该函数在 $(-2\sqrt{5},2\sqrt{5})$ 内有最小值 -1，无最大值.

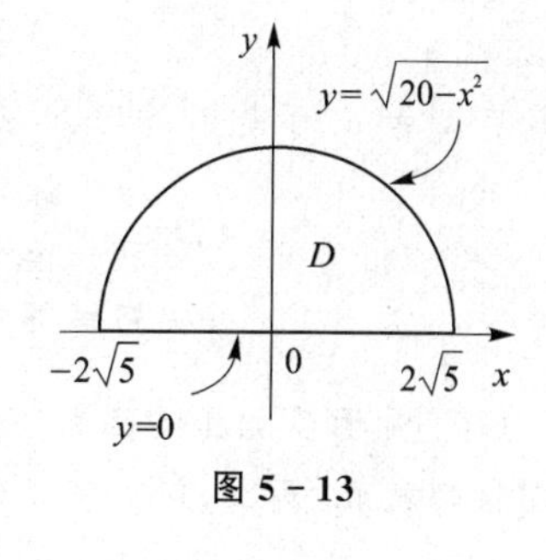

图 5-13

在 D 的边界 $y=\sqrt{20-x^2}\;(-2\sqrt{5}\leqslant x\leqslant 2\sqrt{5})$（图 5-13）上，把 $y=\sqrt{20-x^2}$ 代入 $f(x,y)$，得

$$z=20-2x-4\sqrt{20-x^2}\quad(-2\sqrt{5}\leqslant x\leqslant 2\sqrt{5}),$$

令 $z'=-2+\frac{4x}{\sqrt{20-x^2}}=0$，得 $x_1=2,x_2=-2$，由于 $z|_{x=2}=0$，$z|_{x=-2}=8$，$z|_{x=-2\sqrt{5}}=20+4\sqrt{5}$，$z|_{x=2\sqrt{5}}=20-4\sqrt{5}$，因此，该函数在 $[-2\sqrt{5},2\sqrt{5}]$ 上有最大值 $20+4\sqrt{5}$ 和最小值 0，从而 $f(x,y)$ 在 D 的边界上有最大值 $20+4\sqrt{5}$ 和最小值 -1.

综上所述，$f(x,y)$ 在 D 上的最大值为 $\max=\{-5,20+4\sqrt{5},-1\}=20+4\sqrt{5}$，最小值为 $\min=\{-5,20+4\sqrt{5},-1\}=-5$.

【题外话】

(i) **求函数 $f(x,y)$ 在闭区域 D 上的最值时可遵循如下程序：**

① 解方程组 $\begin{cases} f_x(x,y)=0, \\ f_y(x,y)=0\end{cases}$ 得到所有在 D 的内部的驻点，并求出它们的函数值；

② 求出 $f(x,y)$ 在 D 的边界上的最值（这其实是一个条件最值问题，如本例中，$f(x,y)$

在 D 的边界 $y=0(-2\sqrt{5}<x<2\sqrt{5})$ 和 $x^2+y^2=20(y\geqslant 0)$ 上的最值，就分别相当于 $f(x,y)$ 在附加条件 $y=0(-2\sqrt{5}<x<2\sqrt{5})$ 下的最值和 $f(x,y)$ 在附加条件 $x^2+y^2=20$ $(y\geqslant 0)$ 下的最值，这是通过转化为无条件最值来求在这两个条件下的最值的)；

③ 比较 $f(x,y)$ 在 D 的内部驻点处的函数值和在 D 的边界上的最值，其中最大的就是最大值，最小的就是最小值.

(ii) 本例还能使用拉格朗日乘数法求 $f(x,y)$ 在 D 的边界上的极值. 然而，值得注意的是，不能把辅助函数设成 $L(x,y,\lambda,\mu)=f(x,y)+\lambda y+\mu(x^2+y^2-20)$，因为这样设辅助函数意味着条件 $y=0$ 和 $x^2+y^2=20$ 要同时满足. 而是应设两个辅助函数——$G(x,y,\mu)=f(x,y)+\mu y(-2\sqrt{5}<x<2\sqrt{5})$ 和 $F(x,y,\lambda)=f(x,y)+\lambda(x^2+y^2-20)(-2\sqrt{5}<x<2\sqrt{5},$ $y>0)$，并使用两次拉格朗日乘数法. 另外，本例较为特殊，若使用拉格朗日乘数法，则还需单独考虑最值是否能在两条边界线的交界点 $(-2\sqrt{5},0)$ 和 $(2\sqrt{5},0)$ 处取到.

(iii) 若要使用拉格朗日乘数法求 $f(x,y)$ 在条件 $x^2+y^2=20(y>0)$ 下的极值，就要解方程组

$$\begin{cases}F_x=2x-2+2\lambda x=0,\\F_y=2y-4+2\lambda y=0,\\F_\lambda=x^2+y^2-20=0.\end{cases}\tag{5-4}$$

但是这个方程组该怎么解呢？可以像例23一样，通过用 x,y 表示 λ 把 λ 消去，也可以利用它的特殊性. 那么，这个方程组又有什么特殊性呢？它的第一个方程只有 λ 和 x，第二个方程只有 λ 和 y. 于是不妨用 λ 分别表示 x 和 y，即有 $\begin{cases}x=\dfrac{1}{\lambda+1},\\y=\dfrac{2}{\lambda+1},\end{cases}$ 并代入第三个方程便解得 $\lambda_1=-\dfrac{1}{2},\lambda_2=-\dfrac{3}{2}$，从而解得可能的极值点 $(2,4)$，$(-2,-4)$(舍去).

(iv) 对于多元具体函数，若想求其极值或最值，则有一套比较固定的“程序”，操作起来只需按部就班. 那么，对于多元抽象函数，我们为之奈何？无他，但遵照判定方法尔.

2. 多元抽象函数的极值问题

【例25】 设函数 $f(x)$ 具有二阶连续导数，且 $f'(0)=0$，则函数 $z=f(x)e^{f(y)}$ 在点 $(0,0)$ 处取得极大值的一个充分条件是(　　)

(A) $f(0)>0,f''(0)>0$.　　(B) $f(0)>0,f''(0)<0$.

(C) $f(0)<0,f''(0)>0$.　　(D) $f(0)<0,f''(0)<0$.

【分析】二元函数的无条件极值的判定方法是什么呢？考察 $AC-B^2$ 及 A 的符号. 于是果断决定求 $z=f(x)e^{f(y)}$ 的二阶偏导数，即

$$\frac{\partial z}{\partial x}=f'(x)e^{f(y)},\quad \frac{\partial z}{\partial y}=f(x)f'(y)e^{f(y)},$$

$$\frac{\partial^2 z}{\partial x^2}=f''(x)e^{f(y)},\quad \frac{\partial^2 z}{\partial x\partial y}=f'(x)f'(y)e^{f(y)},$$

$$\frac{\partial^2 z}{\partial y^2}=f(x)f''(y)\mathrm{e}^{f(y)}+f(x)[f'(y)]^2\mathrm{e}^{f(y)}.$$

那么,在点$(0,0)$处有 $A=f''(0)\mathrm{e}^{f(0)}$,$B=0$,$C=f(0)f''(0)\mathrm{e}^{f(0)}$.若

$$\begin{cases}AC-B^2=f(0)[f''(0)\mathrm{e}^{f(0)}]^2>0,\\ A=f''(0)\mathrm{e}^{f(0)}<0,\end{cases}$$

即$\begin{cases}f(0)>0,\\ f''(0)<0,\end{cases}$则函数在点$(0,0)$处取得极大值,故选(B).

【例 26】 (2006 年考研题)设 $f(x,y)$与 $\varphi(x,y)$均为可微函数,且 $\varphi_y(x,y)\neq 0$,已知(x_0,y_0)是 $f(x,y)$在约束条件 $\varphi(x,y)=0$ 下的一个极值点,下列选项正确的是(　　)

(A) 若 $f_x(x_0,y_0)=0$,则 $f_y(x_0,y_0)=0$.

(B) 若 $f_x(x_0,y_0)=0$,则 $f_y(x_0,y_0)\neq 0$.

(C) 若 $f_x(x_0,y_0)\neq 0$,则 $f_y(x_0,y_0)=0$.

(D) 若 $f_x(x_0,y_0)\neq 0$,则 $f_y(x_0,y_0)\neq 0$.

【分析】多元函数的条件极值的判定方法又是什么呢？最一般的方法就是使用拉格朗日乘数法.于是设 $L(x,y,\lambda)=f(x,y)+\lambda\varphi(x,y)$,并设 λ_0 是对应 x_0,y_0 的 λ 值,则有

$$\begin{cases}L_x(x_0,y_0,\lambda_0)=f_x(x_0,y_0)+\lambda_0\varphi_x(x_0,y_0)=0,\\ L_y(x_0,y_0,\lambda_0)=f_y(x_0,y_0)+\lambda_0\varphi_y(x_0,y_0)=0.\end{cases}$$

观察上面两个式子,可以发现,若 $f_x(x_0,y_0)=0$,则 $\lambda_0\varphi_x(x_0,y_0)=0$.这时,如果 $\lambda_0=0$,则必有$\lambda_0\varphi_y(x_0,y_0)=0$,也就有 $f_y(x_0,y_0)=0$;如果 $\lambda_0\neq 0$,由于 $\varphi_y(x_0,y_0)\neq 0$,则必有 $\lambda_0\varphi_y(x_0,y_0)\neq 0$,也就有 $f_y(x_0,y_0)\neq 0$,因此 $f_y(x_0,y_0)$是否为零不能确定,排除(A)、(B).然而,若$f_x(x_0,y_0)\neq 0$,则 $\lambda_0\varphi_x(x_0,y_0)\neq 0$,也就有 $\lambda_0\neq 0$,这时 $f_y(x_0,y_0)\neq 0$ 一定成立,故选(D).

3. 利用多元函数的最值定义证明不等式

题眼探索　想当初曾用一元函数微分学的方法证明了含一个中值的不等式、含绝对值的不等式、含一个变量字母的不等式和含两个常量字母的不等式,证明的方法来自一元函数微分学中的“不等关系”.对于一元函数,由于曾研究了它的单调性、凹凸性和最值,探讨了微分中值定理,所以能找到很多不等关系.而对于多元函数的性质,之前只研究了极值和最值.所以,**如果要采用多元函数微分学的方法来证明含有两个或三个变量的不等式,则只有“华山一条路”——利用最值定义**.鉴于最值存在不同的情况,因此有三个定义可以利用(当然,这里利用的也是定义的逆命题):

1°(在自然定义域内的最值)设 $f(x_0,y_0)$是 $f(x,y)$在自然定义域内的最小值,则

$$f(x,y)\geqslant f(x_0,y_0);$$

2°(在闭区域边界上的最值)设 $f(x_0,y_0)$是 $f(x,y)$在闭区域的边界 $\varphi(x,y)=0$上的最小值(即在附加条件 $\varphi(x,y)=0$ 下的最小值),则

$$f(x,y)\geqslant f(x_0,y_0)\quad(\varphi(x,y)=0);$$

3°(在闭区域上的最值)设 $f(x_0,y_0)$ 是 $f(x,y)$ 在闭区域 D 上的最小值,则

$$f(x,y)\geqslant f(x_0,y_0)\quad((x,y)\in D).$$

【例27】 设 $4x^2+4y^2+3z^2=32$,证明 $2xy+3yz\leqslant 16$.

【证】记 $f(x,y,z)=2xy+3yz$,引入辅助函数 $L(x,y,z,\lambda)=f(x,y,z)+\lambda(4x^2+4y^2+3z^2-32)$,列方程组

$$\begin{cases}L_x=2y+8\lambda x=0,\\ L_y=2x+3z+8\lambda y=0,\\ L_z=3y+6\lambda z=0,\\ L_\lambda=4x^2+4y^2+3z^2-32=0,\end{cases}\tag{5-5}$$

解之得可能的极值点 $(1,2,2)$,$(-1,2,-2)$,$(1,-2,2)$,$(-1,-2,-2)$,$\left(-\sqrt{6},0,\frac{2}{3}\sqrt{6}\right)$,$\left(\sqrt{6},0,-\frac{2}{3}\sqrt{6}\right)$.

由 $f(1,2,2)=16$,$f(-1,2,-2)=-16$,$f(1,-2,2)=-16$,$f(-1,-2,-2)=16$,$f\left(-\sqrt{6},0,\frac{2}{3}\sqrt{6}\right)=0$,$f\left(\sqrt{6},0,-\frac{2}{3}\sqrt{6}\right)=0$ 可知 $f(x,y,z)$ 在条件 $4x^2+4y^2+3z^2=32$ 下有最大值16,故

$$2xy+3yz\leqslant 16.$$

【题外话】方程组(5-5)的解多达六组,这六组解是怎样"生产"出来的呢?还是先根据前三个方程用 x,y,z 表示 λ,得 $\lambda=-\frac{y}{4x}=-\frac{2x+3z}{8y}=-\frac{y}{2z}$,即 $\frac{y}{4x}=\frac{2x+3z}{8y}=\frac{y}{2z}$,两两对角相乘得 $\begin{cases}2x=z,\\ y^2=4x^2,\end{cases}$ 代入第四个方程便能得到 $(1,2,2)$,$(-1,2,-2)$,$(1,-2,2)$,$(-1,-2,-2)$ 这四个可能的极值点.问题是另两组解又是如何产生的呢?其实,在用 x,y,z 表示 λ 时不经意地默认了 x,y,z 都不等于零.那么,x,y,z 可能等于零吗?不管是把 $x=0$ 还是 $z=0$ 代入前三个方程,都能得到 $x=y=z=0$,这显然不符合第四个方程.但是,如果把 $y=0$ 代入前三个方程,便会发现有一种情况是满足方程组的,那就是 $\begin{cases}2x+3z=0,\\ \lambda=0,\end{cases}$ 把 $x=-\frac{3}{2}z$ 代入第四个方程便能得到另两组解.看来,x,y,z 是否为零真是一个隐蔽的问题啊!(对于方程组(5-2)和方程组(5-4),x,y,z 都不可能为零,故可以放心地用 x,y,z 表示 λ.)

问题5 已知偏导数求函数的表达式

问题研究

题眼探索 在研究一元函数时,如果知道未知函数的导数,则可以通过两边积分

求出未知函数的表达式;如果知道一个含有未知函数的导数的等式,则可以通过解这个常微分方程求出未知函数的表达式.那么,如果知道未知函数的偏导数或者关于未知函数的偏导数的等式,则能够求出未知函数的表达式吗?能.下面不妨分两种情况讨论:

1° 对于 $z=f[x,y,\varphi(u)]$(其中 $u=u(x,y)$),若已知一个关于 z 的偏导数的等式,则可以把这个等式转化为以 $\varphi(u)$ 为未知函数的常微分方程,再通过解这个方程求出 $\varphi(u)$;

2° 对于 $z=f(x,y)$,若已知 $f_x(x,y)$,$f_y(x,y)$,则可以通过两边积分求出 $f(x,y)$,即

$$\int f_x(x,y)\mathrm{d}x=f(x,y)+\varphi(y),\quad \int f_y(x,y)\mathrm{d}y=f(x,y)+\psi(x),$$

其中 $\varphi(y)$,$\psi(x)$ 分别为关于 y,x 的任意函数.

1. 转化为常微分方程

【例 28】 设函数 $\varphi(u)$ 可导且 $\varphi(0)=1$,二元函数 $z=\varphi(x+y)\mathrm{e}^{xy}$ 满足 $\frac{\partial z}{\partial x}+\frac{\partial z}{\partial y}=0$,则 $\varphi(u)=$____________.

【解】

$$\frac{\partial z}{\partial x}=\varphi'(x+y)\mathrm{e}^{xy}+\varphi(x+y)y\mathrm{e}^{xy},$$

$$\frac{\partial z}{\partial x}=\varphi'(x+y)\mathrm{e}^{xy}+\varphi(x+y)x\mathrm{e}^{xy},$$

由 $\frac{\partial z}{\partial x}+\frac{\partial z}{\partial y}=0$ 可知 $2\varphi'(x+y)+(x+y)\varphi(x+y)=0$.

令 $x+y=u$,$p=\varphi(u)$,则

$$2\frac{\mathrm{d}p}{\mathrm{d}u}+up=0,$$

分离变量得

$$\frac{\mathrm{d}p}{p}=-\frac{u}{2}\mathrm{d}u,$$

两端积分得

$$\ln|p|=-\frac{u^2}{4}+\ln|C|,$$

从而

$$p=\varphi(u)=C\mathrm{e}^{-\frac{u^2}{4}},$$

由 $\varphi(0)=1$ 得 $C=1$,故 $\varphi(u)=\mathrm{e}^{-\frac{u^2}{4}}$.

2. 等式两边同时积分

【例 29】 已知函数 $z=f(x,y)$ 的全微分为 $\mathrm{d}z=(x+y)\mathrm{d}x+(x-y)\mathrm{d}y$,且 $f(0,0)=1$,则 $f(x,y)=$____________.

【解】由 $dz=(x+y)dx+(x-y)dy$ 可知

$$\frac{\partial z}{\partial x}=x+y, \tag{5-6}$$

$$\frac{\partial z}{\partial y}=x-y, \tag{5-7}$$

式(5-6)和式(5-7)两边分别对 x,y 积分得

$$f(x,y)=\frac{x^2}{2}+xy+\varphi(y),\quad f(x,y)=xy-\frac{y^2}{2}+\psi(x),$$

比较两式得
$$f(x,y)=\frac{x^2}{2}-\frac{y^2}{2}+xy+C,$$

由 $f(0,0)=1$ 得 $C=1$,故 $f(x,y)=\frac{x^2}{2}-\frac{y^2}{2}+xy+1$.

【题外话】本例中,当对 x 积分时,应把 y 看做常量,后面加上的也就不再是任意常数 C,而是关于 y 的任意函数 $\varphi(y)$ 了.同样,当对 y 积分时,应把 x 看做常量,后面加上关于 x 的任意函数 $\psi(x)$.于是可以想到,对于一个二元函数 $f(x,y)$,既然既能在把 y 看做常量的前提下对 x 积分,又能在把 x 看做常量的前提下对 y 积分,那么不是也能先对 x 积分再对 y 积分,或者先对 y 积分再对 x 积分吗?没错,求二重积分就能如此,而且一般也只能如此.

问题6 求二重积分

知识储备

1. 二重积分的计算

(1) 利用直角坐标系

选择积分次序的最重要的依据是积分区域是X型区域还是Y型区域.

1) X型区域

如图5-14所示,若穿过 D 内部且平行于 y 轴的直线与 D 的边界相交不多于两点,则 D 为X型区域.对于 $D:\begin{cases}\varphi_1(x)\leqslant y\leqslant\varphi_2(x),\\ a\leqslant x\leqslant b,\end{cases}$ 有 $\iint\limits_D f(x,y)d\sigma=\int_a^b dx\int_{\varphi_1(x)}^{\varphi_2(x)}f(x,y)dy$.

2) Y型区域

如图5-15所示,若穿过 D 内部且平行于 x 轴的直线与 D 的边界相交不多于两点,则 D 为Y型区域.对于 $D:\begin{cases}\psi_1(y)\leqslant x\leqslant\psi_2(y),\\ c\leqslant y\leqslant d,\end{cases}$ 有 $\iint\limits_D f(x,y)d\sigma=\int_c^d dy\int_{\psi_1(y)}^{\psi_2(y)}f(x,y)dx$.

【注】

(i) 当积分区域既是X型又是Y型时,原则上既能先对 x 积分,又能先对 y 积分;当积分区域既不是X型又不是Y型时,一般也就不利用直角坐标系求二重积分了.

(ii) 注意此处的积分下限一定小于或等于积分上限.

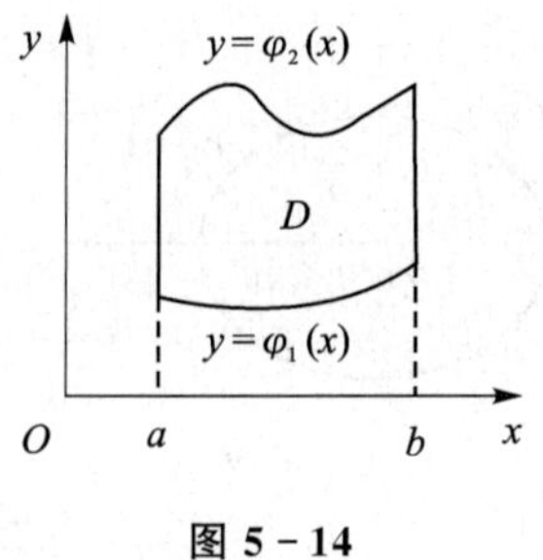

图 5-14

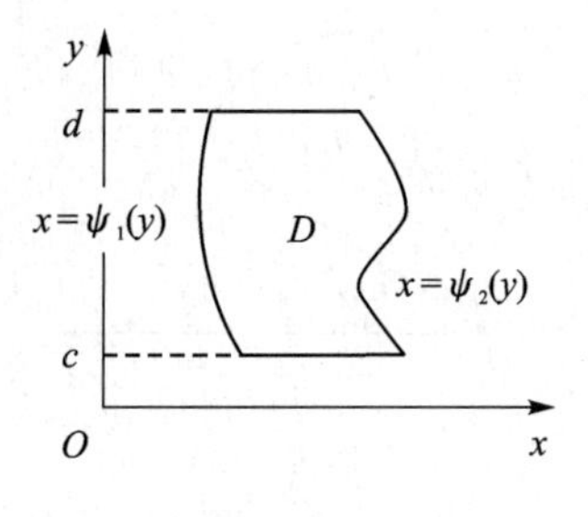

图 5-15

(iii) $\int_a^b \mathrm{d}x\int_{\varphi_1(x)}^{\varphi_2(x)} f(x,y)\mathrm{d}y$ 又可写为$\int_a^b\left[\int_{\varphi_1(x)}^{\varphi_2(x)} f(x,y)\mathrm{d}y\right]\mathrm{d}x$，$\int_c^d \mathrm{d}y\int_{\psi_1(y)}^{\psi_2(y)} f(x,y)\mathrm{d}x$ 又可写为$\int_c^d\left[\int_{\psi_1(y)}^{\psi_2(y)} f(x,y)\mathrm{d}x\right]\mathrm{d}y$.

(2) 利用极坐标系

1) 极点在区域外部

如图 5-16 所示，$\iint\limits_D f(x,y)\mathrm{d}\sigma=\int_\alpha^\beta \mathrm{d}\theta\int_{\varphi_1(\theta)}^{\varphi_2(\theta)} f(r\cos\theta,r\sin\theta)r\mathrm{d}r$.

【注】

(i) 注意不要遗漏“$\mathrm{d}r$”前面的“r”.

(ii) 特别地，当积分区域为如图 5-17 所示的环形域时，有

$$\iint\limits_D f(x,y)\mathrm{d}\sigma=\int_0^{2\pi}\mathrm{d}\theta\int_{\varphi_1(\theta)}^{\varphi_2(\theta)} f(r\cos\theta,r\sin\theta)r\mathrm{d}r.$$

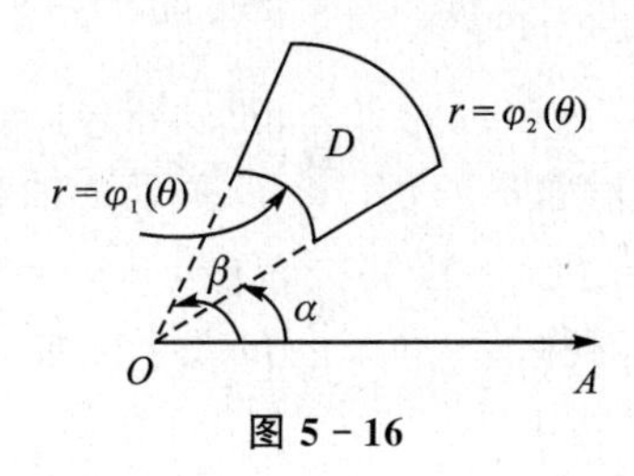

图 5-16

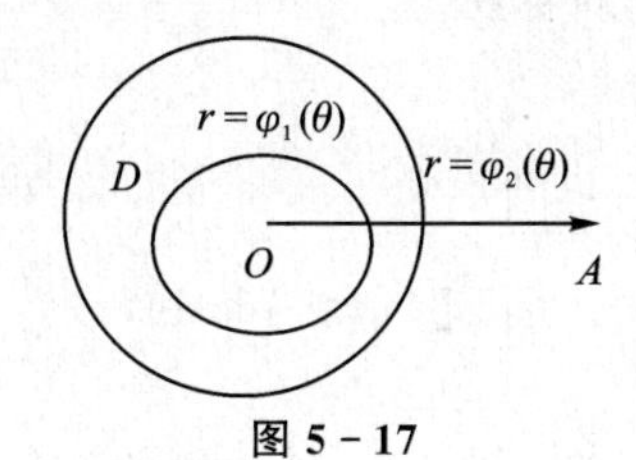

图 5-17

2) 极点在区域边界上

如图 5-18 所示，$\iint\limits_D f(x,y)\mathrm{d}\sigma=\int_\alpha^\beta \mathrm{d}\theta\int_0^{\varphi(\theta)} f(r\cos\theta,r\sin\theta)r\mathrm{d}r$.

3) 极点在区域内部

如图 5-19 所示，$\iint\limits_D f(x,y)\mathrm{d}\sigma=\int_0^{2\pi} \mathrm{d}\theta\int_0^{\varphi(\theta)} f(r\cos\theta,r\sin\theta)r\mathrm{d}r$.

【注】特别地，当 $D:x^2+y^2\leqslant R^2$ 时，有$\iint\limits_D f(x,y)\mathrm{d}\sigma=\int_0^{2\pi}\mathrm{d}\theta\int_0^R f(r\cos\theta,r\sin\theta)r\mathrm{d}r$.

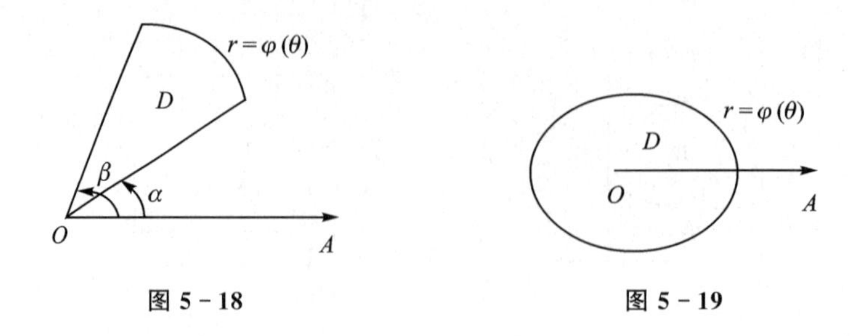

图 5-18　　　图 5-19

2. 二重积分的线性性

设 k_1, k_2 为常数,则

$$\iint_D [k_1 f(x,y)+k_2 g(x,y)]\,\mathrm{d}\sigma = k_1\iint_D f(x,y)\,\mathrm{d}\sigma + k_2\iint_D g(x,y)\,\mathrm{d}\sigma.$$

3. 二重积分的可加性

设 $D_1\cup D_2=D, D_1\cap D_2=\varnothing$,则

$$\iint_D f(x,y)\,\mathrm{d}\sigma=\iint_{D_1} f(x,y)\,\mathrm{d}\sigma+\iint_{D_2} f(x,y)\,\mathrm{d}\sigma.$$

4. 二重积分的对称性

(1) 普通对称性

$$\iint_D f(x,y)\mathrm{d}x\mathrm{d}y=\begin{cases}0, & \begin{cases}f(-x,y)=-f(x,y),\\ D\text{ 关于 } y \text{ 轴对称}\end{cases} \text{或} \begin{cases}f(x,-y)=-f(x,y),\\ D\text{ 关于 } x \text{ 轴对称},\end{cases}\\ 2\iint_{D_1} f(x,y)\mathrm{d}x\mathrm{d}y, & \begin{cases}f(-x,y)=f(x,y),\\ D\text{ 关于 } y \text{ 轴对称}\end{cases} \text{或} \begin{cases}f(x,-y)=f(x,y),\\ D\text{ 关于 } x \text{ 轴对称},\end{cases}\end{cases}$$

其中 D_1 为 D 在 y 轴或 x 轴一侧的部分.

(2) 轮换对称性

若 D 关于直线 $y=x$ 对称,则

$$\iint_D f(x,y)\mathrm{d}x\mathrm{d}y=\iint_D f(y,x)\mathrm{d}x\mathrm{d}y=\frac{1}{2}\iint_D [f(x,y)+f(y,x)]\,\mathrm{d}x\mathrm{d}y.$$

【注】对于轮换对称性,更多的是在获知 $A=B$ 的情况下利用 $A=\frac{1}{2}(A+B)$.

5. 被积函数为 1 的二重积分

设 σ 为 D 的面积,则 $\iint_D \mathrm{d}\sigma=\sigma$.

问题研究

1. 被积函数为初等函数

题眼探索　**求二重积分的基本策略是将其转化为二次积分.** 所谓二次积分，就是形如

$$\int_a^b dx\int_{\varphi_1(x)}^{\varphi_2(x)} f(x,y)dy \tag{5-8}$$

或

$$\int_c^d dy\int_{\psi_1(y)}^{\psi_2(y)} f(x,y)dx \tag{5-9}$$

的积分. 由于在计算式(5－8)或式(5－9)时需要计算两次定积分，故名"二次". 是的，二次积分的计算过程无非就是两次定积分的计算过程，并没有什么新花样. 然而，在把二重积分转化为二次积分时却充满了选择，比如选择积分的次序.

对于$\iint\limits_D f(x,y)dxdy$，我们知道，若 D 为 X 型区域，则应选用式(5－8)；若 D 为 Y 型区域，则应选用式(5－9). 那么，如果 D 既是 X 型又是 Y 型，又该何去何从？

【例 30】

(1) 求$\iint\limits_D xy\,d\sigma$，其中 D 是由直线 $y=x$，$x=2$ 及曲线 $y=\dfrac{1}{x}(x>0)$ 所围成的闭区域；

(2) 求$\iint\limits_D(\sqrt{1-y^2}-y+1)dxdy$，其中 D 是由曲线 $y=\sqrt{1-x^2}$ 与直线 $y=1-x$ 所围成的闭区域.

【解】(1)如图 5－20 所示，

$$\text{原式}=\int_1^2 dx\int_{\frac{1}{x}}^{x} xy\,dy=\int_1^2 x\left[\frac{y^2}{2}\right]_{\frac{1}{x}}^{x}dx=\frac{1}{2}\int_1^2\left(x^3-\frac{1}{x}\right)dx$$

$$=\frac{1}{2}\left[\frac{x^4}{4}-\ln|x|\right]_1^2=\frac{15}{8}-\frac{1}{2}\ln 2.$$

(2) 如图 5－21 所示，

$$\text{原式}=\int_0^1 dy\int_{1-y}^{\sqrt{1-y^2}}(\sqrt{1-y^2}-y+1)dx=\int_0^1(\sqrt{1-y^2}-y+1)\left[x\right]_{1-y}^{\sqrt{1-y^2}}dy$$

$$=2\int_0^1(y-y^2)dy=2\left[\frac{y^2}{2}-\frac{y^3}{3}\right]_0^1=\frac{1}{3}.$$

【题外话】

(i) 本例(1)为什么先对 y 积分呢？因为若先对 x 积分，则需要分割积分区域；本例(2)为什么先对 x 积分呢？因为若先对 y 积分，则求积分时需要三角代换，会比较烦琐. 这就告诉我们，**若积分区域既是 X 型又是 Y 型，则选择积分次序的原则是区域分割尽可能少，求积分尽可能容易.**

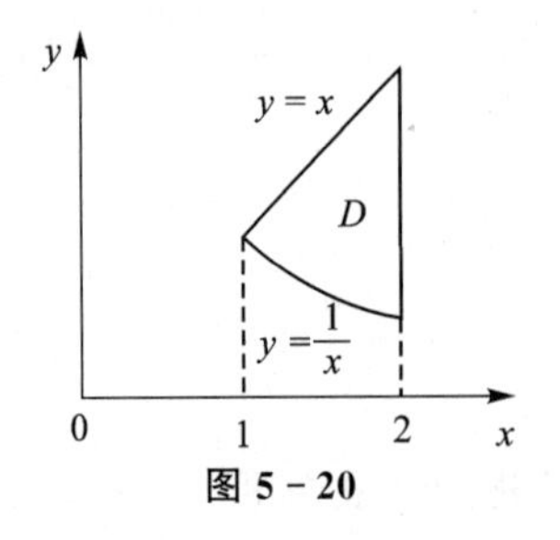

图 5-20

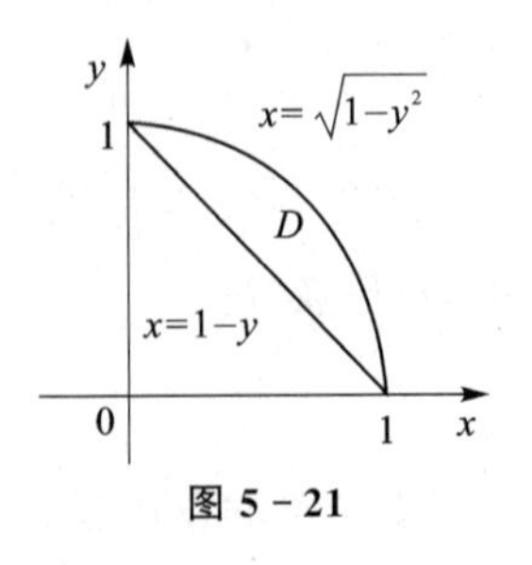

图 5-21

(ii) 如图 5-21 所示,本例(2)的积分区域可以看做是一个扇形减去一个三角形. 当积分区域的边界是圆弧时,若利用直角坐标系,则积分限的形式会比较复杂,代入计算时不甚烦琐,于是想到改用极坐标系,即

$$原式=\int_0^{\frac{\pi}{2}}\mathrm{d}\theta\int_{\frac{1}{\cos\theta+\sin\theta}}^{1}(\sqrt{1-r^2\sin^2\theta}-r+1)r\,\mathrm{d}r.$$

观察上式不难发现,若本例改用极坐标系,则求积分时会非常困难,需要面临把二重积分转化为二次积分的又一个选择——坐标系的选择. 那么,究竟什么样的积分区域和被积函数适合利用极坐标系呢? 比如例 31.

【例 31】 计算二重积分$\iint\limits_D\sqrt{x^2+y^2}\,\mathrm{d}\sigma$,其中 D 是由圆 $x^2+y^2=4$,$x^2-2x+y^2=0$ 及 $x^2+2x+y^2=0$ 所围成的平面区域.

【分析】本例为什么适合利用极坐标系呢? 首先,本例的积分区域可以看做是一个大圆减去两个小圆,如图 5-22 所示,若利用极坐标系,则积分限的形式会相对简单;其次,本例的被积函数含有 x^2+y^2,若令 $x=r\cos\theta$,$y=r\sin\theta$,则$\sqrt{x^2+y^2}$就变成了简简单单的 r.

下面到了确定积分限的时候了. 如图 5-22 所示,本例的积分区域何其对称! 这不禁让人想利用二重积分的对称性. 对于 $f(x,y)=\sqrt{x^2+y^2}$,因为 $f(x,-y)=f(x,y)$,且 D 关于 x 轴对称,故原式$=2\iint\limits_{D_1}\sqrt{x^2+y^2}\,\mathrm{d}\sigma$($D_1$ 为 D 中 $y\geqslant 0$ 的部分);又因为 $f(-x,y)=f(x,y)$,且 D_1 关于 y 轴对称,故原式$=4\iint\limits_{D_2}\sqrt{x^2+y^2}\,\mathrm{d}\sigma$($D_2$ 为 D_1 中 $x\geqslant 0$ 的部分). 就这样,有用的积分区域被"压缩"成为图中的阴影部分.

【解】

$$\begin{aligned}原式&=4\iint\limits_{D_2}\sqrt{x^2+y^2}\,\mathrm{d}\sigma=4\int_0^{\frac{\pi}{2}}\mathrm{d}\theta\int_{2\cos\theta}^{2}r^2\,\mathrm{d}r\\&=4\int_0^{\frac{\pi}{2}}\left[\frac{r^3}{3}\right]_{2\cos\theta}^{2}\mathrm{d}\theta=\frac{32}{3}\int_0^{\frac{\pi}{2}}(1-\cos^3\theta)\,\mathrm{d}\theta\\&=\frac{32}{3}\int_0^{\frac{\pi}{2}}\mathrm{d}\theta-\frac{32}{3}\int_0^{\frac{\pi}{2}}(1-\sin^2\theta)\,\mathrm{d}(\sin\theta)\\&=\frac{16}{3}\pi-\frac{32}{3}\left[\sin\theta-\frac{1}{3}\sin^3\theta\right]_0^{\frac{\pi}{2}}=\frac{16}{9}(3\pi-4).\end{aligned}$$

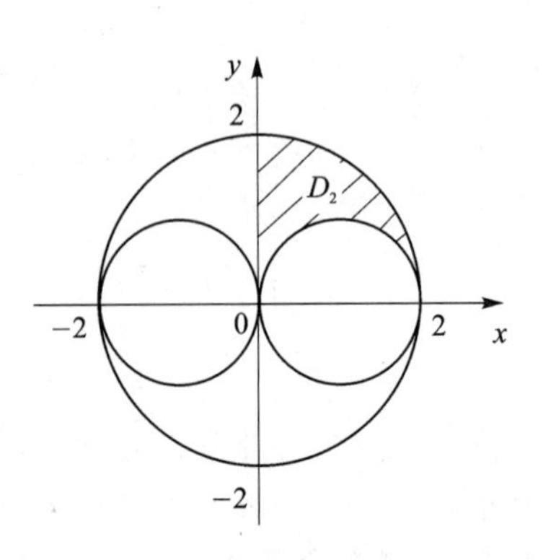

图 5-22

【题外话】

(i) **当积分区域由圆或圆的部分组成，且被积函数形如 $f(x^2+y^2)$，$f\left(\frac{y}{x}\right)$ 或 $f\left(\frac{x}{y}\right)$ 时，利用极坐标系求二重积分会更方便.**

(ii) 本例利用二重积分的对称性化简了积分区域. 那么，二重积分的对称性的“功效”仅限于化简积分区域吗？当然不是，它还能化简被积函数.

【例 32】　计算二重积分 $\iint\limits_D (x^2+2y^2+3x+4y+5)\mathrm{d}x\,\mathrm{d}y$，其中 $D: x^2+y^2\leqslant 4$.

【分析】本例的被积函数有“一长串”，但是，只要利用二重积分的对称性就能轻而易举地“砍掉”两项. 对于 $f(x,y)=3x$，因为 $f(-x,y)=-f(x,y)$，且 D 关于 y 轴对称，故 $\iint\limits_D 3x\,\mathrm{d}x\,\mathrm{d}y=0$；对于 $g(x,y)=4y$，因为 $g(x,-y)=-g(x,y)$，且 D 关于 x 轴对称，故 $\iint\limits_D 4y\,\mathrm{d}x\,\mathrm{d}y=0$. 于是被积函数“缩水”为 x^2+2y^2+5. 面对“缩水”后的被积函数，我们心满意足了吗？并没有. 本例的积分区域是圆，因此不想坐失利用极坐标系的良机，只可惜 x^2 和 y^2 的系数不相等. 那么，是否能够使 x^2 和 y^2 有相等的系数呢？能，只需向轮换对称性“寻求帮助”. 因为 D 关于 $y=x$ 对称，故 $\iint\limits_D (x^2+2y^2+5)\mathrm{d}x\,\mathrm{d}y=\iint\limits_D (y^2+2x^2+5)\mathrm{d}x\,\mathrm{d}y=\frac{1}{2}\iint\limits_D (3x^2+3y^2+10)\mathrm{d}x\,\mathrm{d}y$. 这样，就可以利用极坐标系方便地求二重积分了.

【解】原式

$$=\iint\limits_D (x^2+2y^2+5)\mathrm{d}x\,\mathrm{d}y=\frac{1}{2}\iint\limits_D (3x^2+3y^2+10)\mathrm{d}x\,\mathrm{d}y$$

$$=\frac{1}{2}\int_0^{2\pi}\mathrm{d}\theta\int_0^2(3r^2+10)r\,\mathrm{d}r=\frac{1}{2}\int_0^{2\pi}\left[\frac{3}{4}r^4+5r^2\right]_0^2\mathrm{d}\theta=32\pi.$$

【题外话】本例如果不化简被积函数，也能利用极坐标系求二重积分，只是在求

$$\int_0^{2\pi}\mathrm{d}\theta\int_0^2(r^2+r^2\sin^2\theta+3r\cos\theta+4r\sin\theta+5)r\,\mathrm{d}r$$

时运算相对麻烦. 然而，对于有些二重积分，只要被积函数不“缩水”，就寸步难行.

【例 33】　计算 $\iint\limits_D\left[1+\sin x\ln\left(y+\sqrt{1+y^2}\right)\right]\mathrm{d}x\,\mathrm{d}y$，其中 D 是由 $y=x^2(0\leqslant x\leqslant 1)$，$y=-x^2(-1\leqslant x\leqslant 0)$，$y=1$ 及 $x=-1$ 所围成的平面区域.

【分析与解答】　显然，不管是先对 x 积分还是先对 y 积分，都搞不定 $\sin x\ln(y+\sqrt{1+y^2})$ 这个“庞然大物”. 既然搞不定它，就只能把它“请走”；要想把它“请走”，只能利用二重积分的对称性. 问题是积分区域 D 既不关于 x 轴对称，又不关于 y 轴对称，那么二重积分的对称性岂非“空中楼阁”？无妨，可以利用 $y=x^2(-1\leqslant x\leqslant 0)$ 把 D 分割成 D_1 和 D_2（图 5-23），其中

$D_1=\{(x,y)\mid -1\leqslant x\leqslant 1, x^2\leqslant y\leqslant 1\}$，

$D_2=\{(x,y)\mid -1\leqslant x\leqslant 0, -x^2\leqslant y\leqslant x^2\}$.

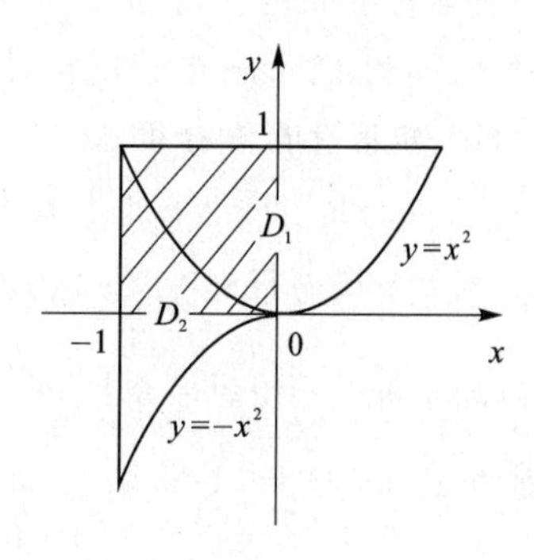

图 5-23

此时,若记 $f(x,y)=\sin x\ln(y+\sqrt{1+y^2})$,则根据二重积分的可加性,有

$$\iint\limits_D f(x,y)\mathrm{d}x\mathrm{d}y=\iint\limits_{D_1} f(x,y)\mathrm{d}x\mathrm{d}y+\iint\limits_{D_2} f(x,y)\mathrm{d}x\mathrm{d}y.$$

因为 $f(-x,y)=-f(x,y)$,且 D_1 关于 y 轴对称,故 $\iint\limits_{D_1} f(x,y)\mathrm{d}x\mathrm{d}y=0$;因为 $f(x,-y)=-f(x,y)$,且 D_2 关于 x 轴对称,故 $\iint\limits_{D_2} f(x,y)\mathrm{d}x\mathrm{d}y=0$. 于是,"请走" $f(x,y)$ 的计划以胜利告终.

当被积函数"缩水"为1以后,我们知道,$\iint\limits_D \mathrm{d}x\mathrm{d}y$ 的值就等于区域 D 的面积. 由于 D_1 关于 y 轴对称,D_2 关于 x 轴对称,故 D 的面积就等于图中阴影部分面积的两倍,于是有

$$原式=\iint\limits_D \mathrm{d}x\mathrm{d}y=S_D=2\times 1=2.$$

亲爱的读者,您没有看错,如此复杂的一个二重积分最终竟然归结为了两倍的正方形的面积!

【题外话】本例无疑创造了一个奇迹. 然而,对于奇迹产生的原因,我们需要思考. 我们曾做了两件很重要的事,一件是化简被积函数,另一件是化简积分区域. 如果没有想到化简被积函数,那么对于本例来说就将束手无策;如果没有想到化简积分区域,那么由于区域 D 是不规则图形,其面积无法利用几何方法直接求出,因而也就只能老老实实地去计算 $\iint\limits_D \mathrm{d}x\mathrm{d}y$ 了. 这告诉我们,求二重积分并不只是单纯地求两次定积分,要想使运算方便,需要在求积分之前多加斟酌. 那么,需要斟酌什么呢? 建议读者无逻辑先后地综合考虑以下四个问题:

(i) **能否化简被积函数**. 可以利用二重积分的普通对称性去观察被积函数中的项 $f(x,y)$ 是否满足 $f(-x,y)=-f(x,y)$(或 $f(x,-y)=-f(x,y)$),以及积分区域 D 是否关于 y 轴(或 x 轴)对称(有时还可以考虑分割后的区域关于坐标轴的对称性,如本例),从而得到该项的二重积分 $\iint\limits_D f(x,y)\mathrm{d}x\mathrm{d}y=0$,使被积函数"缩水";还可以利用二重积分的轮换对称性,在积分区域关于 $y=x$ 对称的前提下化简被积函数(有时还可以考虑在积分区域适合采用极坐标系时利用轮换对称性"生产" x^2+y^2,如例32). 有时即使不化简被积函数也能求出二重积分(如例32),而有时若不化简被积函数就求不出二重积分(如本例).

(ii) **能否化简积分区域**. 可以利用二重积分的普通对称性去观察被积函数 $f(x,y)$ 是否满足 $f(-x,y)=f(x,y)$(或 $f(x,-y)=f(x,y)$),以及积分区域 D 是否关于 y 轴(或 x 轴)对称,从而得到 $\iint\limits_D f(x,y)\mathrm{d}x\mathrm{d}y=2\iint\limits_{D_1} f(x,y)\mathrm{d}x\mathrm{d}y$,把求 D 的二重积分转化为求 D 在 y 轴(或 x 轴)一侧的部分 D_1 的二重积分,这样做有时就能避免分割区域. 其实,本例还能理解为因为 $g(x,y)=1$ 满足 $g(x,-y)=g(x,y)$,又 D_1 关于 x 轴对称,故 $\iint\limits_{D_1}\mathrm{d}x\mathrm{d}y=2\iint\limits_{D_{11}}\mathrm{d}x\mathrm{d}y$($D_{11}$ 为 D_1 中 $x\leqslant 0$ 的部分);因为 $g(-x,y)=g(x,y)$,又 D_2 关于 y 轴对称,故

$\iint\limits_{D_2}\mathrm{d}x\,\mathrm{d}y=2\iint\limits_{D_{21}}\mathrm{d}x\,\mathrm{d}y$（$D_{21}$为$D_2$中$y\geqslant 0$的部分），于是便有$\iint\limits_{D}\mathrm{d}x\,\mathrm{d}y=2\iint\limits_{D_{11}+D_{21}}\mathrm{d}x\,\mathrm{d}y$（$D_{11}+D_{21}$为图5－23中的阴影部分）.

（iii）**利用直角坐标系还是极坐标系**. 一般根据积分区域是否由圆或圆的部分组成，以及被积函数是否形如$f(x^2+y^2)$，$f\left(\dfrac{y}{x}\right)$或$f\left(\dfrac{x}{y}\right)$（这个标准其实并不绝对，后面会讲）来优先考虑适不适合利用极坐标系. 当不适合利用极坐标系时，再考虑利用直角坐标系. 如果选择了直角坐标系，则在更多的情况下，积分区域往往既是X型又是Y型，这时还需以“区域分割尽可能少，求积分尽可能容易”为原则选择积分次序.

（iv）**是否需要分割积分区域**. 这个问题颇可玩味. 我们知道，当把积分区域D分割为D_1和D_2（$D_1\cup D_2=D$，$D_1\cap D_2=\varnothing$）时，根据二重积分的可加性，有

$$\iint\limits_{D}f(x,y)\mathrm{d}x\,\mathrm{d}y=\iint\limits_{D_1}f(x,y)\mathrm{d}x\,\mathrm{d}y+\iint\limits_{D_2}f(x,y)\mathrm{d}x\,\mathrm{d}y.$$

显然，积分区域一旦被分割，二重积分就由一项变成了几项，若果真如此求积分，则无疑会加大运算量. 所以，分割积分区域是万不得已时的无奈之举. 如果利用直角坐标系求二重积分，那么是否要分割区域涉及了积分次序的选择. 前面讲过，选择积分次序的一个原则就是区域分割尽可能少. 比如例30(1)，若先对x积分，就需分割区域，即有

$$\text{原式}=\int_{\frac{1}{2}}^{1}\mathrm{d}y\int_{\frac{1}{y}}^{2}xy\,\mathrm{d}x+\int_{1}^{2}\mathrm{d}y\int_{y}^{2}xy\,\mathrm{d}x.$$

此外，如果没有化简积分区域，那么有时就不得不分割区域. 比如例31若不化简积分区域，则可以以y轴为界分割区域，即

$$\text{原式}=\int_{-\frac{\pi}{2}}^{\frac{\pi}{2}}\mathrm{d}\theta\int_{2\cos\theta}^{2}r^2\,\mathrm{d}r+\int_{\frac{\pi}{2}}^{\frac{3\pi}{2}}\mathrm{d}\theta\int_{-2\cos\theta}^{2}r^2\,\mathrm{d}r.$$

还可以转化为在大圆区域的二重积分减去在两个小圆区域的二重积分，即

$$\text{原式}=\int_{0}^{2\pi}\mathrm{d}\theta\int_{0}^{2}r^2\,\mathrm{d}r-\int_{-\frac{\pi}{2}}^{\frac{\pi}{2}}\mathrm{d}\theta\int_{0}^{2\cos\theta}r^2\,\mathrm{d}r-\int_{\frac{\pi}{2}}^{\frac{3\pi}{2}}\mathrm{d}\theta\int_{0}^{-2\cos\theta}r^2\,\mathrm{d}r.$$

再比如本例，若在求$\iint\limits_{D}\mathrm{d}x\,\mathrm{d}y$时没有利用$D_1$和$D_2$的对称性化简积分区域，则可以选择先对$y$积分并以$y$轴为界分割区域，即

$$\text{原式}=\int_{-1}^{0}\mathrm{d}x\int_{-x^2}^{1}\mathrm{d}y+\int_{0}^{1}\mathrm{d}x\int_{x^2}^{1}\mathrm{d}y;$$

当然也可以选择先对x积分并以x轴为界分割区域；或按既定的D_1，D_2分割区域，等等. 于是可以明白，对于被积函数是初等函数的二重积分，如果计算方法得当，则有时可以避免分割区域. 但是，如果要求的是被积函数为分段函数的二重积分，则分割区域恐怕在所难免.

2. 被积函数为分段函数

题眼探索　为什么在求被积函数为分段函数的二重积分时不得不分割区域呢？因为要“照顾”到各段不同的函数表达式. 设函数$f(x,y)=\begin{cases}f_1(x,y), & (x,y)\in D_1,\\ f_2(x,y), & (x,y)\in D_2,\end{cases}$根据二重积分的可加性，有

$$\iint\limits_D f(x,y)\mathrm{d}\sigma=\iint\limits_{D\cap D_1} f_1(x,y)\mathrm{d}\sigma+\iint\limits_{D\cap D_2} f_2(x,y)\mathrm{d}\sigma.$$

这与求分段函数的定积分时要利用定积分的可加性是一样的道理.当然,这里讲的二元分段函数也是指广义的分段函数,包括狭义的分段函数,绝对值函数,最大值、最小值函数和取整函数.

【例34】 (2005年考研题)设 $D=\{(x,y)\mid x^2+y^2\leqslant\sqrt{2},x\geqslant 0,y\geqslant 0\}$,$[1+x^2+y^2]$表示不超过 $1+x^2+y^2$ 的最大整数.计算二重积分 $\iint\limits_D xy[1+x^2+y^2]\,\mathrm{d}x\,\mathrm{d}y$.

【分析】怎样把被积函数写成分段函数的形式呢?这要先弄清楚 $1+x^2+y^2$ 在 D 上的值域.显然,当 $x^2+y^2\leqslant\sqrt{2}$ 时,$1+x^2+y^2\in[1,1+\sqrt{2}]$,这意味着$[1+x^2+y^2]$只能取到1和2两个整数,即$[1+x^2+y^2]=\begin{cases}1, & 1\leqslant 1+x^2+y^2<2,\\ 2, & 2\leqslant 1+x^2+y^2\leqslant 1+\sqrt{2}.\end{cases}$

如图5-24所示,记 $D_1=\{(x,y)\mid 0\leqslant x^2+y^2<1,x\geqslant 0,y\geqslant 0\}$,$D_2=\{(x,y)\mid 1\leqslant x^2+y^2\leqslant\sqrt{2},x\geqslant 0,y\geqslant 0\}$,则被积函数就能写成

$$xy[1+x^2+y^2]=\begin{cases}xy, & (x,y)\in D_1,\\ 2xy, & (x,y)\in D_2.\end{cases}$$

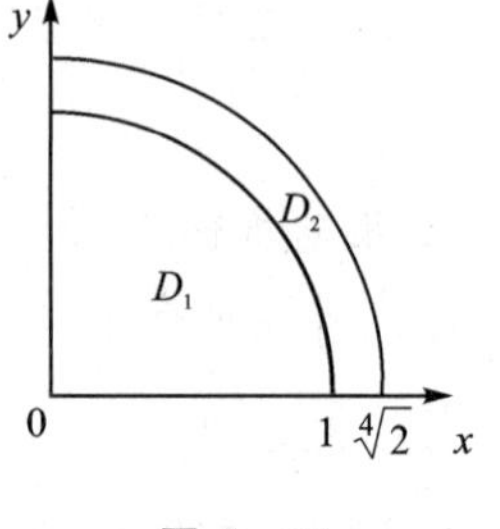

图5-24

【解】原式$=\iint\limits_{D_1} xy\,\mathrm{d}x\,\mathrm{d}y+\iint\limits_{D_2} 2xy\,\mathrm{d}x\,\mathrm{d}y$

$$=\int_0^{\frac{\pi}{2}}\mathrm{d}\theta\int_0^1 r^3\sin\theta\cos\theta\,\mathrm{d}r+\int_0^{\frac{\pi}{2}}\mathrm{d}\theta\int_1^{\sqrt[4]{2}} 2r^3\sin\theta\cos\theta\,\mathrm{d}r$$

$$=\int_0^{\frac{\pi}{2}}\sin\theta\cos\theta\left[\frac{r^4}{4}\right]_0^1\mathrm{d}\theta+\int_0^{\frac{\pi}{2}}\sin\theta\cos\theta\left[\frac{r^4}{2}\right]_1^{\sqrt[4]{2}}\mathrm{d}\theta$$

$$=\int_0^{\frac{\pi}{2}}\frac{3}{8}\sin 2\theta\,\mathrm{d}\theta=\left[-\frac{3}{16}\cos 2\theta\right]_0^{\frac{\pi}{2}}=\frac{3}{8}.$$

【题外话】本例的被积函数并没有长成 $f(x^2+y^2)$,$f\left(\frac{y}{x}\right)$或$f\left(\frac{x}{y}\right)$的"模样",但利用极坐标系求二重积分确实更方便(若利用直角坐标系,则积分限形式复杂,且求在 D_2 上的二重积分时还要分割区域).难道选择坐标系的标准在这里作废了吗?下面就带着这个问题先来看例35.

【例35】 设二元函数

$$f(x,y)=\begin{cases}\sqrt{2-x^2}, & x^2+y^2\leqslant 2,\\ \dfrac{1}{\sqrt{x^2+y^2}}, & x^2+y^2>2,\end{cases}$$

计算二重积分 $\iint\limits_D f(x,y)\mathrm{d}\sigma$,其中 $D=\{(x,y)\mid |x|+|y|\leqslant 2\}$.

【解】如图 5－25 所示，记 $D_1=\{(x,y)\mid x+y\leqslant 2, x\geqslant 0, y\geqslant 0\}$，$D_2=\{(x,y)\mid x^2+y^2\leqslant 2, x\geqslant 0, y\geqslant 0\}$，

$$\iint_D f(x,y)\mathrm{d}\sigma=4\iint_{D_1} f(x,y)\mathrm{d}\sigma$$
$$=4\iint_{D_2}\sqrt{2-x^2}\,\mathrm{d}\sigma+4\iint_{D_1-D_2}\frac{\mathrm{d}\sigma}{\sqrt{x^2+y^2}},$$

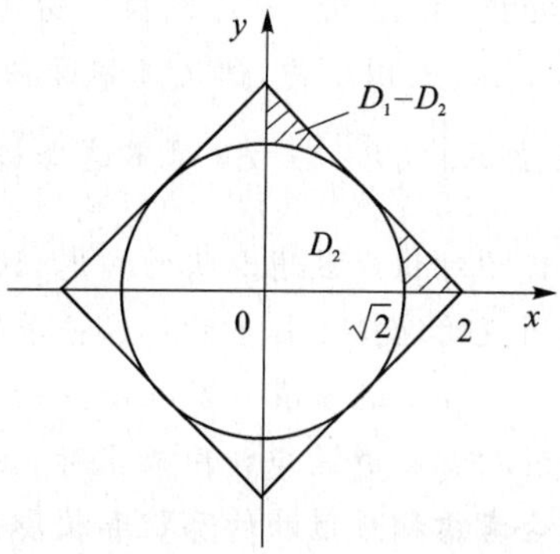

图 5－25

$$\iint_{D_2}\sqrt{2-x^2}\,\mathrm{d}\sigma=\int_0^{\sqrt{2}}\mathrm{d}x\int_0^{\sqrt{2-x^2}}\sqrt{2-x^2}\,\mathrm{d}y$$
$$=\int_0^{\sqrt{2}}\sqrt{2-x^2}\Big[y\Big]_0^{\sqrt{2-x^2}}\mathrm{d}x$$
$$=\int_0^{\sqrt{2}}(2-x^2)\,\mathrm{d}x$$
$$=\left[2x-\frac{x^3}{3}\right]_0^{\sqrt{2}}=\frac{4}{3}\sqrt{2},$$

$$\iint_{D_1-D_2}\frac{\mathrm{d}\sigma}{\sqrt{x^2+y^2}}=\int_0^{\frac{\pi}{2}}\mathrm{d}\theta\int_{\sqrt{2}}^{\frac{2}{\cos\theta+\sin\theta}}\frac{r}{r}\mathrm{d}r=\int_0^{\frac{\pi}{2}}\Big[r\Big]_{\sqrt{2}}^{\frac{2}{\cos\theta+\sin\theta}}\mathrm{d}\theta$$
$$=2\int_0^{\frac{\pi}{2}}\frac{\mathrm{d}\theta}{\cos\theta+\sin\theta}-\frac{\sqrt{2}}{2}\pi=2\int_0^{\frac{\pi}{2}}\frac{\mathrm{d}\theta}{\sqrt{2}\sin\left(\theta+\frac{\pi}{4}\right)}-\frac{\sqrt{2}}{2}\pi$$
$$=\sqrt{2}\int_0^{\frac{\pi}{2}}\csc\left(\theta+\frac{\pi}{4}\right)\mathrm{d}\left(\theta+\frac{\pi}{4}\right)-\frac{\sqrt{2}}{2}\pi$$
$$=\sqrt{2}\left[\ln\left|\csc\left(\theta+\frac{\pi}{4}\right)-\cot\left(\theta+\frac{\pi}{4}\right)\right|\right]_0^{\frac{\pi}{2}}-\frac{\sqrt{2}}{2}\pi$$
$$=\sqrt{2}\ln(2\sqrt{2}+3)-\frac{\sqrt{2}}{2}\pi,$$

故
$$\iint_D f(x,y)\mathrm{d}\sigma=\frac{2}{3}\sqrt{2}\left[8+6\ln(2\sqrt{2}+3)-3\pi\right].$$

【题外话】

(i) 对于$\int_0^{\frac{\pi}{2}}\frac{\mathrm{d}\theta}{\cos\theta+\sin\theta}$，还能令 $t=\tan\frac{\theta}{2}$，这时

$$\int_0^{\frac{\pi}{2}}\frac{\mathrm{d}\theta}{\cos\theta+\sin\theta}=\int_0^1\frac{1+t^2}{1-t^2+2t}\cdot\frac{2\mathrm{d}t}{1+t^2},$$

即转化为了有理函数的积分，这是求三角有理式的积分的保底方法(可参看第三章例 7(3)).

(ii) 本例中，D_1-D_2 可以看做是一个三角形减去一个扇形，既然它并不是单纯地由圆或圆的部分组成，那么为什么还要选择利用极坐标系求 $\iint_{D_1-D_2}\frac{\mathrm{d}\sigma}{\sqrt{x^2+y^2}}$ 呢？因为想搭被积函数中 x^2+y^2 的“便车”. 如果选择直角坐标系，那么积分时需要进行三角代换不说，就连分割区域也在所难免. 而一旦选择了极坐标系，则被积函数就变成了简单的“1”，虽说$\int_0^{\frac{\pi}{2}}\frac{\mathrm{d}\theta}{\cos\theta+\sin\theta}$不是

最好积，但总比“三角代换+分割区域”要好. 反观例30(2)，虽然它的积分区域与这里的 D_1-D_2 大同小异，但是被积函数的形式告诉我们，选择极坐标系后的积分求起来不会轻松（本例求 $\iint\limits_{D_2}\sqrt{2-x^2}\,d\sigma$ 时不选择极坐标系也是这个道理）. 至于例34，之所以选择极坐标系，是出于对积分区域形状的考虑，因为它影响了积分限的形式，以及是否要分割区域. 可见，我们所说的选择坐标系的标准并非“板上钉钉”. 由于积分区域的形状和被积函数的形式决定了区域分割的多少以及求积分的难易，所以才有必要总结什么形状的积分区域，以及什么形式的被积函数适合利用极坐标系. 然而，**对于有些二重积分，就不能太拘泥于某些标准，而要综合考虑积分区域的形状和被积函数的形式，灵活地选取坐标系**，只有这样才能使区域分割得尽可能少，使求积分尽可能容易.

是的，我们的目标是区域分割尽可能少，求积分尽可能容易. 因此，如果选择了直角坐标系且积分区域既是X型又是Y型，那么这两个目标也就成为积分次序的选择依据. 本例中，在求 $\iint\limits_{D_2}\sqrt{2-x^2}\,d\sigma$ 时不选择先对 x 积分就是因为求积分不容易（例30(2)不选择先对 y 积分也是这个道理）. 这使我们深切体会到，当把二重积分转化为二次积分时充满了选择，既要选择坐标系，又要选择积分次序. 当然，不管是坐标系的选择，还是积分次序的选择；不管是为了有更少的区域分割，还是为了有更好求的积分，归根结底都是在为二次积分的方便计算创造条件. 同时，我们也明白，既然二次积分的坐标系和积分次序有所选择，那么，对于既定的坐标系和积分次序，就完全可以重新“洗牌”，改变选择，尤其是在计算不方便的时候.

那么，在哪些情况下不得不改变既定的选择？我们又该如何改变既定的选择呢？

问题7　二次积分的坐标系和积分次序的改变

问题研究

题眼探索　**改变选择的前提是得到积分区域的图形**，因为不管是改变坐标系还是改变积分次序，确定新的积分限都要“仰仗”区域的图形. 那么，如何得到区域的图形呢？根据旧的积分限. 于是我们知道了，积分区域的图形是连接新、旧积分限的“桥梁”. 另外，二次积分的坐标系和积分次序的改变可以明示，也可以暗示. 所谓“暗示”，就是根据具体情况的提示由解题者自己想到改变.

1. 直角坐标系与极坐标系的相互改变

(1) 明示改变坐标系

【例36】　二次积分 $\int_0^2 dy\int_{-\sqrt{2y-y^2}}^0 f(x,y)dx$ 可以写成(　　)

(A) $\int_0^{\frac{\pi}{2}}d\theta\int_{2\sin\theta}^0 f(r\cos\theta,r\sin\theta)r\,dr$.　　(B) $\int_{\frac{\pi}{2}}^{\pi}d\theta\int_{2\sin\theta}^0 f(r\cos\theta,r\sin\theta)r\,dr$.

(C) $\int_0^{\frac{\pi}{2}} \mathrm{d}\theta \int_0^{2\sin\theta} f(r\cos\theta, r\sin\theta) r\,\mathrm{d}r$.　　　(D) $\int_{\frac{\pi}{2}}^{\pi} \mathrm{d}\theta \int_0^{2\sin\theta} f(r\cos\theta, r\sin\theta) r\,\mathrm{d}r$.

【解】由题意,积分区域在直角坐标系下表示为

$$D = \{(x, y) \mid 0 \leqslant y \leqslant 2, -\sqrt{2y - y^2} \leqslant x \leqslant 0\},$$

即是由 $x = -\sqrt{2y - y^2}$ 与 y 轴围成的图形(图 5-26). 它在极坐标系下表示为

$$D = \left\{(r, \theta) \mid 0 \leqslant r \leqslant 2\sin\theta, \frac{\pi}{2} \leqslant \theta \leqslant \pi\right\},$$

故选(D).

(2) 暗示改变坐标系

【例 37】　计算二次积分 $\int_0^{\frac{\pi}{4}} \mathrm{d}\theta \int_0^{\sec\theta} r^2 \sin\theta \sqrt{1 - r^2\cos 2\theta}\,\mathrm{d}r$.

【分析】要想直接求这个积分,恐怕只有令 $r\sqrt{\cos 2\theta} = \sin t$,可以想象,这一路将"荆棘丛生". 没关系,此路不畅可以另谋他路. 但是"他路"在哪里?"他路"由直角坐标系"开道".

【解】由题意,积分区域在极坐标系下表示为 $D = \left\{(r, \theta) \mid 0 \leqslant r \leqslant \sec\theta, 0 \leqslant \theta \leqslant \frac{\pi}{4}\right\}$,即是由 $y = x$, $x = 1$ 与 x 轴围成的图形(图 5-27). 它在直角坐标系下表示为 $\{(x, y) \mid 0 \leqslant x \leqslant 1, 0 \leqslant y \leqslant x\}$,故

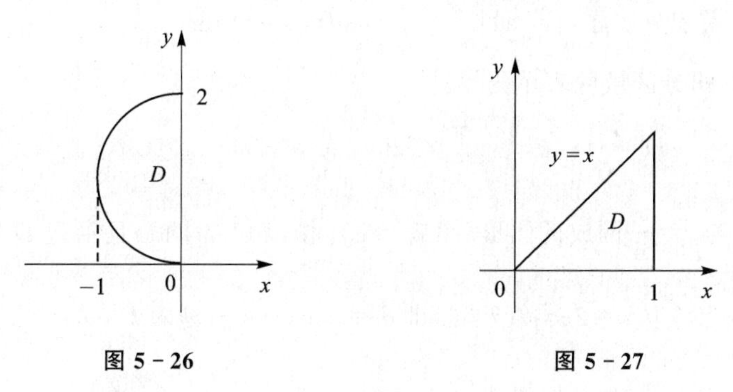

图 5-26　　　　图 5-27

$$
\begin{aligned}
\text{原式} &= \int_0^{\frac{\pi}{4}} \mathrm{d}\theta \int_0^{\sec\theta} r\sin\theta \sqrt{1 - r^2\cos^2\theta + r^2\sin^2\theta}\, r\,\mathrm{d}r \\
&= \int_0^1 \mathrm{d}x \int_0^x y\sqrt{1 - x^2 + y^2}\,\mathrm{d}y \\
&= \frac{1}{2}\int_0^1 \mathrm{d}x \int_0^x \sqrt{1 - x^2 + y^2}\,\mathrm{d}(1 - x^2 + y^2) \\
&= \frac{1}{2}\int_0^1 \left[\frac{2}{3}(1 - x^2 + y^2)^{\frac{3}{2}}\right]_0^x \mathrm{d}x \\
&= \frac{1}{3}\int_0^1 [1 - (1 - x^2)^{\frac{3}{2}}]\,\mathrm{d}x = \frac{1}{3} - \frac{1}{3}\int_0^1 (1 - x^2)^{\frac{3}{2}}\,\mathrm{d}x \\
&\xlongequal{\text{令 } x = \sin u} \frac{1}{3} - \frac{1}{3}\int_0^{\frac{\pi}{2}} \cos^4 u\,\mathrm{d}u = \frac{1}{3} - \frac{1}{3}\int_0^{\frac{\pi}{2}} \left(\frac{1 + \cos 2u}{2}\right)^2 \mathrm{d}u \\
&= \frac{1}{3} - \frac{1}{3}\int_0^{\frac{\pi}{2}} \left(\frac{3}{8} + \frac{1}{2}\cos 2u + \frac{1}{8}\cos 4u\right)\mathrm{d}u = \frac{1}{3} - \frac{\pi}{16}.
\end{aligned}
$$

【题外话】

(i) **对于在既定坐标系下难以计算的二次积分,可以考虑改变坐标系**,因为改变了坐标系,也就改变了被积函数和积分限的形式.

(ii) 还可以利用公式 $\int_0^{\frac{\pi}{2}}\cos^n u\mathrm{d}u=\frac{n-1}{n}\cdot\frac{n-3}{n-2}\cdot\cdots\cdot\frac{1}{2}\cdot\frac{\pi}{2}$($n$ 为正偶数)来求 $\int_0^{\frac{\pi}{2}}\cos^4 u\mathrm{d}u$(该公式在第三章例6中讲过).

2. 极坐标系下积分次序的改变

题眼探索 如果利用极坐标系来求二重积分,一般都习惯先对 r 积分,但是这并不意味着不能先对 θ 积分.换言之,完全可以改变极坐标系下二次积分的积分次序,只是这种改变在具体问题中没有必要罢了.值得注意的是,先对 θ 积分和先对 r 积分所确定的积分限的方法完全不同.前者主要是通过作从极点出发的射线,后者主要是通过作以极点为中心的同心圆.

【例38】 交换积分次序:$\int_{-\frac{\pi}{2}}^{\frac{\pi}{4}}\mathrm{d}\theta\int_0^{2\cos\theta}f(r\cos\theta,r\sin\theta)r\mathrm{d}r=$__________.

【解】由题意,积分区域可表示为

$$D=\left\{(r,\theta)\,\middle|\,-\frac{\pi}{2}\leqslant\theta\leqslant\frac{\pi}{4},0\leqslant r\leqslant 2\cos\theta\right\},$$

即是由 $r=2\cos\theta$ 与 $\theta=\frac{\pi}{4}$ 围成的图形(图5-28).作以 O 为圆心且穿过 D 的同心圆 $r=C$,当 $0\leqslant C\leqslant\sqrt{2}$ 时,$r=C$ 从 $r=2\cos\theta(\theta<0)$ 即 $\theta=-\arccos\frac{r}{2}$ 进入 D,从 $\theta=\frac{\pi}{4}$ 穿出 D;当 $\sqrt{2}\leqslant C\leqslant 2$ 时,$r=C$ 从 $r=2\cos\theta(\theta<0)$ 即 $\theta=-\arccos\frac{r}{2}$ 进入 D,从 $r=2\cos\theta(\theta>0)$ 即 $\theta=\arccos\frac{r}{2}$ 穿出 D.故原二次积分交换积分次序后为

$$\int_0^{\sqrt{2}}\mathrm{d}r\int_{-\arccos\frac{r}{2}}^{\frac{\pi}{4}}f(r\cos\theta,r\sin\theta)r\mathrm{d}\theta+\int_{\sqrt{2}}^{2}\mathrm{d}r\int_{-\arccos\frac{r}{2}}^{\arccos\frac{r}{2}}f(r\cos\theta,r\sin\theta)r\mathrm{d}\theta.$$

3. 直角坐标系下积分次序的改变

(1) 明示改变积分次序

【例39】 交换积分次序:$\int_0^1\mathrm{d}x\int_0^{x^2}f(x,y)\mathrm{d}y+\int_1^2\mathrm{d}x\int_0^{2-x}f(x,y)\mathrm{d}y=$__________.

【解】由题意,积分区域可表示为 $D=D_1\cup D_2$,其中

$$D_1=\{(x,y)\mid 0\leqslant x\leqslant 1,0\leqslant y\leqslant x^2\},$$

$$D_2=\{(x,y)\mid 1\leqslant x\leqslant 2,0\leqslant y\leqslant 2-x\},$$

即是由 $y=x^2$,$y=2-x$ 与 x 轴围成的图形(图5-29).它也可表示为

$$D=\{(x,y)\mid \sqrt{y}\leqslant x\leqslant 2-y,0\leqslant y\leqslant 1\},$$

故原二次积分交换积分次序后为

$$\int_0^1 \mathrm{d}y\int_{\sqrt{y}}^{2-y} f(x,y)\mathrm{d}x.$$

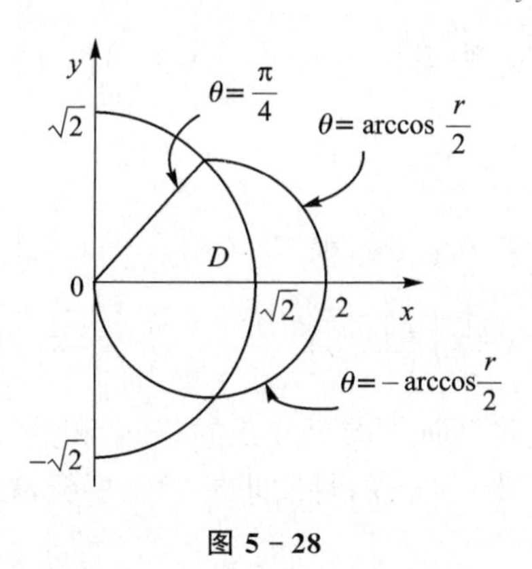

图 5-28

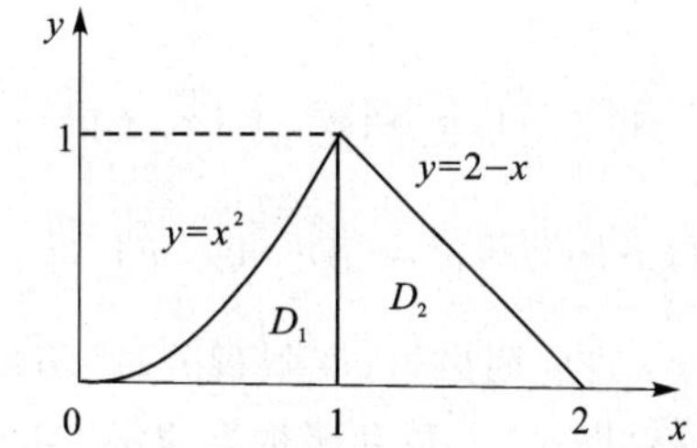

图 5-29

(2) 暗示改变积分次序

题眼探索　在具体问题中,如果说改变极坐标系下的二次积分的积分次序没有必要,那么,改变直角坐标系下的二次积分的积分次序,在很多时候,就太有必要了. 问题是需要在哪些情况下做这种改变呢? 主要是在证明二次积分等式、求二次变限积分的(偏)导数,以及求二次积分时.

1) 证明二次积分等式

【例 40】 设函数 $f(x)$在$[a,b]$上连续,n 为大于 1 的自然数,证明

$$\int_a^b \mathrm{d}x\int_a^x (x-y)^{n-2}f(y)\mathrm{d}y=\frac{1}{n-1}\int_a^b (b-x)^{n-1}f(x)\mathrm{d}x.$$

【分析】眼前的这个等式中隐藏了什么“秘密”呢? 可以发现,等式左边是二次积分,等式右边是定积分,这意味着要想从左边“进军”右边,“途中”必须要求一次积分. 但是,被积函数中有抽象函数 $f(y)$,先对 y 积分仿佛痴人说梦. 而若先对 x 积分,则除了改变积分次序外,别无选择.

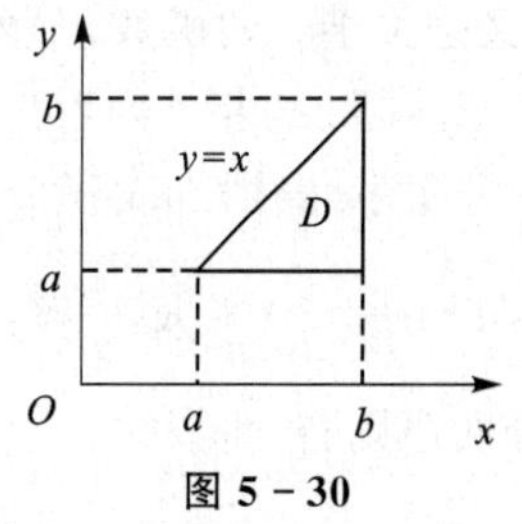

图 5-30

【证】 如图 5-30 所示,积分区域可表示为 $D=\{(x,y)|a\leqslant x\leqslant b,a\leqslant y\leqslant x\}$,故

$$\int_a^b \mathrm{d}x\int_a^x (x-y)^{n-2}f(y)\mathrm{d}y\xlongequal{\text{交换积分次序}}\int_a^b \mathrm{d}y\int_y^b (x-y)^{n-2}f(y)\mathrm{d}x$$

$$=\int_a^b f(y)\left[\frac{(x-y)^{n-1}}{n-1}\right]_y^b \mathrm{d}y$$

$$=\frac{1}{n-1}\int_a^b (b-y)^{n-1}f(y)\mathrm{d}y$$

$$=\frac{1}{n-1}\int_a^b (b-x)^{n-1}f(x)\mathrm{d}x.$$

2) 求二次变限积分的(偏)导数

【例41】

(1) 设函数 $f(t)$ 连续, $F(x)=\int_0^x \mathrm{d}t\int_0^t f(t)\mathrm{d}u$, 则 $F'(3)=($ $)$

(A) $f(3)$. (B) $3f(3)$. (C) $\int_0^3 f(x)\mathrm{d}x$. (D) $3\int_0^3 f(x)\mathrm{d}x$.

(2) 设函数 $f(t,u)$连续, $F(x,y)=\int_{\frac{1}{x}}^y \mathrm{d}t\int_{\frac{1}{t}}^x f(t,u)\mathrm{d}u$, 则 $F_{xy}(x,y)=($ $)$

(A) $f(x,y)$. (B) $f(y,x)$. (C) $\frac{1}{x^2}f\left(\frac{1}{x},y\right)$. (D) $\frac{1}{y^2}f\left(x,\frac{1}{y}\right)$.

【分析】(1)前面讲过,变限积分是"函数套函数".而二次积分是"积分套积分".那么,二次变限积分就既是"函数套函数",又是"积分套积分".所以,每次求导时都要搞清楚应该把谁看做被积函数.不难判断,本例可应用公式

$$\frac{\mathrm{d}}{\mathrm{d}x}\int_a^x G(t)\mathrm{d}t=G(x).$$

问题是应该把谁看做 $G(t)$呢?由于 $F(x)$ 又能写成 $F(x)=\int_0^x\left[\int_0^t f(t)\mathrm{d}u\right]\mathrm{d}t$,因此不妨记 $G(t)=\int_0^t f(t)\mathrm{d}u$. 于是

$$F'(x)=\left[\int_0^x G(t)\mathrm{d}t\right]'=G(x)=\int_0^x f(x)\mathrm{d}u=xf(x),$$

从而 $F'(3)=3f(3)$,选(B).

(2) 本例可以运用公式 $\frac{\mathrm{d}}{\mathrm{d}x}\int_{\psi(x)}^b H(t)\mathrm{d}t=-H[\psi(x)]\psi'(x)$ 直接求 $F_x(x,y)$ 吗?不能.因为如果运用该公式,就要把$\int_{\frac{1}{t}}^x f(t,u)\mathrm{d}u$ 看做$H(t)$,但是$\int_{\frac{1}{t}}^x f(t,u)\mathrm{d}u$ 既是关于x 的函数,又是关于 t 的函数,显然不符合运用该公式的要求(可参看第二章问题1的相关内容).这该如何是好呢?不妨改变$F(x,y)$的积分次序.根据二次积分的表达式,积分区域可表示为 $D=\left\{(t,u)\mid \frac{1}{x}\leqslant t\leqslant y,\frac{1}{t}\leqslant u\leqslant x\right\}$(区域图形见图5-31),交换积分次序则有

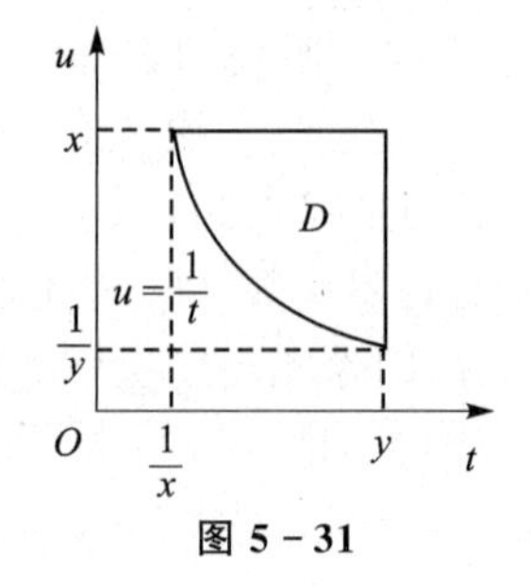

图 5-31

$$F(x,y)=\int_{\frac{1}{y}}^x \mathrm{d}u\int_{\frac{1}{u}}^y f(t,u)\mathrm{d}t.$$

这时,就能运用公式 $\frac{\mathrm{d}}{\mathrm{d}x}\int_a^x P(u)\mathrm{d}u=P(x)$ 求 $F_x(x,y)$ 了.记 $P(u)=\int_{\frac{1}{u}}^y f(t,u)\mathrm{d}t$,则有

$$F_x(x,y)=\frac{\partial}{\partial x}\int_{\frac{1}{y}}^x P(u)\mathrm{d}u=P(x)=\int_{\frac{1}{x}}^y f(t,x)\mathrm{d}t.$$

至此,再运用公式$\frac{\mathrm{d}}{\mathrm{d}y}\int_a^y Q(t)\mathrm{d}t=Q(y)$ 求 $F_{xy}(x,y)$(把 $f(t,x)$ 看做 $Q(t)$)就好,即有

$$F_{xy}(x,y)=\frac{\partial}{\partial y}\int_{\frac{1}{x}}^{y}f(t,x)\mathrm{d}t=f(y,x),$$

选(B).

3）求二次积分

【例 42】　(1988 年考研题) 计算二次积分$\int_1^2\mathrm{d}x\int_{\sqrt{x}}^{x}\sin\frac{\pi x}{2y}\mathrm{d}y+\int_2^4\mathrm{d}x\int_{\sqrt{x}}^{2}\sin\frac{\pi x}{2y}\mathrm{d}y$.

【解】如图 5－32 所示，原式$\xlongequal{\text{交换积分次序}}\int_1^2\mathrm{d}y\int_y^{y^2}\sin\frac{\pi x}{2y}\mathrm{d}x$

$$=\int_1^2\left[-\frac{2y}{\pi}\cos\frac{\pi x}{2y}\right]_y^{y^2}\mathrm{d}y$$

$$=-\frac{2}{\pi}\int_1^2 y\cos\frac{\pi}{2}y\,\mathrm{d}y$$

$$=-\frac{4}{\pi^2}\int_1^2 y\,\mathrm{d}\left(\sin\frac{\pi}{2}y\right)$$

$$=-\frac{4}{\pi^2}\left[y\sin\frac{\pi}{2}y\right]_1^2+\frac{4}{\pi^2}\int_1^2\sin\frac{\pi}{2}y\,\mathrm{d}y$$

$$=\frac{4}{\pi^2}+\frac{4}{\pi^2}\left[-\frac{2}{\pi}\cos\frac{\pi}{2}y\right]_1^2=\frac{4}{\pi^2}+\frac{8}{\pi^3}.$$

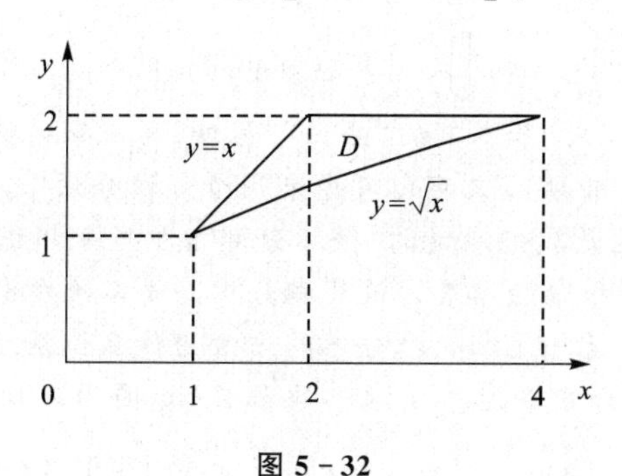

图 5－32

【题外话】　本例为什么要改变积分次序呢？因为 $\sin\frac{\pi x}{2y}$ 对 y 难以积分. 这就告诉我们，**对于在直角坐标系下难以计算的二次积分，可以考虑改变积分次序（有时也可以考虑改变为极坐标系）**. 当然，就本例而言，改变积分次序是别无选择. 那么，面对在直角坐标系下难以计算的二次积分，我们的办法就只有改变积分次序和改变坐标系了吗？

【例 43】　(1995 年考研题) 设函数 $f(x)$ 在闭区间$[0,1]$上连续，并设积分$\int_0^1 f(x)\mathrm{d}x=A$，求$\int_0^1\mathrm{d}x\int_x^1 f(x)f(y)\mathrm{d}y$.

【解】**法一**：原式$\xlongequal{\text{交换积分次序}}\int_0^1\mathrm{d}y\int_0^y f(x)f(y)\mathrm{d}x$

$$=\int_0^1\mathrm{d}x\int_0^x f(y)f(x)\mathrm{d}y$$

$$=\frac{1}{2}\left[\int_0^1\mathrm{d}x\int_0^x f(y)f(x)\mathrm{d}y+\int_0^1\mathrm{d}x\int_x^1 f(x)f(y)\mathrm{d}y\right]$$

$$=\frac{1}{2}\int_0^1 f(x)\left[\int_0^x f(y)\mathrm{d}y\right]\mathrm{d}x+\frac{1}{2}\int_0^1 f(x)\left[\int_x^1 f(y)\mathrm{d}y\right]\mathrm{d}x$$

$$=\frac{1}{2}\int_0^1 f(x)\left[\int_0^x f(y)\mathrm{d}y+\int_x^1 f(y)\mathrm{d}y\right]\mathrm{d}x$$

$$=\frac{1}{2}\int_0^1 f(x)\left[\int_0^1 f(y)\mathrm{d}y\right]\mathrm{d}x$$

$$=\frac{1}{2}\left[\int_0^1 f(y)\mathrm{d}y\right]\left[\int_0^1 f(x)\mathrm{d}x\right]=\frac{1}{2}A^2.$$

法二: 记 $F(x)=\int_x^1 f(y)\mathrm{d}y$,则 $F'(x)=-f(x)$,于是

$$\text{原式}=-\int_0^1 F'(x)F(x)\mathrm{d}x=-\int_0^1 F(x)\mathrm{d}[F(x)]$$

$$=-\Big[F^2(x)\Big]_0^1+\int_0^1 F(x)F'(x)\mathrm{d}x,$$

故 $$\text{原式}=-\int_0^1 F'(x)F(x)\mathrm{d}x=-\frac{1}{2}\Big[F^2(x)\Big]_0^1=\frac{1}{2}\left[\int_0^1 f(y)\mathrm{d}y\right]^2=\frac{1}{2}A^2.$$

【题外话】

(i) 本例的“法一”先通过改变积分次序得到 $A=B$,然后再利用 $A=\frac{1}{2}(B+A)$.

(ii) 本例要求的是形如 $\int_a^b f(x)\left[\int_{\varphi_1(x)}^{\varphi_2(x)} g(y)\mathrm{d}y\right]\mathrm{d}x$ 的积分,对于这样的二次积分,既可以考虑通过改变积分次序来求(如本例的“法一”. 另外,第三章的例32也能通过改变积分次序来求积分,读者可以自行练习),又可以考虑采用分部积分法来求(如本例的“法二”和第三章的例32. 本例的“法二”就是我们所说的“循环分部”,即当分部积分后出现与原积分相同的形式时,稍作整理便能得到积分的结果). 改变积分次序是二次积分的方法,分部积分法是一元函数积分学的方法. 问题是一元函数积分学的方法为什么能用于求二次积分呢?

(iii) 一元函数积分学的方法能用于求二次积分,是因为二次积分可以变形为定积分. 下面从最一般的二次积分 $\int_a^b\left[\int_{\varphi_1(x)}^{\varphi_2(x)} h(x,y)\mathrm{d}y\right]\mathrm{d}x$ 谈起. 对于这个二次积分,只要记辅助函数 $H(x)=\int_{\varphi_1(x)}^{\varphi_2(x)} h(x,y)\mathrm{d}y$,它就变为定积分 $\int_a^b H(x)\mathrm{d}x$. 如果形式稍特殊一些,当 $h(x,y)=f(x)g(y)$,即被积函数的自变量 x,y 能够分离时,它就变成刚才探讨的 $\int_a^b f(x)\left[\int_{\varphi_1(x)}^{\varphi_2(x)} g(y)\mathrm{d}y\right]\mathrm{d}x$ 了. 由于对 $F(x)=\int_{\varphi_1(x)}^{\varphi_2(x)} g(y)\mathrm{d}y$ 求导相对容易,所以把分部积分法纳入求这种积分时的考虑范畴. 如果形式再特殊一些,当 $h(x,y)=f(x)g(y)$ 且 $\varphi_1(x)=c$, $\varphi_2(x)=d$,即再加上积分限都是常数的条件时,它就变成 $\int_a^b f(x)\left[\int_c^d g(y)\mathrm{d}y\right]\mathrm{d}x$ 了. 此时此刻,由于 $\int_c^d g(y)\mathrm{d}y$ 是常数,因此不难得到

$$\int_a^b f(x)\left[\int_c^d g(y)\mathrm{d}y\right]\mathrm{d}x=\left[\int_c^d g(y)\mathrm{d}y\right]\left[\int_a^b f(x)\mathrm{d}x\right], \tag{5-10}$$

这时,二次积分俨然变形为两个定积分的乘积. 那么,二次积分的形式还能再特殊一些吗? 能. 当 $h(x,y)=f(x)f(y)$ 且 $\varphi_1(x)=a$, $\varphi_2(x)=b$ 时,又有

$$\int_a^b f(x)\left[\int_a^b f(y)\mathrm{d}y\right]\mathrm{d}x=\left[\int_a^b f(y)\mathrm{d}y\right]\left[\int_a^b f(x)\mathrm{d}x\right]=\left[\int_a^b f(x)\mathrm{d}x\right]^2 \tag{5-11}$$

(本例的"法一"就是这样把二次积分变形为定积分的).于是可以得出结论:**当二次积分的积分限不全为常数,或被积函数的两个自变量不能分离时,可以通过记辅助函数的方式把二次积分变形为一个定积分;当二次积分的积分限全为常数,且被积函数的两个自变量能分离时,二次积分能直接变形为两个定积分之积.**

的确,只要把二次积分变形为定积分,就能代入已知的定积分的值(如本例的"法一");只要把二次积分变形为定积分,就能采用一元函数积分学的方法(如本例的"法二").把二次积分变形为定积分的"收获"在本例中体现得淋漓尽致!然而,我们还好奇,定积分可以变形为二次积分吗?当然可以.对于等式(5-10)和式(5-11),既然从左边变到右边是变二次积分为定积分,那么从右边变到左边不就是变定积分为二次积分了吗?更何况,从二次积分到二重积分只有"一步之遥".于是,可以得到

$$\left[\int_c^d g(y)\mathrm{d}y\right]\left[\int_a^b f(x)\mathrm{d}x\right]=\int_a^b f(x)\left[\int_c^d g(y)\mathrm{d}y\right]\mathrm{d}x=\iint_{D_1} f(x)g(y)\mathrm{d}x\mathrm{d}y,$$

$$\left[\int_a^b f(x)\mathrm{d}x\right]^2=\left[\int_a^b f(y)\mathrm{d}y\right]\left[\int_a^b f(x)\mathrm{d}x\right]=\int_a^b f(x)\left[\int_a^b f(y)\mathrm{d}y\right]\mathrm{d}x=\iint_{D_2} f(x)f(y)\mathrm{d}x\mathrm{d}y,$$

其中 $D_1=\{(x,y)|a\leqslant x\leqslant b,c\leqslant y\leqslant d\}$,$D_2=\{(x,y)|a\leqslant x\leqslant b,a\leqslant y\leqslant b\}$.那么,这样的变形又有什么"收获"呢?它的"收获"体现在证明积分不等式时.

问题8　用二重积分的方法证明积分不等式

问题研究

1.放缩被积函数

【例44】　设函数 $f(x)$ 在 $[a,b]$ 上连续且恒大于零,证明 $\int_a^b f(x)\mathrm{d}x\int_a^b \frac{1}{f(x)}\mathrm{d}x\geqslant(b-a)^2$.

【证】记 $D=\{(x,y)|a\leqslant x\leqslant b,a\leqslant y\leqslant b\}$,则

$$\int_a^b f(x)\mathrm{d}x\int_a^b \frac{1}{f(x)}\mathrm{d}x=\int_a^b f(y)\mathrm{d}y\int_a^b \frac{1}{f(x)}\mathrm{d}x=\iint_D \frac{f(y)}{f(x)}\mathrm{d}x\mathrm{d}y,$$

根据轮换对称性,

$$\iint_D \frac{f(y)}{f(x)}\mathrm{d}x\mathrm{d}y=\iint_D \frac{f(x)}{f(y)}\mathrm{d}x\mathrm{d}y=\frac{1}{2}\iint_D\left[\frac{f(y)}{f(x)}+\frac{f(x)}{f(y)}\right]\mathrm{d}x\mathrm{d}y,$$

由基本不等式可知

$$\int_a^b f(x)\mathrm{d}x\int_a^b \frac{1}{f(x)}\mathrm{d}x=\frac{1}{2}\iint_D\left[\frac{f(y)}{f(x)}+\frac{f(x)}{f(y)}\right]\mathrm{d}x\mathrm{d}y\geqslant\iint_D\mathrm{d}x\mathrm{d}y=(b-a)^2.$$

【题外话】

(i) 我们之所以能放缩二重积分的被积函数,是因为二重积分有比较定理:若在 D 上有 $f(x,y)\leqslant g(x,y)$,则 $\iint_D f(x,y)\mathrm{d}\sigma\leqslant\iint_D g(x,y)\mathrm{d}\sigma$.

(ii) 本例还能采用一元微分学的方法,即通过记辅助函数

$$F(x)=\int_a^x f(t)\mathrm{d}t\int_a^x \frac{1}{f(t)}\mathrm{d}t-(x-a)^2\quad(x\geqslant a),$$

并判断它的单调性来证明.

2. 放缩积分区域

【例45】 证明$\left(\int_0^1 e^{-x^2}dx\right)^2<\frac{\pi}{4}(1-e^{-2})$.

【分析】对于$\int_0^1 e^{-x^2}dx$,我们无计可施;对于$\int_0^1 e^{-x^2}dx$的平方,倒是可以大做文章.这个"文章"就从把写成平方的两个$\int_0^1 e^{-x^2}dx$"拆散"做起.如果把$\left(\int_0^1 e^{-x^2}dx\right)^2$写成了$\left(\int_0^1 e^{-x^2}dx\right)\left(\int_0^1 e^{-x^2}dx\right)$,那么这两个"长相"一样的$\int_0^1 e^{-x^2}dx$又实在有碍观瞻,所以不妨把其中一个的$x$全部改写为$y$.前面讲过,若记$D=\{(x,y)\mid 0\leqslant x\leqslant 1,0\leqslant y\leqslant 1\}$,则

$$\left(\int_0^1 e^{-y^2}dy\right)\left(\int_0^1 e^{-x^2}dx\right)=\iint_D e^{-x^2-y^2}dxdy,$$

定积分的平方"摇身一变",变成了一个二重积分.现在的问题是,不等式从何而来呢?可以发现,被积函数中含有x^2+y^2,这无疑是利用极坐标系求积分的"好苗子".可是,再好的苗子也需要土壤,方形区域D似乎不是利用极坐标系的理想"土壤".没关系,可以开辟新的"土壤"——把方形区域D放大为扇形区域D_1(图5-33,$D_1=\{(x,y)|x^2+y^2\leqslant 2,x\geqslant 0,y\geqslant 0\}$).当然,不等式也就随之产生了.

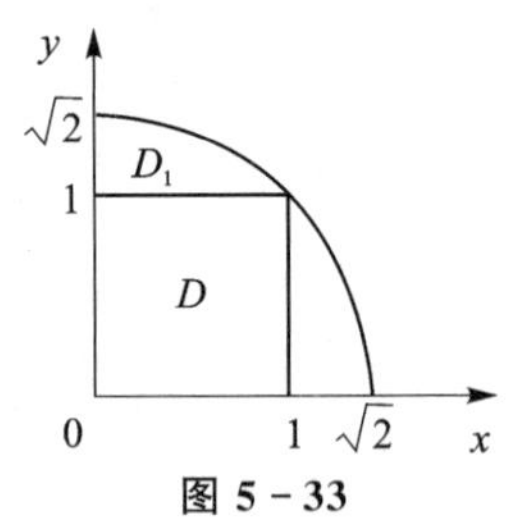

图5-33

【证】$\left(\int_0^1 e^{-x^2}dx\right)^2=\left(\int_0^1 e^{-y^2}dy\right)\left(\int_0^1 e^{-x^2}dx\right)=\iint_D e^{-x^2-y^2}dxdy<\iint_{D_1} e^{-x^2-y^2}dxdy$

$$=\int_0^{\frac{\pi}{2}}d\theta\int_0^{\sqrt{2}}e^{-r^2}r\,dr=\int_0^{\frac{\pi}{2}}\left[-\frac{1}{2}e^{-r^2}\right]_0^{\sqrt{2}}d\theta$$

$$=\frac{1}{2}(1-e^{-2})\int_0^{\frac{\pi}{2}}d\theta=\frac{\pi}{4}(1-e^{-2}).$$

【题外话】谈到这里,可以发现,**证明积分等式既能采用一元微分学的方法,又能采用一元积分学的方法,还能采用二重积分的方法**.然而,也可以发现,二重积分的方法与前两类方法有所不同.前两类方法是建立在找到的不等关系上的,而二重积分的方法是对被积函数和积分区域的放缩.这就涉及一个问题:证明不等式的关键是什么?说起数学证明,往往很容易想到逻辑推理.但是就证明积分不等式而言,不管是利用找到的不等关系,还是放缩二重积分的被积函数或积分区域,似乎都不怎么能跟逻辑推理沾上边.于是又提出了一个新问题:微积分的证明问题是不是都由逻辑推理"唱主调"呢?要回答这个问题,就要盘点一下之前探讨过的证明问题.

深度聚焦

微积分的证明问题都以逻辑推理为主吗?

数学离不开逻辑推理.甚至可以说,绝大多数的数学问题多少都有逻辑推理的影子,不论是代数还是几何,不论是计算还是证明.但是,在我们的观念里,证明问题的逻辑色彩特别浓.也正是因为它有很浓的逻辑色彩,所以我们才害怕它,没有信心攻破它.问题是,在我们研究的微积分学中,证明问题真的是"为逻辑而生"的吗?

首先不得不划定证明问题的外延.我们所探讨的证明问题,遵循“两不谈”原则:一是不谈定理和性质的证明,二是不谈“非典型证明”.什么是“非典型证明”呢?请看这样一道题:证明函数 $u=\frac{1}{r}$ 满足方程 $\frac{\partial^2 u}{\partial x^2}+\frac{\partial^2 u}{\partial y^2}+\frac{\partial^2 u}{\partial z^2}=0$,其中 $r=\sqrt{x^2+y^2+z^2}$.不难看出,这道题的实质是计算二阶偏导数 $\frac{\partial^2 u}{\partial x^2}$,$\frac{\partial^2 u}{\partial y^2}$ 和 $\frac{\partial^2 u}{\partial z^2}$.对于这种“披着证明外衣”的计算题,不妨称它为非典型证明.

一路走来,主要谈了三种证明:证明函数的性质、证明不等式和证明等式.

1° **函数性质的证明**.我们曾经重点探讨过哪些函数性质的证明呢?一元函数的连续性、可导性,以及极限的存在性;二元函数的连续性、可微性,偏导数的存在性和极限的存在性(一元函数的导数的连续性其实就是一元函数的连续性和可导性的“加强版”,二元函数的偏导数的连续性其实就是二元函数的连续性和偏导数的存在性的“加强版”).那么,我们又是运用哪些方法来证明呢?主要分为“一般化”方法和“特殊化”方法.“一般化”方法主要是利用定义、充分必要条件和充分条件.具体地说,一元函数和二元函数是否连续、一元函数是否可导、二元函数的偏导数是否存在是利用定义来证明;一元函数极限不存在、二元函数是否可微是利用充分必要条件$\left(\lim\limits_{x\to x_0^-}f(x)=\right.$ $\lim\limits_{x\to x_0^+}f(x)$ 是 $f(x)$ 在 $x\to x_0$ 时极限存在的充分必要条件,

$$\lim_{\substack{\Delta x\to 0\\ \Delta y\to 0}}\frac{f(x_0+\Delta x,y_0+\Delta y)-f(x_0,y_0)-f_x(x_0,y_0)\Delta x-f_y(x_0,y_0)\Delta y}{\sqrt{(\Delta x)^2+(\Delta y)^2}}=0$$

是 $f(x,y)$ 在 (x_0,y_0) 处可微的充分必要条件$\Big)$来证明;数列极限的存在是利用充分条件(一个数列单调有界是它极限存在的充分条件)来证明.只有在证明二元函数极限不存在时才运用“特殊化”的方法,这个方法是举反例(如果能举出满足“当 $x\to x_0$ 时,$y_1(x),y_2(x)\to y_0$”的 $y=y_1(x)$,$y=y_2(x)$ 使 $\lim\limits_{\substack{x\to x_0\\ y=y_1(x)}}f(x,y)\neq\lim\limits_{\substack{x\to x_0\\ y=y_2(x)}}f(x,y)$,就能说明 $\lim\limits_{\substack{x\to x_0\\ y\to y_0}}f(x,y)$ 不存在).但是我们更关心的是下一个问题,证明的关键是什么?如果运用“一般化”的方法,关键在验证;如果运用“特殊化”的方法,关键在举例.这里的验证,除了证明当数列极限存在时验证数列是否单调、是否有界外,其他都是清一色的求极限,只不过有的是求一元函数的极限,有的是求二元函数的极限.至于举例,也无非就是求两个一元函数的极限.既然如此,函数的这些性质的证明又有多少逻辑推理的色彩呢?

2° **不等式的证明**.对于不等式的证明,已经谈过四大类方法,分别是一元微分学的方法、一元积分学的方法、多元微分学的方法、二重积分的方法,证明的方法何其丰富!其中方法最丰富的要数一元微分学的方法,主要有利用单调性定义、利用最值定义(一元函数)、利用凹凸性定义、利用拉格朗日中值定理和利用泰勒公式五种;一元函数积分学的方法也毫不逊色,有利用定积分的比较定理、利用定积分的估值定理、利用定积分的绝对值比较定理和利用积分中值定理四种;最“可怜”的是多元微分学的方法,它只有利用最值定义(多元函数)一种;而二重积分的方法,有放缩被积函数和放缩积分区域两种.前三大类,

十种方法是通过寻找一元微分学、一元积分学、多元微分学中的不等关系得到的，所以采用这些方法证明不等式的关键是化归，即把要证的不等式转化为所找到的这些不等关系. 不同的是，采用二重积分的方法证明不等式的关键是变形. 毋庸置疑，放缩被积函数就是对被积函数变形，变的是被积函数的代数形式. 至于放缩积分区域，变的是积分区域的几何形状，姑且也称它为“变形”. 那么，化归和变形也能称得上逻辑推理吗?

3° **等式的证明**. 最麻烦的是证明等式. 前面重点谈过证明积分等式和含中值的等式. 另外，还有方程的解的情况的证明，不妨也一并归为等式的证明. 那么，证明等式的方法和关键又是什么呢? 先看积分等式. 证明积分等式时谈过两种方法：换元积分法和分部积分法. 前面讲过，换元积分法用以改变积分限和被积函数的形式，分部积分法用以改变被积函数的导数阶数. 而改变积分限也好，改变被积函数也罢，改变的都是积分的形式，因此证明的关键是变形. 证明含一个中值的等式和含多个中值的等式，情况有所不同. 证明含一个中值的等式以利用罗尔定理为主(也可能用到零点定理、介值定理、积分中值定理，等等)，证明含多个中值的等式利用的是拉格朗日中值定理或柯西中值定理. 证明含一个中值的等式既要构造利用罗尔定理的辅助函数，又要“开发”利用罗尔定理的区间，前者是从结论入手推理，后者是从条件入手推理，这些无疑都是逻辑推理在“唱主调”. 而证明含多个中值的等式虽然省去了“从条件入手”的麻烦，却需要根据结论推理出如何利用微分中值定理，这也着实充满了逻辑推理的色彩. 就证明方程的解的情况而言，前面讲过，“证明方程有解”和“证明含一个中值的等式”本质上是同一个问题，所以只需证明方程至多有一个解. 前面讲过两种方法，分别是利用单调性和利用罗尔定理. 利用单调性证明方程至多有一个解的关键，显然是验证所记的函数是单调的. 而利用罗尔定理证明方程至多有一个解则要利用反证法. 这里的反证法听着挺唬人，其实有其一套固定的程序，除了按部就班外，其实剩下的工作就只是验证矛盾存在了. 到头来，证明的关键还只是验证.

经过了横跨五章的宏观分析后，可以得出结论：**在研究过的微积分的证明问题中，只有含中值的等式的证明是以逻辑推理为主的**. 也正是因为这种证明具有较强的逻辑性，所以它常常成为解题者的“噩梦”. 但是，从另一个角度看，也可以发现，微积分的证明问题并不能与逻辑推理问题画等号. 这意味着，大多数的证明题诚不足虑也. 亲爱的读者，请无须在见到“证明”二字时就战战兢兢，只要搞清了各种证明问题的方法，则攻破证明并非神话. 现在通过表 5-1 去梳理、去比较、去回忆曾经一起讨论过的证明.

表 5-1

证明的对象	证明的方法		证明的关键
函数的性质	“一般化”的方法	1. 利用定义(证明一元函数和二元函数是否连续、一元函数是否可导、二元函数的偏导数是否存在)； 2. 利用充分必要条件(证明一元函数极限不存在、二元函数是否可微)； 3. 利用充分条件(证明数列极限存在)	验证
	“特殊化”的方法	举反例(证明二元函数极限不存在)	举例

续表 5-1

证明的对象	证明的方法		证明的关键
不等式	一元微分学的方法	1.利用单调性定义; 2.利用最值定义(一元函数); 3.利用凹凸性定义; 4.利用拉格朗日中值定理; 5.利用泰勒公式	化归
	一元积分学的方法	1.利用定积分的比较定理; 2.利用定积分的估值定理; 3.利用定积分的绝对值比较定理; 4.利用积分中值定理	
	多元微分学的方法	利用最值定义(多元函数)	
	二重积分的方法	1.放缩被积函数; 2.放缩积分区域	变形
等式	证明积分等式的方法	1.换元积分法; 2.分部积分法	变形
	证明含一个中值的等式(方程有解)的方法	以利用罗尔定理为主	推理
	证明含多个中值的等式的方法	利用拉格朗日中值定理或柯西中值定理	
	证明方程至多有一个解的方法	1.利用单调性; 2.利用罗尔定理	验证

问题9 求曲顶柱体的体积

问题研究

题眼探索 与定积分一样,二重积分也能帮助解决几何问题.二重积分之所以能解决几何问题,此处"归功"于它的几何意义:若函数 $f(x,y)$ 在有界闭区域 D 上连续且非负,则二重积分 $\iint\limits_{D} f(x,y)\mathrm{d}\sigma$ 在几何上表示为以 $f(x,y)$ 为顶、以 D 为底的曲顶柱体的体积.所以,曲顶柱体的体积的计算可以转化为二重积分的计算,**转化时只需把握曲顶柱体的顶的表达式和底的图形**,因为顶的表达式是被积函数的"不二人选",而充当底的区域是积分区域的"不二人选".

【例 46】 以 xOy 面上的圆周 $x^2+y^2=1$ 围成的闭区域为底,以曲面 $z=\sqrt{4-x^2-y^2}$ 为顶的曲顶柱体的体积为________.

【解】记 $D=\{(x,y)\mid x^2+y^2\leqslant 1\}$,则

$$V=\iint_D\sqrt{4-x^2-y^2}\,\mathrm{d}\sigma=\int_0^{2\pi}\mathrm{d}\theta\int_0^1\sqrt{4-r^2}\,r\,\mathrm{d}r=-\frac{1}{2}\int_0^{2\pi}\mathrm{d}\theta\int_0^1\sqrt{4-r^2}\,\mathrm{d}(4-r^2)$$

$$=-\frac{1}{2}\int_0^{2\pi}\left[\frac{2}{3}(4-r^2)^{\frac{3}{2}}\right]_0^1\mathrm{d}\theta=\left(\frac{8}{3}-\sqrt{3}\right)\int_0^{2\pi}\mathrm{d}\theta=\left(\frac{16}{3}-2\sqrt{3}\right)\pi.$$

【题外话】求曲顶柱体的体积无疑是一个几何问题,但在解决该问题的过程中,似乎看不到几何的痕迹.是的,解决几何问题本来就不一定要考虑几何图形.然而,当不知道 $z=\sqrt{4-x^2-y^2}$ 表示什么样的图形时,当不知道题中所说的曲顶柱体是什么"模样"时,难免会有些遗憾.为了不让这种遗憾常驻心中,让我们"开启"多元函数微积分学的几何视角.

实战演练

一、选择题

1. 已知 $f(x,y)=\mathrm{e}^{\sqrt{x^2+y^4}}$,则(　　)

(A) $f_x(0,0)$,$f_y(0,0)$都存在.　　(B) $f_x(0,0)$不存在,$f_y(0,0)$存在.

(C) $f_x(0,0)$存在,$f_y(0,0)$不存在.　　(D) $f_x(0,0)$,$f_y(0,0)$都不存在.

2. 设函数 $f(x,y)$在点$(0,0)$处连续,且 $\lim\limits_{(x,y)\to(0,0)}\dfrac{f(x,y)}{x^2+y^2}=1$,则(　　)

(A) $f_x(0,0)$存在且不为零.　　(B) $f_x(0,0)$不存在.

(C) $f(x,y)$在点$(0,0)$处取得极小值.　　(D) $f(x,y)$在点$(0,0)$处取得极大值.

3. 设 $I_1=\iint_D\cos\sqrt{x^2+y^2}\,\mathrm{d}\sigma$,$I_2=\iint_D\cos(x^2+y^2)\,\mathrm{d}\sigma$,$I_3=\iint_D\cos(x^2+y^2)^2\,\mathrm{d}\sigma$,其中 $D=\{(x,y)\mid x^2+y^2\leqslant 1\}$,则(　　)

(A) $I_3>I_2>I_1$.　　(B) $I_1>I_2>I_3$.　　(C) $I_2>I_1>I_3$.　　(D) $I_3>I_1>I_2$.

4. 设 $f(x,y)$ 连续,且 $f(x,y)=xy+\iint_D f(u,v)\,\mathrm{d}u\,\mathrm{d}v$,其中 D 是由 $y=0$,$y=x^2$,$x=1$ 所围成的区域,则 $f(x,y)$ 等于(　　)

(A) xy.　　(B) $2xy$.　　(C) $xy+\dfrac{1}{8}$.　　(D) $xy+1$.

二、填空题

5. 设 $z=(x+\mathrm{e}^y)^x$,则$\left.\dfrac{\partial z}{\partial x}\right|_{(1,0)}=$________.

6. 设 $D=\{(x,y)\mid x^2+y^2\leqslant 1\}$,则$\iint_D(x^2+2y)\,\mathrm{d}x\,\mathrm{d}y=$________.

7. 交换积分次序:$\int_0^1\mathrm{d}y\int_{\sqrt{y}}^{\sqrt{2-y^2}}f(x,y)\,\mathrm{d}x=$________.

8. $\int_0^1 dx\int_0^x x\sqrt{1-x^2+y^2}\,dy=$__________.

9. $\int_0^{\sqrt{2}} e^{-y^2}dy\int_0^y e^{-x^2}dx+\int_{\sqrt{2}}^2 e^{-y^2}dy\int_0^{\sqrt{4-y^2}} e^{-x^2}dx=$__________.

10. 设 $f(x)$ 是定义在 $[0,1]$ 上的连续函数，且 $f(0)=1$，则 $\lim\limits_{x\to 0^+}\dfrac{\int_0^{x^2}dt\int_{\sqrt{t}}^x f(u)du}{x(\cos x-1)}=$__________.

三、解答题

11. 设函数 $u=f(x,y,z)$ 有连续的偏导数，且 $z=z(x,y)$ 由方程 $xe^x-ye^y=ze^z$ 所确定，求 du.

12. 已知函数 $f(u,v)$ 具有连续的二阶偏导数，$f(1,1)=2$ 是 $f(u,v)$ 的极值，$z=f[x+y,f(x,y)]$. 求 $\left.\dfrac{\partial^2 z}{\partial x\partial y}\right|_{(1,1)}$.

13. 讨论极限 $\lim\limits_{(x,y)\to(0,0)}\dfrac{x^2y}{x^3+y^3}$ 的存在性.

14. 判断二元函数 $f(x,y)=\begin{cases}\dfrac{x^2y^2}{x^2+y^2}, & (x,y)\neq(0,0),\\ 0, & (x,y)=(0,0)\end{cases}$ 在点 $(0,0)$ 处是否可微.

15. 求二元函数 $f(x,y)=x^2(2+y^2)+y\ln y$ 的极值.

16. 已知函数 $z=f(x,y)$ 的全微分 $dz=2xdx-2ydy$，并且 $f(1,1)=2$. 求 $f(x,y)$ 在椭圆域 $D=\left\{(x,y)\,\middle|\,x^2+\dfrac{y^2}{4}\leqslant 1\right\}$ 上的最大值和最小值.

17. 求当 $x>0,y>0,z>0$ 时，函数 $f(x,y,z)=\ln x+\ln y+3\ln z$ 在球面 $x^2+y^2+z^2=5r^2$ 上的最大值，并利用上述结果证明：对任意正数 a,b,c，有 $abc^3\leqslant 27\left(\dfrac{a+b+c}{5}\right)^5$.

18. 设区域 $D=\{(x,y)\mid x^2+y^2\leqslant 1,x\geqslant 0\}$，计算二重积分 $I=\iint\limits_D \dfrac{1+xy}{1+x^2+y^2}dxdy$.

19. 计算二重积分 $\iint\limits_D |x^2+y^2-1|d\sigma$，其中 $D=\{(x,y)\mid 0\leqslant x\leqslant 1,0\leqslant y\leqslant 1\}$.

20. 设函数 $f(x)$ 在 $[a,b]$ 上连续，证明 $\left[\int_a^b f(x)dx\right]^2\leqslant(b-a)\int_a^b f^2(x)dx$.

第六章　几何视角的多元函数微积分学

问题 1　空间解析几何的相关问题
问题 2　多元函数微分学的几何应用
问题 3　求三重积分
问题 4　求曲线积分
问题 5　求曲面积分

第六章　几何视角的多元函数微积分学

问题脉络

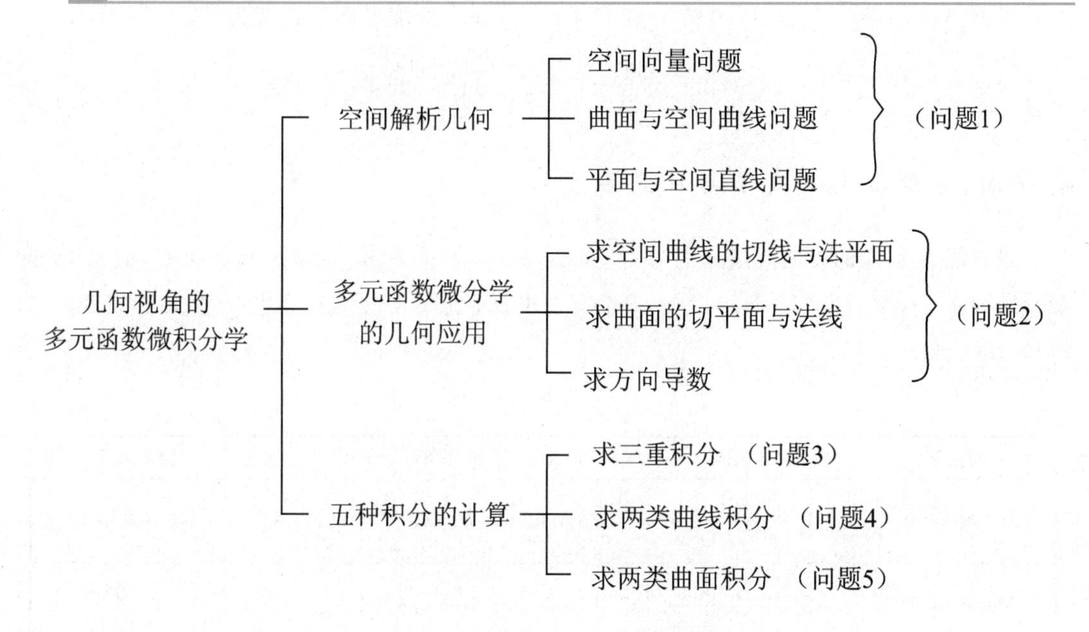

问题1　空间解析几何的相关问题

知识储备

1. 向量的方向角与方向余弦

非零向量 $\vec{r}=(x,y,z)$ 与三条坐标轴的夹角 α,β,γ 叫做 $\vec{r}$ 的方向角，$\cos\alpha,\cos\beta,\cos\gamma$ 叫做 $\vec{r}$ 的方向余弦，且有

$$\cos\alpha=\frac{x}{|\vec{r}|},\quad \cos\beta=\frac{y}{|\vec{r}|},\quad \cos\gamma=\frac{z}{|\vec{r}|}.$$

2. 两向量的向量积

(1) 定　义

若向量 $\vec{c}$ 的模满足 $|\vec{c}|=|\vec{a}||\vec{b}|\sin(\widehat{\vec{a},\vec{b}})$，$\vec{c}$ 的方向满足 $\vec{c}\perp\vec{a}$，$\vec{c}\perp\vec{b}$ 且符合右手规则，则 $\vec{c}$ 叫做 $\vec{a}$ 与 $\vec{b}$ 的向量积，记作 $\vec{a}\times\vec{b}$.

(2) 坐标运算

对于 $\vec{a}=(a_x,a_y,a_z)$，$\vec{b}=(b_x,b_y,b_z)$，有 $\vec{a}\times\vec{b}=\begin{vmatrix}\vec{i} & \vec{j} & \vec{k}\\ a_x & a_y & a_z\\ b_x & b_y & b_z\end{vmatrix}$.

3. 点到平面的距离

平面 $Ax+By+Cz+D=0$ 外一点 $P_0(x_0,y_0,z_0)$ 到该平面的距离为

$$d=\frac{|Ax_0+By_0+Cz_0+D|}{\sqrt{A^2+B^2+C^2}}.$$

4. 平面、直线之间的夹角与位置关系

设直线 L_1,L_2 的方向向量分别为 $\vec{s_1}=(m_1,n_1,p_1)$，$\vec{s_2}=(m_2,n_2,p_2)$，平面 Π_1,Π_2 的法向量分别为 $\vec{n_1}=(A_1,B_1,C_1)$，$\vec{n_2}=(A_2,B_2,C_2)$. 平面、直线之间的夹角与位置关系如表 6－1 所列.

表 6－1

对　象	夹角公式	垂直的充分必要条件	平行的充分必要条件
两平面 Π_1,Π_2	$\cos\theta=\frac{\lvert\vec{n_1}\cdot\vec{n_2}\rvert}{\lvert\vec{n_1}\rvert\,\lvert\vec{n_2}\rvert}$	$\vec{n_1}\perp\vec{n_2}(A_1A_2+B_1B_2+C_1C_2=0)$	$\vec{n_1}//\vec{n_2}\left(\frac{A_1}{A_2}=\frac{B_1}{B_2}=\frac{C_1}{C_2}\right)$
两直线 L_1,L_2	$\cos\theta=\frac{\lvert\vec{s_1}\cdot\vec{s_2}\rvert}{\lvert\vec{s_1}\rvert\,\lvert\vec{s_2}\rvert}$	$\vec{s_1}\perp\vec{s_2}(m_1m_2+n_1n_2+p_1p_2=0)$	$\vec{s_1}//\vec{s_2}\left(\frac{m_1}{m_2}=\frac{n_1}{n_2}=\frac{p_1}{p_2}\right)$
直线 L_1 与平面 Π_1	$\sin\varphi=\frac{\lvert\vec{n_1}\cdot\vec{s_1}\rvert}{\lvert\vec{n_1}\rvert\,\lvert\vec{s_1}\rvert}$	$\vec{n_1}//\vec{s_1}\left(\frac{A_1}{m_1}=\frac{B_1}{n_1}=\frac{C_1}{p_1}\right)$	$\vec{n_1}\perp\vec{s_1}(A_1m_1+B_1n_1+C_1p_1=0)$

【注】平面与平面、直线与直线、直线与平面的夹角的范围都是 $\left[0,\frac{\pi}{2}\right]$.

5. 平面的方程

平面的方程如表 6－2 所列.

表 6－2

方程的名称	方程的形式	方程的基本量
点法式方程	$A(x-x_0)+B(y-y_0)+C(z-z_0)=0$	法向量 $\vec{n}=(A,B,C)$，平面上一点 (x_0,y_0,z_0)
一般方程	$Ax+By+Cz+D=0$	法向量 $\vec{n}=(A,B,C)$
平面束方程	$(A_1x+B_1y+C_1z+D_1)+\lambda(A_2x+B_2y+C_2z+D_2)=0$	通过直线 $\begin{cases}A_1x+B_1y+C_1z+D_1=0,\\ A_2x+B_2y+C_2z+D_2=0\end{cases}$

6. 空间直线的方程

空间直线的方程如表 6－3 所列.

表 6－3

方程的名称	方程的形式	方程的基本量
点向式方程	$\dfrac{x-x_0}{m}=\dfrac{y-y_0}{n}=\dfrac{z-z_0}{p}$	方向向量 $\vec{s}=(m,n,p)$，直线上一点 (x_0,y_0,z_0)
一般方程	$\begin{cases}A_1x+B_1y+C_1z+D_1=0,\\A_2x+B_2y+C_2z+D_2=0\end{cases}$	方向向量 $\vec{s}=\vec{n_1}\times\vec{n_2}=(A_1,B_1,C_1)\times(A_2,B_2,C_2)$
参数方程	$\begin{cases}x=x_0+mt,\\y=y_0+nt,\quad(t\text{ 为参数})\\z=z_0+pt\end{cases}$	方向向量 $\vec{s}=(m,n,p)$，直线上一点 (x_0,y_0,z_0)

问题研究

题眼探索　空间解析几何是几何视角的多元函数微积分学的"敲门砖". 空间解析几何的研究对象是什么呢？是空间向量、曲面和空间曲线. 其中，空间向量又是空间解析几何的"敲门砖". 为什么呢？因为解析几何是用代数的方法研究几何问题，而向量既有大小，又有方向，一半代数，一半几何，自然是得心应手的工具. 对于向量，相信读者朋友们并不陌生，这里重点介绍向量的方向角和两个向量的向量积的求法，因为这两个量将在后面的研究中起到至关重要的作用.

1. 求空间向量的方向角与向量积

【例 1】　已知两点 $M(-1,1,0)$ 和 $N(2,3,\sqrt{3})$，则向量 $\overrightarrow{MN}$ 与 y 轴的夹角为__________.

【解】$\overrightarrow{MN}=(2,3,\sqrt{3})-(-1,1,0)=(3,2,\sqrt{3})$，由 $\cos\beta=\dfrac{2}{\sqrt{3^2+2^2+(\sqrt{3})^2}}=\dfrac{1}{2}$，得 $\beta=\dfrac{\pi}{3}$，故 $\overrightarrow{MN}$ 与 y 轴的夹角为 $\dfrac{\pi}{3}$.

【例 2】　已知向量 $\vec{a}=(2,2,1)$，$\vec{b}=(8,-4,1)$，则与 $\vec{a}$，$\vec{b}$ 同时垂直的单位向量是__________.

【解】由 $\vec{a}\times\vec{b}=\begin{vmatrix}\vec{i} & \vec{j} & \vec{k}\\2 & 2 & 1\\8 & -4 & 1\end{vmatrix}=6\vec{i}+6\vec{j}-24\vec{k}$，得与 $\vec{a}$，$\vec{b}$ 同时垂直的向量 $\vec{c}=k(1,1,-4)$（k 为任意常数），以及它的单位向量 $\dfrac{\vec{c}}{|\vec{c}|}=\pm\dfrac{\sqrt{2}}{6}(1,1,-4)$.

【题外话】一般通过求向量积来求与两个向量同时垂直的向量.

2. 根据方程判断球面、旋转曲面与柱面的形状

【例3】 在空间直角坐标系下,下列说法正确的是(　　)

(A) 方程 $z=\sqrt{9-x^2-y^2}+1$ 表示球心在原点的半球面.

(B) 在 xOy 面上的椭圆 $x^2+2y^2=2$ 绕 x 轴旋转所成的旋转曲面方程为 $x^2+2y^2+z^2=2$.

(C) 方程 $z=\sqrt{x^2+y^2}$ 表示 zOx 面上的直线 $z=x$ 绕 z 轴旋转所成的旋转曲面.

(D) 方程组 $\begin{cases}x^2+y^2=1,\\ z=2\end{cases}$ 表示半径为1的圆.

【解】(A)中的方程表示球心在(0,0,1)的半球面,它是由半球面 $z=\sqrt{9-x^2-y^2}$ 向 z 轴正方向平移一个单位所得;对于(B),在 xOy 面上的椭圆 $x^2+2y^2=2$ 绕 x 轴旋转所成的旋转曲面方程应为 $x^2+2y^2+2z^2=2$;(C)中的方程表示 zOx 面上的曲线 $z=|x|$ 绕 z 轴旋转所成的旋转曲面,或 yOz 面上的曲线 $z=|y|$ 绕 z 轴旋转所成的旋转曲面. 故排除(A)、(B)、(C),选(D).

【题外话】

(i) **要能够根据方程判断球面、旋转曲面和柱面的形状并画出图形.**

① 球面. 球面的标准方程是

$$(x-x_0)^2+(y-y_0)^2+(z-z_0)^2=R^2,$$

其中球心为 (x_0,y_0,z_0),半径为 R. 除此之外,还要认识半球面的方程.

② 旋转曲面. 要形成一个旋转曲面需要有两个元素,一个是母线,另一个是旋转轴. 我们所研究的旋转曲面,母线仅限于三个坐标面上的曲线,旋转轴仅限于三条坐标轴. 换言之,我们只研究坐标面上的曲线绕坐标轴旋转一周所成的旋转曲面. 要想根据方程判断旋转曲面的形状,无非就是要能从方程中看出母线是什么,旋转轴是什么. 在讨论这个问题之前,不得不先讨论如何在已知母线和旋转轴的情况下写出旋转曲面的方程.

这就要从母线方程入手. 母线方程一般有两个字母,绕哪条坐标轴旋转,哪个字母就不变,而另一个字母则要用一个式子来替换. 那么是什么式子呢? 就是那个字母和没有出现的第三个字母的平方和的正负平方根. 比如本例的(B),母线方程是 $x^2+2y^2=2$,既然是绕 x 轴旋转,那么方程中的字母 x 就不变,而字母 y 则要用 $\pm\sqrt{y^2+z^2}$ 替换,于是旋转曲面方程就是

$$x^2+2\left(\pm\sqrt{y^2+z^2}\right)^2=2.$$

现在可以讨论它的逆问题了. **要由旋转曲面方程得到母线方程和旋转轴,其着眼点在于旋转曲面方程中的平方和.** 比如本例的(C),旋转曲面方程是 $z=\sqrt{x^2+y^2}$,由于平方和与字母 z 无关,因此断定旋转轴是 z 轴;又由于与平方和有关的项是 $\sqrt{x^2+y^2}$ 的一次式,因此不妨就猜测母线是 $z=x$. 下面要做的是验证此猜测是否正确. 如果是 $z=x$ 绕 z 轴旋转,那么母线方程 $z=x$ 中的字母 z 应不变,字母 x 应该用 $\pm\sqrt{x^2+y^2}$ 替换,这样,旋转曲面方程就变成 $z=\pm\sqrt{x^2+y^2}$,显然该方程比 $z=\sqrt{x^2+y^2}$ 多了一个"±". 那么怎么去掉"±"呢? 只

需把母线方程改为 $z=|x|$. 是的，要想根据旋转曲面方程找母线，只能先猜测，再验证. 当然，一个旋转曲面不一定只对应一条母线，比如本例的(C)，母线还可以是 $z=|y|$.

③ 柱面. 柱面又是怎样形成的呢？它是由一条直线沿一条定曲线平行移动而成的. 一般把这条定曲线叫做准线，把这条动直线叫做母线. 这里重点研究的柱面，准线仅限于三个坐标面上的曲线，母线仅限于与三条坐标轴平行的直线. 这时，柱面方程与准线方程在相应坐标面上的表达式相同；而母线平行于哪根坐标轴，柱面方程中就缺少哪个字母. 因此，缺少一个字母的方程一定表示柱面，比如本例的(D)，$x^2+y^2=1$ 就表示以 xOy 面上的圆为准线，母线平行于 z 轴的圆柱面.

在第五章中讲过这样一个结论：变量的总个数减去方程的个数等于自变量的个数. 就 $x^2+y^2=1$ 而言，它是"两个变量，一个方程". 如果按照这个结论，它就只有一个自变量，是一元函数. 但是 $x^2+y^2=1$ 可以表示一个曲面，而一元函数的图形只能是一条曲线，这又是怎么回事呢？

(ii) 要想搞清楚这个问题，恐怕要从另一种函数说起，那就是常值函数. 以本例(D)中的 $z=2$ 为例. 这个 $z=2$ 不可小觑，因为它至少有三种含义：在 z 轴这根数轴上，它表示一个点，算不上函数；在由 x 轴和 z 轴组成的平面直角坐标系下，它表示一条直线，是一元函数；在由 x 轴、y 轴、z 轴组成的空间直角坐标系下，它表示一个平面，是二元函数. 同样，$x^2+y^2=1$ 在平面直角坐标系下和空间直角坐标系下也有不同的含义. 这就告诉我们，**"变量的总个数减去方程的个数等于自变量的个数"这个结论有特例：一元常值函数是一元函数中的特例，母线平行于坐标轴的柱面的方程是二元函数中的特例**. 当然，也可以把一元常值函数 $z=2$ 理解为 $\begin{cases} z=2, \\ x\in\mathbf{R}, \end{cases}$ 把柱面方程 $x^2+y^2=1$ 理解为 $\begin{cases} x^2+y^2=1, \\ z\in\mathbf{R}, \end{cases}$ 只是前者的 $x\in\mathbf{R}$ 和后者的 $z\in\mathbf{R}$ 在相应的坐标系下是默认的，被隐去了. 这意味着，如果算上隐含的变量，"变量的总个数减去方程的个数等于自变量的个数"这个结论也就适用于常值函数和母线平行于坐标轴的柱面的方程了.

(iii) 根据前面探讨的结论，$F(x,y,z)=0$ 和 $G(x,y,z)=0$ 各自都是"三个变量，一个方程"，所以它们都是二元函数，都表示曲面. 如果把它们联立，则方程组 $\begin{cases} F(x,y,z)=0, \\ G(x,y,z)=0 \end{cases}$ 是"三个变量，两个方程"，成为一元函数，它的图形也就变成了曲线，而这条曲线可以看做是曲面 $F(x,y,z)=0$ 与 $G(x,y,z)=0$ 的交线. 比如本例的(D)，方程组 $\begin{cases} x^2+y^2=1, \\ z=2 \end{cases}$ 就表示圆柱面 $x^2+y^2=1$ 与平面 $z=2$ 的交线(图 6-1)，因此，说该交线表示半径为 1 的圆当然没错. 另外，形如 $\begin{cases} F(x,y,z)=0, \\ G(x,y,z)=0 \end{cases}$ 的方程组叫做空间曲线的一般方程.

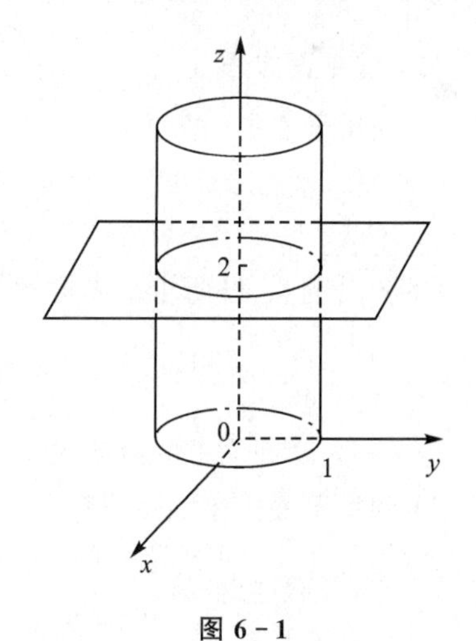

图 6-1

当然，由关于四个变量的三个方程组成的方程组$\begin{cases}x=\varphi(t),\\y=\psi(t),\\z=\omega(t)\end{cases}$也能表示曲线，这样的方程组叫做空间曲线的参数方程，其中参数为t.

空间解析几何的两个重要研究对象就是曲面和两个曲面的交线——空间曲线.然而，曲面有一次的、二次的，甚至更高次的，形形色色，难以尽数.既然如此，两个曲面的交线自然也就千汇万状.因此，深入研究所有的曲面和空间曲线是不可能的，也是没必要的.那么，后面的研究将如何继续呢？不妨把它们的“代表”作为重点关注对象.

3. 平面与空间直线问题

题眼探索　平面是曲面的“代表”，空间直线是空间曲线的“代表”，因为它们分别是最简单的曲面和空间曲线.空间解析几何是如何利用代数的方法研究几何问题的呢？借助一个“桥梁”，这个“桥梁”就是空间直角坐标系.有了空间直角坐标系，就可以“点找坐标，线面找方程”.所以，空间解析几何主要围绕两个问题：一是求曲面和空间曲线的方程，二是根据方程研究曲面和空间曲线的性质.对于球面、旋转曲面和柱面这样的曲面及其交线，主要研究第二个问题；而对于平面和空间直线，则这两个问题都要涉及.同时，我们也明白，不管是求方程还是根据方程研究性质，落脚点都在方程上，这意味着熟悉三种平面方程和三种空间直线方程至关重要（各方程的名称、形式、基本量见“知识储备”）.

先谈求平面和空间直线的方程.在求平面方程时，三种方程都可利用.**如果是利用平面的一般方程或平面束方程，则多采用待定系数法；如果是利用平面的点法式方程，则多采用基本量法**.在求空间直线方程时，主要利用空间直线的点向式方程.

(1) 求平面方程

1）利用平面的一般方程

【例4】 平行于平面$x+2y+2z+3=0$且与球面$x^2+y^2+z^2=4$相切的平面方程为__________.

【解】由题意，设所求平面方程为$x+2y+2z+D=0$.球心$(0,0,0)$到平面的距离

$$d=\frac{|D|}{\sqrt{1^2+2^2+2^2}}=\frac{|D|}{3}.$$

由$d=2$得$D=\pm6$，故所求平面方程为$x+2y+2z+6=0$或$x+2y+2z-6=0$.

2）利用平面的平面束方程

【例5】 通过直线$\begin{cases}x+5y+z=0,\\x-z+4=0\end{cases}$且与平面$x-4y-8z+12=0$的夹角为$\frac{\pi}{4}$的平面的方程为__________.

【解】由题意，设所求平面方程为$x+5y+z+\lambda(x-z+4)=0$，即

$$(1+\lambda)x+5y+(1-\lambda)z+4\lambda=0,$$

则它的法向量为 $\vec{n_1}=(1+\lambda,5,1-\lambda)$，且平面 $x-4y-8z+12=0$ 的法向量为 $\vec{n_2}=(1,-4,-8)$.

由 $\cos\frac{\pi}{4}=\frac{|\vec{n_1}\cdot\vec{n_2}|}{|\vec{n_1}||\vec{n_2}|}$ 可知 $\frac{\sqrt{2}}{2}=\frac{9|\lambda-3|}{9\sqrt{2\lambda^2+27}}$，得 $\lambda=-\frac{3}{4}$.

经检验，平面 $x-z+4=0$ 与 $x-4y-8z+12=0$ 的夹角也为 $\frac{\pi}{4}$.

故所求平面方程为 $x+20y+7z-12=0$ 或 $x-z+4=0$.

【题外话】如果已知所求平面通过用一般式表示的直线，那么利用平面束方程来求平面方程会比较简单. 然而，在利用平面束方程求平面方程时很容易漏解. 如本例所设的平面束方程 $x+5y+z+\lambda(x-z+4)=0$ 表示通过直线 $\begin{cases}x+5y+z=0,\\x-z+4=0\end{cases}$ 且缺少平面 $x-z+4=0$ 的全部平面，所以还须单独检验 $x-z+4=0$ 是否也满足所求平面的条件.

3）利用平面的点法式方程

【例 6】　(1987 年考研题)与两直线 $\begin{cases}x=1,\\y=-1+t,\\z=2+t\end{cases}$ 及 $\frac{x+1}{1}=\frac{y+2}{2}=\frac{z-1}{1}$ 都平行，且过原点的平面方程为____________.

【解】由于所求平面与两直线的方向向量 $\vec{s_1}=(0,1,1)$，$\vec{s_2}=(1,2,1)$ 都平行，所求平面的法向量 $\vec{n}$ 与 $\vec{s_1}$，$\vec{s_2}$ 都垂直，则有

$$\vec{n}=\vec{s_1}\times\vec{s_2}=\begin{vmatrix}\vec{i}&\vec{j}&\vec{k}\\0&1&1\\1&2&1\end{vmatrix}=-\vec{i}+\vec{j}-\vec{k}.$$

又由于所求平面过原点，因此平面方程为 $-1(x-0)+1(y-0)-1(z-0)=0$，即 $x-y+z=0$.

【题外话】前面讲过，利用平面的点法式方程求平面方程多采用基本量法. 平面的点法式方程有两个基本量：一个是法向量，另一个是平面上一点. 平面上一点一般已知，关键在于求法向量. 那么，法向量一般如何求得呢？命题者常用的“伎俩”是告诉两个与之垂直的向量，希望通过求向量积来求法向量. 而告诉两个与之垂直的向量一般是通过暗示. 那么如何暗示呢？可以告诉两条与所求平面平行的直线，可以告诉所求平面上不共线的三点，也可以告诉所求平面上两点和一个与所求平面垂直的平面. 其实，这种暗示的手段数不胜数，**我们所要做的是从已知的点的坐标和线面的方程中提炼出向量的位置关系**.

下面到了利用空间直线的点向式方程来求空间直线方程的时候了. 空间直线的点向式方程与平面的点法式方程如出一辙，它们都是以一个点和一个向量为基本量. 因此，利用点向式方程求空间直线方程也采用基本量法，关键在于求方向向量. 那么，求空间直线的方向向量又有什么玄机呢？

(2) 求空间直线方程

【例 7】　与两平面 $x+2y+z=0$ 和 $y-2z=3$ 的交线平行且过点 $(1,3,-1)$ 的直线的点向式方程为____________.

【分析】所求直线的方向向量该怎么求呢？这就要看已知条件告诉了我们什么. 显然，

从条件中可以获知两个平面的方程. 而知道了两个平面的方程,也就知道了它们的法向量 $\vec{n_1}=(1,2,1)$, $\vec{n_2}=(0,1,-2)$. 如图 6-2 所示(这里画的都是点、线、面位置关系的示意图,以下不再说明),既然所求直线与两个平面的交线平行,那么它与两个平面都平行. 换言之,所求直线的方向向量 $\vec{s}$ 与两个平面的法向量 $\vec{n_1}$, $\vec{n_2}$ 都垂直. 哈! 看来命题者还是摆脱不了"暗示我们两个与之垂直的向量"的"伎俩". 于是,可以果断求 $\vec{n_1}$, $\vec{n_2}$ 的向量积,得

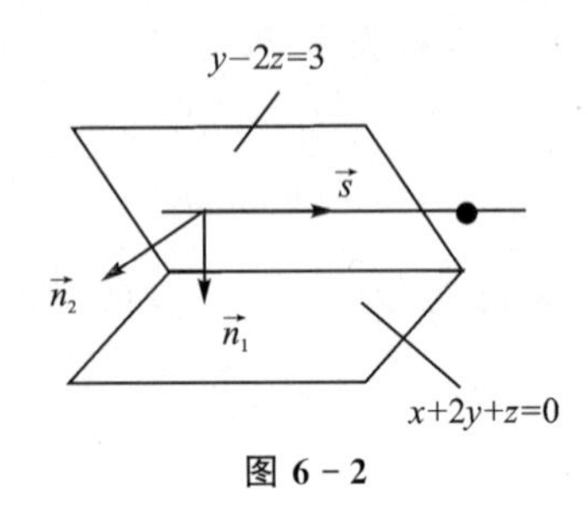

图 6-2

$$\vec{s}=\vec{n_1}\times\vec{n_2}=\begin{vmatrix}\vec{i} & \vec{j} & \vec{k}\\ 1 & 2 & 1\\ 0 & 1 & -2\end{vmatrix}=-5\vec{i}+2\vec{j}+\vec{k}.$$

这样也就得到了所求直线的点向式方程 $\frac{x-1}{-5}=\frac{y-3}{2}=\frac{z+1}{1}$.

【题外话】本例还有一种解法. 可以先求得过 $(1,3,-1)$ 且与 $x+2y+z=0$ 平行的平面 $x+2y+z-6=0$,以及过 $(1,3,-1)$ 且与 $y-2z=3$ 平行的平面 $y-2z-5=0$,这样就能得到所求直线的一般方程 $\begin{cases}x+2y+z-6=0,\\ y-2z-5=0.\end{cases}$ 剩下的事就是把直线的一般方程化为点向式方程. 那么,该如何把直线的一般方程化为点向式方程和参数方程呢? 这是一个很重要的问题,因为它是解决某些交点、投影问题的"起点". 是这样吗? 请看例 8.

(3) 求点、线、面的交点与投影

【例 8】

(1) 直线 $\begin{cases}y+2z-1=0,\\ x-y+z+2=0\end{cases}$ 可用参数方程表示为__________;

(2) 直线 $\begin{cases}y+2z-1=0,\\ x-y+z+2=0\end{cases}$ 与平面 $3x+2y-z-5=0$ 的交点为__________;

(3) 点 $(-1,1,0)$ 在平面 $3x+2y-z-5=0$ 上的投影为__________;

(4) 点 $(2,1,3)$ 在直线 $\frac{x+1}{3}=\frac{y-1}{2}=\frac{z}{-1}$ 上的投影为__________.

【分析】(1)要把直线的一般方程化为参数方程,恐怕要以点向式方程为"跳板". 而要想求直线的点向式方程,就要求得直线上一点和直线的方向向量. 不妨取 $z=0$,解方程组 $\begin{cases}y-1=0,\\ x-y+2=0\end{cases}$ 便得直线上一点 $(-1,1,0)$. 麻烦的是求方向向量. 观察图 6-3 可以发现,两平面 $y+2z-1=0$ 和 $x-y+z+2=0$ 的交线与这两个平面都平行. 有了例 7 的经验,我们知道,这意味着交线的方向向量 $\vec{s}$ 与两个平面的法向量 $\vec{n_1}$, $\vec{n_2}$ 都垂直,其中 $\vec{n_1}=(0,1,2)$, $\vec{n_2}=(1,-1,1)$. 就这样,求方向向量又归结为了"老把戏"——求向量积:

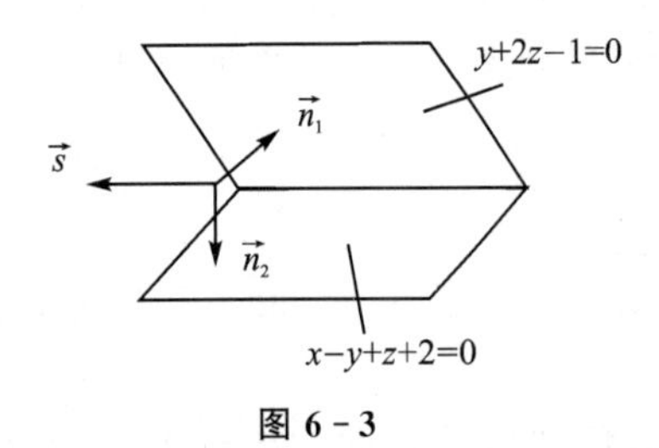

图 6-3

$$\vec{s}=\vec{n}_1\times\vec{n}_2=\begin{vmatrix}\vec{i} & \vec{j} & \vec{k}\\ 0 & 1 & 2\\ 1 & -1 & 1\end{vmatrix}=3\vec{i}+2\vec{j}-\vec{k}.$$

所以，直线的点向式方程为$\frac{x+1}{3}=\frac{y-1}{2}=\frac{z}{-1}$. 其实，直线的参数方程离点向式方程只有“一步之遥”. 令$\frac{x+1}{3}=\frac{y-1}{2}=\frac{z}{-1}=t$ 便得参数方程$\begin{cases}x=-1+3t,\\ y=1+2t,\\ z=-t.\end{cases}$

(2) 要想求线面交点，就要先用参数方程表示直线，幸好我们已经做足了准备. 为什么要用参数方程表示直线呢？因为这样就能把交点设为$(-1+3t,1+2t,-t)$. 把它代入平面方程，有 $3(-1+3t)+2(1+2t)-(-t)-5=0$，容易解得 $t=\frac{3}{7}$，故交点为$\left(\frac{2}{7},\frac{13}{7},-\frac{3}{7}\right)$.

(3) 已知的是平面外的点，要求的投影是平面上的点，目前这两点毫无联系，所以，需要一个“纽带”. 这个“纽带”是什么呢？是过点$(-1,1,0)$且与平面 $3x+2y-z-5=0$ 垂直的直线. 由于平面的法向量 $\vec{n}=(3,2,-1)$可以作为直线的方向向量(图 6-4)，因此直线方程为

$$\frac{x+1}{3}=\frac{y-1}{2}=\frac{z}{-1}.$$

这样问题就归结为求直线$\frac{x+1}{3}=\frac{y-1}{2}=\frac{z}{-1}$与平面 $3x+2y-z-5=0$ 的交点. 哈！这不就是本例(2)刚解决的问题吗?! 因此，所求投影为$\left(\frac{2}{7},\frac{13}{7},-\frac{3}{7}\right)$.

(4)现在，已知的是直线外的点，要求的投影是直线上的点，同样希望找到一个“纽带”. 这回谁又可以做“纽带”呢？是过点$(2,1,3)$且与直线$\frac{x+1}{3}=\frac{y-1}{2}=\frac{z}{-1}$垂直的平面. 由于直线的方向向量 $\vec{s}=(3,2,-1)$可以作为平面的法向量，因此平面方程为

$$3(x-2)+2(y-1)-1(z-3)=0,$$

即

$$3x+2y-z-5=0.$$

如图 6-5 所示，因为直线$\frac{x+1}{3}=\frac{y-1}{2}=\frac{z}{-1}$与平面 $3x+2y-z-5=0$ 垂直，所以该直线与该平面上的任一直线都垂直，故问题又转化为了本例(2)，投影还是$\left(\frac{2}{7},\frac{13}{7},-\frac{3}{7}\right)$.

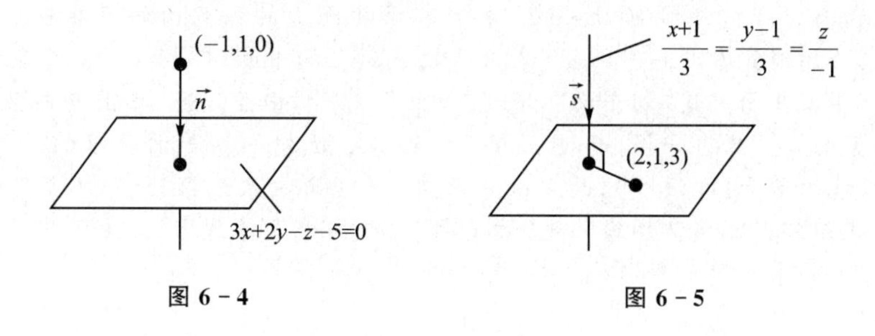

图 6-4　　图 6-5

【题外话】

(i) 前面讲过，对于曲面和空间直线，主要有两个问题：求方程和根据方程研究性质. 对于第二个问题，主要谈了如何求线面交点、点在面上的投影和点在线上的投影. 我们发现，**求点在面上的投影和点在线上的投影都可以转化为求线面交点，求线面交点的“起点”是用参数方程表示直线**，而把直线的一般方程化为参数方程的关键在于求直线的方向向量. 此外，利用点向式方程求直线方程的关键是求方向向量；利用点法式方程求平面方程的关键是求法向量；平面、直线之间的位置关系和夹角问题也都要转化为向量的位置关系和夹角问题来解决(可参看例5). 空间向量不愧为空间解析几何的“敲门砖”，没有它，至少空间解析几何的“半壁江山”会沦丧.

空间向量还是空间解析几何中得心应手的工具. 有了它，一些复杂的问题会变得很简单. 这样说有依据吗？有，比如本例(4)还可以按如下方法来求解.

由于投影在已知直线上，设投影为$B(-1+3t,1+2t,-t)$，则点$A(2,1,3)$与点B形成向量

$$\overrightarrow{AB}=(-3+3t,2t,-3-t).$$

因为$\overrightarrow{AB}$与直线的方向向量$\vec{s}=(3,2,-1)$垂直，故有

$$3\times(-3+3t)+2\times 2t+(-1)\times(-3-t)=0,$$

解得$t=\dfrac{3}{7}$，故所求投影为$\left(\dfrac{2}{7},\dfrac{13}{7},-\dfrac{3}{7}\right)$.

显然，如果利用向量的位置关系，那么平面$3x+2y-z-5=0$这个“纽带”是那样的多余！

(ii) 是做一个总结的时候了. 不妨用“十六字真言”来概括空间解析几何：**一个桥梁**(空间直角坐标系)，**三个对象**(空间向量、曲面、空间曲线)，**两个代表**(平面、空间直线)，**两个问题**(求方程、根据方程研究性质). 有了空间解析几何这块“敲门砖”，就可以开启多元函数微积分学的“几何之门”，那么，里面会是一番怎样的风景呢？

问题2　多元函数微分学的几何应用

1. 求曲面的切平面与法线

题眼探索　打开多元函数微积分学的“几何之门”，里面的第一道“风景”是曲面的切平面与法线，以及空间曲线的切线与法平面问题. 为什么对于曲面，谈的是切平面和法线，而对于空间曲线，则谈的是切线和法平面呢？

就曲面而言，由于过曲面上一点M且在该曲面上的任意曲线只要在点M处有切线，它们的切线就在同一平面上，求这些切线所在的平面(即切平面)比求每一条切线有意义，所以曲面只谈“切平面”，不谈“切线”. 此外，由于过点M且与在点M处的切平面垂直的直线只有一条，而过点M且与在点M处的切平面垂直的平面有无数个，因此只能求前者(即法线)，而无法求后者，所以曲面只谈“法线”，不谈“法平面”. 就空间曲线而言，只能谈“切线”，无“切平面”可谈似乎没什么争议. 至于为什么只谈

“法平面”，不谈“法线”，也是因为过曲线上一点 N 且与在点 N 处的切线(假设切线存在)垂直的直线在空间内有无数条(虽然在该曲线和该切线所在的平面内只有一条)，而这无数条直线都在同一平面(即法平面)上.

这样也就搞清楚了一个问题：曲面的切平面与法线是针对曲面上一点 M 而言的，空间曲线的切线与法平面是针对空间曲线上一点 N 而言的. 换言之，曲面的切平面与法线都一定过切点 M，空间曲线的切线与法平面都一定过切点 N. 这意味着已经知道了平面或直线上的一点，如果再得到一个相应的向量，就能写出平面的点法式方程或直线的点向式方程. 所以，**求曲面的切平面与法线的关键在于求切平面的法向量或法线的方向向量**(显然，切平面的法向量就可看做法线的方向向量)，把这样的向量称为曲面的法向量，记作 $\vec{n}$；**求空间曲线的切线与法平面的关键在于求切线的方向向量或法平面的法向量**(显然，切线的方向向量就可看做法平面的法向量)，把这样的向量称为空间曲线的切向量，记作 $\vec{T}$. 哈！到了这里，向量还是如此重要的工具. 那么，曲面的法向量和空间曲线的切向量分别该如何求呢？

先说曲面的法向量. 曲面 $F(x,y,z)=0$ 在点 $M(x_0,y_0,z_0)$ 处的法向量为

$$\vec{n}=(F_x(x_0,y_0,z_0),F_y(x_0,y_0,z_0),F_z(x_0,y_0,z_0)).$$

空间曲线的切向量的求法取决于空间曲线用什么方程表示.

1° 当空间曲线用参数方程 $\begin{cases}x=\varphi(t),\\ y=\psi(t),\\ z=\omega(t)\end{cases}$ 表示时，设 $t=t_0$ 对应于点 N，$\varphi'(t_0)$，$\psi'(t_0)$，$\omega'(t_0)$ 不全为零，则该曲线在点 N 处的切向量为

$$\vec{T}=(\varphi'(t_0),\psi'(t_0),\omega'(t_0)).$$

2° 当空间曲线用一般方程 $\begin{cases}F(x,y,z)=0,\\ G(x,y,z)=0\end{cases}$ 表示时，切向量有两种求法：

(i) 可以把一般方程看做以 x 为参数的参数方程 $\begin{cases}x=x,\\ y=y(x),\\ z=z(x),\end{cases}$ 那么曲线在点 N 处的切向量就为

$$\vec{T}=\left(1,\left.\frac{\mathrm{d}y}{\mathrm{d}x}\right|_N,\left.\frac{\mathrm{d}z}{\mathrm{d}x}\right|_N\right),$$

其中 $\frac{\mathrm{d}y}{\mathrm{d}x}$，$\frac{\mathrm{d}z}{\mathrm{d}x}$ 可通过求方程组确定的隐函数 $\begin{cases}F(x,y,z)=0,\\ G(x,y,z)=0\end{cases}$ 的导数得到.

(ii) 可以先求出曲面 $F(x,y,z)=0$ 在点 N 处的法向量 $\vec{n_1}$ 和曲面 $G(x,y,z)=0$ 在点 N 处的法向量 $\vec{n_2}$. 由于曲线在曲面 $F(x,y,z)=0$ 上，故曲线在点 N 处的切线一定位于 $F(x,y,z)=0$ 在点 N 处的切平面 $f(x,y,z)=0$ 上；由于曲线在曲面 $G(x,y,z)=0$ 上，故曲线在点 N 处的切线一定也位于 $G(x,y,z)=0$ 在点 N 处的切平面 $g(x,y,z)=0$ 上. 因此，曲线在点 N 处的切线可用一般方程 $\begin{cases}f(x,y,z)=0,\\ g(x,y,z)=0\end{cases}$ 表示. 又由于 $\vec{n_1}$ 和 $\vec{n_2}$ 分别为 $f(x,y,z)=0$ 和 $g(x,y,z)=0$ 的法向量，因此参看例 8(1)便

知直线$\begin{cases}f(x,y,z)=0,\\g(x,y,z)=0\end{cases}$的方向向量,即曲线在点 N 处的切向量为

$$\vec{T}=\vec{n_1}\times\vec{n_2}.$$

【例 9】 曲面 $e^z-z+xy=3$ 在点$(2,1,0)$处的法线方程为__________.

【解】记 $F(x,y,z)=e^z-z+xy-3$,则

$$F_x(2,1,0)=y\,|_{(2,1,0)}=1,$$
$$F_y(2,1,0)=x\,|_{(2,1,0)}=2,$$
$$F_z(2,1,0)=e^z-1\,|_{(2,1,0)}=0,$$

故 $\vec{n}=(1,2,0)$,从而所求法线方程为$\dfrac{x-2}{1}=\dfrac{y-1}{2}=\dfrac{z}{0}$,即

$$\begin{cases}z=0,\\2x-y-3=0.\end{cases}$$

【题外话】

(i) 对于空间直线的点向式方程$\dfrac{x-x_0}{m}=\dfrac{y-y_0}{n}=\dfrac{z-z_0}{p}$,若 $m=0$ 且 $n,p\neq0$,则该方程可改写为$\begin{cases}x-x_0=0,\\\dfrac{y-y_0}{n}=\dfrac{z-z_0}{p};\end{cases}$若 $m=n=0$ 且 $p\neq0$,则该方程可改写为$\begin{cases}x-x_0=0,\\y-y_0=0.\end{cases}$

(ii) 前面讲过,曲面的切平面与法线是针对曲面上一点而言的,空间曲线的切线与法平面是针对空间曲线上一点而言的.如果命题者没有明示曲面(或空间曲线)上切点的坐标,那么还能求切平面与法线(或切线与法平面)的方程吗?有时也能,请看例 10 和例 11.

【例 10】 (2003 年考研题)曲面 $z=x^2+y^2$ 与平面 $2x+4y-z=0$ 平行的切平面的方程是__________.

【解】记 $F(x,y,z)=x^2+y^2-z$,则

$$F_x=2x,\quad F_y=2y,\quad F_z=-1.$$

设切点为 $M(x_0,y_0,z_0)$,则 $\vec{n}=(2x_0,2y_0,-1)$.

由题意,$\vec{n}$ 与已知平面的法向量 $\vec{n_1}=(2,4,-1)$平行,故$\dfrac{2x_0}{2}=\dfrac{2y_0}{4}=\dfrac{-1}{-1}$.

列方程组

$$\begin{cases}\dfrac{2x_0}{2}=\dfrac{2y_0}{4}=\dfrac{-1}{-1},\\z_0=x_0^2+y_0^2,\end{cases}\quad\text{解得}\quad\begin{cases}x_0=1,\\y_0=2,\\z_0=5.\end{cases}$$

所以,切点为 $M(1,2,5)$,$\vec{n}=(2,4,-1)$,从而所求切平面方程为

$$2(x-1)+4(y-2)-(z-5)=0,$$

即

$$2x+4y-z-5=0.$$

2. 求空间曲线的切线与法平面

(1) 空间曲线用参数方程表示

【例 11】 曲线$\begin{cases}x=t,\\ y=t^2,\\ z=t^3\end{cases}$与直线$\begin{cases}x=3t,\\ y=1-3t,\\ z=-2+t\end{cases}$垂直的切线的方程为________.

【解】设切点为$N(t_0,t_0^2,t_0^3)$，则$\vec{T}=(1,2t_0,3t_0^2)$.

由题意，$\vec{T}$与已知直线的方向向量$\vec{s}=(3,-3,1)$垂直，故

$$3\times1+(-3)\times2t_0+1\times3t_0^2=0,$$

解得$t_0=1$. 于是切点为$N(1,1,1)$，$\vec{T}=(1,2,3)$，所求切线方程为$\frac{x-1}{1}=\frac{y-1}{2}=\frac{z-1}{3}$.

【题外话】例 10 和例 11 告诉我们，**要想在切点未知的情况下求曲面的切平面与法线(或空间曲线的切线与法平面)，一般先设切点坐标**. 求切点坐标需要方程，可是方程从哪里来呢？大体来自平面、直线之间的位置关系，以及“切点在曲面(或空间曲线)上”.

(2) 空间曲线用一般方程表示

【例 12】 求曲线$\begin{cases}x^2+y^2+z^2-3x=0,\\ 2x-3y+5z-4=0\end{cases}$在点$(1,1,1)$处的法平面方程.

【解】**法一**：每个方程两边对x求导，得$\begin{cases}2x+2y\dfrac{\mathrm{d}y}{\mathrm{d}x}+2z\dfrac{\mathrm{d}z}{\mathrm{d}x}-3=0,\\ 2-3\dfrac{\mathrm{d}y}{\mathrm{d}x}+5\dfrac{\mathrm{d}z}{\mathrm{d}x}=0,\end{cases}$

移项得

$$\begin{cases}2y\dfrac{\mathrm{d}y}{\mathrm{d}x}+2z\dfrac{\mathrm{d}z}{\mathrm{d}x}=3-2x,\\ 3\dfrac{\mathrm{d}y}{\mathrm{d}x}-5\dfrac{\mathrm{d}z}{\mathrm{d}x}=2.\end{cases}$$

当$\begin{vmatrix}2y & 2z\\ 3 & -5\end{vmatrix}=-10y-6z\neq0$时，

$$\frac{\mathrm{d}y}{\mathrm{d}x}=\frac{\begin{vmatrix}3-2x & 2z\\ 2 & -5\end{vmatrix}}{\begin{vmatrix}2y & 2z\\ 3 & -5\end{vmatrix}}=\frac{15-10x+4z}{10y+6z},\quad \frac{\mathrm{d}z}{\mathrm{d}x}=\frac{\begin{vmatrix}2y & 3-2x\\ 3 & 2\end{vmatrix}}{\begin{vmatrix}2y & 2z\\ 3 & -5\end{vmatrix}}=\frac{9-6x-4y}{10y+6z}.$$

$$\left.\frac{\mathrm{d}y}{\mathrm{d}x}\right|_{(1,1,1)}=\frac{9}{16},\quad \left.\frac{\mathrm{d}z}{\mathrm{d}x}\right|_{(1,1,1)}=-\frac{1}{16}.$$

从而

$$\vec{T}=\left(1,\frac{9}{16},-\frac{1}{16}\right)=\frac{1}{16}(16,9,-1).$$

故所求法平面方程为$16(x-1)+9(y-1)-(z-1)=0$，即$16x+9y-z-24=0$.

法二：曲面$x^2+y^2+z^2-3x=0$在点$(1,1,1)$处的法向量为$\vec{n_1}=(2x-3,2y,2z)|_{(1,1,1)}=(-1,2,2)$，曲面$2x-3y+5z-4=0$在点$(1,1,1)$处的法向量为$\vec{n_2}=(2,-3,5)$. 因此

$$\vec{T}=\vec{n_1}\times\vec{n_2}=\begin{vmatrix}\vec{i} & \vec{j} & \vec{k}\\ -1 & 2 & 2\\ 2 & -3 & 5\end{vmatrix}=16\vec{i}+9\vec{j}-\vec{k}.$$

故所求法平面方程为 $16(x-1)+9(y-1)-(z-1)=0$,即 $16x+9y-z-24=0$.

3. 求方向导数

题眼探索 如果说向量是求曲面的切平面与法线,以及空间曲线的切线与法平面时的重要工具,那么它在求方向导数时更是不可或缺.设函数 $f(x,y,z)$ 在点 (x_0,y_0,z_0) 处可微,则 $f(x,y,z)$ 在点 (x_0,y_0,z_0) 处沿方向 l 的方向导数为

$$\left.\frac{\partial f}{\partial l}\right|_{(x_0,y_0,z_0)}=f_x(x_0,y_0,z_0)\cos\alpha+f_y(x_0,y_0,z_0)\cos\beta+f_z(x_0,y_0,z_0)\cos\gamma,$$

其中 $\cos\alpha,\cos\beta,\cos\gamma$ 为与 l 同向的向量的方向余弦.观察方向导数的计算公式,不难发现,求方向导数之前需要做好两项准备工作:1°求所给函数在所给点处对各自变量的偏导数;2°求表示方向的向量的方向余弦.

【例 13】

(1) 函数 $u=xy^2z^3$ 在点 $A(1,1,1)$ 处沿点 A 指向点 $B(5,3,5)$ 方向的方向导数为__________;

(2) 设 $\vec{n}$ 是曲面 $2x^2+y^2+2z^2=5$ 在点 $A(1,1,1)$ 处的指向外侧的法向量,则函数 $u=xy^2z^3$ 在点 A 处的沿方向 $\vec{n}$ 的方向导数为__________;

(3) 设 $\vec{T}$ 是曲线 $\begin{cases}x=5-4t,\\ y=2-t^2,\\ z=3-t-t^3\end{cases}$ 在点 $A(1,1,1)$ 处的偏向 x 轴正方向的切向量,则函数 $u=xy^2z^3$ 在点 A 处的沿方向 $\vec{T}$ 的方向导数为__________.

【分析】(1) 首先做第一项准备工作:

$$\left.\frac{\partial u}{\partial x}\right|_{(1,1,1)}=y^2z^3|_{(1,1,1)}=1,$$

$$\left.\frac{\partial u}{\partial y}\right|_{(1,1,1)}=2xyz^3|_{(1,1,1)}=2,$$

$$\left.\frac{\partial u}{\partial z}\right|_{(1,1,1)}=3xy^2z^2|_{(1,1,1)}=3.$$

对于表示方向的向量 $\overrightarrow{AB}=(4,2,4)$,还要做第二项准备工作:

$$\cos\alpha=\frac{4}{\sqrt{4^2+2^2+4^2}}=\frac{2}{3},$$

$$\cos\beta=\frac{2}{\sqrt{4^2+2^2+4^2}}=\frac{1}{3},$$

$$\cos\gamma=\frac{4}{\sqrt{4^2+2^2+4^2}}=\frac{2}{3}.$$

准备完毕便可套用公式，得到所求的方向导数

$$\left.\frac{\partial u}{\partial l}\right|_{(1,1,1)}=1\times\frac{2}{3}+2\times\frac{1}{3}+3\times\frac{2}{3}=\frac{10}{3}.$$

(2) 本例的麻烦在于首先求表示方向的向量 $\vec{n}$. 记 $F(x,y,z)=2x^2+y^2+2z^2-5$，则

$$F_x(1,1,1)=4x\,|_{(1,1,1)}=4,$$
$$F_y(1,1,1)=2y\,|_{(1,1,1)}=2,$$
$$F_z(1,1,1)=4z\,|_{(1,1,1)}=4,$$

故 $\vec{n}=(4,2,4)$，所求方向导数为$\frac{10}{3}$. 可见，本例与本例(1)所求的是同一函数在同一点沿同一方向的方向导数，只是表示方向的向量换了一个“身份”而已.

(3) 本例的表示方向的向量的“身份”又变成了空间曲线的切向量. 易得

$$\left.\frac{\mathrm{d}x}{\mathrm{d}t}\right|_{(1,1,1)}=-4,\quad \left.\frac{\mathrm{d}y}{\mathrm{d}t}\right|_{(1,1,1)}=-2,\quad \left.\frac{\mathrm{d}z}{\mathrm{d}t}\right|_{(1,1,1)}=-4.$$

那么，表示方向的向量 $\vec{T}$ 是$(-4,-2,-4)$吗？并不是. 请不要忽视“$\vec{T}$ 偏向 x 轴正方向”这个不起眼的条件，它告诉我们 $\vec{T}$ 的横坐标一定是正的. 如此，则 $\vec{T}=(4,2,4)$，所求方向导数还是$\frac{10}{3}$.

【题外话】

(i) 值得注意的是，**曲面的法向量和空间曲线的切向量可以有互为相反的两个方向，而方向导数的方向是确定的**. 本例(2)中，求出的法向量 $\vec{n}$ 恰好指向外侧，这只是个巧合罢了.

(ii) 求函数在某点处的方向导数的第一项准备工作，就是求该函数在该点处的偏导数. 那么，我们不禁要问，方向导数和偏导数究竟是什么关系呢？是“父子”关系.

深度聚焦

方向导数：偏导数的“儿子”

前面讲过，“奔跑”似乎是函数的“使命”. 那么，如何“奔跑”呢？因变量在自变量的“带领”下“奔跑”. 通俗地讲，极限反映的是因变量“奔跑的终点”，导数反映的是因变量“奔跑的速度”，微分反映的是因变量“奔跑的距离”，积分反映的是因变量“奔跑中经过的区域”. 一元函数的因变量是在一个自变量的“带领”下“奔跑”，多元函数的因变量是在多个自变量的“带领”下“奔跑”. 所以，多元函数微积分学比一元函数微积分学要复杂. 那么，复杂在哪里呢？复杂在多个自变量“奔跑的步调”未必一致.

两个自变量“奔跑步调”的不一致使我们在求二元函数的极限时吃尽了苦头. 前面讲过，对于 $\lim\limits_{(x,y)\to(x_0,y_0)}f(x,y)$，$(x,y)\to(x_0,y_0)$隐含了 x 与 y 之间的无数种关系. 为了避免考虑这无数种关系，常常把关于两个自变量 x,y 的某个式子整体代换成 t，这样二元函数的极限问题也就转化为了一元函数的极限问题. 同样，在研究因变量

"奔跑的速度"时,也可以把二元函数问题转化为一元函数问题. 只是转化的方法不再是换元,而是让其中一个自变量"原地休息",让因变量仅在另一个自变量的"带领"下"奔跑". 反映这种"奔跑"的"速度"的,是二元函数的偏导数. 具体地说,$f_x(x,y)$反映当y"原地休息"时,$f(x,y)$仅在x的"带领"下"奔跑"的"速度",即$f(x,y)$沿x轴方向的变化率;$f_y(x,y)$反映当x"原地休息"时,$f(x,y)$仅在y的"带领"下"奔跑"的"速度",即$f(x,y)$沿y轴方向的变化率. 然而,$f(x,y)$的"奔跑"终究是x和y共同"带领"的结果. 我们很想研究$f(x,y)$在x,y共同"带领"下"奔跑"的"速度",并很希望有一个量能够反映$f(x,y)$沿任一指定方向的变化率. 当然,现在要研究的问题无法再直接转化为一元函数的问题,要想计算这样的一个量还需要一个工具的"帮助".

方向导数就是反映函数沿任一指定方向的变化率的量,向量就是在计算方向导数时需要"寻求帮助"的工具. 当需要计算函数沿任一方向l的变化率时,由于我们熟悉的是函数沿坐标轴方向的变化率,所以难免想进行转化. 且看$f(x,y)$在点(x_0,y_0)处沿方向l的方向导数的计算公式

$$\left.\frac{\partial f}{\partial l}\right|_{(x_0,y_0)}=f_x(x_0,y_0)\cos\alpha+f_y(x_0,y_0)\cos\beta, \tag{6-1}$$

$f_x(x_0,y_0)$反映$f(x,y)$在点(x_0,y_0)处沿x轴方向的变化率,与之相乘的$\cos\alpha$可看做与l同方向的单位向量$\vec{e_l}$在x轴上的投影;$f_y(x_0,y_0)$反映$f(x,y)$在点(x_0,y_0)处沿y轴方向的变化率,与之相乘的$\cos\beta$可看做$\vec{e_l}$在y轴上的投影. 如此说来,方向导数的计算不就是把函数沿方向l的变化率"分解"为函数沿x轴方向的变化率与函数沿y轴方向的变化率之和吗?

是的,方向导数的计算一般都是把方向导数"分解"为偏导数之和. 但是,方向导数和偏导数的关系还不止于此.

下面再看一眼计算公式(6-1). 当l为x轴方向,即$\vec{e_l}=(1,0)$时,$\cos\alpha=1,\cos\beta=0$,则$\left.\frac{\partial f}{\partial l}\right|_{(x_0,y_0)}=f_x(x_0,y_0)$;当$l$为$y$轴方向,即$\vec{e_l}=(0,1)$时,$\cos\alpha=0,\cos\beta=1$,则$\left.\frac{\partial f}{\partial l}\right|_{(x_0,y_0)}=f_y(x_0,y_0)$. 这就告诉我们,方向导数是偏导数的推广,而偏导数则是方向导数的特例. 类比微分中值定理之间的关系,不妨说方向导数是偏导数的"儿子",偏导数是方向导数的"爸爸". 那么,方向导数的"妈妈"又是谁呢? 是向量. 只有向量才能表示方向导数的"方向"(当然,在具体计算中,只需得到方向与指定方向相同的向量,这个向量不一定是单位向量,因为向量的模并不影响方向余弦的值). 换言之,偏导数要想把自身沿坐标轴方向的变化率推广为沿任一指定方向的变化率,则只有向向量"求婚". 就这样,方向导数变成了偏导数和向量的"爱情结晶". 同时,还可以说,空间解析几何是偏导数和方向导数之间的"分水岭".

不仅如此,空间解析几何这道"分水岭"还能把多元函数微积分学划分为"代数视角"和"几何视角". **我们所说的"代数视角的多元函数微积分学",研究的是无须掌握空间解析几何的知识就能解决的问题**. 在解决这些问题的过程中,主要借鉴在研究

一元函数时用过的方法,或将其转化为一元函数的相应问题.代数视角的多元函数微积分学也可以看做是一元函数微积分学的延续.**而要想解决"几何视角的多元函数微积分学"中的问题,则需要用到空间解析几何的知识**.之所以讨论空间解析几何这块"敲门砖",就是为了敲开多元函数微积分学的"几何之门".之所以讨论向量的方向角和方向余弦,就是为了求方向导数;之所以讨论平面与直线问题,就是为了求曲面的切平面与法线,以及空间曲线的切线与法平面.那么,为什么要讨论球面、旋转曲面与柱面呢?因为如果不能根据方程判断球面、旋转曲面与柱面的形状,就难以画出三重积分的积分区域的图形.

问题3 求三重积分

三重积分的计算

(1) 利用直角坐标系或柱面坐标系

不管是利用直角坐标系还是柱面坐标系,都要先把三重积分化为"二重积分+一重积分".所谓利用直角坐标系,就是把三重积分化为"直角坐标系下的二重积分+一重积分";所谓利用柱面坐标系,就是把三重积分化为"极坐标系下的二重积分+一重积分".

1) 先一后二法

所谓"先一后二",就是先计算一重积分,再计算二重积分.如图6-6所示,设闭区域Ω在xOy面上的投影区域为D,过D内任一点作平行于z轴的直线,该直线通过曲面$z=z_1(x,y)$穿入Ω内,通过曲面$z=z_2(x,y)$穿出Ω外,则

$$\iiint_\Omega f(x,y,z)\mathrm{d}v=\iint_D \mathrm{d}x\mathrm{d}y\int_{z_1(x,y)}^{z_2(x,y)} f(x,y,z)\mathrm{d}z$$

$$=\iint_D r\mathrm{d}r\mathrm{d}\theta\int_{z_1(r\cos\theta,r\sin\theta)}^{z_2(r\cos\theta,r\sin\theta)} f(r\cos\theta,r\sin\theta,z)\mathrm{d}z.$$

2) 先二后一法

所谓"先二后一",就是先计算二重积分,再计算一重积分.如图6-7所示,设D_z是竖坐标为z的平面截闭区域Ω所得的一个平面闭区域,则

$$\iiint_\Omega f(x,y,z)\mathrm{d}v=\int_{c_1}^{c_2}\mathrm{d}z\iint_{D_z} f(x,y,z)\mathrm{d}x\mathrm{d}y$$

$$=\int_{c_1}^{c_2}\mathrm{d}z\iint_{D_z} f(r\cos\theta,r\sin\theta,z)r\mathrm{d}r\mathrm{d}\theta.$$

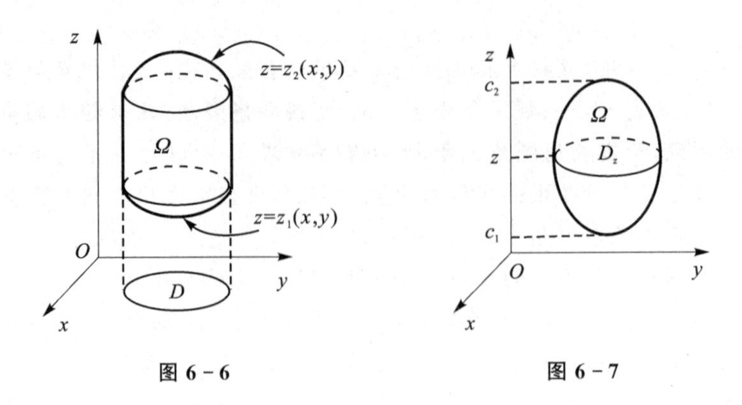

图 6-6　　　图 6-7

【注】

(i) 注意此处的积分下限一定小于或等于积分上限;

(ii) $\iint\limits_D \mathrm{d}x\mathrm{d}y\int_{z_1(x,y)}^{z_2(x,y)} f(x,y,z)\mathrm{d}z$ 又可写作 $\iint\limits_D\left[\int_{z_1(x,y)}^{z_2(x,y)} f(x,y,z)\mathrm{d}z\right]\mathrm{d}x\mathrm{d}y$，$\int_{c_1}^{c_2}\mathrm{d}z\iint\limits_{D_z} f(x,y,z)\mathrm{d}x\mathrm{d}y$ 又可写作 $\int_{c_1}^{c_2}\left[\iint\limits_{D_z} f(x,y,z)\mathrm{d}x\mathrm{d}y\right]\mathrm{d}z$.

(2) 利用球面坐标系

假设作过 z 轴的半平面(图 6-8)，得知 $\theta_1\leqslant\theta\leqslant\theta_2(0\leqslant\theta\leqslant 2\pi)$；作以原点为顶点、$z$ 轴为轴的圆锥面(图 6-9)，得知 $\varphi_1\leqslant\varphi\leqslant\varphi_2(0\leqslant\varphi\leqslant\pi)$；作过原点的直线(图 6-10)，得知 $r_1(\varphi,\theta)\leqslant r\leqslant r_2(\varphi,\theta)(r\geqslant 0)$，则

$$\iiint\limits_\Omega f(x,y,z)\mathrm{d}v=\int_{\theta_1}^{\theta_2}\mathrm{d}\theta\int_{\varphi_1}^{\varphi_2}\mathrm{d}\varphi\int_{r_1(\varphi,\theta)}^{r_2(\varphi,\theta)} f(r\sin\varphi\cos\theta,r\sin\varphi\sin\theta,r\cos\varphi)r^2\sin\varphi\mathrm{d}r.$$

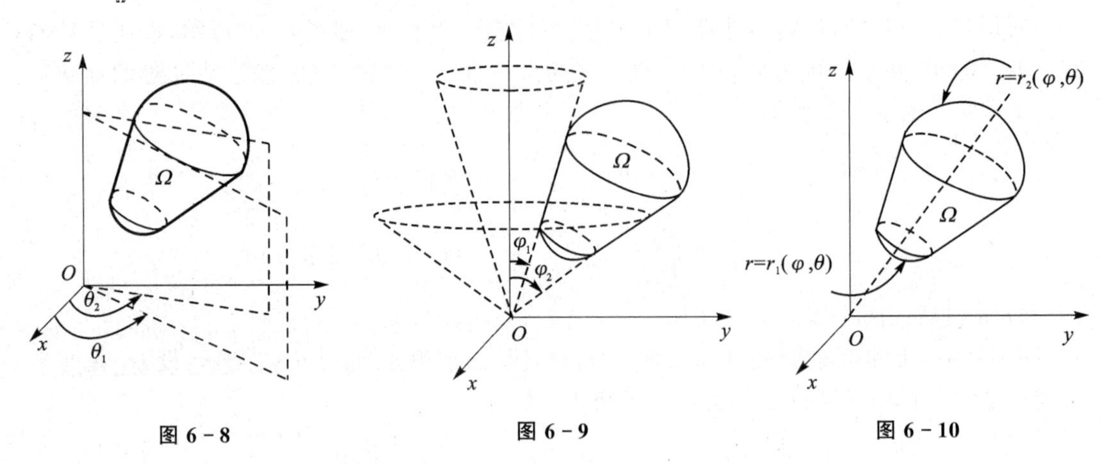

图 6-8　　　图 6-9　　　图 6-10

【注】特别地，当 $\Omega: x^2+y^2+z^2\leqslant R^2$ 时，有

$$\iiint\limits_\Omega f(x,y,z)\mathrm{d}v=\int_0^{2\pi}\mathrm{d}\theta\int_0^{\pi}\mathrm{d}\varphi\int_0^R f(r\sin\varphi\cos\theta,r\sin\varphi\sin\theta,r\cos\varphi)r^2\sin\varphi\mathrm{d}r.$$

问题研究

题眼探索　在第三章中，我们"战胜"了一个积分号；在第五章中，我们"战胜"了两个积分号. 现在，我们即将"迎战"三个积分号. 鉴于三重积分的对称性，以及分割积分区域的相关问题几乎就是二重积分的"翻版"，因此不再探讨. 下面着重谈一谈求三重积分时的选择. 是的，与求二重积分一样，求三重积分也充满了选择，而且也是类似的两次选择. 第一次选择，是选择利用直角坐标系、柱面坐标系还是球面坐标系. 利用前两种坐标系求三重积分与利用球面坐标系有所不同. 如果选择了球面坐标系，那么一般都会"一步到位"地把三重积分化为三次积分. 但是，如果选择的是直角坐标系或柱面坐标系，那么一般都会搭建一个"跳板"——先把三重积分化为"二重积分＋一重积分". 这时，就会面临第二个选择，即选择先求一重积分（先一后二法）还是先求二重积分（先二后一法）. 这就是前两种坐标系的麻烦. 对于前两种坐标系，需要回答两个问题：1°什么时候该选用直角坐标系，什么时候该选用柱面坐标系？2°什么时候该选用先一后二法，什么时候该选用先二后一法？这两个问题的答案就"潜伏"在例 14 和例 15 中.

1. 利用直角坐标系

【例 14】　求 $\iiint\limits_{\Omega} z^2 \mathrm{d}v$，其中 Ω 为平面 $x=1, y=2, z=1, z=4$ 及 zOx 面、yOz 面所围成的闭区域.

【解】**法一**：如图 6－11 所示，

$$\text{原式}=\iint\limits_{D} \mathrm{d}x\mathrm{d}y\int_1^4 z^2\mathrm{d}z=\int_0^1\mathrm{d}x\int_0^2\mathrm{d}y\int_1^4 z^2\mathrm{d}z$$
$$=\int_0^1\mathrm{d}x\int_0^2\left[\frac{z^3}{3}\right]_1^4\mathrm{d}y=21\int_0^1\mathrm{d}x\int_0^2\mathrm{d}y$$
$$=21\times 2=42.$$

法二：

$$\text{原式}=\int_1^4\mathrm{d}z\iint\limits_{D_z} z^2\mathrm{d}x\mathrm{d}y=\int_1^4 z^2\left(\iint\limits_{D_z}\mathrm{d}x\mathrm{d}y\right)\mathrm{d}z$$
$$=\int_1^4 2z^2\mathrm{d}z=\left[\frac{2}{3}z^3\right]_1^4=42.$$

2. 利用柱面坐标系

【例 15】　计算三重积分 $\iiint\limits_{\Omega} z\,\mathrm{d}v$，其中 Ω 为曲面 $z=x^2+y^2$ 及 $z=1$ 所围成的区域.

【分析】方程 $z=x^2+y^2$ 表示什么样的曲面呢？以 x^2+y^2 为着眼点，它表示以 $z=y^2$

为母线、z 轴为旋转轴的旋转曲面.如此看来,前面花大力气讨论旋转曲面并不多余,因为如果画不出 Ω 这个“有盖的碗”(图 6-12),则三重积分的计算将无从下手.

【解】**法一:**

$$\begin{aligned}\text{原式}&=\iint\limits_D \mathrm{d}x\,\mathrm{d}y\int_{x^2+y^2}^{1} z\,\mathrm{d}z\\&=\int_0^{2\pi}\mathrm{d}\theta\int_0^1 r\,\mathrm{d}r\int_{r^2}^1 z\,\mathrm{d}z\\&=\int_0^{2\pi}\mathrm{d}\theta\int_0^1\left[\frac{z^2}{2}\right]_{r^2}^1 r\,\mathrm{d}r=\frac{1}{2}\int_0^{2\pi}\mathrm{d}\theta\int_0^1(r-r^5)\,\mathrm{d}r\\&=\frac{1}{2}\int_0^{2\pi}\left[\frac{r^2}{2}-\frac{r^6}{6}\right]_0^1\mathrm{d}\theta=\frac{1}{6}\int_0^{2\pi}\mathrm{d}\theta=\frac{\pi}{3}.\end{aligned}$$

法二:

$$\begin{aligned}\text{原式}&=\int_0^1\mathrm{d}z\iint\limits_{D_z} z\,\mathrm{d}x\,\mathrm{d}y=\int_0^1 z\left(\iint\limits_{D_z}\mathrm{d}x\,\mathrm{d}y\right)\mathrm{d}z\\&=\int_0^1 z\cdot\pi(\sqrt{z})^2\,\mathrm{d}z=\pi\int_0^1 z^2\,\mathrm{d}z=\frac{\pi}{3}.\end{aligned}$$

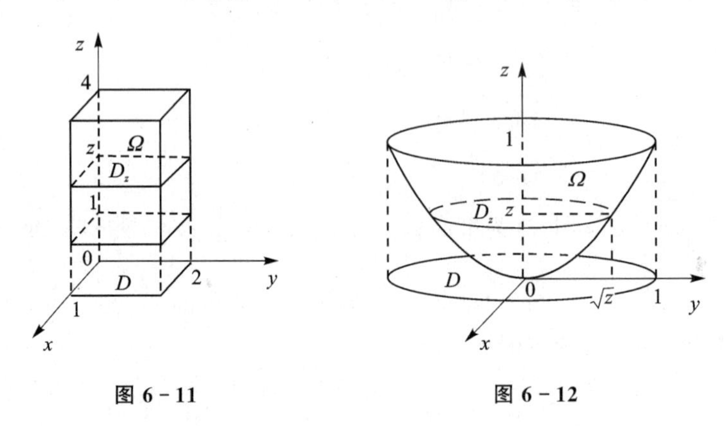

图 6-11　　图 6-12

【题外话】

(i) 值得注意的是,求三重积分与后面的求曲线、曲面积分不同,不能把表示积分区域的曲面方程代入被积函数.如本例不能用 x^2+y^2 或 1 代换被积函数 z.

(ii) 纵观例 14 和例 15,可以发现,用先二后一法比用先一后二法更简单.所以,**如果选用直角坐标系或柱面坐标系求三重积分,则优先考虑先二后一法.**然而,**一般只有满足了下列两个条件才适合选用先二后一法:**

① 被积函数仅是关于 z 的函数;

② 用竖坐标为 z 的平面截积分区域所得的平面闭区域 D_z 的形状是圆、圆的部分、矩形、三角形等规则图形.

为什么要满足这两个条件呢? 且看先二后一法的计算式

$$\iiint\limits_{\Omega} f(x,y,z)\mathrm{d}v=\int_{c_1}^{c_2}\mathrm{d}z\iint\limits_{D_z} f(x,y,z)\mathrm{d}x\,\mathrm{d}y,$$

由于 D_z 不是 xOy 面上的区域，因此不管是利用直角坐标系还是极坐标系，求 $\iint\limits_{D_z} f(x,y,z)\mathrm{d}x\mathrm{d}y$ 一般都会很困难. 但是，如果被积函数仅是关于 z 的函数 $g(z)$，就有

$$\iiint\limits_{\Omega} g(z)\mathrm{d}v=\int_{c_1}^{c_2}\mathrm{d}z\iint\limits_{D_z} g(z)\mathrm{d}x\mathrm{d}y=\int_{c_1}^{c_2}\left[\iint\limits_{D_z} g(z)\mathrm{d}x\mathrm{d}y\right]\mathrm{d}z=\int_{c_1}^{c_2} g(z)\left(\iint\limits_{D_z}\mathrm{d}x\mathrm{d}y\right)\mathrm{d}z,$$

要求的二重积分的被积函数就变成了 1. 而要想求被积函数为 1 的二重积分 $\iint\limits_{D_z}\mathrm{d}x\mathrm{d}y$，则只需求 D_z 的面积，这样问题大大简化. 这就是选用先二后一法需要满足条件①的原因. 同时，要想直接求得 D_z 的面积，D_z 的形状应是规则图形，这是选用先二后一法需要满足条件②的原因. 此外，应当明白，**D_z 的面积一般是关于 z 的表达式**(例 14 是特例)，**计算的关键在于应先用 z 来表示计算时将会用到的基本量**. 比如本例，需要先借助旋转曲面 $z=x^2+y^2$ 的母线方程 $z=y^2$，得到 D_z 所表示的圆的半径为 $\sqrt{z}$(图 6－12). 现在可以知道，选用先二后一法求三重积分在实际操作中多为先求一个规则图形的面积，再求一个积分变量为 z 的定积分，这个计算过程其实与所选用的是直角坐标系还是柱面坐标系并没有太大关系. 但是，如果选用先一后二法，那么计算过程就与坐标系的选择密切相关了.

(iii) 在把三重积分化为"二重积分＋一重积分"以后，求二重积分有两条路可选：一条路是利用直角坐标系，另一条路是利用极坐标系. 其实，利用直角坐标系求三重积分就是利用直角坐标系求要求的二重积分，利用柱面坐标系求三重积分就是利用极坐标系求要求的二重积分. 既然如此，**求三重积分时的直角坐标系与柱面坐标系的选择完全可以参照求二重积分时的直角坐标系与极坐标系的选择**. 搞清楚了什么时候该选用直角坐标系，什么时候该选用柱面坐标系后，我们不禁要问，又该什么时候选用球面坐标系求三重积分呢？

3. 利用球面坐标系

【例 16】 计算 $\iiint\limits_{\Omega}(x^2+y^2)\mathrm{d}v$，其中 Ω 为曲面 $z=\sqrt{x^2+y^2}$ 与 $z=\sqrt{1-x^2-y^2}$ 所围成的区域.

【分析】如图 6－13 所示，$z=\sqrt{x^2+y^2}$ 表示以 $z=|y|$ 为母线、z 轴为旋转轴的旋转曲面，$z=\sqrt{1-x^2-y^2}$ 表示以原点为球心，1 为半径的半球面，这两个曲面围成了一个"满出包

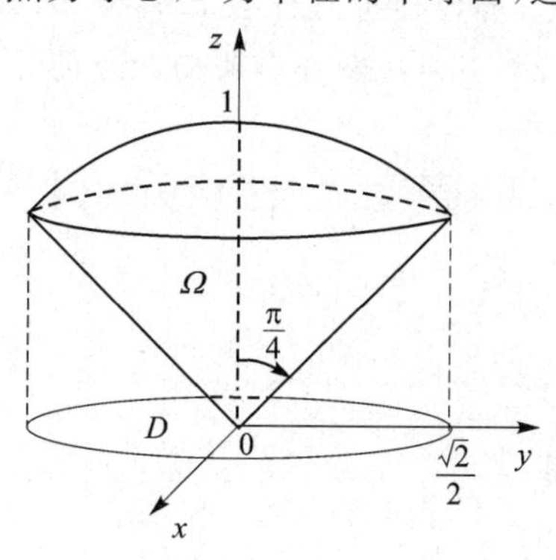

图 6－13

装纸的冰淇淋”. 对于这样的“冰淇淋”,如果选用柱面坐标系,那么首先关心的是,先二后一法是否可行? 至少不会方便,因为被积函数并非仅与 z 有关. 那么,先一后二法可行吗? 可行,不过积分限形式复杂. 如此看来,柱面坐标系对这个“冰淇淋”恐怕会“消化不良”,它也许只能成为球面坐标系的“盘中餐”.

【解】**法一:** 原式$=\iint\limits_D \mathrm{d}x\mathrm{d}y\int_{\sqrt{x^2+y^2}}^{\sqrt{1-x^2-y^2}}(x^2+y^2)\mathrm{d}z=\int_0^{2\pi}\mathrm{d}\theta\int_0^{\frac{\sqrt{2}}{2}}r\mathrm{d}r\int_r^{\sqrt{1-r^2}}r^2\mathrm{d}z$

$$=\int_0^{2\pi}\mathrm{d}\theta\int_0^{\frac{\sqrt{2}}{2}}(r^3\sqrt{1-r^2}-r^4)\mathrm{d}r=\int_0^{2\pi}\mathrm{d}\theta\left(\int_0^{\frac{\sqrt{2}}{2}}r^3\sqrt{1-r^2}\mathrm{d}r-\frac{\sqrt{2}}{40}\right).$$

而

$$\int_0^{\frac{\sqrt{2}}{2}}r^3\sqrt{1-r^2}\mathrm{d}r\xlongequal{\text{令} r=\sin t}\int_0^{\frac{\pi}{4}}\sin^3 t\cos^2 t\mathrm{d}t=-\int_0^{\frac{\pi}{4}}(1-\cos^2 t)\cos^2 t\mathrm{d}(\cos t)$$

$$=\left[\frac{1}{5}\cos^5 t-\frac{1}{3}\cos^3 t\right]_0^{\frac{\pi}{4}}=\frac{2}{15}-\frac{7}{120}\sqrt{2}.$$

故

$$\text{原式}=\int_0^{2\pi}\left(\frac{2}{15}-\frac{7}{120}\sqrt{2}-\frac{\sqrt{2}}{40}\right)\mathrm{d}\theta=\frac{\pi}{30}(8-5\sqrt{2}).$$

法二: 原式$=\int_0^{2\pi}\mathrm{d}\theta\int_0^{\frac{\pi}{4}}\mathrm{d}\varphi\int_0^1(r^2\sin^2\varphi\cos^2\theta+r^2\sin^2\varphi\sin^2\theta)r^2\sin\varphi\mathrm{d}r$

$$=\int_0^{2\pi}\mathrm{d}\theta\int_0^{\frac{\pi}{4}}\mathrm{d}\varphi\int_0^1 r^4\sin^3\varphi\mathrm{d}r=\int_0^{2\pi}\mathrm{d}\theta\int_0^{\frac{\pi}{4}}\sin^3\varphi\left[\frac{r^5}{5}\right]_0^1\mathrm{d}\varphi$$

$$=\frac{1}{5}\int_0^{2\pi}\mathrm{d}\theta\int_0^{\frac{\pi}{4}}\sin^3\varphi\mathrm{d}\varphi=-\frac{1}{5}\int_0^{2\pi}\mathrm{d}\theta\int_0^{\frac{\pi}{4}}(1-\cos^2\varphi)\mathrm{d}(\cos\varphi)$$

$$=-\frac{1}{5}\int_0^{2\pi}\left[\cos\varphi-\frac{1}{3}\cos^3\varphi\right]_0^{\frac{\pi}{4}}\mathrm{d}\theta=\frac{\pi}{30}(8-5\sqrt{2}).$$

【题外话】

(i) **当积分区域由球体或球体的部分、锥体或锥体的部分组成,且被积函数形如 $f(x^2+y^2+z^2)$ 或 $f(x^2+y^2)$ 时,利用球面坐标系求三重积分会更方便.**

(ii) 现在,三个积分号也被我们“战胜”了. 这是一次意义非凡的“胜利”,它标志着我们“攻克”了所有积分的计算. 这时,有的读者可能会犯嘀咕:既然“攻克”了三重积分的计算标志着“攻克”了所有积分的计算,那么曲线积分和曲面积分的计算又被置于何地呢?

问题4 求曲线积分

1. 第一类曲线积分的计算

设 L 用参数方程 $\begin{cases}x=\varphi(t),\\ y=\psi(t)\end{cases}(\alpha\leqslant t\leqslant\beta)$ 表示,则

$$\int_L f(x,y)\mathrm{d}s=\int_\alpha^\beta f[\varphi(t),\psi(t)]\sqrt{[\varphi'(t)]^2+[\psi'(t)]^2}\,\mathrm{d}t.$$

【注】特别地，若 L 用方程 $\begin{cases}x=x,\\ y=y(x)\end{cases}(a\leqslant x\leqslant b)$ 表示，则

$$\int_L f(x,y)\mathrm{d}s=\int_a^b f[x,y(x)]\sqrt{1+[y'(x)]^2}\,\mathrm{d}x;$$

若 L 用方程 $\begin{cases}x=x(y),\\ y=y\end{cases}(c\leqslant y\leqslant d)$ 表示，则

$$\int_L f(x,y)\mathrm{d}s=\int_c^d f[x(y),y]\sqrt{[x'(y)]^2+1}\,\mathrm{d}y.$$

2. 第二类曲线积分的计算

(1) 转化为定积分

设 L 用参数方程 $\begin{cases}x=\varphi(t),\\ y=\psi(t)\end{cases}$ 表示，且 t 由 α 变到 β，则

$$\int_L P(x,y)\mathrm{d}x+Q(x,y)\mathrm{d}y=\int_\alpha^\beta\{P[\varphi(t),\psi(t)]\varphi'(t)+Q[\varphi(t),\psi(t)]\psi'(t)\}\mathrm{d}t.$$

【注】

(i) 这里的 α 不一定小于 β，但必须满足 α 对应 L 的起点，β 对应 L 的终点.

(ii) 特别地，若 L 用方程 $\begin{cases}x=x,\\ y=y(x)\end{cases}$ 表示，且 x 由 a 变到 b，则

$$\int_L P(x,y)\mathrm{d}x+Q(x,y)\mathrm{d}y=\int_a^b\{P[x,y(x)]+Q[x,y(x)]y'(x)\}\mathrm{d}x;$$

若 L 用方程 $\begin{cases}x=x(y),\\ y=y\end{cases}$ 表示，且 y 由 c 变到 d，则

$$\int_L P(x,y)\mathrm{d}x+Q(x,y)\mathrm{d}y=\int_c^d\{P[x(y),y]x'(y)+Q[x(y),y]\}\mathrm{d}y.$$

(2) 转化为二重积分(格林公式)

设分段光滑的封闭曲线 L 为封闭区域 D 的取正向的边界曲线，函数 $P(x,y)$，$Q(x,y)$ 在 D 上具有一阶连续偏导数，则

$$\oint_L P(x,y)\mathrm{d}x+Q(x,y)\mathrm{d}y=\iint_D\left[\frac{\partial Q(x,y)}{\partial x}-\frac{\partial P(x,y)}{\partial y}\right]\mathrm{d}x\mathrm{d}y.$$

【注】所谓 L 取正向，就是当某人沿 L 的该方向前进时 D 始终在他的左手一侧，正向也常为逆时针方向.

3. 第二类曲线积分的可加性

设有向线弧 L 可分为两段光滑的有向线弧 L_1 和 L_2，则

$$\int_L P(x,y)\mathrm{d}x+Q(x,y)\mathrm{d}y=\int_{L_1}P(x,y)\mathrm{d}x+Q(x,y)\mathrm{d}y+$$

$$\int_{L_2} P(x,y)\mathrm{d}x + Q(x,y)\mathrm{d}y.$$

问题研究

题眼探索 曲线积分和曲面积分都是"纸老虎".为什么这样说呢?因为它们的计算都能转化为我们所熟悉的积分的计算.具体地说,就曲线积分而言,**第一类曲线积分能转化为定积分,第二类曲线积分既能转化为定积分,又能转化为二重积分**;就曲面积分而言,**第一类曲面积分能转化为二重积分,第二类曲面积分既能转化为二重积分,又能转化为三重积分**.哈!曲线、曲面积分原来"不堪一击".既然如此,下面的讨论只围绕一个主题:如何通过转化为定积分、二重积分和三重积分来求曲线积分和曲面积分?

1. 第一类曲线积分

【例 17】 已知曲线 $L: y^2 = x(0 \leqslant y \leqslant \sqrt{6})$,则 $\int_L y\,\mathrm{d}s =$ ____________.

【解】**法一:** 原式 $= \int_0^{\sqrt{6}} y\sqrt{(2y)^2+1}\,\mathrm{d}y = \dfrac{1}{8}\int_0^{\sqrt{6}} \sqrt{4y^2+1}\,\mathrm{d}(4y^2+1)$

$$= \left[\frac{1}{12}(4y^2+1)^{\frac{3}{2}}\right]_0^{\sqrt{6}} = \frac{31}{3}.$$

法二: 原式 $= \int_0^6 \sqrt{x}\cdot\sqrt{1+\left(\dfrac{1}{2\sqrt{x}}\right)^2}\,\mathrm{d}x = \int_0^6 \sqrt{x+\dfrac{1}{4}}\,\mathrm{d}\left(x+\dfrac{1}{4}\right) = \left[\dfrac{2}{3}\left(x+\dfrac{1}{4}\right)^{\frac{3}{2}}\right]_0^6 = \dfrac{31}{3}.$

2. 第二类曲线积分

(1) 转化为定积分

【例 18】 (2004 年考研题)设 L 为正向圆周 $x^2+y^2=2$ 在第一象限中的部分,则曲线积分 $\int_L x\,\mathrm{d}y - 2y\,\mathrm{d}x =$ ____________.

【解】令 $x=\sqrt{2}\cos t, y=\sqrt{2}\sin t\left(0\leqslant t\leqslant\dfrac{\pi}{2}\right.$,且 t 由 0 变到 $\left.\dfrac{\pi}{2}\right)$,则

$$\text{原式} = \int_0^{\frac{\pi}{2}} \left[\sqrt{2}\cos t\cdot(\sqrt{2}\cos t) - 2\sqrt{2}\sin t\cdot(-\sqrt{2}\sin t)\right]\mathrm{d}t$$

$$= \int_0^{\frac{\pi}{2}} (2\cos^2 t + 4\sin^2 t)\,\mathrm{d}t = \int_0^{\frac{\pi}{2}} (3-\cos 2t)\,\mathrm{d}t$$

$$= \left[3t - \frac{1}{2}\sin 2t\right]_0^{\frac{\pi}{2}} = \frac{3}{2}\pi.$$

【题外话】本例若想不到把 L 的方程改写为参数方程也无妨,可以把 $y=\sqrt{2-x^2}$ 代入

被积函数，把曲线积分转化为定积分

$$\int_{\sqrt{2}}^{0}\left[x\cdot\left(-\frac{x}{\sqrt{2-x^2}}\right)-2\sqrt{2-x^2}\right]\mathrm{d}x,$$

也可以把 $x=\sqrt{2-y^2}$ 代入被积函数，把曲线积分转化为定积分

$$\int_{0}^{\sqrt{2}}\left[\sqrt{2-y^2}-2y\left(-\frac{y}{\sqrt{2-y^2}}\right)\right]\mathrm{d}y.$$

之所以能够把 L 的方程直接代入被积函数，是因为 L 的方程能写成 $y=y(x)$ 和 $x=x(y)$ 的形式，而能写成这样的形式，是因为 L 不是封闭的整个圆. 然而，成也萧何，败也萧何. 虽然"L 不是封闭的整个圆"使我们能在想不到用参数方程来表示 L 的前提下求出曲线积分，但是它也使我们丧失了"缩水"被积函数的机会.

(2) 转化为二重积分(利用格林公式)

【例 19】 设 L 为正向圆周 $x^2+y^2=2$，则 $\oint_L(\sin x+y)\mathrm{d}x+(2x-y\mathrm{e}^y)\mathrm{d}y=$ __________.

【分析】本例的被积函数好生复杂！幸好 L 是封闭的整个圆，这使得格林公式有了"用武之地". 记 $P(x,y)=\sin x+y$，$Q(x,y)=2x-y\mathrm{e}^y$，则 $\frac{\partial Q(x,y)}{\partial x}=2$，$\frac{\partial P(x,y)}{\partial y}=1$. 于是

$$原式=\iint_D\left[\frac{\partial Q(x,y)}{\partial x}-\frac{\partial P(x,y)}{\partial y}\right]\mathrm{d}x\mathrm{d}y=\iint_D\mathrm{d}x\mathrm{d}y=2\pi,$$

其中 $D:x^2+y^2\leqslant 2$. 无疑，是格林公式创造了使被积函数"缩水"为 1 的"奇迹".

【例 20】 (1999 年考研题) 求 $I=\int_L[\mathrm{e}^x\sin y-b(x+y)]\mathrm{d}x+(\mathrm{e}^x\cos y-ax)\mathrm{d}y$，其中 a,b 为正的常数，L 为从点 $A(2a,0)$ 沿曲线 $y=\sqrt{2ax-x^2}$ 到点 $O(0,0)$ 的弧.

【分析】本例的被积函数复杂依旧. 但是，倘若记

$$P(x,y)=\mathrm{e}^x\sin y-b(x+y),\quad Q(x,y)=\mathrm{e}^x\cos y-ax,$$

则 $\frac{\partial Q(x,y)}{\partial x}-\frac{\partial P(x,y)}{\partial y}=b-a$. 为了不坐失"缩水"被积函数为 $b-a$ 的良机，还是想"请格林公式出马"，可惜 L 并不封闭. 莫急，请看图 6-14，如果补上曲线 $L_1:y=0(0\leqslant x\leqslant 2a$，且 x 由 0 变到 $2a)$，那么格林公式不就又有"用武之地"了吗？

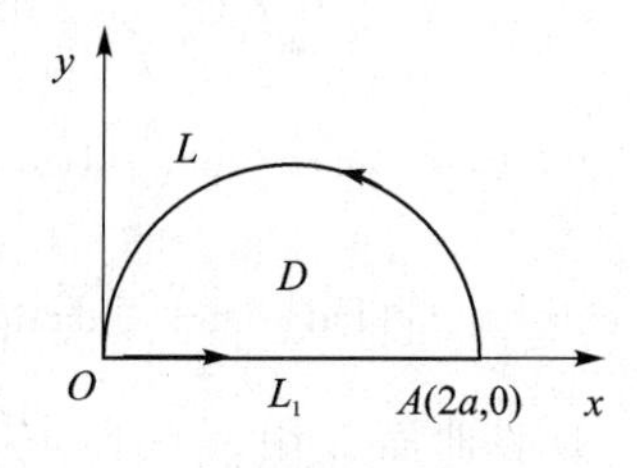

图 6-14

【解】补曲线 $L_1:y=0(0\leqslant x\leqslant 2a$，且 x 由 0 变到 $2a)$. 根据第二类曲线积分的可加性，有

$$I=\int_{L+L_1}P(x+y)\mathrm{d}x+Q(x,y)\mathrm{d}y-\int_{L_1}P(x+y)\mathrm{d}x+Q(x,y)\mathrm{d}y.$$

$$\int_{L+L_1}P(x,y)\mathrm{d}x+Q(x,y)\mathrm{d}y=\iint_D(b-a)\mathrm{d}x\mathrm{d}y=\frac{\pi}{2}a^2(b-a),$$

其中 D 为 L 与 L_1 围成的区域. 又

$$\int_{L_1} P(x,y)\mathrm{d}x+Q(x,y)\mathrm{d}y=\int_0^{2a} P(x,0)\mathrm{d}x=-\int_0^{2a} bx\,\mathrm{d}x=-\left[\frac{bx^2}{2}\right]_0^{2a}=-2a^2b,$$

故 $I=\frac{\pi}{2}a^2(b-a)+2a^2b=\left(\frac{\pi}{2}+2\right)a^2b-\frac{\pi}{2}a^3$.

【题外话】例 19 和例 20 告诉我们:**对于第二类曲线积分,若积分弧段是封闭曲线,则有时可以考虑利用格林公式化简被积函数;若积分弧段不是封闭曲线,则有时可以考虑先通过补线使积分弧段封闭,再利用格林公式化简被积函数.**

问题 5　求曲面积分

知识储备

1. 第一类曲面积分的计算

设曲面 Σ 用 $z=z(x,y)$ 表示,D_{xy} 为 Σ 在 xOy 面上的投影区域,$z=z(x,y)$ 在 D_{xy} 上有连续的一阶偏导数,$f(x,y,z)$ 在 Σ 上连续,则

$$\iint_{\Sigma} f(x,y,z)\mathrm{d}S=\iint_{D_{xy}} f[x,y,z(x,y)]\sqrt{1+z_x^2(x,y)+z_y^2(x,y)}\,\mathrm{d}x\mathrm{d}y.$$

【注】若 Σ 用 $x=x(y,z)$ 或 $y=y(z,x)$ 表示,则也能类似地把第一类曲面积分转化为相应的二重积分.

2. 第二类曲面积分的计算

(1) 转化为二重积分

把

$$\iint_{\Sigma} P(x,y,z)\mathrm{d}y\mathrm{d}z+Q(x,y,z)\mathrm{d}z\mathrm{d}x+R(x,y,z)\mathrm{d}x\mathrm{d}y$$

拆成 $\iint_{\Sigma} P(x,y,z)\mathrm{d}y\mathrm{d}z$, $\iint_{\Sigma} Q(x,y,z)\mathrm{d}z\mathrm{d}x$ 和 $\iint_{\Sigma} R(x,y,z)\mathrm{d}x\mathrm{d}y$ 三部分计算,且有

$$\iint_{\Sigma} P\mathrm{d}y\mathrm{d}z+Q\mathrm{d}z\mathrm{d}x+R\mathrm{d}x\mathrm{d}y=\iint_{\Sigma} P\mathrm{d}y\mathrm{d}z+\iint_{\Sigma} Q\mathrm{d}z\mathrm{d}x+\iint_{\Sigma} R\mathrm{d}x\mathrm{d}y.$$

① 设曲面 Σ 用 $z=z(x,y)$ 表示,D_{xy} 为 Σ 在 xOy 面上的投影区域,则

$$\iint_{\Sigma} R(x,y,z)\mathrm{d}x\mathrm{d}y=\pm\iint_{D_{xy}} R[x,y,z(x,y)]\mathrm{d}x\mathrm{d}y \quad (\Sigma\text{ 取上侧为正,下侧为负});$$

② 设曲面 Σ 用 $x=x(y,z)$ 表示,D_{yz} 为 Σ 在 yOz 面上的投影区域,则

$$\iint_{\Sigma} P(x,y,z)\mathrm{d}y\mathrm{d}z=\pm\iint_{D_{yz}} P[x(y,z),y,z]\mathrm{d}y\mathrm{d}z \quad (\Sigma\text{ 取前侧为正,后侧为负});$$

③ 设曲面 Σ 用 $y=y(z,x)$ 表示,D_{zx} 为 Σ 在 zOx 面上的投影区域,则

$$\iint_{\Sigma} Q(x,y,z)\mathrm{d}z\mathrm{d}x=\pm\iint_{D_{zx}} Q[x,y(z,x),z]\mathrm{d}z\mathrm{d}x \quad (\Sigma\text{ 取右侧为正,左侧为负});$$

(2) 转化为三重积分(利用高斯公式)

设分片光滑的封闭曲面 Σ 为空间封闭区域 Ω 的边界曲面的外侧，函数 $P(x,y,z)$，$Q(x,y,z)$，$R(x,y,z)$ 在 Ω 上具有一阶连续偏导数，则

$$\oiint_{\Sigma} P(x,y,z)\mathrm{d}y\mathrm{d}z+Q(x,y,z)\mathrm{d}z\mathrm{d}x+R(x,y,z)\mathrm{d}x\mathrm{d}y=$$

$$\iiint_{\Omega}\left[\frac{\partial P(x,y,z)}{\partial x}+\frac{\partial Q(x,y,z)}{\partial y}+\frac{\partial R(x,y,z)}{\partial z}\right]\mathrm{d}v.$$

3. 第二类曲面积分的可加性

设 $\Sigma_1\cup\Sigma_2=\Sigma$，$\Sigma_1\cap\Sigma_2=\varnothing$，则

$$\iint_{\Sigma}P\mathrm{d}y\mathrm{d}z+Q\mathrm{d}z\mathrm{d}x+R\mathrm{d}x\mathrm{d}y=\iint_{\Sigma_1}P\mathrm{d}y\mathrm{d}z+Q\mathrm{d}z\mathrm{d}x+R\mathrm{d}x\mathrm{d}y+$$

$$\iint_{\Sigma_2}P\mathrm{d}y\mathrm{d}z+Q\mathrm{d}z\mathrm{d}x+R\mathrm{d}x\mathrm{d}y.$$

问题研究

1. 第一类曲面积分

【例 21】　求 $\iint_{\Sigma}z\mathrm{d}S$，其中 Σ 为球面 $x^2+y^2+z^2=a^2$ 在 $z\geqslant h$ 的部分，$0<h<a$.

【解】如图 6-15 所示，对于 $z=\sqrt{a^2-x^2-y^2}$，有 $z_x=\frac{-x}{\sqrt{a^2-x^2-y^2}}$，$z_y=\frac{-y}{\sqrt{a^2-x^2-y^2}}$，则

$$\sqrt{1+z_x^2+z_y^2}=\sqrt{1+\frac{x^2}{a^2-x^2-y^2}+\frac{y^2}{a^2-x^2-y^2}}=\frac{a}{\sqrt{a^2-x^2-y^2}}.$$

$$\text{原式}=\iint_{D_{xy}}\sqrt{a^2-x^2-y^2}\cdot\frac{a}{\sqrt{a^2-x^2-y^2}}\mathrm{d}x\mathrm{d}y$$

$$=\int_0^{2\pi}\mathrm{d}\theta\int_0^{\sqrt{a^2-h^2}}ar\mathrm{d}r=\int_0^{2\pi}a\left[\frac{r^2}{2}\right]_0^{\sqrt{a^2-h^2}}\mathrm{d}\theta$$

$$=\int_0^{2\pi}\frac{a}{2}(a^2-h^2)\mathrm{d}\theta=a\pi(a^2-h^2).$$

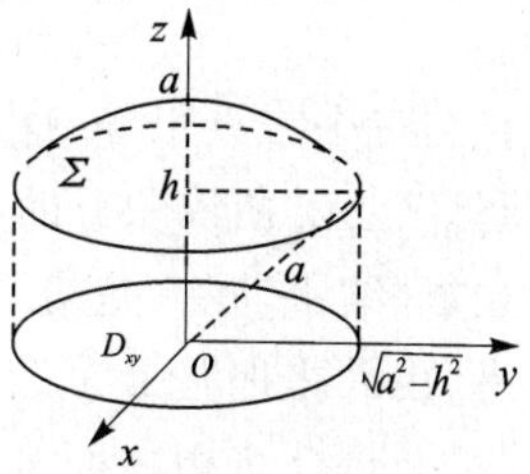

图 6-15

【题外话】要想使用第一类曲面积分的计算公式

$$\iint_{\Sigma}f(x,y,z)\mathrm{d}S=\iint_{D_{xy}}f[x,y,z(x,y)]\sqrt{1+z_x^2(x,y)+z_y^2(x,y)}\mathrm{d}x\mathrm{d}y,$$

就要先用 $z=z(x,y)$ 的形式表示积分曲面，因为只有这样才能把 $z=z(x,y)$ 代入被积函数，并求 z_x，z_y. 所以，本例的一切计算都是以把表示 Σ 的方程 $x^2+y^2+z^2=a^2$ 写成显函数 $z=\sqrt{a^2-x^2-y^2}$ 为起点的.

2. 第二类曲面积分

(1) 转化为二重积分

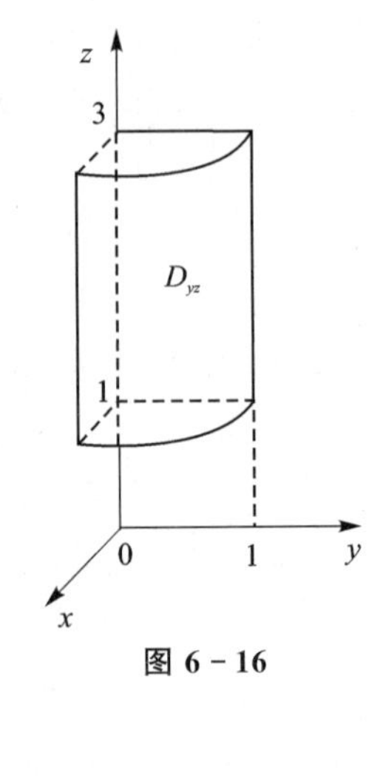

图 6-16

【例 22】 计算$\iint\limits_{\Sigma} xy\,\mathrm{d}y\mathrm{d}z$,其中Σ是柱面$x^2+y^2=1$上由$x\geqslant 0, y\geqslant 0$及$1\leqslant z\leqslant 3$所限定的那部分曲面的后侧.

【解】如图 6-16 所示,原式$=-\iint\limits_{D_{yz}} y\sqrt{1-y^2}\,\mathrm{d}y\mathrm{d}z$

$$=-\int_1^3 \mathrm{d}z\int_0^1 y\sqrt{1-y^2}\,\mathrm{d}y$$

$$=\frac{1}{2}\int_1^3 \mathrm{d}z\int_0^1 \sqrt{1-y^2}\,\mathrm{d}(1-y^2)$$

$$=\frac{1}{2}\int_1^3 \left[\frac{2}{3}(1-y^2)^{\frac{3}{2}}\right]_0^1 \mathrm{d}z$$

$$=-\frac{1}{3}\int_1^3 \mathrm{d}z=-\frac{2}{3}.$$

【题外话】值得注意的是,第一类曲线积分的积分弧段和第一类曲面积分的积分曲面都是没有方向的,第二类曲线积分的积分弧段和第二类曲面积分的积分曲面都是有方向的.所以,**求第二类曲线积分时应该关注积分弧段的变量是由哪一点变到哪一点,求第二类曲面积分时应该关注积分曲面所取的侧.**

(2) 转化为三重积分(利用高斯公式)

【例 23】 (1988 年考研题)设Σ为曲面$x^2+y^2+z^2=1$的外侧,计算曲面积分

$$I=\oiint\limits_{\Sigma} x^3\mathrm{d}y\mathrm{d}z+y^3\mathrm{d}z\mathrm{d}x+z^3\mathrm{d}x\mathrm{d}y.$$

【分析】与例 22 不同,本例的曲面积分的三个被积函数齐全.这意味着,如果要沿用例 22 的方法,就要把I拆成三部分计算.然而,由于表示Σ的方程$x^2+y^2+z^2=1$无法写成$z=z(x,y)$,$x=x(y,z)$和$y=y(z,x)$的形式,即使把I拆成了三部分,也不能将它们顺利地转化为三个二重积分.这不禁令人犯难.不过,有了求第二类曲线积分的经验,就可以想到,既然第二类曲线积分的两个被积函数能"缩水"为一个,那么第二类曲面积分的被积函数是否也能"缩水"呢?是的.而"继承"格林公式的"事业"的,是高斯公式.况且高斯公式在本例中有"用武之地",因为Σ是封闭曲面.

【解】记Ω为由曲面Σ围成的空间封闭区域,根据高斯公式,有

$$I=\iiint\limits_{\Omega}(3x^2+3y^2+3z^2)\,\mathrm{d}v=3\int_0^{2\pi}\mathrm{d}\theta\int_0^{\pi}\mathrm{d}\varphi\int_0^1 r^2\cdot r^2\sin\varphi\,\mathrm{d}r$$

$$=3\int_0^{2\pi}\mathrm{d}\theta\int_0^{\pi}\left[\frac{r^5}{5}\right]_0^1\sin\varphi\,\mathrm{d}\varphi=\frac{3}{5}\int_0^{2\pi}\left[-\cos\varphi\right]_0^{\pi}\mathrm{d}\theta=\frac{12}{5}\pi.$$

【题外话】对于$\iiint\limits_{\Omega}(3x^2+3y^2+3z^2)\mathrm{d}v$,由于积分区域为球体,且被积函数形如$f(x^2+y^2+z^2)$,故适合利用球面坐标系计算.

【例 24】　如果Σ是曲面$z=1-x^2-y^2(z\geqslant 0)$的上侧，那么第二类曲面积分$\iint\limits_{\Sigma} y^2\mathrm{d}y\mathrm{d}z+x^2\mathrm{d}z\mathrm{d}x+(z+x^2+y^2)\mathrm{d}x\mathrm{d}y=$ ＿＿＿＿＿.

【分析】本例的曲面积分也有三个被积函数，表示Σ的方程也无法写成$x=x(y,z)$和$y=y(z,x)$的形式，这个境遇与例 23 相差无几. 与例 23 不同的是，Σ这个“倒扣的碗”并不封闭（如图 6－17 所示，$z=1-x^2-y^2$表示以$z=1-y^2$为母线、z轴为旋转轴的旋转曲面）. 没关系，可以给“倒扣的碗”添上一个“盖子”——Σ_1：xOy面上被圆$x^2+y^2=1$所围部分的下侧，这样高斯公式就有了“用武之地”. 见证奇迹的时刻到了！记$P=y^2$，$Q=x^2$，$R=z+x^2+y^2$，则$\dfrac{\partial P}{\partial x}+\dfrac{\partial Q}{\partial y}+\dfrac{\partial R}{\partial z}=1$，被积函数瞬间“缩水”为 1.

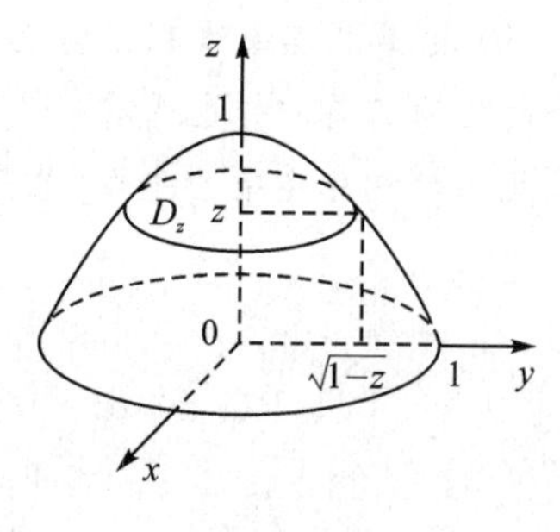

图 6－17

于是便有

$$\iint\limits_{\Sigma+\Sigma_1} y^2\mathrm{d}y\mathrm{d}z+x^2\mathrm{d}z\mathrm{d}x+(z+x^2+y^2)\mathrm{d}x\mathrm{d}y=\iiint\limits_{\Omega}\mathrm{d}v,$$

其中Ω为Σ和Σ_1围成的区域.

现在的问题是，$\iiint\limits_{\Omega}\mathrm{d}v$该怎么求呢？请看图 6－17，如果用竖坐标为$z$的平面去截这个“倒扣的碗”，那么截面$D_z$就是以$\sqrt{1-z}$为半径的圆. 因此很容易得到，$D_z$的面积是$\pi(1-z)$. 这告诉我们，先二后一法是求这个三重积分的绝佳选择，即有

$$\iiint\limits_{\Omega}\mathrm{d}v=\int_0^1\mathrm{d}z\iint\limits_{D_z}\mathrm{d}x\mathrm{d}y=\int_0^1\pi(1-z)\mathrm{d}z=\pi\left[z-\frac{z^2}{2}\right]_0^1=\frac{\pi}{2}.$$

我们知道，根据第二类曲面积分的可加性，有

$$\begin{aligned}原式=&\iint\limits_{\Sigma+\Sigma_1} y^2\mathrm{d}y\mathrm{d}z+x^2\mathrm{d}z\mathrm{d}x+(z+x^2+y^2)\mathrm{d}x\mathrm{d}y-\\&\iint\limits_{\Sigma_1} y^2\mathrm{d}y\mathrm{d}z+x^2\mathrm{d}z\mathrm{d}x+(z+x^2+y^2)\mathrm{d}x\mathrm{d}y.\end{aligned}$$

这意味着，只要求出$\iint\limits_{\Sigma_1} y^2\mathrm{d}y\mathrm{d}z+x^2\mathrm{d}z\mathrm{d}x+(z+x^2+y^2)\mathrm{d}x\mathrm{d}y$便可走向“胜利”. 显然，$\iint\limits_{\Sigma_1} y^2\mathrm{d}y\mathrm{d}z=\iint\limits_{\Sigma_1} x^2\mathrm{d}z\mathrm{d}x=0$，所以只需在$\iint\limits_{\Sigma_1}(z+x^2+y^2)\mathrm{d}x\mathrm{d}y$上下功夫. 而$\iint\limits_{\Sigma_1}(z+x^2+y^2)\mathrm{d}x\mathrm{d}y$能够轻松地转化为二重积分$-\iint\limits_{x^2+y^2\leqslant 1}(x^2+y^2)\mathrm{d}x\mathrm{d}y$. 它的值为$-\dfrac{\pi}{2}$. 如此，则

$$原式=\frac{\pi}{2}-\left(-\frac{\pi}{2}\right)=\pi.$$

我们胜利了！

【题外话】

(i) 例 23 和例 24 告诉我们：**对于第二类曲面积分，若积分曲面是封闭曲面，则有时可以考**

虑利用高斯公式化简被积函数;若积分曲面不是封闭曲面,则有时可以考虑先通过补面使积分曲面封闭,再利用高斯公式化简被积函数,尤其是在有多个被积函数,或积分曲面无法用 $z=z(x,y)$,$x=x(y,z)$ 和 $y=y(z,x)$ 表示时.

(ii) 把第二类曲线积分转化为二重积分需要一个"帮手",那就是格林公式;把第二类曲面积分转化为三重积分也需要一个"帮手",那就是高斯公式.现在比较一下格林公式、高斯公式和一元函数积分学中的牛顿-莱布尼茨公式:

$$F(b)-F(a)=\int_a^b F'(x)\mathrm{d}x,$$

$$\oint_L P(x,y)\mathrm{d}x+Q(x,y)\mathrm{d}y=\iint_D\left[\frac{\partial Q(x,y)}{\partial x}-\frac{\partial P(x,y)}{\partial y}\right]\mathrm{d}x\mathrm{d}y,$$

$$\oiint_\Sigma P(x,y,z)\mathrm{d}y\mathrm{d}z+Q(x,y,z)\mathrm{d}z\mathrm{d}x+R(x,y,z)\mathrm{d}x\mathrm{d}y=$$
$$\iiint_\Omega\left[\frac{\partial P(x,y,z)}{\partial x}+\frac{\partial Q(x,y,z)}{\partial y}+\frac{\partial R(x,y,z)}{\partial z}\right]\mathrm{d}v.$$

这三个公式至少有下面两个共同点:

① 等式左边都反映了函数在区域(或区间)边界上的积分(或函数值),等式右边都反映了函数在区域(或区间)内部的积分;

② 等式右边都比等式左边多了一个积分号,且等式右边的被积函数都由等式左边的被积函数(或函数)的偏导数(或导数)组成.

尤其是第②个共同点告诉我们:**牛顿-莱布尼茨公式、格林公式和高斯公式都体现了导数(或偏导数)是积分的逆运算**.既然这三个公式存在着这样的共同点,那么我们就很好奇,这三个公式之间究竟有什么关系?能不能用一个新的公式把这三个公式统一起来呢?本书回答不了这两个问题.或者说,如果要把这两个问题谈清楚,恐怕又至少需要一章的篇幅.这未尝不是一种遗憾.然而,也许正是这样的遗憾才推动着我们在探索之旅上前行.亲爱的读者,这两个遗留的"问号"可能诉说着这样一句话:虽然我们即将"告别"多元函数微积分学,但是我们并没有看完那里的"风景".不过,即使没有看够多元函数微积分学的"风景",我们也不得不走向探索之旅的最后一站,到那里,去"拜访"最后一位"朋友"——一位"古道热肠的朋友",它叫无穷级数.

实战演练

一、选择题

1\. 直线 $\begin{cases}x+y-3z=0,\\x-y-z=0\end{cases}$ 与平面 $x-y-z+1=0$ 的夹角为( )

(A) 0. (B) $\frac{\pi}{3}$. (C) $\frac{\pi}{2}$. (D) π.

2\. 在曲线 $x=t,y=-t^2,z=t^3$ 的所有切线中,与平面 $x+2y+z=4$ 平行的切线( )

(A) 只有1条. (B) 只有2条. (C) 至少有3条. (D) 不存在.

二、填空题

3. 过直线$\begin{cases}x+y+2z=0,\\ x+z=3\sqrt{2},\end{cases}$且与球面$x^2+y^2+z^2=9$相切的平面方程为____________.

4. 由曲线$\begin{cases}3x^2+2y^2=12,\\ z=0\end{cases}$绕$y$轴旋转一周得到的旋转面在点$(0,\sqrt{3},\sqrt{2})$处的指向外侧的单位法向量为____________.

5. 三元函数$u=xyz$在点$(3,-1,1)$处沿从点$(3,-1,1)$到点$(7,2,13)$方向的方向导数为____________.

6. 设$\Omega=\{(x,y,z)\mid x^2+y^2+z^2\leqslant 1\}$,则$\iiint\limits_{\Omega} z^2\mathrm{d}x\mathrm{d}y\mathrm{d}z$ ____________.

7. 已知曲线L:$\begin{cases}x=2\sin t,\\ y=2\cos t\end{cases}\left(0\leqslant t\leqslant\dfrac{\pi}{2}\right)$,则$\int_L xy\mathrm{d}s=$ ____________.

8. 已知曲线L的方程为$y=x^2\,(0\leqslant x\leqslant 1)$,起点是$(1,1)$,终点是$(0,0)$,则曲线积分$\int_L y\mathrm{d}x+\mathrm{e}^x\mathrm{d}y=$ ____________.

9. 已知曲线L的方程为$y=1-|x|\,(-1\leqslant x\leqslant 1)$,起点是$(-1,0)$,终点是$(1,0)$,则曲线积分$\int_L xy\mathrm{d}x+x^2\mathrm{d}y=$ ____________.

10. 设曲面Σ是$z=\sqrt{4-x^2-y^2}$的上侧,则$\iint\limits_{\Sigma} z\mathrm{d}x\mathrm{d}y=$ ____________.

三、解答题

11. 计算三重积分$\iiint\limits_{\Omega}\mathrm{e}^z\mathrm{d}v$,其中$\Omega$为曲面$z=9-x^2-y^2$及$z=0$所围成的闭区域.

12. 计算曲面积分$\iint\limits_{\Sigma} z\mathrm{d}S$,其中$\Sigma$为锥面$z=\sqrt{x^2+y^2}$在柱体$x^2+y^2\leqslant 2x$内的部分.

13. 计算曲面积分$\iint\limits_{\Sigma}(2x+z)\mathrm{d}y\mathrm{d}z+z\mathrm{d}x\mathrm{d}y$,其中$\Sigma$为有向曲面$z=x^2+y^2\,(0\leqslant x\leqslant 1)$,其法向量与$z$轴正向的夹角为锐角.

第七章　无穷级数

问题 1　判断常数项级数的收敛性
问题 2　幂级数的收敛域问题
问题 3　求幂级数的和函数
问题 4　把函数展开成傅里叶级数
问题 5　把函数展开成幂级数

第七章　无穷级数

问题脉络

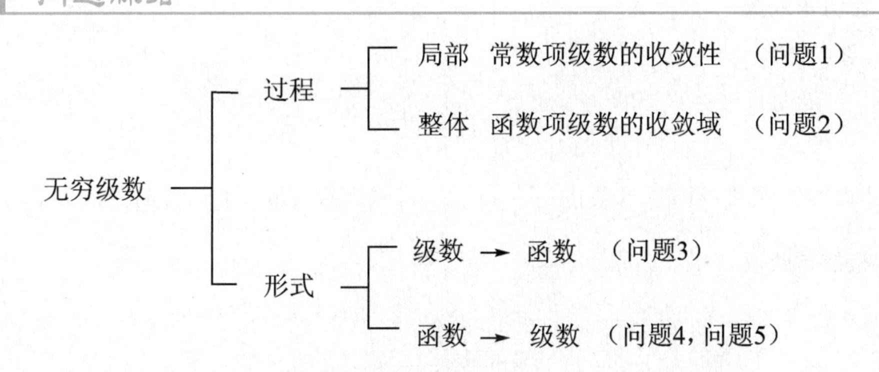

问题1　判断常数项级数的收敛性

知识储备

1. 无穷级数的定义

数列 $u_1,u_2,\cdots,u_n,\cdots$ 构成的表达式

$$\sum_{n=1}^{\infty} u_n = u_1 + u_2 + \cdots + u_n + \cdots$$

叫做常数项级数；定义在区间 I 上的函数列 $u_1(x),u_2(x),\cdots,u_n(x),\cdots$ 构成的表达式

$$\sum_{n=1}^{\infty} u_n(x) = u_1(x) + u_2(x) + \cdots + u_n(x) + \cdots$$

叫做定义在 I 上的函数项级数，其中 u_n 和 $u_n(x)$ 叫做级数的一般项.

2. 常数项级数收敛的定义

设 $s_n=u_1+u_2+\cdots+u_n$，若 $\lim\limits_{n\to\infty}s_n$ 存在，则称 $\sum\limits_{n=1}^{\infty}u_n$ 收敛，此时 $s=\lim\limits_{n\to\infty}s_n=\sum\limits_{n=1}^{\infty}u_n$ 叫做级数的和；若 $\lim\limits_{n\to\infty}s_n$ 不存在，则称 $\sum\limits_{n=1}^{\infty}u_n$ 发散.

【注】这就是能把无限和式的极限转化为常数项级数的和的原因（可参看第一章例 25）.

3. 常数项级数收敛的必要条件

若级数 $\sum_{n=1}^{\infty} u_n$ 收敛,则 $\lim_{n\to\infty} u_n = 0$.

4. 正项级数的审敛法

(1) 比值审敛法

设 $u_n \geqslant 0$,若

$$\lim_{n\to\infty} \frac{u_{n+1}}{u_n} = \rho,$$

则当 $\rho<1$ 时级数收敛;当 $\rho>1\left(或 \lim_{n\to\infty} \frac{u_{n+1}}{u_n} = +\infty\right)$时级数发散;当 $\rho=1$ 时方法失效.

(2) 根值审敛法

设 $u_n \geqslant 0$,若

$$\lim_{n\to\infty} \sqrt[n]{u_n} = \rho,$$

则当 $\rho<1$ 时级数收敛;当 $\rho>1$(或 $\lim_{n\to\infty} \sqrt[n]{u_n} = +\infty$)时级数发散;当 $\rho=1$ 时方法失效.

(3)不等式形式的比较审敛法

设 $0 \leqslant u_n \leqslant v_n$,若 $\sum_{n=1}^{\infty} v_n$ 收敛,则 $\sum_{n=1}^{\infty} u_n$ 收敛;若 $\sum_{n=1}^{\infty} u_n$ 发散,则 $\sum_{n=1}^{\infty} v_n$ 发散.

(4) 极限形式的比较审敛法

设 $u_n, v_n \geqslant 0$:

① 若 $\lim_{n\to\infty} \frac{u_n}{v_n}$ 存在且大于零,则 $\sum_{n=1}^{\infty} u_n$ 与 $\sum_{n=1}^{\infty} v_n$ 同敛散;

② 若 $\lim_{n\to\infty} \frac{u_n}{v_n} = 0$,且 $\sum_{n=1}^{\infty} v_n$ 收敛,则 $\sum_{n=1}^{\infty} u_n$ 收敛;

③ 若 $\lim_{n\to\infty} \frac{u_n}{v_n} = +\infty$,且 $\sum_{n=1}^{\infty} v_n$ 发散,则 $\sum_{n=1}^{\infty} u_n$ 发散.

5. 莱布尼兹判别法

设 $u_n > 0$,若 $\lim_{n\to\infty} u_n = 0$,且 $u_{n+1} \leqslant u_n$,则交错级数 $\sum_{n=1}^{\infty} (-1)^{n-1} u_n$(或 $\sum_{n=1}^{\infty} (-1)^n u_n$)收敛.

【注】值得注意的是,$\lim_{n\to\infty} u_n = 0, u_{n+1} \leqslant u_n$ 是交错级数 $\sum_{n=1}^{\infty} (-1)^{n-1} u_n$(或 $\sum_{n=1}^{\infty} (-1)^n u_n$)收敛的充分非必要条件.

6. 绝对收敛与条件收敛

① 若$\sum\limits_{n=1}^{\infty}|u_n|$收敛，则称$\sum\limits_{n=1}^{\infty}u_n$绝对收敛，且$\sum\limits_{n=1}^{\infty}u_n$一定收敛；

② 若$\sum\limits_{n=1}^{\infty}u_n$收敛，$\sum\limits_{n=1}^{\infty}|u_n|$发散，则称$\sum\limits_{n=1}^{\infty}u_n$条件收敛.

7. 收敛级数的基本性质

① 若$\sum\limits_{n=1}^{\infty}u_n$收敛于和$s$，则$\sum\limits_{n=1}^{\infty}ku_n$收敛于和$ks$；

② 若$\sum\limits_{n=1}^{\infty}u_n$，$\sum\limits_{n=1}^{\infty}v_n$分别收敛于和$s,\sigma$，则$\sum\limits_{n=1}^{\infty}(u_n \pm v_n)$收敛于和$s \pm \sigma$；

【注】

(i) 若$\sum\limits_{n=1}^{\infty}u_n$收敛，$\sum\limits_{n=1}^{\infty}v_n$发散，则$\sum\limits_{n=1}^{\infty}(u_n \pm v_n)$发散；

(ii) 若$\sum\limits_{n=1}^{\infty}u_n$，$\sum\limits_{n=1}^{\infty}v_n$都发散，则$\sum\limits_{n=1}^{\infty}(u_n \pm v_n)$可能收敛，也可能发散.

③ 在级数中去掉、加上或改变有限项，不会改变级数的收敛性；

④ 若$\sum\limits_{n=1}^{\infty}u_n$收敛，则对它的项任意加括号后构成的级数

$$(u_1+\cdots+u_{n_1})+(u_{n_1+1}+\cdots+u_{n_2})+\cdots+(u_{n_{k-1}+1}+\cdots+u_{n_k})+\cdots$$

仍收敛，且其和不变.

【注】

(i) 若加括号后构成的级数发散，则去括号后原来的级数也发散；

(ii) 若加括号后构成的级数收敛，则去括号后原来的级数不一定收敛.

问题研究

题眼探索　级数是什么呢？是一种算式. 是一种什么样的算式呢？是无穷序列的各项相加的算式. 具体地说，如果一个无穷序列的每一项是常数，那么这个序列的各项相加的算式叫做常数项级数；如果一个无穷序列的每一项是函数，那么这个序列的各项相加的算式叫做函数项级数.

对于一个算式，我们更关心的往往不是算式本身，而是算式的结果. 比如，“1+2+3”是一个算式，我们更关心的是这个算式的结果是6. 就级数而言，常数项级数是无穷个常数相加，它的理想结果应该也是常数，这个结果称为常数项级数的和；函数项级数是无穷个函数相加，它的理想结果应该也是函数，这个结果称为函数项级数的和函数. 但是，并不是每一个算式都有理想的结果. 比如，就算式10÷3而言，它是一个较大的整数除以另一个较小的整数，最理想的结果应该是整数，至少也应是一个有限小

数,可它的结果偏偏是无限循环小数.那么,级数有理想的结果吗?不一定.既然如此,下面的研究将围绕两个问题:1°一个级数什么时候有理想的结果?2°如果一个级数有理想的结果,那么这个结果是什么?第一个问题就是级数的收敛问题,第二个问题就是级数的和(或和函数)的问题.

现在从第一个问题谈起.通俗地讲,如果一个常数项级数有理想的结果(即它的和存在),那么说这个级数收敛;如果一个常数项级数没有理想的结果(即它的和不存在),那么说这个级数发散(常数项级数收敛的定义见"知识储备").对于一个具体的常数项级数,要想判断它的收敛性,大多情况下都要先判断它是正项级数、交错级数还是一般项级数.那么如何判断呢?形如 $\sum_{n=1}^{\infty}u_n$ 且 $u_n \geqslant 0$ 的级数是正向级数,形如 $\sum_{n=1}^{\infty}(-1)^{n-1}u_n$(或 $\sum_{n=1}^{\infty}(-1)^n u_n$)且 $u_n>0$ 的级数是交错级数,形如 $\sum_{n=1}^{\infty}u_n$ 且 u_n 的符号无限制的级数是任意项级数.

1. 具体的常数项级数

(1) 正项级数

1) 利用必要条件

【例1】 判断级数 $\sum_{n=0}^{\infty}\sqrt{\dfrac{n+1}{n+2}}$ 的收敛性.

【解】因为 $\lim\limits_{n\to\infty}\sqrt{\dfrac{n+1}{n+2}}=1\neq 0$,故原级数发散.

【题外话】我们知道,$\sum_{n=1}^{\infty}u_n$ 收敛的必要条件是 $\lim\limits_{n\to\infty}u_n=0$.这意味着一旦发现 $\lim\limits_{n\to\infty}u_n\neq 0$,便可断定 $\sum_{n=1}^{\infty}u_n$ 发散.而对于正项级数 $\sum_{n=1}^{\infty}u_n$,也只有当 $\lim\limits_{n\to\infty}u_n=0$ 时才轮到比值审敛法、根值审敛法和比较审敛法"大展拳脚".

2) 比值审敛法

【例2】

(1) 判断级数 $\dfrac{2\cdot 1}{1}+\dfrac{2^2\cdot 2!}{2^2}+\dfrac{2^3\cdot 3!}{3^3}+\cdots+\dfrac{2^n\cdot n!}{n^n}+\cdots$ 的收敛性;

(2) 求极限 $\lim\limits_{n\to\infty}\dfrac{2^n\cdot n!}{n^n}$.

【解】(1) 因为

$$\lim_{n\to\infty}\frac{u_{n+1}}{u_n}=\lim_{n\to\infty}\frac{2^{n+1}\cdot(n+1)!}{(n+1)^{n+1}}\cdot\frac{n^n}{2^n\cdot n!}=2\lim_{n\to\infty}\left(\frac{n}{n+1}\right)^n=\frac{2}{\lim\limits_{n\to\infty}\left(1+\dfrac{1}{n}\right)^n}=\frac{2}{e}<1,$$

故原级数收敛.

(2) 由(1)可知原极限$=0$.

【题外话】面对一个形式复杂的数列的极限,可以考虑把这个数列看做级数的一般项.根据级数收敛的必要条件,如果这个级数收敛,那么该极限为零.

3) 根值审敛法

【例 3】 判断下列级数的收敛性:

(1) $\sum_{n=1}^{\infty}\left(\frac{2n+3}{3n+4}\right)^n$;　　　　(2) $\sum_{n=1}^{\infty}\frac{n}{3^n}$.

【解】(1) 因为$\lim_{n\to\infty}\sqrt[n]{u_n}=\lim_{n\to\infty}\frac{2n+3}{3n+4}=\frac{2}{3}<1$,故原级数收敛.

(2) 因为

$$\lim_{n\to\infty}\sqrt[n]{u_n}=\frac{1}{3}\lim_{n\to\infty}n^{\frac{1}{n}}=\frac{1}{3}e^{\lim\limits_{n\to\infty}\frac{\ln n}{n}}=\frac{1}{3}e^0=\frac{1}{3}<1,$$

故原级数收敛.

【题外话】本例中的两个级数能用比值审敛法来判断收敛性吗?对于本例(2),若采用比值审敛法,则由

$$\lim_{n\to\infty}\frac{u_{n+1}}{u_n}=\lim_{n\to\infty}\frac{n+1}{3^{n+1}}\cdot\frac{3^n}{n}=\frac{1}{3}\lim_{n\to\infty}\frac{n+1}{n}=\frac{1}{3}<1$$

得到级数收敛,这似乎比采用根值审敛法更方便.而本例(1)若采用比值审敛法,则求

$$\lim_{n\to\infty}\left(\frac{2n+5}{3n+7}\right)^{n+1}\left(\frac{3n+4}{2n+3}\right)^n$$

会颇费周折.这就产生了一个问题:什么样的级数适合用比值审敛法,什么样的级数适合用根值审敛法呢?我们知道,不管是用比值审敛法,还是用根值审敛法,都要求数列的极限,而采用哪种方法更方便则取决于相应数列的极限是否容易求.一般,数列的形式越简单,它的极限就越容易求.于是,可以明白,**若一般项u_n的形式使$\frac{u_{n+1}}{u_n}$形式简单,则适合用比值审敛法;若一般项u_n的形式使$\sqrt[n]{u_n}$形式简单,则适合用根值审敛法**.那么,什么形式的u_n会使$\frac{u_{n+1}}{u_n}$形式简单呢?含有$n!$,a^n,n^n或连乘形式的u_n.什么形式的u_n会使$\sqrt[n]{u_n}$形式简单呢?含有n次方,尤其是形如$(a_n)^n$的u_n.如此说来,要想决定选用比值审敛法还是根值审敛法,只需考察一般项的形式.在搞清楚了比值审敛法和根值审敛法的选择之后,我们不禁要问,这两种审敛法是“万能”的吗?

4) 比较审敛法

题眼探索　比值审敛法和根值审敛法不是“万能”的.所以,它们需要一个“替补队员”,那就是比较审敛法.比较审敛法与前两种审敛法有什么不同呢?最大的不同就是在用它判断级数的收敛性时需要一个“参照物”,这个“参照物”叫做基准级数.最常用的基准级数是p级数和等比级数.所谓p级数,就是形如$\sum_{n=1}^{\infty}\frac{1}{n^p}$的级数,当$p>1$

时它收敛,当 $p\leqslant 1$ 时它发散. 所谓等比级数,就是形如 $\sum\limits_{n=0}^{\infty}aq^n$ 的级数,当 $|q|<1$ 时它收敛,当 $|q|\geqslant 1$ 时它发散. **用比较审敛法判断级数收敛性的关键在于基准级数的选择. 如果利用的是极限形式的比较审敛法,则一般选择 p 级数作为基准级数**. 那么,该如何确定基准 p 级数的 p 值呢? 请看例4.

a. 极限形式

【例4】 判断下列级数的收敛性:

(1) $\sum\limits_{n=0}^{\infty}\dfrac{n+1}{n^2+2}$; (2) $\sum\limits_{n=1}^{\infty}\dfrac{1}{n^{\alpha}}\left(1-\cos\dfrac{\pi}{\sqrt{n}}\right)$(常数 $\alpha\leqslant 0$); (3) $\sum\limits_{n=1}^{\infty}\int_0^{\frac{\pi}{n}}\dfrac{\sin x}{1+x}\mathrm{d}x$.

【分析】(1) 我们知道,若 $\lim\limits_{n\to\infty}\dfrac{\frac{n+1}{n^2+2}}{\frac{1}{n^p}}$ 存在且大于零,则原级数与 $\sum\limits_{n=1}^{\infty}\dfrac{1}{n^p}$ 同敛散. 而

$$\lim_{n\to\infty}\frac{\frac{n+1}{n^2+2}}{\frac{1}{n^p}}=\lim_{n\to\infty}\frac{n^{p+1}+n^p}{n^2+2}.$$

这时,只要 p 取1就能使极限存在且大于零,故 $\sum\limits_{n=1}^{\infty}\dfrac{1}{n}$“当选”为基准级数.

(2) 由于当 $n\to\infty$ 时,$1-\cos\dfrac{\pi}{\sqrt{n}}\sim\dfrac{\pi^2}{2n}$,故

$$\lim_{n\to\infty}\frac{\frac{1}{n^{\alpha}}\left(1-\cos\frac{\pi}{\sqrt{n}}\right)}{\frac{1}{n^p}}=\lim_{n\to\infty}\frac{\frac{1}{n^{\alpha}}\cdot\frac{\pi^2}{2n}}{\frac{1}{n^p}}=\frac{\pi^2}{2}\lim_{n\to\infty}\frac{n^p}{n^{\alpha+1}}.$$

显然,当 $p=\alpha+1$ 时,极限存在且大于零. 于是可以果断选择 $\sum\limits_{n=1}^{\infty}\dfrac{1}{n^{\alpha+1}}$ 作为基准级数.

(3) 这个级数的一般项好生复杂! 无妨,依然能够以“使 $\lim\limits_{n\to\infty}\dfrac{\int_0^{\frac{\pi}{n}}\frac{\sin x}{1+x}\mathrm{d}x}{\frac{1}{n^p}}$ 存在且大于零”为原则找到“合格”的 p 值. 为了去积分号,利用洛必达法则,有

$$\lim_{x\to+\infty}\frac{\int_0^{\frac{\pi}{x}}\frac{\sin t}{1+t}\mathrm{d}t}{\frac{1}{x^p}}=\lim_{x\to+\infty}\frac{\frac{\sin\frac{\pi}{x}}{1+\frac{\pi}{x}}\left(-\frac{\pi}{x^2}\right)}{-\frac{p}{x^{p+1}}}=\lim_{x\to+\infty}\frac{\frac{\frac{\pi}{x}}{1+\frac{\pi}{x}}\left(-\frac{\pi}{x^2}\right)}{-\frac{p}{x^{p+1}}}=\frac{\pi^2}{p}\lim_{x\to+\infty}\frac{x^{p+1}}{x^3+\pi x^2}.$$

不难发现,$\sum\limits_{n=1}^{\infty}\dfrac{1}{n^2}$ 就是“合格”的基准 p 级数.

【解】(1)因为

$$\lim_{n\to\infty}\frac{\frac{n+1}{n^2+2}}{\frac{1}{n}}=\lim_{n\to\infty}\frac{n^2+n}{n^2+2}=1,$$

而 $\sum_{n=1}^{\infty}\frac{1}{n}$ 发散,故原级数发散.

(2) 因为

$$\lim_{n\to\infty}\frac{\frac{1}{n^\alpha}\left(1-\cos\frac{\pi}{\sqrt{n}}\right)}{\frac{1}{n^{\alpha+1}}}=\lim_{n\to\infty}\frac{\frac{1}{n^\alpha}\cdot\frac{\pi^2}{2n}}{\frac{1}{n^{\alpha+1}}}=\frac{\pi^2}{2},$$

而 $\sum_{n=1}^{\infty}\frac{1}{n^{\alpha+1}}(\alpha\leqslant 0)$ 发散,故原级数发散.

(3) 因为

$$\lim_{x\to+\infty}\frac{\int_0^{\frac{\pi}{x}}\frac{\sin t}{1+t}\mathrm{d}t}{\frac{1}{x^2}}=\lim_{x\to+\infty}\frac{\frac{\sin\frac{\pi}{x}}{1+\frac{\pi}{x}}\left(-\frac{\pi}{x^2}\right)}{-\frac{2}{x^3}}=\lim_{x\to+\infty}\frac{\frac{\frac{\pi}{x}}{1+\frac{\pi}{x}}\left(-\frac{\pi}{x^2}\right)}{-\frac{2}{x^3}}=\frac{\pi^2}{2}\lim_{x\to+\infty}\frac{x^3}{x^3+\pi x^2}=\frac{\pi^2}{2},$$

故 $\lim_{n\to\infty}\frac{\int_0^{\frac{\pi}{n}}\frac{\sin x}{1+x}\mathrm{d}x}{\frac{1}{n^2}}=\frac{\pi^2}{2}$. 又因为 $\sum_{n=1}^{\infty}\frac{1}{n^2}$ 收敛,故原级数收敛.

【题外话】

(i) **如果想使用极限形式的比较审敛法来判断 $\sum_{n=1}^{\infty}u_n$ 的收敛性,那么常常以"使 $\lim_{n\to\infty}\frac{u_n}{\frac{1}{n^p}}$ 存在且大于零"为原则确定基准 p 级数的 p 值.**

(ii) 本例(1)若用比值审敛法,则

$$\lim_{n\to\infty}\frac{u_{n+1}}{u_n}=\lim_{n\to\infty}\frac{n+2}{(n+1)^2+2}\cdot\frac{n^2+2}{n+1}=1,$$

方法失效;若用根值审敛法,则

$$\lim_{n\to\infty}\sqrt[n]{u_n}=\lim_{n\to\infty}\left(\frac{n+1}{n^2+2}\right)^{\frac{1}{n}}=\mathrm{e}^{\lim\limits_{n\to\infty}\frac{\ln\left(\frac{n+1}{n^2+2}\right)}{n}}=\mathrm{e}^0=1,$$

方法也失效. 这用实例说明了比值审敛法和根值审敛法都不是"万能"的. 可见,比较审敛法这个"替补队员"是多么的必要.

(iii) 本例(3)还有如下解法:由于在 $[0,\pi]$ 上有 $\sin x\leqslant x$,故

$$\int_0^{\frac{\pi}{n}}\frac{\sin x}{1+x}\mathrm{d}x\leqslant\int_0^{\frac{\pi}{n}}\sin x\,\mathrm{d}x\leqslant\int_0^{\frac{\pi}{n}}x\,\mathrm{d}x=\left[\frac{x^2}{2}\right]_0^{\frac{\pi}{n}}=\frac{\pi^2}{2n^2}.$$

又因为 $\sum\limits_{n=1}^{\infty}\dfrac{\pi^2}{2n^2}$ 收敛,故原级数收敛.这就用到了不等式形式的比较审敛法.

b.不等式形式

【例5】 判断下列级数的收敛性:

(1) $\sum\limits_{n=1}^{\infty}\dfrac{a^n}{1+a^n}$(常数 $a>0$); (2) $\sum\limits_{n=1}^{\infty}\dfrac{n\sin^2\dfrac{n}{2}\pi}{3^n}$; (3) $\sum\limits_{n=1}^{\infty}\dfrac{1!+2!+\cdots+n!}{(2n)!}$.

【解】(1) 当 $0<a<1$ 时,因为 $\dfrac{a^n}{1+a^n}<a^n$,而 $\sum\limits_{n=1}^{\infty}a^n$ 收敛,故原级数收敛;

当 $a\geqslant1$ 时,因为 $\lim\limits_{n\to\infty}\dfrac{a^n}{1+a^n}=\lim\limits_{n\to\infty}\dfrac{1}{\left(\dfrac{1}{a}\right)^n+1}=1\neq0$,故原级数发散.

(2) 因为 $\dfrac{n\sin^2\dfrac{n}{2}\pi}{3^n}\leqslant\dfrac{n}{3^n}$,而由例3(2)可知 $\sum\limits_{n=1}^{\infty}\dfrac{n}{3^n}$ 收敛,故原级数收敛.

(3) $\dfrac{1!+2!+\cdots+n!}{(2n)!}\leqslant\dfrac{n\cdot n!}{(2n)!}$.

记 $u_n=\dfrac{n\cdot n!}{(2n)!}$,因为

$$\lim_{n\to\infty}\frac{u_{n+1}}{u_n}=\lim_{n\to\infty}\frac{(n+1)\cdot(n+1)!}{(2n+2)!}\cdot\frac{(2n)!}{n\cdot n!}=\lim_{n\to\infty}\frac{n+1}{2n(2n+1)}=0<1,$$

故 $\sum\limits_{n=1}^{\infty}u_n$ 收敛,从而原级数收敛.

【题外话】

(i) 如果利用的是不等式形式的比较审敛法,那么其基准级数的确定要比利用极限形式的比较审敛法时麻烦得多.在利用极限形式的比较审敛法时,基准级数的选择大致有一个范围,那就是 p 级数,而**在利用不等式形式的比较审敛法时,基准级数要通过对原级数的一般项放缩来得到**.但是如何放缩呢?本例(1)把 $\dfrac{a^n}{1+a^n}$ $(0<a<1)$ 放大为 a^n 的关键在于忽略了分母的 $1+a^n$,这样的放缩不妨叫做"**忽略放缩**";本例(2)把 $\dfrac{n\sin^2\dfrac{n}{2}\pi}{3^n}$ 放大为 $\dfrac{n}{3^n}$ 的关键在于利用了正弦函数的有界性,即 $\sin^2\dfrac{n}{2}\pi\leqslant1$,这样的放缩不妨叫做"**边界放缩**";本例(3)把 $\dfrac{1!+2!+\cdots+n!}{(2n)!}$ 放大为 $\dfrac{n\cdot n!}{(2n)!}$ 的关键在于把 $1!+2!+\cdots+n!$ 放大为所有项都是最大项 $n!$,这样的放缩不妨叫做"**极端放缩**"(这也是利用夹逼准则求极限时常用的放缩方法,可参看第一章例22);例4(3)若用不等式形式的比较审敛法,则放缩的关键在于利用常用不等式 $\sin x\leqslant x$ $(0\leqslant x\leqslant\pi)$,这样的放缩不妨叫做"**化归放缩**"(基本不等式也是"化归放缩"时常用的不等式).这是四种典型的放缩方法.

(ii) 若用不等式形式的比较审敛法,则通过放缩而来的基准级数的收敛性不一定能用

"肉眼"判断，这时就要借助于比值审敛法或根值审敛法$\left(\right.$如本例(2)的$\sum\limits_{n=1}^{\infty}\frac{n}{3^n}$和本例(3)的$\left.\sum\limits_{n=1}^{\infty}\frac{n\cdot n!}{(2n)!}\right)$.

(iii) 本例(3)为什么不把$1!+2!+\cdots+n!$缩小为所有项都是最小项1呢？因为如果这样，就要把$\sum\limits_{n=1}^{\infty}\frac{n}{(2n)!}$看做基准级数.由

$$\lim_{n\to\infty}\frac{n+1}{(2n+2)!}\cdot\frac{(2n)!}{n}=\lim_{n\to\infty}\frac{1}{2n(2n+1)}=0<1$$

可知$\sum\limits_{n=1}^{\infty}\frac{n}{(2n)!}$收敛.而根据"$\frac{1!+2!+\cdots+n!}{(2n)!}\geqslant\frac{n}{(2n)!}$"和"$\sum\limits_{n=1}^{\infty}\frac{n}{(2n)!}$收敛"是无法得到原级数的收敛性的.

(2) 交错级数

题眼探索　交错级数和任意项级数都是非正项级数，但是，可以通过把它们转化为正项级数来判断其收敛性.可是如何转化呢？加绝对值.具体地说，如果一个交错级数或任意项级数绝对收敛，那么它一定收敛.然而，如果一个交错级数或任意项级数不绝对收敛，那么它可能条件收敛，也可能发散，这时又该如何判断它的收敛性呢？这两种级数有不同的判断方法.交错级数比任意项级数"幸运"，因为判断它的收敛性有一种"量身定制"的方法，那就是莱布尼茨判别法.

1) 莱布尼茨判别法

【例6】　级数$\sum\limits_{n=1}^{\infty}(-1)^n\ln\frac{n+k}{n}$(常数$k>0$)(　　)

(A) 绝对收敛.　　(B) 条件收敛.

(C) 发散.　　(D) 收敛性与k的取值有关.

【解】由于当$n\to\infty$时，$\ln\frac{n+k}{n}=\ln\left(1+\frac{k}{n}\right)\sim\frac{k}{n}$，故

$$\lim_{n\to\infty}\frac{\ln\frac{n+k}{n}}{\frac{1}{n}}=\lim_{n\to\infty}\frac{\frac{k}{n}}{\frac{1}{n}}=k.$$

又由于$\sum\limits_{n=1}^{\infty}\frac{1}{n}$发散，故$\sum\limits_{n=1}^{\infty}\ln\frac{n+k}{n}$发散，排除(A).

记$f(x)=\ln\frac{x+k}{x}(x>0)$，由于$f'(x)=\frac{x}{x+k}\cdot\frac{-k}{x^2}<0$，故$f(n+1)<f(n)$.

又由于$\lim\limits_{n\to\infty}\ln\frac{n+k}{n}=0$，故根据莱布尼兹判别法，原级数收敛，故选(B).

【题外话】有了莱布尼兹判别法，就可以把判断交错级数$\sum\limits_{n=1}^{\infty}(-1)^n u_n(u_n>0)$的收敛

性问题转化为熟悉的问题——求极限$\lim\limits_{n\to\infty}u_n$和判断数列$\{u_n\}$的单调性,这显然是极好的.然而,“$\lim\limits_{n\to\infty}u_n=0,u_{n+1}\leqslant u_n$”不是“$\sum\limits_{n=1}^{\infty}(-1)^n u_n$收敛”的充分必要条件.换言之,**如果获知$u_{n+1}\leqslant u_n$不成立,那么并不能得出$\sum\limits_{n=1}^{\infty}(-1)^n u_n$发散的结论,而只能说明莱布尼兹判别法失效**.这意味着,莱布尼兹判别法也需要一个“替补队员”.那么,谁能担此重任呢?判断任意项级数的收敛性的方法.

2)判断任意项级数的收敛性的方法

【例7】 判断级数$\sum\limits_{n=2}^{\infty}\dfrac{(-1)^n}{n+(-1)^n}$的收敛性.

【分析】原级数能通过转化为正项级数来判断其收敛性吗?不能,因为$\sum\limits_{n=2}^{\infty}\dfrac{1}{n+(-1)^n}$是发散的.原级数能用莱布尼茨判别法来判断其收敛性吗?不能,因为$u_n=\dfrac{1}{n+(-1)^n}$不是递减数列.那么,这该如何是好呢?不妨把原级数的一般项有理化,即有

$$\frac{(-1)^n}{n+(-1)^n}=\frac{(-1)^n[n-(-1)^n]}{[n+(-1)^n][n-(-1)^n]}=\frac{(-1)^n n-1}{n^2-1}.$$

这时,发现了一个新的思路——把判断原级数的收敛性转化为判断交错级数$\sum\limits_{n=2}^{\infty}\dfrac{(-1)^n n}{n^2-1}$和正项级数$\sum\limits_{n=2}^{\infty}\dfrac{1}{n^2-1}$的收敛性.

【解】$\dfrac{(-1)^n}{n+(-1)^n}=\dfrac{(-1)^n n}{n^2-1}-\dfrac{1}{n^2-1}$.显然,$\sum\limits_{n=2}^{\infty}\dfrac{1}{n^2-1}$收敛.

记$f(x)=\dfrac{x}{x^2-1}(x\geqslant2)$,由于$f'(x)=\dfrac{-x^2-1}{(x^2-1)^2}<0$,故$f(n+1)<f(n)$.

又由于$\lim\limits_{n\to\infty}\dfrac{n}{n^2-1}=0$,根据莱布尼兹判别法,$\sum\limits_{n=2}^{\infty}\dfrac{(-1)^n n}{n^2-1}$收敛.

根据级数收敛的相关性质,原级数收敛.

【题外话】

(i)本例用实例说明了在$u_{n+1}\leqslant u_n$不成立时$\sum\limits_{n=1}^{\infty}(-1)^n u_n$依然可能收敛;

(ii)**我们常常通过拆分一般项,把判断有些任意项级数的收敛性转化为判断正项级数的收敛性、判断绝对收敛或能用莱布尼茨判别法的交错级数的收敛性,以及判断绝对收敛的任意项级数的收敛性**.本例正是借用了判断任意项级数收敛性的这个方法来判断交错级数的收敛性.那么,该如何利用这个方法来判断“货真价实”的任意项级数的收敛性呢?

(3)任意项级数

【例8】 (1990年考研题)设a为常数,则级数$\sum\limits_{n=1}^{\infty}\left[\dfrac{\sin(na)}{n^2}-\dfrac{1}{\sqrt{n}}\right]$( )

(A)绝对收敛. (B)条件收敛.

(C)发散. (D)收敛性与a的取值有关.

【解】显然，$\sum\limits_{n=1}^{\infty}\frac{1}{\sqrt{n}}$发散.

因为$\left|\frac{\sin(na)}{n^2}\right|\leqslant\frac{1}{n^2}$，而$\sum\limits_{n=1}^{\infty}\frac{1}{n^2}$收敛，故$\sum\limits_{n=1}^{\infty}\left|\frac{\sin(na)}{n^2}\right|$收敛，从而$\sum\limits_{n=1}^{\infty}\frac{\sin(na)}{n^2}$收敛.

根据级数收敛的相关性质，原级数发散，故选(C).

【题外话】一路走来，我们深切地体会到，判断正项级数、交错级数和任意项级数的收敛性的方法不尽相同. 而判断每种级数的收敛性又都有不止一种方法. 为了避免"张冠李戴"，把判断正项级数收敛性的方法随意地用于其他级数；也为了弄明白不同的方法谁是"前锋"，谁是"替补"，理清楚判断每种级数收敛性的方法的选择次序，**建议读者参照以下步骤来判断具体的常数项级数的收敛性：**

(i) 考察一般项是否趋于零. **不管级数属于哪种类型，只要发现它的一般项不趋于零，就能立即断定它是发散的.**

(ii) 在一般项趋于零的前提下，判断级数是正项级数、交错级数，还是任意项级数.

(iii) 选择判断收敛性的方法. 对于正项级数，一般先考察一般项的形式，考虑是否能采用比值审敛法(多适用于一般项含有$n!$，a^n，n^n或为连乘的形式)或根值审敛法(多适用于一般项含有n次方，尤其是形如$(a_n)^n$的形式). 当比值审敛法和根值审敛法失效，或一般项的形式不适合采用这两种方法时，再考虑采用比较审敛法. 一般优先考虑极限形式的比较审敛法，不得已时才考虑不等式形式的比较审敛法.

对于交错级数和任意项级数，如果判断容易，则一般先判断它是否绝对收敛. **不管是交错级数还是任意项级数，只要发现它是绝对收敛的，就能立即断定它是收敛的**. 当级数不绝对收敛，或不容易判断绝对收敛时，再考虑其他方法. 这时，就任意项级数而言，常常拆分一般项并利用级数收敛的相关性质；就交错级数而言，一般优先考虑莱布尼茨判别法，当该法失效时可考虑借用判断任意项级数的收敛性的方法.

2. 抽象的常数项级数

题眼探索　每当要判断抽象级数的收敛性时，不少解题者难免彷徨失措. 为什么呢？因为如果沿用判断具体级数的收敛性的思考方式，则大多数问题恐怕无从下手. 是的，判断这两种级数的收敛性的思考方式大相径庭. 判断具体级数的收敛性通常只能"一般化"，而**判断抽象级数的收敛性由于多以选择题的"面孔"出现，因此通常优先考虑"特殊化"**. 那么，什么是"特殊化"呢？就是通过举反例的方法说明一个结论是错误的(相应地，"一般化"指严格证明一个结论是正确的). 当然，判断抽象级数的收敛性有时也需要"一般化"，只是这里的"一般化"与判断具体级数的收敛性时的"一般化"有所不同，它可能用到判断具体级数的收敛性时的方法，但更常用的是收敛级数的性质. 利用这些性质，有时能很便捷地找到正确的结论.

(1) 特殊化

【例9】 (2005年考研题)设$a_n>0$，$n=1,2,\cdots$，若$\sum\limits_{n=1}^{\infty}a_n$发散，$\sum\limits_{n=1}^{\infty}(-1)^{n-1}a_n$收敛，则

下列结论正确的是(　　)

(A) $\sum\limits_{n=1}^{\infty} a_{2n-1}$ 收敛,$\sum\limits_{n=1}^{\infty} a_{2n}$ 发散.　　(B) $\sum\limits_{n=1}^{\infty} a_{2n}$ 收敛,$\sum\limits_{n=1}^{\infty} a_{2n-1}$ 发散.

(C) $\sum\limits_{n=1}^{\infty} (a_{2n-1}+a_{2n})$ 收敛.　　(D) $\sum\limits_{n=1}^{\infty} (a_{2n-1}-a_{2n})$ 收敛.

【解】取 $a_n=\frac{1}{n}$. 显然,$\sum\limits_{n=1}^{\infty} a_{2n}$ 和 $\sum\limits_{n=1}^{\infty} a_{2n-1}$ 都发散,排除(A)、(B).

对于 $a_{2n-1}+a_{2n}=\frac{1}{2n-1}+\frac{1}{2n}=\frac{4n-1}{4n^2-2n}$,因为

$$\lim_{n\to\infty}\frac{\frac{4n-1}{4n^2-2n}}{\frac{1}{n}}=\lim_{n\to\infty}\frac{4n^2-n}{4n^2-2n}=1,$$

而 $\sum\limits_{n=1}^{\infty}\frac{1}{n}$ 发散,故 $\sum\limits_{n=1}^{\infty}(a_{2n-1}+a_{2n})$ 发散,排除(C). 选(D).

【题外话】就这样,只用了区区一个 $a_n=\frac{1}{n}$ 就搞定了一道考研题. 然而,所有的抽象级数的收敛性问题都仅用一个反例就能解决吗?

【例 10】 下列各选项正确的是(　　)

(A) 若 $\sum\limits_{n=1}^{\infty}(u_n+v_n)$ 收敛,则 $\sum\limits_{n=1}^{\infty}u_n$,$\sum\limits_{n=1}^{\infty}v_n$ 都收敛.

(B) 若 $\sum\limits_{n=1}^{\infty}u_n$ 收敛,则 $\sum\limits_{n=1}^{\infty}u_n^2$ 收敛.

(C) 若 $\sum\limits_{n=1}^{\infty}u_n^2$ 收敛,则 $\sum\limits_{n=1}^{\infty}\frac{u_n}{n}$ 收敛.

(D) 若正项级数 $\sum\limits_{n=1}^{\infty}u_n$ 发散,则 $u_n\geqslant\frac{1}{n}$.

【解】取 $u_n=\frac{1}{n}$,$v_n=-\frac{1}{n}$,排除(A);取 $u_n=\frac{(-1)^n}{\sqrt{n}}$,排除(B);取 $u_n=\frac{1}{2n}$,排除(D). 故选(C).

【题外话】本例的解答过程看似简单,但并不是每一个反例都很容易找到. 的确,举反例并不总是那么容易. 为了提高寻找反例的效率,需要有一个大致的寻找范围:常用做反例的收敛级数有 $\sum\limits_{n=1}^{\infty}\pm\frac{1}{n^2}$,$\sum\limits_{n=1}^{\infty}\frac{(-1)^n}{n}$,$\sum\limits_{n=1}^{\infty}\frac{(-1)^n}{\sqrt{n}}$;常用做反例的发散级数有 $\sum\limits_{n=1}^{\infty}\pm\frac{1}{n}$,$\sum\limits_{n=1}^{\infty}\pm\frac{1}{\sqrt{n}}$. 必要时,还可以考虑把其中某个级数的每一项同乘以一个非零常数后构成的级数 $\left(\text{如本例(D) 所举的反例}\sum\limits_{n=1}^{\infty}\frac{1}{2n}\right)$,或者其中某两个级数逐项相加后构成的级数 $\left(\text{本例(D) 还可举反例}\sum\limits_{n=1}^{\infty}\left(\frac{1}{n}-\frac{1}{n^2}\right)\right)$ 作为反例.

(2) 一般化

【例 11】 下列各选项错误的是(　　)

(A) 若$\sum\limits_{n=1}^{\infty}u_n$ 收敛,则$\sum\limits_{n=1}^{\infty}(u_{2n-1}+u_{2n})$ 收敛.

(B) 若$\sum\limits_{n=1}^{\infty}(u_{2n-1}+u_{2n})$ 收敛,则$\sum\limits_{n=1}^{\infty}u_n$ 收敛.

(C) 若$\sum\limits_{n=1}^{\infty}u_n$ 收敛,则$\sum\limits_{n=1}^{\infty}u_{n+2\,025}$ 收敛.

(D) 若$\lim\limits_{n\to\infty}\left|\dfrac{u_{n+1}}{u_n}\right|=\rho>1$,则$\sum\limits_{n=1}^{\infty}u_n$ 发散.

【解】由性质"若原来的级数收敛,则加括号后构成的级数仍收敛"可知(A)正确.

由性质"在级数中去掉有限项,不会改变级数的收敛性"可知(C)正确.

由$\lim\limits_{n\to\infty}\left|\dfrac{u_{n+1}}{u_n}\right|=\rho>1$ 可知$\lim\limits_{n\to\infty}|u_n|\neq 0$,从而$\lim\limits_{n\to\infty}u_n\neq 0$,故(D)正确. 选(B).

【题外话】一般情况下,若$\sum\limits_{n=1}^{\infty}|u_n|$发散,并不能断定$\sum\limits_{n=1}^{\infty}u_n$ 也发散. 但本例(C) 告诉我们:如果采用比值审敛法得到$\sum\limits_{n=1}^{\infty}|u_n|$发散,那么$\sum\limits_{n=1}^{\infty}u_n$ 一定发散. 这个结论在后面的问题中将会用到.

【例 12】 (1994 年考研题) 设常数 $\lambda>0$, 且级数 $\sum\limits_{n=1}^{\infty}a_n^2$ 收敛, 则级数 $\sum\limits_{n=1}^{\infty}(-1)^n\dfrac{|a_n|}{\sqrt{n^2+\lambda}}$(　　)

(A) 发散.　　(B) 条件收敛.　　(C) 绝对收敛.　　(D) 收敛性与 λ 值有关.

【分析】需要判断收敛性的是一个"半抽象"的任意项级数. 对于它,除了规规矩矩地用判断具体级数的收敛性的方法外,恐怕"无路可走". 现在按部就班,先判断它是否绝对收敛. 这时,有一个问题似乎绕不过去,那就是条件"$\sum\limits_{n=1}^{\infty}a_n^2$ 收敛"该怎么用? 无疑,要想让$\dfrac{|a_n|}{\sqrt{n^2+\lambda}}$与 a_n^2 产生"瓜葛",只有使用基本不等式, 即有

$$\frac{|a_n|}{\sqrt{n^2+\lambda}}\leqslant\frac{1}{2}\left(a_n^2+\frac{1}{n^2+\lambda}\right).$$

由于 $\sum\limits_{n=1}^{\infty}a_n^2$ 和$\sum\limits_{n=1}^{\infty}\dfrac{1}{n^2+\lambda}$ 都收敛,根据级数收敛的相关性质,$\sum\limits_{n=1}^{\infty}\dfrac{1}{2}\left(a_n^2+\dfrac{1}{n^2+\lambda}\right)$收敛. 所以,$\sum\limits_{n=1}^{\infty}\dfrac{|a_n|}{\sqrt{n^2+\lambda}}$ 收敛,选(C).

【题外话】现在回看例 10. 只要采用与本例类似的方法,就能直接判断出(C) 是正确的,因为$\left|\dfrac{u_n}{n}\right|\leqslant\dfrac{1}{2}\left(u_n^2+\dfrac{1}{n^2}\right)$,而$\sum\limits_{n=1}^{\infty}\dfrac{1}{2}\left(u_n^2+\dfrac{1}{n^2}\right)$收敛,故$\sum\limits_{n=1}^{\infty}\left|\dfrac{u_n}{n}\right|$收敛,从而$\sum\limits_{n=1}^{\infty}\dfrac{u_n}{n}$ 收敛. 这意

味着,例 10 不但能"特殊化",而且还能"一般化". 不仅例 10,对于例 9,如果能发现 $\sum_{n=1}^{\infty}(a_{2n-1}-a_{2n})$ 是 $\sum_{n=1}^{\infty}(-1)^{n-1}a_n$ 加括号后构成的级数,则根据收敛级数的性质也能直接判断出(D)是正确的. 这说明例 9 也能"一般化". 那么,例 11 能"特殊化"吗? 其实也能. 只要能想到反例 $u_n=(-1)^n$,就能找到错误的选项(B). 于是可以明白,"特殊化"和"一般化"作为思考问题的两个不同角度,并非"水火不容",只是"分工不同". 具体地说,在判断抽象级数的收敛性时,"特殊化"用于寻找错误的结论,"一般化"用于寻找正确的结论. 而我们更喜欢"特殊化",只是因为在更多情况下举反例比严格证明要容易. 当然,如果能够"双管齐下",那么抽象级数收敛性的判断将更加游刃有余.

问题 2　幂级数的收敛域问题

问题研究

1. 表达式已知的幂级数

题眼探索　下面讨论函数项级数,重点关注的对象是幂级数.

该如何研究函数项级数的收敛问题呢? 通过转化为常数项级数来研究. 把函数列 $\{u_n(x)\}$ 定义区间内的点 $x=x_0$ 代入函数项级数 $\sum_{n=1}^{\infty}u_n(x)$,若常数项级数 $\sum_{n=1}^{\infty}u_n(x_0)$ 收敛,则称 x_0 是 $\sum_{n=1}^{\infty}u_n(x)$ 的收敛点. 函数项级数的全部收敛点组成一个收敛域,函数项级数也只有在收敛域内才有理想的结果. 换言之,函数项级数的收敛域是它的和函数的定义域.

在讨论幂级数的收敛域之前,先要搞清楚什么是幂级数. 所谓幂级数,就是各项都是幂函数的函数项级数,它的一般形式是

$$\sum_{n=0}^{\infty}a_n(x-x_0)^n=a_0+a_1(x-x_0)+a_2(x-x_0)^2+\cdots+a_n(x-x_0)^n+\cdots.$$

下面先讨论一种特殊的幂级数的收敛域,那就是一般项形如 $u_n(x)=a_nx^n$ 的幂级数. 如果暂且把 x 看做常量,那么由于 $u_n(x)$ 的符号无限制,因此这就是一个任意项级数. 对于任意项级数,可以通过加绝对值把它转化为正项级数来判断其收敛性. 鉴于 $|u_n(x)|$ 中含有 x^n,很适合采用比值审敛法. 设 $\lim\limits_{n\to\infty}\left|\frac{a_{n+1}}{a_n}\right|$ 存在或为 $+\infty$,则

$$\lim_{n\to\infty}\frac{|u_{n+1}(x)|}{|u_n(x)|}=\lim_{n\to\infty}\frac{|a_{n+1}x^{n+1}|}{|a_nx^n|}=|x|\lim_{n\to\infty}\left|\frac{a_{n+1}}{a_n}\right|.$$

1° $\lim\limits_{n\to\infty}\left|\dfrac{a_{n+1}}{a_n}\right|$ 存在且为正数．当 $|x|\lim\limits_{n\to\infty}\left|\dfrac{a_{n+1}}{a_n}\right|<1$，即 $|x|<\lim\limits_{n\to\infty}\left|\dfrac{a_n}{a_{n+1}}\right|$ 时级数收敛；当 $|x|\lim\limits_{n\to\infty}\left|\dfrac{a_{n+1}}{a_n}\right|>1$，即 $|x|>\lim\limits_{n\to\infty}\left|\dfrac{a_n}{a_{n+1}}\right|$ 时级数发散（可参看例 11 的相关结论）；当 $|x|\lim\limits_{n\to\infty}\left|\dfrac{a_{n+1}}{a_n}\right|=1$，即 $|x|=\lim\limits_{n\to\infty}\left|\dfrac{a_n}{a_{n+1}}\right|$ 时级数的收敛性不能确定．

2° $\lim\limits_{n\to\infty}\left|\dfrac{a_{n+1}}{a_n}\right|=0\left(\text{即}\lim\limits_{n\to\infty}\left|\dfrac{a_n}{a_{n+1}}\right|=+\infty\right)$．级数在 $(-\infty,+\infty)$ 内收敛．

3° $\lim\limits_{n\to\infty}\left|\dfrac{a_{n+1}}{a_n}\right|=+\infty\left(\text{即}\lim\limits_{n\to\infty}\left|\dfrac{a_n}{a_{n+1}}\right|=0\right)$．级数仅在 $x=0$ 处收敛．

从上面的讨论中可以发现，对一般项形如 a_nx^n 的幂级数的收敛域，起决定性作用的是 $\lim\limits_{n\to\infty}\left|\dfrac{a_n}{a_{n+1}}\right|$，于是不妨下两个定义 $\left(\text{设}\lim\limits_{n\to\infty}\left|\dfrac{a_{n+1}}{a_n}\right|\text{存在或为}+\infty\right)$：

1° 把 $R=\lim\limits_{n\to\infty}\left|\dfrac{a_n}{a_{n+1}}\right|$ 叫做一般项形如 a_nx^n 的幂级数的收敛半径；

2° 当 R 为正数时，把 $(-R,R)$ 叫做该幂级数的收敛区间．

既然如此，**对于一般项形如 a_nx^n 的幂级数，求收敛域的关键在于求出收敛半径 R．如果 R 是正数，则只要在 $(-R,R)$ 的基础上单独讨论该幂级数在 $x=\pm R$ 处的收敛性就能得到收敛域；如果 $R=+\infty$，则收敛域为 $(-\infty,+\infty)$；如果 $R=0$，则收敛域只有一点 $x=0$．**

那么，如果幂级数的一般项不是形如 a_nx^n，又该如何求它的收敛域呢？**在研究幂级数的过程中，有一个贯穿始终的思想，那就是"化未知为已知"．**

【例 13】

(1) 幂级数 $\dfrac{x}{1\cdot 2}+\dfrac{x^2}{2\cdot 2^2}+\dfrac{x^3}{3\cdot 2^3}+\cdots+\dfrac{x^n}{n\cdot 2^n}+\cdots$ 的收敛域为__________．

(2) 幂级数 $\sum\limits_{n=0}^{\infty}(-1)^n\dfrac{(x-3)^{2n+1}}{2n+1}$ 的收敛域为__________．

(3) 级数 $\sum\limits_{n=1}^{\infty}(-1)^n\dfrac{\ln^n x}{n}$ 的收敛域为__________．

【解】(1) $R=\lim\limits_{n\to\infty}\left|\dfrac{a_n}{a_{n+1}}\right|=\lim\limits_{n\to\infty}\dfrac{(n+1)\cdot 2^{n+1}}{n\cdot 2^n}=2\lim\limits_{n\to\infty}\dfrac{n+1}{n}=2$．

当 $x=2$ 时，级数成为 $\sum\limits_{n=1}^{\infty}\dfrac{1}{n}$，该级数发散；

当 $x=-2$ 时，级数成为 $\sum\limits_{n=1}^{\infty}\dfrac{(-1)^n}{n}$，该级数收敛．

故原级数的收敛域为 $[-2,2)$．

(2) 由于 $\sum\limits_{n=0}^{\infty}(-1)^n\dfrac{(x-3)^{2n+1}}{2n+1}=(x-3)\sum\limits_{n=0}^{\infty}(-1)^n\dfrac{(x-3)^{2n}}{2n+1}$，因此原级数与

$\sum\limits_{n=0}^{\infty}(-1)^n\dfrac{(x-3)^{2n}}{2n+1}$ 的收敛域相同.

令 $t=(x-3)^2$,则 $\sum\limits_{n=0}^{\infty}(-1)^n\dfrac{(x-3)^{2n}}{2n+1}$ 变为 $\sum\limits_{n=0}^{\infty}(-1)^n\dfrac{t^n}{2n+1}$,且

$$R=\lim_{n\to\infty}\left|\frac{a_n}{a_{n+1}}\right|=\lim_{n\to\infty}\frac{2n+3}{2n+1}=1.$$

当 $t=1$ 时,级数成为 $\sum\limits_{n=0}^{\infty}\dfrac{(-1)^n}{2n+1}$,该级数收敛;

当 $t=-1$ 时,级数成为 $\sum\limits_{n=0}^{\infty}\dfrac{1}{2n+1}$,该级数发散.

故 $\sum\limits_{n=0}^{\infty}(-1)^n\dfrac{t^n}{2n+1}$ 的收敛域为$(-1,1]$.

由 $-1<(x-3)^2\leqslant 1$ 可知 $2\leqslant x\leqslant 4$,所以原级数的收敛域为$[2,4]$.

(3) 令 $t=\ln x$,则原级数变为 $\sum\limits_{n=1}^{\infty}(-1)^n\dfrac{t^n}{n}$,且

$$R=\lim_{n\to\infty}\left|\frac{a_n}{a_{n+1}}\right|=\lim_{n\to\infty}\frac{n+1}{n}=1.$$

当 $t=1$ 时,级数成为 $\sum\limits_{n=0}^{\infty}\dfrac{(-1)^n}{n}$,该级数收敛;

当 $t=-1$ 时,级数成为 $\sum\limits_{n=0}^{\infty}\dfrac{1}{n}$,该级数发散.

故 $\sum\limits_{n=1}^{\infty}(-1)^n\dfrac{t^n}{n}$ 的收敛域为$(-1,1]$.

由 $-1<\ln x\leqslant 1$ 可知 $\dfrac{1}{\mathrm{e}}<x\leqslant \mathrm{e}$,所以原级数的收敛域为$\left(\dfrac{1}{\mathrm{e}},\mathrm{e}\right]$.

【题外话】

(i) 请不要与比值审敛法混淆,把收敛半径的计算公式误记为 $R=\lim\limits_{n\to\infty}\left|\dfrac{a_{n+1}}{a_n}\right|$.

(ii) 讨论幂级数在收敛区间端点处的收敛性,就是判断把两个端点代入幂级数后的常数项级数的收敛性.如本例(1)讨论 $\sum\limits_{n=1}^{\infty}\dfrac{x^n}{n\cdot 2^n}$ 在收敛区间端点处的收敛性时,只判断了把端点 $x=2$ 和 $x=-2$ 分别代入 $\sum\limits_{n=1}^{\infty}\dfrac{x^n}{n\cdot 2^n}$ 后的常数项级数 $\sum\limits_{n=1}^{\infty}\dfrac{1}{n}$ 和 $\sum\limits_{n=1}^{\infty}\dfrac{(-1)^n}{n}$ 的收敛性.

(iii) **对于一般项形如 $a_n(x-x_0)^{bn+c}$ 的幂级数,由于它和一般项形如 $a_n(x-x_0)^{bn}$ 的幂级数有相同的收敛域**(就 $\sum\limits_{n=0}^{\infty}a_n(x-x_0)^{bn+c}$ 而言,它能写成$(x-x_0)^c\sum\limits_{n=0}^{\infty}a_n(x-x_0)^{bn}$,而可看做系数的$(x-x_0)^c$ 显然是不影响 $\sum\limits_{n=0}^{\infty}a_n(x-x_0)^{bn}$ 在各点处的收敛性的),**因此只需令 $t=(x-x_0)^b$,就能把求它的收敛域转化为求一般项形如 a_nt^n 的幂级数的收敛域**(如本例(2)).如此一来,所有形式的幂级数的收敛域问题就都能转化为已经知道其解决方法的一

般项形如 $a_n x^n$ 的幂级数的收敛域问题.这就是"化未知为已知".这种思想好比"站在巨人的肩膀上攀爬",这里要"仰仗"的"巨人"就是一般项形如 $a_n x^n$ 的幂级数.其实,不止其他形式的幂级数,**对于任意一般项形如 $a_n[f(x)]^n$ 的函数项级数,只要令 $t=f(x)$,都能"踩上这个巨人的肩膀"**(如本例(3)).当然,也完全可以从"巨人的肩膀"上下来,站回原地,用最初讨论一般项形如 $a_n x^n$ 的幂级数的收敛域的方法——比值审敛法来求一般项形如 $a_n(x-x_0)^{bn+c}$ 的幂级数,以及一般项形如 $a_n[f(x)]^n$ 的函数项级数的收敛域.只是,既然能够很轻松地把尚未解决的问题转化为已经解决的问题,那么何乐而不为呢?

(iv) 这样看来,如果幂级数的表达式已知,那么求它的收敛域就只需求一个数列的极限,判断两个常数项级数的收敛性,最多还要再解两个不等式,这些都是熟悉的问题.然而,一旦幂级数的表达式未知,恐怕就没那么轻松了.

2. 表达式含参数的幂级数

【例 14】 若 $\sum\limits_{n=0}^{\infty}\dfrac{(x-a)^n}{\sqrt{n}}$ 在 $x=2$ 处条件收敛,则此级数的收敛域为________.

【分析】令 $t=x-a$,很容易得到 $\sum\limits_{n=0}^{\infty}\dfrac{t^n}{\sqrt{n}}$ 的收敛半径为

$$R=\lim_{n\to\infty}\left|\frac{a_n}{a_{n+1}}\right|=\lim_{n\to\infty}\frac{\sqrt{n+1}}{\sqrt{n}}=1,$$

收敛区间为 $(-1,1)$.解不等式 $-1<x-a<1$,也很容易得到原级数的收敛区间为 $(a-1,a+1)$.走到这里,似乎"堵车"了.要想"畅行无阻",除非能够打开"原级数在 $x=2$ 处条件收敛"这个条件上的"锁".能够打开它的是这样一把"钥匙":幂级数在收敛区间内的点处一定绝对收敛,但只可能在区间端点处条件收敛.这意味着不是 $a-1=2$,就是 $a+1=2$.

显然,若 $a=1$,则 $\sum\limits_{n=0}^{\infty}\dfrac{(x-1)^n}{\sqrt{n}}$ 在 $x=2$ 处是发散的,所以 a 只可能等于 3.又因为当 $x=4$ 时,$\sum\limits_{n=0}^{\infty}\dfrac{(x-3)^n}{\sqrt{n}}$ 成为 $\sum\limits_{n=0}^{\infty}\dfrac{1}{\sqrt{n}}$,该级数发散,故所求收敛域为 $[2,4)$.

【题外话】对于形式最一般的幂级数 $\sum\limits_{n=0}^{\infty}a_n(x-x_0)^n$,设 $\sum\limits_{n=0}^{\infty}a_n t^n$ 的收敛半径为正数 R,由 $-R<x-x_0<R$ 可知它的收敛区间为 (x_0-R,x_0+R).这是一个关于点 x_0 对称的区间,区间长度为 $2R$.这样看来,**$\sum\limits_{n=0}^{\infty}a_n(x-x_0)^n$ 的收敛区间由 x_0 和 a_n 共同决定,x_0 决定区间的位置,a_n 决定区间的长度**.本例所给出的是 a_n 已知、x_0 未知的幂级数.由于 a_n 已知,故得到收敛区间的长度不在话下;又由于间接地告知了收敛区间的端点,因此也确定了收敛区间的位置,从而求出了 x_0 和收敛域.那么,面对一个 x_0 已知、a_n 未知的幂级数,能够根据已知条件求出它的收敛域吗?

3. 抽象的幂级数

【例 15】 已知幂级数 $\sum\limits_{n=0}^{\infty}a_n(x+3)^n$ 在 $x=0$ 处收敛,在 $x=-6$ 处发散,则此幂级数的

收敛域为____________.

【分析】显然,原级数的收敛区间关于点 $x=-3$ 对称,区间的位置一目了然.那么,可以从"级数在 $x=0$ 处收敛,在 $x=-6$ 处发散"这两个条件中获知收敛区间的长度吗?完全可以,只要能够发现点 $x=0$ 和 $x=-6$ 关于点 $x=-3$ 对称.试问什么样的两个点才可能既关于某幂级数的收敛区间的中心点对称,又使该幂级数在它们处的收敛性不同呢?只有收敛区间的两个端点.于是得到原级数的收敛域为 $(-6,0]$.

【题外话】本例中,对于一个 x_0 已知、a_n 未知的幂级数 $\sum_{n=0}^{\infty}a_n(x-x_0)^n$,因为告知了它在两个特殊点处的收敛性,因此求出了收敛域.如果只知道这样的幂级数在一点处的收敛性,那么又能得出什么结论呢?请看例16.

【例16】 若幂级数 $\sum_{n=0}^{\infty}a_n(x-1)^n$ 在 $x=3$ 处收敛,则幂级数 $\sum_{n=0}^{\infty}a_n(x+1)^n$ 在 $x=-2$ 处(　　)

(A) 绝对收敛.　　(B) 条件收敛.　　(C) 发散.　　(D) 收敛性不确定.

【分析】我们知道,$\sum_{n=0}^{\infty}a_n(x-1)^n$ 的收敛区间的中心点是 $x=1$,那么,告知它在 $x=3$ 处收敛又有什么意义呢?其意义在于同时知道了 $\sum_{n=0}^{\infty}a_nt^n$ 的收敛半径 $R\geqslant 2$,换言之,以 a_n 为系数的幂级数的收敛区间的长度大于或等于4.而 $\sum_{n=0}^{\infty}a_n(x+1)^n$ 的系数也是 a_n,这意味着,它的收敛区间的长度也大于或等于4.又因为 $\sum_{n=0}^{\infty}a_n(x+1)^n$ 的收敛区间关于点 $x=-1$ 对称,所以它在 $(-3,1)$ 内的各点处一定绝对收敛,选(A).

【题外话】本例之所以能够利用 $\sum_{n=0}^{\infty}a_n(x-1)^n$ 在一点处的收敛性得到 $\sum_{n=0}^{\infty}a_n(x+1)^n$ 在另一点处的收敛性,是因为它们有相同的系数.前面讲过,形如 $\sum_{n=0}^{\infty}a_n(x-x_0)^n$ 的幂级数的收敛区间长度是由系数 a_n 决定的.对于这样的幂级数,相同的系数意味着相同的收敛区间长度.那么,能够利用一个系数不同的幂级数的收敛半径来求收敛区间吗?例17告诉我们,其实也能.

【例17】 (1997年考研题)设幂级数 $\sum_{n=0}^{\infty}a_nx^n$ 的收敛半径为3,则幂级数 $\sum_{n=0}^{\infty}na_n(x-1)^{n+1}$ 的收敛区间为____________.

【解】令 $t=x-1$,则 $\sum_{n=1}^{\infty}na_n(x-1)^{n+1}=\sum_{n=1}^{\infty}na_nt^{n+1}=t^2\sum_{n=1}^{\infty}na_nt^{n-1}=t^2\sum_{n=1}^{\infty}(a_nt^n)'$.

由于逐项求导后的幂级数和原级数有相同的收敛半径,因此 $\sum_{n=1}^{\infty}(a_nt^n)'$ 的收敛半径为3.

又由于 $t^2\sum_{n=1}^{\infty}(a_nt^n)'$ 和 $\sum_{n=1}^{\infty}(a_nt^n)'$ 有相同的收敛区间,故 $t^2\sum_{n=1}^{\infty}(a_nt^n)'$ 的收敛区间为 $(-3,3)$.

由 $-3<t-1<3$ 可知 $-2<t<4$,故所求收敛区间为 $(-2,4)$.

【题外话】由于幂级数 $\sum_{n=0}^{\infty}a_nx^n$ 的和函数 $s(x)$ 在其收敛区间 $(-R,R)$ 内可导,在其收敛

域 I 上可积，所以能够求 $s(x)=\sum_{n=0}^{\infty}a_nx^n$ 的导数和积分.根据导数和积分的性质，求 $\sum_{n=0}^{\infty}a_nx^n$ 的导数和积分，就是求它的每一项的导数和积分，即有逐项求导和逐项积分公式

$$s'(x)=\left(\sum_{n=0}^{\infty}a_nx^n\right)'=\sum_{n=0}^{\infty}(a_nx^n)'=\sum_{n=1}^{\infty}na_nx^{n-1}\quad(|x|<R),\tag{7-1}$$

$$\int_0^x s(x)\mathrm{d}x=\int_0^x\left(\sum_{n=0}^{\infty}a_nt^n\right)\mathrm{d}t=\sum_{n=0}^{\infty}\int_0^x a_nt^n\mathrm{d}t=\sum_{n=0}^{\infty}\frac{a_n}{n+1}x^{n+1}\quad(x\in I),\tag{7-2}$$

并且满足逐项求导和逐项积分后的幂级数与原级数有相同的收敛半径.但是，逐项求导和逐项积分后的幂级数与原级数不一定有相同的收敛域.具体地说，**逐项求导可能使收敛区间原先收敛的端点变为发散，逐项积分可能使收敛区间原先发散的端点变为收敛.**

本例为了利用“逐项求导后的幂级数与原级数有相同的收敛半径”这一结论，试图凑出收敛半径已知的幂级数的导数，这又体现了“化未知为已知”的思想.在求幂级数的和函数时，恐怕还要依据这个思想去凑出某种其和函数的求法已知的幂级数的导数或积分.

问题 3　求幂级数的和函数

问题研究

1. 转化为等比幂级数的和函数的导数或积分

题眼探索　求幂级数的和函数一向是块“难啃的硬骨头”.但是，一种特殊幂级数的和函数求起来却毫不费力，那就是等比幂级数的和函数.它的求法还要从等比级数的和谈起.想必大家还记得，当 $|q|<1$ 时，等比级数 $\sum_{n=1}^{\infty}a_1q^{n-1}$ 的前 n 项和 $s_n=\frac{a_1(1-q^n)}{1-q}$.这样就很容易得到该等比级数的和

$$s=\lim_{n\to\infty}s_n=\lim_{n\to\infty}\frac{a_1(1-q^n)}{1-q}=\frac{a_1}{1-q}\quad(|q|<1).$$

所以，**只要确定了等比幂级数的首项和公比，就能写出它的和函数**，这显然是“举手之劳”.于是，很希望“化未知为已知”，站在等比幂级数这个“巨人”的“肩膀”上去求更多幂级数的和函数.那么，该如何“踩上”等比幂级数这个“巨人”的“肩膀”呢？通常是把要求和函数的幂级数凑成等比幂级数的导数或积分.因为一旦如此，要求的和函数也就转化为了我们会求的等比幂级数的和函数的导数或积分.

【例 18】　求下列幂级数的和函数 $s(x)$：

(1) $\sum_{n=1}^{\infty}(-1)^{n-1}nx^n$；　　(2) $\sum_{n=1}^{\infty}\frac{x^n}{n+1}$.

【解】(1) $R=\lim_{n\to\infty}\left|\frac{a_n}{a_{n+1}}\right|=\lim_{n\to\infty}\frac{n}{n+1}=1$.

当 $x=1$ 时,级数成为 $\sum\limits_{n=1}^{\infty}(-1)^{n-1}n$,该级数发散;

当 $x=-1$ 时,级数成为 $-\sum\limits_{n=1}^{\infty}n$,该级数发散.

故原级数的收敛域为 $(-1,1)$.

$$s(x)=x\sum_{n=1}^{\infty}(-1)^{n-1}nx^{n-1}=x\sum_{n=1}^{\infty}[(-1)^{n-1}x^{n}]'=x\left[\sum_{n=1}^{\infty}(-1)^{n-1}x^{n}\right]'$$

$$=x\left[\frac{x}{1+x}\right]'=\frac{x}{(1+x)^{2}}\quad x\in(-1,1).$$

(2) $R=\lim\limits_{n\to\infty}\left|\dfrac{a_n}{a_{n+1}}\right|=\lim\limits_{n\to\infty}\dfrac{n+2}{n+1}=1.$

当 $x=1$ 时,级数成为 $\sum\limits_{n=1}^{\infty}\dfrac{1}{n+1}$,该级数发散;

当 $x=-1$ 时,级数成为 $\sum\limits_{n=1}^{\infty}\dfrac{(-1)^{n}}{n+1}$,该级数收敛.

故原级数的收敛域为 $[-1,1)$.

当 $x\in[-1,0)\cup(0,1)$ 时,

$$s(x)=\frac{1}{x}\sum_{n=1}^{\infty}\frac{x^{n+1}}{n+1}=\frac{1}{x}\sum_{n=1}^{\infty}\int_{0}^{x}t^{n}\,\mathrm{d}t=\frac{1}{x}\int_{0}^{x}\left(\sum_{n=1}^{\infty}t^{n}\right)\mathrm{d}t=\frac{1}{x}\int_{0}^{x}\frac{t}{1-t}\mathrm{d}t$$

$$=-\frac{1}{x}\int_{0}^{x}\left(1-\frac{1}{1-t}\right)\mathrm{d}t=-\frac{1}{x}\Big[t+\ln|1-t|\Big]_{0}^{x}=-\frac{\ln(1-x)}{x}-1;$$

当 $x=0$ 时,$s(x)=0$.

所以,$s(x)=\begin{cases}-\dfrac{\ln(1-x)}{x}-1, & x\in[-1,0)\cup(0,1),\\ 0, & x=0.\end{cases}$

【题外话】

(i) 在求幂级数的和函数之前,必须先求和函数的定义域,即该幂级数的收敛域;

(ii) 根据公式(7-1)(公式(7-2)),**要想把幂级数凑成等比幂级数的导数(积分),只需把该幂级数的一般项凑成等比幂级数的一般项的导数(积分)**.本例(1)通过把 x 提出连加符号,把求 $s(x)$ 转化为了求等比幂级数 $\sum\limits_{n=1}^{\infty}(-1)^{n-1}x^{n}$ 的和函数的导数. $\sum\limits_{n=1}^{\infty}(-1)^{n-1}x^{n}$ 是以 x 为首项、以 $-x$ 为公比的等比幂级数,其和函数为 $\dfrac{x}{1+x}$.本例(2)通过把 $\dfrac{1}{x}$ 提出连加符号,把求 $s(x)$ 转化为了求等比幂级数 $\sum\limits_{n=1}^{\infty}x^{n}$ 的和函数的积分(当 $x\neq0$ 时). $\sum\limits_{n=1}^{\infty}x^{n}$ 是以 x 为首项、以 x 为公比的等比幂级数,其和函数为 $\dfrac{x}{1-x}$.

(iii) 逐项积分一般不会使幂级数的首项发生变化,但逐项求导常常使幂级数的首项发生变化(可参看公式(7-1)和公式(7-2)).比如在本例(1)中,还可以把 $\sum\limits_{n=1}^{\infty}(-1)^{n-1}nx^{n-1}$ 看

做等比幂级数$\sum\limits_{n=0}^{\infty}(-1)^{n-1}x^n$的导数. 当然,$\sum\limits_{n=0}^{\infty}(-1)^{n-1}x^n$的导数与$\sum\limits_{n=1}^{\infty}(-1)^{n-1}x^n$的导数是相等的.

(iv) 值得注意的是,当把$\frac{1}{x}$提出连加符号时,已经默认了$x\neq 0$. 所以,如果要以这种方式把幂级数凑成等比幂级数的积分,则必须按x是否为零来分类讨论(如本例(2)).

(v) 本例(1)和本例(2)只需分别把x和$\frac{1}{x}$提出连加符号,就能"站在等比幂级数的肩膀上"求和函数. 可是踩上这个巨人的肩膀总是这样容易吗? 请看例19～例21.

【例19】 (1987年考研题) 求幂级数$\sum\limits_{n=1}^{\infty}\frac{1}{n2^n}x^{n-1}$的收敛域,并求其和函数.

【分析】是谁在破坏把原级数凑成等比幂级数的积分呢? 分母的2^n. 那么,又该如何"对付"这个"搞破坏"的2^n呢? 只需使它和x^n成为"一家人",即有

$$\sum_{n=1}^{\infty}\frac{1}{n2^n}x^{n-1}=\frac{1}{x}\sum_{n=1}^{\infty}\frac{1}{n}\left(\frac{x}{2}\right)^n \quad (x\neq 0).$$

【解】$R=\lim\limits_{n\to\infty}\left|\frac{a_n}{a_{n+1}}\right|=\lim\limits_{n\to\infty}\frac{(n+1)2^{n+1}}{n2^n}=2\lim\limits_{n\to\infty}\frac{n+1}{n}=2.$

当$x=2$时,级数成为$\sum\limits_{n=1}^{\infty}\frac{1}{2n}$,该级数发散;

当$x=-2$时,级数成为$\sum\limits_{n=1}^{\infty}\frac{(-1)^{n-1}}{2n}$,该级数收敛.

故原级数的收敛域为$[-2,2)$.

设$s(x)=\sum\limits_{n=1}^{\infty}\frac{1}{n2^n}x^{n-1}$,则当$x\in[-2,0)\cup(0,2)$时,

$$\begin{aligned}s(x)&=\frac{1}{x}\sum_{n=1}^{\infty}\frac{1}{n}\left(\frac{x}{2}\right)^n=\frac{1}{x}\sum_{n=1}^{\infty}\int_0^x\left(\frac{t}{2}\right)^{n-1}\mathrm{d}\left(\frac{t}{2}\right)=\frac{1}{x}\int_0^x\left[\sum_{n=1}^{\infty}\left(\frac{t}{2}\right)^{n-1}\right]\mathrm{d}\left(\frac{t}{2}\right)\\&=\frac{1}{x}\int_0^x\frac{1}{1-\frac{t}{2}}\mathrm{d}\left(\frac{t}{2}\right)=-\frac{1}{x}\left[\ln\left|1-\frac{t}{2}\right|\right]_0^x=-\frac{1}{x}\ln\left(1-\frac{x}{2}\right);\end{aligned}$$

当$x=0$时,$s(x)=\frac{1}{2}$.

$$所以,s(x)=\begin{cases}-\frac{1}{x}\ln\left(1-\frac{x}{2}\right), & x\in[-2,0)\cup(0,2),\\ \frac{1}{2}, & x=0.\end{cases}$$

【题外话】本例应当通过把$x=0$代入$\sum\limits_{n=1}^{\infty}\frac{1}{n2^n}x^{n-1}=\frac{1}{1\cdot 2}+\frac{1}{2\cdot 2^2}x+\frac{1}{3\cdot 2^3}x^2+\cdots+\frac{1}{n2^n}x^{n-1}+\cdots$来求$s(0)$,这样就不会误以为$s(0)=0$了.

【例20】 求级数$\sum\limits_{n=1}^{\infty}\frac{n^2+1}{n\cdot 2^n}$的和.

【分析】如果只把 $\sum_{n=1}^{\infty}\frac{n^2+1}{n\cdot 2^n}$ 看成一个普通的常数项级数,那么要求它的和恐怕是一筹莫展.但如果能想到把 $\sum_{n=1}^{\infty}\frac{n^2+1}{n\cdot 2^n}$ 的和看成幂级数 $\sum_{n=1}^{\infty}\frac{n^2+1}{n}x^n$ 的和函数 $s(x)$ 在 $x=\frac{1}{2}$ 处的函数值 $s\left(\frac{1}{2}\right)$,则定会有“拨云见日”之感.问题是 $s(x)$ 该怎么求?显然,要想直接把 $\sum_{n=1}^{\infty}\frac{n^2+1}{n}x^n$ 凑成等比幂级数的导数或积分,则会“无路可走”.但只要“解散”$\frac{n^2+1}{n}x^n$ 这个“组合”,让 nx^n 和 $\frac{x^n}{n}$“单飞”,便会有惊人的发现:$\sum_{n=1}^{\infty}nx^n$ 离等比幂级数的导数只有“一步之遥”,而 $\sum_{n=1}^{\infty}\frac{x^n}{n}$ 就是等比幂级数的积分.

【解】设 $s(x)=\sum_{n=1}^{\infty}\frac{n^2+1}{n}x^n(|x|<1)$,则 $s(x)=\sum_{n=1}^{\infty}nx^n+\sum_{n=1}^{\infty}\frac{x^n}{n}$.

$$\sum_{n=1}^{\infty}nx^n=x\sum_{n=1}^{\infty}nx^{n-1}=x\sum_{n=1}^{\infty}(x^n)'=x\left(\sum_{n=1}^{\infty}x^n\right)'=x\left(\frac{x}{1-x}\right)'=\frac{x}{(1-x)^2}.$$

$$\sum_{n=1}^{\infty}\frac{x^n}{n}=\sum_{n=1}^{\infty}\int_0^x t^{n-1}\mathrm{d}t=\int_0^x\left(\sum_{n=1}^{\infty}t^{n-1}\right)\mathrm{d}t=\int_0^x\frac{1}{1-t}\mathrm{d}t=-\Big[\ln|1-t|\Big]_0^x=-\ln(1-x).$$

故 $s(x)=\frac{x}{(1-x)^2}-\ln(1-x)$,从而 $\sum_{n=1}^{\infty}\frac{n^2+1}{n\cdot 2^n}=s\left(\frac{1}{2}\right)=2-\ln\frac{1}{2}$.

【题外话】**我们常常把求常数项级数的和转化为求幂级数的和函数在某点处的函数值.**

【例21】 求幂级数 $\sum_{n=1}^{\infty}2n^2x^{2n}$ 的收敛域与和函数 $s(x)$.

【分析】本例的幂级数能直接“通往”等比幂级数的导数吗?不能,是系数中 n 上的平方“挡住了去路”.但是,不能“一步到位”并不意味着不能“步步为营”.只要把 x 提出连加符号就能发现 $2n^2x^{2n-1}$ 是 nx^{2n} 的导数,即有

$$\sum_{n=1}^{\infty}2n^2x^{2n}=x\sum_{n=1}^{\infty}2n^2x^{2n-1}=x\sum_{n=1}^{\infty}(nx^{2n})'=x\left(\sum_{n=1}^{\infty}nx^{2n}\right)'.$$

这时,只要再把 $\frac{x}{2}$ 提出连加符号就又能发现 $2nx^{2n-1}$ 是 x^{2n} 的导数,即有

$$x\left(\sum_{n=1}^{\infty}nx^{2n}\right)'=x\left(\frac{x}{2}\sum_{n=1}^{\infty}2nx^{2n-1}\right)'=x\left[\frac{x}{2}\sum_{n=1}^{\infty}(x^{2n})'\right]'=x\left[\frac{x}{2}\left(\sum_{n=1}^{\infty}x^{2n}\right)'\right]'.$$

哈!终于踩上了 $\sum_{n=1}^{\infty}x^{2n}$ 这个“巨人”的“肩膀”.

【解】$R=\lim\limits_{n\to\infty}\left|\frac{a_n}{a_{n+1}}\right|=\lim\limits_{n\to\infty}\frac{2n^2}{2(n+1)^2}=1.$

当 $x=\pm1$ 时,级数成为 $\sum_{n=1}^{\infty}2n^2$,该级数发散.

故原级数的收敛域为$(-1,1)$.

$$s(x)=x\sum_{n=1}^{\infty}2n^2x^{2n-1}=x\sum_{n=1}^{\infty}(nx^{2n})'=x\left(\sum_{n=1}^{\infty}nx^{2n}\right)'=x\left(\frac{x}{2}\sum_{n=1}^{\infty}2nx^{2n-1}\right)'$$

$$=x\left[\frac{x}{2}\sum_{n=1}^{\infty}(x^{2n})'\right]'=x\left[\frac{x}{2}\left(\sum_{n=1}^{\infty}x^{2n}\right)'\right]'=x\left[\frac{x}{2}\left(\frac{x^2}{1-x^2}\right)'\right]'$$

$$=x\left[\frac{x}{2}\cdot\frac{2x}{(1-x^2)^2}\right]'=\frac{2x^2(1+x^2)}{(1-x^2)^3},\quad x\in(-1,1).$$

【题外话】纵观例 19～例 21，可以发现，在求幂级数的和函数时，要想踩上等比幂级数这个“巨人”的“肩膀”，有时会遇到一些困难. 那么该如何解决这些困难呢？主要有以下三种方法.

(i) **合并常量**. 如果幂级数的一般项中含有 a^n，则可以把它与 x^n 合并(如例 19).

(ii) **拆分级数**. 可以考虑先把幂级数的一般项拆分成“整式＋整式”，再把幂级数凑成两个等比幂级数的导数之和，比如可以通过把 $\sum\limits_{n=0}^{\infty}(2n+1)x^n$ 拆分成 $2\sum\limits_{n=0}^{\infty}nx^n+\sum\limits_{n=0}^{\infty}x^n$ 来求它的和函数$\left(\text{读者可以自行练习，答案为}\dfrac{1+x}{(1-x)^2}(-1<x<1)\right)$；也可以考虑先把幂级数的一般项拆分成“分式＋分式”，再把幂级数凑成两个等比幂级数的积分之和，比如可以通过把 $\sum\limits_{n=2}^{\infty}\dfrac{x^n}{n^2-1}$ 拆分成 $\dfrac{1}{2}\left(\sum\limits_{n=2}^{\infty}\dfrac{x^n}{n-1}-\sum\limits_{n=2}^{\infty}\dfrac{x^n}{n+1}\right)$ 来求它的和函数，读者可以自行练习，答案为

$$\begin{cases}\dfrac{x+2}{4}+\dfrac{1-x^2}{2x}\ln(1-x), & x\in[-1,0)\cup(0,1),\\ 0, & x=0,\\ \dfrac{3}{4}, & x=1;\end{cases}$$

还可以考虑先把幂级数的一般项拆分成“整式＋分式”，再把幂级数凑成等比幂级数的导数与等比幂级数的积分之和(如例 20).

(iii) **二次凑型**. 当难以把幂级数直接凑成等比幂级数的导数或积分时，可以考虑是否能把它凑成等比幂级数的导数的导数(如例 21).

有了上述三种方法，很多幂级数通往等比幂级数的“道路”将更加通畅. 然而，毕竟不是所有幂级数的和函数问题都能转化为等比幂级数的和函数问题. 所以，当不能再“化未知为已知”时，就需要寻找新的方法. 无论如何，求幂级数的和函数也就是求一元函数的表达式. 既然能够通过解常微分方程来求一元函数的表达式，那么，为什么不能试着去建立幂级数的和函数所满足的常微分方程呢？

2. 转化为常微分方程的解

【例 22】 (2004 年考研题)设级数

$$\frac{x^4}{2\cdot4}+\frac{x^6}{2\cdot4\cdot6}+\frac{x^8}{2\cdot4\cdot6\cdot8}+\cdots\quad(-\infty<x<+\infty)$$

的和函数为 $S(x)$. 求：

(1) $S(x)$所满足的一阶微分方程；

(2) $S(x)$的表达式.

【解】(1) $S(x)=\frac{x^4}{2\cdot 4}+\frac{x^6}{2\cdot 4\cdot 6}+\frac{x^8}{2\cdot 4\cdot 6\cdot 8}+\cdots$,且有 $S(0)=0$.

$$S'(x)=\frac{x^3}{2}+\frac{x^5}{2\cdot 4}+\frac{x^7}{2\cdot 4\cdot 6}+\cdots=x\left(\frac{x^2}{2}+\frac{x^4}{2\cdot 4}+\frac{x^6}{2\cdot 4\cdot 6}+\cdots\right)=x\left[\frac{x^2}{2}+S(x)\right].$$

故 $S(x)$是$\frac{dy}{dx}-xy=\frac{x^3}{2}$满足$y|_{x=0}=0$ 的特解.

(2) 对于$\frac{dy}{dx}-xy=0$,有$\frac{dy}{y}=x\,dx$,故有 $\ln|y|=\frac{x^2}{2}+\ln|C_1|$,从而 $y=C_1e^{\frac{x^2}{2}}$.

设 $y=u(x)e^{\frac{x^2}{2}}$,则$\frac{dy}{dx}=u'e^{\frac{x^2}{2}}+uxe^{\frac{x^2}{2}}$,代入原方程得 $u'=\frac{x^3}{2}e^{-\frac{x^2}{2}}$.

于是 $u=\int\frac{x^3}{2}e^{-\frac{x^2}{2}}dx=-\int\frac{x^2}{2}d(e^{-\frac{x^2}{2}})=-\frac{x^2}{2}e^{-\frac{x^2}{2}}-e^{-\frac{x^2}{2}}+C$,从而 $y=Ce^{\frac{x^2}{2}}-\frac{x^2}{2}-1$.

由 $y|_{x=0}=0$ 得 $C=1$,故 $y=e^{\frac{x^2}{2}}-\frac{x^2}{2}-1$,即 $S(x)=e^{\frac{x^2}{2}}-\frac{x^2}{2}-1(-\infty<x<+\infty)$.

【题外话】

(i) 如果需要通过解常微分方程来求幂级数的和函数,那么不要忘记对幂级数赋值以得到初始条件(一般令 $x=0$).

(ii) 前面就级数的收敛问题以及级数的和(或和函数)的问题进行了探讨.探索之旅行至此处,对于级数的研究结束了吗?可以说结束了,也可以说没有结束.说它结束了是因为级数作为一种算式,似乎我们只关心它什么时候有理想的结果(即收敛问题),以及理想的结果是什么(即和或和函数问题);说它没有结束是因为级数还有一个重要的作用,这个作用体现在有些函数能展开成级数.其实这也并不奇怪,既然函数项级数在收敛域内能写成一个函数,那么这个函数在该范围内自然也能写成函数项级数.

下面,"暂别"幂级数,去接触一种新的函数项级数——傅里叶级数.之所以要先讨论把函数展开成傅里叶级数,是因为这种展开大体上只需要简单地套用公式.

问题4 把函数展开成傅里叶级数

知识储备

1.傅里叶级数的概念

设函数 $f(x)$为以 $2l$ 为周期的周期函数,且在$[-l,l]$上可积,则一定可以作出 $f(x)$的傅里叶级数

$$\frac{a_0}{2}+\sum_{n=1}^{\infty}\left(a_n\cos\frac{n\pi x}{l}+b_n\sin\frac{n\pi x}{l}\right),$$

其中 $a_n=\frac{1}{l}\int_{-l}^{l}f(x)\cos\frac{n\pi x}{l}\mathrm{d}x(n=0,1,2,\cdots)$，$b_n=\frac{1}{l}\int_{-l}^{l}f(x)\sin\frac{n\pi x}{l}\mathrm{d}x(n=1,2,3,\cdots)$.

特别地，当 $f(x)$ 为奇函数时，它的傅里叶级数 $\sum\limits_{n=1}^{\infty}b_n\sin\frac{n\pi x}{l}\left(\text{其中} b_n=\frac{2}{l}\int_0^l f(x)\sin\frac{n\pi x}{l}\mathrm{d}x,\right.$ $\left.n=1,2,3,\cdots\right)$ 又叫做正弦级数；当 $f(x)$ 为偶函数时，它的傅里叶级数 $\frac{a_0}{2}+\sum\limits_{n=1}^{\infty}a_n\cos\frac{n\pi x}{l}$ $\left(\text{其中} a_n=\frac{2}{l}\int_0^l f(x)\cos\frac{n\pi x}{l}\mathrm{d}x, n=0,1,2,\cdots\right)$ 又叫做余弦级数.

【注】当 $f(x)$ 为奇函数时，$f(x)\cos\frac{n\pi x}{l}$ 是奇函数，根据定积分的对称性，$a_n=0$，故奇函数的傅里叶级数只含有正弦项；当 $f(x)$ 为偶函数时，$f(x)\sin\frac{n\pi x}{l}$ 是奇函数，根据定积分的对称性，$b_n=0$，故偶函数的傅里叶级数只含有余弦项.

2. 傅里叶级数的收敛情况

设函数 $f(x)$ 为以 $2l$ 为周期的周期函数，若它在一个周期内连续或只有有限个第一类间断点，且在一个周期内至多只有有限个极值点，则 $f(x)$ 的傅里叶级数处处收敛，并且记其和函数为 $s(x)$，有

$$s(x)=\begin{cases}f(x), & x\text{ 是 }f(x)\text{ 的连续点},\\ \dfrac{f(x^-)+f(x^+)}{2}, & x\text{ 是 }f(x)\text{ 的第一类间断点}.\end{cases}$$

问题研究

1. 把周期函数展开成傅里叶级数

【例 23】 设 $f(x)$ 是周期为 2π 的周期函数，它在 $(-\pi,\pi]$ 上的表达式为 $f(x)=x^2$. 试把 $f(x)$ 展开成傅里叶级数，并求级数 $\sum\limits_{n=1}^{\infty}\frac{(-1)^{n-1}}{n^2}$ 的和.

【解】由于 $f(x)$ 是偶函数，则 $b_n=0(n=1,2,3,\cdots)$.

$$a_0=\frac{2}{\pi}\int_0^{\pi}x^2\mathrm{d}x=\frac{2}{\pi}\left[\frac{x^3}{3}\right]_0^{\pi}=\frac{2}{3}\pi^2;$$

$$\begin{aligned}a_n&=\frac{2}{\pi}\int_0^{\pi}x^2\cos nx\,\mathrm{d}x=\frac{2}{n\pi}\int_0^{\pi}x^2\mathrm{d}(\sin nx)\\&=\frac{2}{n\pi}\left[x^2\sin nx\right]_0^{\pi}-\frac{2}{n\pi}\int_0^{\pi}2x\sin nx\,\mathrm{d}x=\frac{2}{n^2\pi}\int_0^{\pi}2x\,\mathrm{d}(\cos nx)\\&=\frac{2}{n^2\pi}\left[2x\cos nx\right]_0^{\pi}-\frac{4}{n^2\pi}\int_0^{\pi}\cos nx\,\mathrm{d}x=(-1)^n\frac{4}{n^2}\quad(n=1,2,3,\cdots).\end{aligned}$$

所以，

$$x^2=\frac{\pi^2}{3}+4\sum_{n=1}^{\infty}\frac{(-1)^n}{n^2}\cos nx\quad(-\infty<x<+\infty).$$

令 $x=0$,则有 $0=\frac{\pi^2}{3}+4\sum_{n=1}^{\infty}\frac{(-1)^n}{n^2}$,从而 $\sum_{n=1}^{\infty}\frac{(-1)^{n-1}}{n^2}=\frac{\pi^2}{12}$.

【题外话】

(i) 在求傅里叶系数时,a_0 一般无法通过对 a_n 赋值 $n=0$ 得到,而需要用公式 $a_0=\frac{1}{l}\int_{-l}^{l}f(x)\mathrm{d}x$ 单独求.

(ii) **可以对函数的级数展开式赋值,从而求得相应常数项级数的和**.

(iii) 能够把仅定义在$(-\pi,\pi]$上的函数 $g(x)=x^2$ 展开成傅里叶级数吗?其实也能. $g(x)$与本例的 $f(x)$的差别在于它不是周期函数,但是这并不意味着不能在$(-\pi,\pi]$外补充 $g(x)$的定义,使其拓广为 $f(x)$. 由于在$(-\pi,\pi]$上 $g(x)$恒等于 $f(x)$,因此 $g(x)$的傅里叶级数展开式就是限制 x 在$(-\pi,\pi]$上的 $f(x)$的傅里叶级数展开式,即有

$$g(x)=\frac{\pi^2}{3}+4\sum_{n=1}^{\infty}\frac{(-1)^n}{n^2}\cos nx\quad(-\pi<x\leqslant\pi).$$

这就告诉我们:定义在$(-l,l]$上的函数经过周期延拓也可能展开成傅里叶级数. 所谓"周期延拓",就是补充该函数在$(-l,l]$外的定义,使其拓广为周期为 $2l$ 的周期函数. 其实,把定义在$(-l,l]$上的函数展开成傅里叶级数的过程与把周期函数展开成傅里叶级数的过程相差无几,但它却为把定义在$[0,l]$上的函数展开成傅里叶级数提供了一个"跳板".

2. 把定义在$[0,l]$上的函数展开成正弦级数和余弦级数

题眼探索　定义在$(-l,l]$上的函数是把定义在$[0,l]$上的函数展开成傅里叶级数时需要搭建的"跳板",因为只有定义在$(-l,l]$上的函数才能通过周期延拓拓广为周期函数,也只有周期函数才可能直接展开成傅里叶级数. 现在的问题是,该如何把定义在$[0,l]$上的函数拓广为定义在$(-l,l]$上的函数呢?有一个目标左右着我们,那就是希望该函数拓广成傅里叶级数展开式比较简单的函数. 那么,什么样的函数有较为简单的傅里叶级数展开式呢?奇函数和偶函数. 于是就有了这样两个思路:

1°补充函数在$(-l,0)$内的定义,从而得到定义在$(-l,l]$上的新函数,使这个新函数在$(-l,l)$内成为奇函数,这种拓广方式叫做奇延拓(若原来的函数在 $x=0$ 处的函数值不等于零,则不妨规定新函数在 $x=0$ 处的函数值等于零).

2°补充函数在$(-l,0)$内的定义,从而得到定义在$(-l,l]$上的新函数,使这个新函数在$(-l,l)$内成为偶函数,这种拓广方式叫做偶延拓.

如果先作奇延拓,后作周期延拓,再把两次"延拓"后的函数展开成傅里叶级数,那么这个级数一定是正弦级数;如果先作偶延拓,后作周期延拓,再把两次"延拓"后的函数展开成傅里叶级数,那么这个级数一定是余弦级数(换言之,如果想把一个定义在$[0,l]$上的函数展开成正弦级数,就要先作奇延拓;如果想把一个定义在$[0,l]$上的函数展开成余弦级数,就要先作偶延拓). 最后,只要限制 x 在$[0,l]$上,就得到了定义在$[0,l]$上的函数的正弦级数或余弦级数的展开式.

【例 24】 把函数 $f(x)=\begin{cases}0,0\leqslant x\leqslant 1,\\1,1<x\leqslant 2\end{cases}$ 展开成傅里叶级数.

【解】**法一**：对 $f(x)$ 先作奇延拓，后作周期延拓，得到以 4 为周期的奇函数 $F_1(x)$（图 7-1），它在 $(-2,2]$ 上的表达式为 $F_1(x)=\begin{cases}-1, & -2<x<-1,\\0, & -1\leqslant x\leqslant 1,\\1, & 1<x\leqslant 2.\end{cases}$

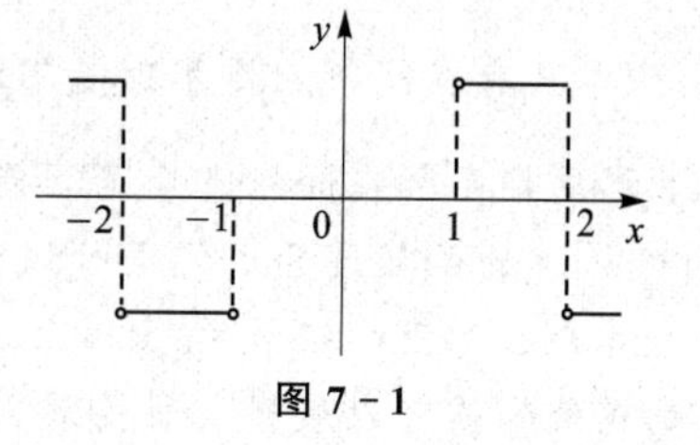

图 7-1

由于 $F_1(x)$ 是奇函数，$a_n=0(n=0,1,2,\cdots)$，故

$$b_n=\frac{2}{2}\int_0^2 F_1(x)\sin\frac{n\pi x}{2}\mathrm{d}x=\int_1^2\sin\frac{n\pi x}{2}\mathrm{d}x$$

$$=-\frac{2}{n\pi}\left[\cos\frac{n\pi x}{2}\right]_1^2=\frac{2}{n\pi}\left[\cos\frac{n\pi}{2}-(-1)^n\right]\quad(n=1,2,3,\cdots).$$

于是，

$$F_1(x)=\sum_{n=1}^{\infty}\frac{2}{n\pi}\left[\cos\frac{n\pi}{2}-(-1)^n\right]\sin\frac{n\pi x}{2}\quad(-\infty<x<+\infty;x\neq\pm 1,\pm 2,\cdots).$$

所以，

$$f(x)=\sum_{n=1}^{\infty}\frac{2}{n\pi}\left[\cos\frac{n\pi}{2}-(-1)^n\right]\sin\frac{n\pi x}{2}\quad(0\leqslant x<2,x\neq 1).$$

当 $x=1$ 时，级数收敛于 $\frac{0+1}{2}=\frac{1}{2}$；当 $x=2$ 时，级数收敛于 $\frac{1+(-1)}{2}=0$.

法二：对 $f(x)$ 先作偶延拓，后作周期延拓，得到以 4 为周期的偶函数 $F_2(x)$（图 7-2），它在 $(-2,2]$ 上的表达式为 $F_2(x)=\begin{cases}1, & -2<x<-1,\\0, & -1\leqslant x\leqslant 1,\\1, & 1<x\leqslant 2.\end{cases}$

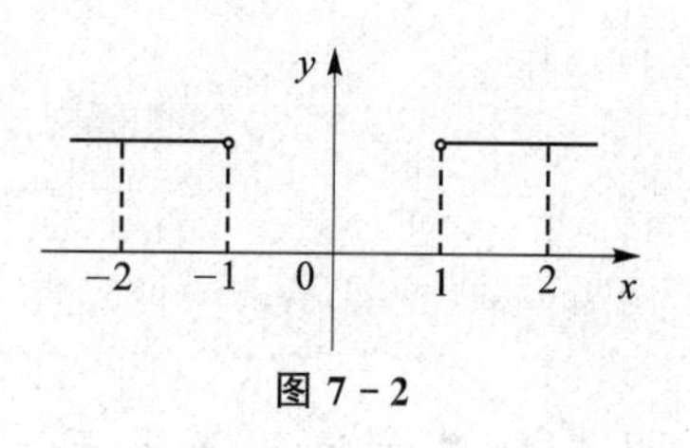

图 7-2

由于 $F_2(x)$ 是偶函数，故 $b_n=0(n=1,2,3,\cdots)$.

$$a_0=\frac{2}{2}\int_0^2 F_2(x)\mathrm{d}x=\int_1^2\mathrm{d}x=1;$$

$$a_n=\frac{2}{2}\int_0^2 F_2(x)\cos\frac{n\pi x}{2}\mathrm{d}x=\int_1^2\cos\frac{n\pi x}{2}\mathrm{d}x$$

$$=\frac{2}{n\pi}\left[\sin\frac{n\pi x}{2}\right]_1^2=-\frac{2}{n\pi}\sin\frac{n\pi}{2}\quad(n=1,2,3,\cdots).$$

于是，

$$F_2(x)=\frac{1}{2}-\sum_{n=1}^{\infty}\frac{2}{n\pi}\sin\frac{n\pi}{2}\cos\frac{n\pi x}{2}\quad(-\infty<x<+\infty;x\neq\pm 1,\pm 3,\cdots).$$

所以，

$$f(x)=\frac{1}{2}-\sum_{n=1}^{\infty}\frac{2}{n\pi}\sin\frac{n\pi}{2}\cos\frac{n\pi x}{2}\quad(0\leqslant x\leqslant 2,x\neq 1).$$

当 $x=1$ 时，级数收敛于 $\frac{0+1}{2}=\frac{1}{2}$.

【题外话】根据傅里叶级数的收敛情况（见“知识储备”），**傅里叶级数处处收敛的周期函**

数 $f(x)$ 只有在满足 $f(x)=\dfrac{f(x^-)+f(x^+)}{2}$ 的点 x 处才能展开成傅里叶级数. 而周期函数 $f(x)$ 也只有在间断点处才可能不满足 $f(x)=\dfrac{f(x^-)+f(x^+)}{2}$(当然也可能满足),所以只需考察周期函数在间断点处是否能展开成傅里叶级数即可. 然而,如果想把定义在 $[-l,l]$ 或 $[0,l]$ 上的函数展开成傅里叶级数,那么除了间断点(如本例的 $x=1$)外,还有一类点也是不能展开成傅里叶级数的"嫌疑人",那就是区间的端点(如本例的 $x=2$). 这样的函数在区间端点处可能可以展开成所要展开的傅里叶级数(如在本例的"法二"中,$x=2$ 是最终拓广成的周期函数 $F_2(x)$ 的连续点,故 $f(x)$ 在 $x=2$ 处能展开成余弦级数),也可能不可以展开成所要展开的傅里叶级数$\Big($如在本例的"法一"中,$x=2$ 是最终拓广成的周期函数 $F_1(x)$ 的不满足 $F_1(x)=\dfrac{F_1(x^-)+F_1(x^+)}{2}$ 的间断点,故 $f(x)$ 在 $x=2$ 处不能展开成正弦级数$\Big)$. 因此,**当把定义在 $[-l,l]$ 上的函数 $g(x)$ 展开成傅里叶级数时,需要根据最终拓广成的周期函数 $G(x)$ 的图像,去判断 $x=\pm l$ 是否为满足 $G(x)=\dfrac{G(x^-)+G(x^+)}{2}$ 的点,从而判断 $g(x)$ 在 $x=\pm l$ 处是否能展开成傅里叶级数;当把定义在 $[0,l]$ 上的函数 $h(x)$ 展开成正弦(余弦)级数时,需要根据最终拓广成的周期函数 $H(x)$ 的图像,去判断 $x=l$ 是否为满足 $H(x)=\dfrac{H(x^-)+H(x^+)}{2}$ 的点,从而判断 $h(x)$ 在 $x=l$ 处是否能展开成正弦(余弦)级数.**

问题5　把函数展开成幂级数

知识储备

1. 用泰勒公式把函数展开成幂级数

设函数 $f(x)$ 在点 x_0 的某一邻域 $U(x_0)$ 内具有各阶导数,则 $f(x)$ 在该邻域内能展开成幂级数的充分必要条件是泰勒公式的余项

$$R_n(x)=\frac{f^{(n+1)}(\xi)}{(n+1)}(x-x_0)^{n+1}=f(x)-\sum_{k=0}^{n}\frac{f^{(k)}(x_0)}{k!}(x-x_0)^k\quad(\xi\text{ 介于 }x_0\text{ 与 }x\text{ 之间})$$

满足 $\lim\limits_{n\to\infty}R_n(x)=0(x\in U(x_0))$,且此时泰勒展开式为

$$f(x)=\sum_{n=0}^{\infty}\frac{f^{(n)}(x_0)}{n!}(x-x_0)^n=f(x_0)+f'(x_0)(x-x_0)+\frac{f''(x_0)}{2!}(x-x_0)^2+\cdots+\frac{f^{(n)}(x_0)}{n!}(x-x_0)^n+\cdots\quad x\in U(x_0).$$

2. 把函数展开成幂级数时常用的泰勒展开式

(1) $\mathrm{e}^x=\sum\limits_{n=0}^{\infty}\dfrac{x^n}{n!}=1+x+\dfrac{x^2}{2!}+\cdots+\dfrac{x^n}{n!}+\cdots\ (-\infty<x<+\infty)$;

(2) $\sin x=\sum_{n=0}^{\infty}(-1)^n\frac{x^{2n+1}}{(2n+1)!}=x-\frac{x^3}{3!}+\frac{x^5}{5!}+\cdots+(-1)^n\frac{x^{2n+1}}{(2n+1)!}+\cdots\ (-\infty<x<+\infty)$；

(3) $\cos x=\sum_{n=0}^{\infty}(-1)^n\frac{x^{2n}}{(2n)!}=1-\frac{x^2}{2!}+\frac{x^4}{4!}+\cdots+(-1)^n\frac{x^{2n}}{(2n)!}+\cdots\ (-\infty<x<+\infty)$；

(4) $\ln(1+x)=\sum_{n=1}^{\infty}(-1)^{n-1}\frac{x^n}{n}=x-\frac{x^2}{2}+\frac{x^3}{3}+\cdots+(-1)^{n-1}\frac{x^n}{n}+\cdots\ (-1<x\leqslant 1)$.

问题研究

1. 利用等比幂级数

题眼探索　现在把目光再次对准我们的“老朋友”幂级数.在“打了很久的交道”以后，这位“朋友”还有最后一个“心愿”：它“希望”能把函数展开成它的形式.我们还是希望能“站在巨人的肩膀上”帮助幂级数完成这个心愿，也就是还是希望能“仰仗”等比幂级数这个“巨人”.只是，等比幂级数还是那么“靠谱”吗？当然！我们可以很容易地得到下面两个等比幂级数的和函数：

$$\sum_{n=0}^{\infty}x^n=\frac{1}{1-x}\quad(|x|<1),$$

$$\sum_{n=0}^{\infty}(-1)^n x^n=\frac{1}{1+x}\quad(|x|<1).$$

只要把 x 推广为形如 $\frac{x-a}{b}$ 的 $u(x)$ 并调换等号两边，它们就可以立即“摇身一变”，成为两种形式的函数的幂级数展开式

$$\frac{1}{1-u(x)}=\sum_{n=0}^{\infty}[u(x)]^n\quad(|u(x)|<1),\tag{7-3}$$

$$\frac{1}{1+u(x)}=\sum_{n=0}^{\infty}(-1)^n[u(x)]^n\quad(|u(x)|<1).\tag{7-4}$$

显然，要想利用展开式(7-3)和展开式(7-4)把函数展开成幂级数，最理想的情况是直接把这个函数凑成 $\frac{1}{1-u(x)}$ 或 $\frac{1}{1+u(x)}$ 的形式.问题是我们所遇到的函数与这两个式子的距离究竟有多远？

【例 25】

(1) 把函数 $f(x)=\frac{1}{3-x}$ 展开成 $(x-1)$ 的幂级数.

(2) 把函数 $f(x)=\frac{1}{x^2-x-6}$ 展开成 $(x-1)$ 的幂级数.

【分析】(1) 为了使 $(x-1)$ 成为一个整体，可以把 $\frac{1}{3-x}$ 改写为 $\frac{1}{2-(x-1)}$.显然，

$\dfrac{1}{1-u(x)}$应当是我们“前进的方向”. 可是要想朝着它“前进”,分母中的 2 是必须要逾越的“路障”. 可是如何逾越呢? 只需分子、分母同时除以 2. 这样就有

$$f(x)=\frac{1}{2}\cdot\frac{1}{1-\left(\dfrac{x-1}{2}\right)},$$

$\dfrac{x-1}{2}$也理所当然地被看做了 $u(x)$.

(2) 有了本例(1)的经验,就可以清楚地意识到,只有形如$\dfrac{c}{b+ax}(a\neq 0)$的函数才可能被直接凑成$\dfrac{1}{1\pm u(x)}$的形式. 那么,对于这个分母是二次式的函数,我们为之奈何? 不妨借用求有理函数积分的方法,把$\dfrac{1}{x^2-x-6}$拆分成部分分式之和.

设 $f(x)=\dfrac{1}{(x-3)(x+2)}=\dfrac{A}{3-x}+\dfrac{B}{2+x}$,则

$$(B-A)x-2A-3B=1,$$

有$\begin{cases}B-A=0,\\-2A-3B=1,\end{cases}$解得 $A=B=-\dfrac{1}{5}$,故

$$f(x)=-\frac{1}{5}\left(\frac{1}{3-x}+\frac{1}{2+x}\right).$$

就“劈成两半”后的 $f(x)$而言,$\dfrac{1}{3-x}$就是本例(1)中的函数,而$\dfrac{1}{2+x}$也可经历与本例(1)大致相同的“轨迹”,向$\dfrac{1}{1+u(x)}$“前进”.

【解】(1) $f(x)=\dfrac{1}{2-(x-1)}=\dfrac{1}{2}\cdot\dfrac{1}{1-\left(\dfrac{x-1}{2}\right)}$

$$=\frac{1}{2}\sum_{n=0}^{\infty}\left(\frac{x-1}{2}\right)^n=\sum_{n=0}^{\infty}\frac{1}{2^{n+1}}(x-1)^n.$$

由$\left|\dfrac{x-1}{2}\right|<1$可知$-1<x<3$,故展开式成立的范围是$(-1,3)$.

(2) $f(x)=\dfrac{1}{(x-3)(x+2)}=-\dfrac{1}{5}\left(\dfrac{1}{3-x}+\dfrac{1}{2+x}\right)$.

因为

$$\frac{1}{2+x}=\frac{1}{3+(x-1)}=\frac{1}{3}\cdot\frac{1}{1+\left(\dfrac{x-1}{3}\right)}$$

$$=\frac{1}{3}\sum_{n=0}^{\infty}(-1)^n\left(\frac{x-1}{3}\right)^n=\sum_{n=0}^{\infty}\frac{(-1)^n}{3^{n+1}}(x-1)^n,$$

又由本例(1) 可知$\dfrac{1}{3-x}=\displaystyle\sum_{n=0}^{\infty}\frac{1}{2^{n+1}}(x-1)^n$,所以

$$f(x)=-\frac{1}{5}\sum_{n=0}^{\infty}\left[\frac{1}{2^{n+1}}+\frac{(-1)^n}{3^{n+1}}\right](x-1)^n.$$

由$\begin{cases}\left|\dfrac{x-1}{3}\right|<1,\\ \left|\dfrac{x-1}{2}\right|<1\end{cases}$可知$-1<x<3$,故展开式成立的范围是$(-1,3)$.

【题外话】在把函数展开成幂级数后需要说明展开式成立的范围,这个范围是展开成的幂级数的收敛域与函数的定义域的交集.如果直接利用展开式(7-3)和展开式(7-4)把函数展开成幂级数,则可由$|u(x)|<1$求得该范围.

【例 26】 (1989 年考研题)将函数$f(x)=\arctan\dfrac{1+x}{1-x}$展开为$x$的幂级数.

【分析】本例的函数与$\dfrac{1}{1\pm u(x)}$似乎"相距千里",可是对于它的导数

$$f'(x)=\frac{1}{1+\left(\dfrac{1+x}{1-x}\right)^2}\cdot\frac{2}{(1-x)^2}=\frac{1}{1+x^2},$$

只需把x^2看做$u(x)$就能成为$\dfrac{1}{1+u(x)}$.

【解】$f'(x)=\dfrac{1}{1+x^2}=\displaystyle\sum_{n=0}^{\infty}(-1)^n x^{2n}$.

因为

$$\begin{aligned}f(x)-f(0)&=\int_0^x f'(t)\mathrm{d}t=\int_0^x\left[\sum_{n=0}^{\infty}(-1)^n t^{2n}\right]\mathrm{d}t\\&=\sum_{n=0}^{\infty}\int_0^x(-1)^n t^{2n}\mathrm{d}t=\sum_{n=0}^{\infty}\frac{(-1)^n}{2n+1}x^{2n+1},\end{aligned}$$

又$f(0)=\dfrac{\pi}{4}$,所以

$$f(x)=\frac{\pi}{4}+\sum_{n=0}^{\infty}\frac{(-1)^n}{2n+1}x^{2n+1}.$$

由$|x^2|<1$可知$-1<x<1$,又由于当$x=-1$时,$\displaystyle\sum_{n=0}^{\infty}\frac{(-1)^n}{2n+1}x^{2n+1}$成为$\displaystyle\sum_{n=0}^{\infty}\frac{(-1)^{n+1}}{2n+1}$,是收敛的,故展开式成立的范围是$[-1,1)$.

【题外话】本例告诉我们:不但可以直接利用展开式(7-3)和展开式(7-4)把函数展开成幂级数,而且还可以先用式(7-3)和式(7-4)把函数的导数展开成幂级数,再通过对展开成的幂级数逐项积分来得到函数自身的幂级数展开式.采用这种方法把函数展开成幂级数时需要注意下面两个细节:

(i) 前面讲过,虽然逐项积分后的幂级数与原级数有相同的收敛半径,但是逐项积分可能使收敛区间原先发散的端点变为收敛.所以,**在利用等比幂级数把函数展开成幂级数时,如果最终展开成的级数是经逐项积分而得到的,那么在求展开式成立的范围时就需要考察最终展开成的级数在收敛区间的端点处是否收敛**(本例由于$f(x)$在$x=1$处没有定义,因此只考察展开成的幂级数在$x=-1$处是否收敛).

(ii) 设 $s(x)$ 为某级数在收敛域上导数连续的和函数，根据牛顿-莱布尼茨公式，有

$$s(x)-s(0)=\int_0^x s'(t)\mathrm{d}t.$$

当 $s(x)$ 是幂级数 $\sum\limits_{n=1}^{\infty}a_nx^n$ 的和函数时，$s(0)$ 一定等于零，所以我们已经习惯了在求幂级数的和函数时根据 $s(x)=\int_0^x s'(t)\mathrm{d}t$ 来把幂级数凑成等比幂级数的积分. 但是，这并不意味着对于所有的 $s(x)$ 都有 $s(0)=0$. 因此，**在利用等比幂级数把函数 $f(x)$ 展开成幂级数时，如果需要通过逐项积分得到最终展开成的级数，那么在展开式中不要遗漏 $f(0)$ 这一项，尤其当 $f(0)\neq 0$ 时**$\left(\text{比如本例的 } f(0) \text{ 就不等于零，而等于}\frac{\pi}{4}\text{，这一项很容易在展开式中遗漏}\right)$**更是如此**.

既然可以考虑先用式(7-3)和式(7-4)把函数的导数展开成幂级数，那么是否也可以考虑先用式(7-3)和式(7-4)把函数的积分展开成幂级数呢？当然可以，请看例27.

【例27】 把函数 $f(x)=\dfrac{1}{(3-x)^2}$ 展开成 x 的幂级数.

【解】$\displaystyle\int_0^x f(x)\mathrm{d}x=\frac{1}{3-x}-\frac{1}{3}=\frac{1}{3}\cdot\frac{1}{1-\frac{x}{3}}-\frac{1}{3}=\frac{1}{3}\sum_{n=0}^{\infty}\left(\frac{x}{3}\right)^n-\frac{1}{3}=\sum_{n=0}^{\infty}\frac{x^n}{3^{n+1}}-\frac{1}{3}.$

$$f(x)=\left[\int_0^x f(t)\mathrm{d}t\right]'=\left(\sum_{n=0}^{\infty}\frac{x^n}{3^{n+1}}\right)'=\sum_{n=0}^{\infty}\left(\frac{x^n}{3^{n+1}}\right)'=\sum_{n=1}^{\infty}\frac{n}{3^{n+1}}x^{n-1}.$$

由 $\left|\dfrac{x}{3}\right|<1$ 可知 $-3<x<3$，故展开式成立的范围是 $(-3,3)$.

【题外话】

(i) 前面讲过，虽然逐项求导后的幂级数与原级数不一定有相同的收敛域，但是与逐项积分不同，逐项求导只可能使收敛区间原先收敛的端点变为发散. 而用展开式(7-3)和展开式(7-4)把函数展开成的幂级数的收敛域一定是开区间，所以，如果先用展开式(7-3)和展开式(7-4)把函数的积分展开成幂级数，再通过对展开成的幂级数逐项求导得到函数自身的幂级数展开式，那么在求展开式成立的范围时就无须考察最终展开成的级数在收敛区间端点处是否收敛.

然而，采用这种方法把函数展开成幂级数时也需要注意一个细节. 前面讲过，逐项求导常常使幂级数的首项发生变化. 所以，**在利用等比幂级数把函数展开成幂级数时，如果最终展开成的级数是经逐项求导而得到的，那么就需要注意求导后的级数的首项是否应该发生变化**$\left(\text{比如本例} \sum\limits_{n=0}^{\infty}\frac{x^n}{3^{n+1}} \text{的首项为 } n=0 \text{ 时的项，对它逐项求导后的级数} \sum\limits_{n=1}^{\infty}\frac{n}{3^{n+1}}x^{n-1} \text{ 由于 } n=0 \text{ 时的项为零，故首项应更确切地写作是 } n=1 \text{ 时的项}\right)$.

(ii) 现在，不妨做一个总结. 如果想利用等比幂级数把函数展开成幂级数，则主要有以下两个方法：

① **通过恒等变形把函数转化为能用展开式(7-3)和展开式(7-4)展开成幂级数的函数.** 若函数形如 $\dfrac{c}{b+ax}(a\neq 0)$，则可以直接把它凑成 $\dfrac{1}{1\pm u(x)}$ 的形式(如例25(1))；若函数为分

母是二次(或高于二次)多项式的有理函数,则可以考虑先把它拆分成部分分式之和,再把每个部分分式凑成$\frac{1}{1\pm u(x)}$的形式(如例25(2)).

② **先用展开式(7-3)和展开式(7-4)把函数的导数(积分)展开成幂级数,再通过对展开成的幂级数逐项积分(求导)得到函数自身的幂级数展开式**.在方法①行不通时,可以考虑使用这种方法.不过,如果需要通过逐项积分得到最终展开成的幂级数,那么有两个细节值得注意(可参看例26);如果需要通过逐项求导得到最终展开成的幂级数,那么也有一个细节值得注意(可参看本例).

(iii) 从开始研究幂级数至此,几乎一直都在依据“化未知为已知”的思想.在求表达式已知的幂级数的收敛域时,我们试图站在一般项形如a_nx^n的幂级数的“肩膀”上,把其他幂级数的收敛域问题转化为这种幂级数的收敛域问题;在求幂级数的和函数时,我们试图站在等比幂级数的“肩膀”上,把其他幂级数的和函数问题转化为这种幂级数的和函数问题;在把函数展开成幂级数时,我们依然试图站在等比幂级数的“肩膀”上,把各种函数转化为能展开成等比幂级数的函数.幸运的是,所有形式的幂级数都能通过换元转化为一般项形如a_nx^n的幂级数来求收敛域.可是当到了求幂级数的和函数时,就没有那么幸运了,因为有些幂级数的和函数问题是不能转化为等比幂级数的和函数问题的.这时,就找到了新的方法——把幂级数的和函数转化为常微分方程的解.那么,能够利用等比幂级数解决所有“把函数展开成幂级数”的问题吗?其实也不能.既然这样,我们就很关心,是否有其他方法能把函数展开成幂级数呢?当然有,这个方法其实并不陌生,就是利用泰勒公式.而且,**如果一个函数在某区间内能展开成$(x-x_0)$的幂级数,那么利用泰勒公式得到的展开式就是唯一的展开式,而利用其他任何方法(包括利用等比幂级数)得到的展开式只要正确,就一定与利用泰勒公式得到的展开式完全相同**.这意味着,利用泰勒公式才是把函数展开成幂级数的最一般的方法.那么,这种最一般的方法具体该如何操作呢?请看例28.

2. 利用泰勒公式

(1) 直接展开

【例28】 把函数$f(x)=x^4+2x^3-3x+4$展开成$(x+1)$的幂级数:$f(x)=$__________.

【解】因为

$$f'(x)=4x^3+6x^2-3,\quad f''(x)=12x^2+12x,$$
$$f'''(x)=24x+12,\quad f^{(4)}(x)=24,$$
$$f^{(5)}(x)=f^{(6)}(x)=\cdots=f^{(n)}(x)=0\quad(n\geqslant 5),$$

所以

$$f(-1)=6,\quad f'(-1)=-1,\quad f''(-1)=0,\quad f'''(-1)=-12,\quad f^{(4)}(-1)=24,$$
$$f^{(5)}(-1)=f^{(6)}(-1)=\cdots=f^{(n)}(-1)=0\quad(n\geqslant 5).$$

于是

$$f(x)=6-(x+1)-2(x+1)^3+(x+1)^4\quad(-\infty<x<+\infty).$$

【题外话】

(i) **直接用泰勒公式把函数$f(x)$展开成$(x-x_0)$的幂级数可遵循如下程序:**

① 求 $f'(x), f''(x), \cdots, f^{(n)}(x)$(若 $f(x)$ 在点 x_0 处的某阶导数不存在,则说明 $f(x)$ 不能展开成 $(x-x_0)$ 的幂级数);

② 求 $f(x_0), f'(x_0), f''(x_0), \cdots, f^{(n)}(x_0)$;

③ 写出泰勒展开式和展开成的级数的收敛域;

④ 考察余项 $R_n(x)=\dfrac{f^{(n+1)}(\xi)}{(n+1)}(x-x_0)^{n+1}$($\xi$ 介于 x_0 与 x 之间)在展开成的级数的收敛域上是否满足 $\lim\limits_{n\to\infty}R_n(x)=0$.

(ii) 本例的 $f(x)$ 在 $x=-1$ 处的五阶及高于五阶的导数都为零,所求幂级数展开式的第五项及第五项以后的项因此也都为零. 所以,并没有在上述程序的第①步求 n 阶导数时,以及在第④步考察余项是否趋于零时遇到麻烦. 然而,本例的 $f(x)$ 着实特殊,其表达式本身就是一个幂级数,这样的展开无异于把一个 x 的幂级数改写成 $(x+1)$ 的幂级数,因此直接利用泰勒公式展开不算困难也在情理之中. 可是,这并不代表这种"直接展开"的方法对其他函数而言也能如此轻松,求 n 阶导数显然不会总是那么容易,考察余项是否趋于零往往更是无从下手. 这又该如何是好呢? 没关系,可以利用一些已知的泰勒展开式(见"知识储备")间接地用泰勒公式把函数展开成幂级数(其实,展开式(7-3)和展开式(7-4)也可看做是把 x 推广为 $u(x)$ 后的已知泰勒展开式,利用等比幂级数把函数展开成幂级数也可看做是间接地利用泰勒公式展开). 那么,该如何完成这种"间接展开"呢? 展开之后又会有什么意想不到的效果呢?

(2) 间接展开

【例 29】

(1) 设函数 $f(x)=x\ln(1-2x-3x^2)$,求 $f^{(n)}(0)(n\geqslant 2)$.

(2) 计算反常积分 $\displaystyle\int_0^1 \frac{\ln(1+x)}{x}\mathrm{d}x$.

(3) (2012 年考研题) 证明:$x\ln\dfrac{1+x}{1-x}+\cos x\geqslant 1+\dfrac{x^2}{2}(-1<x<1)$.

【解】(1) $f(x)=x\ln(1+x)(1-3x)=x[\ln(1+x)+\ln(1-3x)]$.

因为 $\ln(1+x)=\displaystyle\sum_{n=1}^{\infty}(-1)^{n-1}\frac{x^n}{n}(-1<x\leqslant 1)$,又

$$\ln(1-3x)=\sum_{n=1}^{\infty}(-1)^{n-1}\frac{(-3x)^n}{n}=\sum_{n=1}^{\infty}(-1)^{n-1}\frac{(-3)^n}{n}x^n$$

$$=-\sum_{n=1}^{\infty}\frac{3^n}{n}x^n \quad (-1<-3x\leqslant 1),$$

故

$$f(x)=x\left[\sum_{n=1}^{\infty}(-1)^{n-1}\frac{x^n}{n}-\sum_{n=1}^{\infty}\frac{3^n}{n}x^n\right]=\sum_{n=1}^{\infty}\frac{(-1)^{n-1}-3^n}{n}x^{n+1}$$

$$=\sum_{n=2}^{\infty}\frac{(-1)^{n-2}-3^{n-1}}{n-1}x^n \quad \left(-\frac{1}{3}\leqslant x<\frac{1}{3}\right).$$

由 $\dfrac{f^{(n)}(0)}{n!}=\dfrac{(-1)^{n-2}-3^{n-1}}{n-1}$ 可知 $f^{(n)}(0)=\dfrac{[(-1)^{n-2}-3^{n-1}]n!}{n-1}(n\geqslant 2)$.

(2) 由于 $\ln(1+x)=\displaystyle\sum_{n=1}^{\infty}(-1)^{n-1}\frac{x^n}{n}(-1<x\leqslant 1)$,故

$$\frac{\ln(1+x)}{x}=\sum_{n=1}^{\infty}(-1)^{n-1}\frac{x^{n-1}}{n}\quad(-1<x\leqslant 1,x\neq 0).$$

$$\text{原式}=\int_0^1\left[\sum_{n=1}^{\infty}(-1)^{n-1}\frac{x^{n-1}}{n}\right]\mathrm{d}x=\sum_{n=1}^{\infty}\int_0^1(-1)^{n-1}\frac{x^{n-1}}{n}\mathrm{d}x$$

$$=\sum_{n=1}^{\infty}\left[(-1)^{n-1}\frac{x^n}{n^2}\right]_0^1=\sum_{n=1}^{\infty}\frac{(-1)^{n-1}}{n^2}.$$

由例23可知

$$\text{原式}=\sum_{n=1}^{\infty}\frac{(-1)^{n-1}}{n^2}=\frac{\pi^2}{12}.$$

(3) 因为 $\ln(1+x)=\sum_{n=1}^{\infty}(-1)^{n-1}\frac{x^n}{n}(-1<x<1)$，又

$$\ln(1-x)=\sum_{n=1}^{\infty}(-1)^{n-1}\frac{(-x)^n}{n}=-\sum_{n=1}^{\infty}\frac{x^n}{n}\quad(-1<x<1),$$

故

$$x\ln\frac{1+x}{1-x}=x\left[\ln(1+x)-\ln(1-x)\right]=\sum_{n=1}^{\infty}(-1)^{n-1}\frac{x^{n+1}}{n}+\sum_{n=1}^{\infty}\frac{x^{n+1}}{n}$$

$$=\left[x^2-\frac{x^3}{2}+\frac{x^4}{3}-\frac{x^5}{4}+\cdots+(-1)^{n-1}\frac{x^{n+1}}{n}+\cdots\right]+$$

$$\left(x^2+\frac{x^3}{2}+\frac{x^4}{3}+\frac{x^5}{4}+\cdots+\frac{x^{n+1}}{n}+\cdots\right)$$

$$=2\left(x^2+\frac{x^4}{3}+\cdots+\frac{x^{2n}}{2n-1}+\cdots\right)\quad(-1<x<1).$$

又因为

$$\cos x=\sum_{n=0}^{\infty}(-1)^n\frac{x^{2n}}{(2n)!}$$

$$=1-\frac{x^2}{2!}+\frac{x^4}{4!}+\cdots+(-1)^n\frac{x^{2n}}{(2n)!}+\cdots\quad(-1<x<1),$$

所以

$$x\ln\frac{1+x}{1-x}+\cos x=1+\left(2x^2-\frac{x^2}{2!}\right)+\left(\frac{2}{3}x^4+\frac{x^4}{4!}\right)+\left(\frac{2}{5}x^6-\frac{x^6}{6!}\right)+\left(\frac{2}{7}x^8+\frac{x^8}{8!}\right)+\cdots+$$

$$\left[\frac{2}{4n-3}x^{4n-2}-\frac{x^{4n-2}}{(4n-2)!}\right]+\left[\frac{2}{4n-1}x^{4n}+\frac{x^{4n}}{(4n)!}\right]+\cdots$$

$$=1+\frac{3}{2}x^2+\sum_{n=1}^{\infty}\left[\frac{2}{4n-3}-\frac{1}{(4n-2)!}\right]x^{4n-2}+\sum_{n=1}^{\infty}\left[\frac{2}{4n-1}+\frac{1}{(4n)!}\right]x^{4n}$$

$$\geqslant 1+\frac{3}{2}x^2\geqslant 1+\frac{x^2}{2}\quad(-1<x<1).$$

【题外话】

(i) 本例(3)告诉我们：**在把函数展开成幂级数时，有时可以考虑先把函数中的部分展开成幂级数.**

(ii) 本例(1)中的 $\ln(1-2x-3x^2)$、本例(3)中的 $\ln\frac{1+x}{1-x}$ 都可以不借助 $\ln(1+x)$ 的泰

勒展开式,而用以下方法展开成幂级数:先利用展开式(7-3)和展开式(7-4)把函数的导数展开成幂级数,再通过对展开成的幂级数逐项积分得到函数自身的幂级数展开式. 而 $\ln(1+x)$ 的泰勒展开式其实也能采用这种方式得到. 以上方式都体现出一个规律:函数的幂级数展开式有时可以采用不止一种方法来求,并且求得的展开式一定相同.

(iii) 因为不管采用什么方法把函数展开成幂级数,都会得到与泰勒展开式完全相同的唯一展开式,所以展开式中各项的系数一定与泰勒展开式中对应项的系数相同. 我们知道,$f(x)$ 在 x_0 处的泰勒展开式中,$(x-x_0)^n$ 的系数是 $\dfrac{f^{(n)}(x_0)}{n!}$,因此**可以先用间接法把 $f(x)$ 展开成 $(x-x_0)$ 的幂级数,再根据展开式中 $(x-x_0)^n$ 的系数 $a_n=\dfrac{f^{(n)}(x_0)}{n!}$ 求得 $f^{(n)}(x_0)=n!a_n$** (如本例(1)).

(iv) 本例(1)若采用归纳法求 $f^{(n)}(0)$,则这个规律恐怕不太好找. 本例(3)倒是可以采用一元微分学的方法,通过记 $f(x)=x\ln\dfrac{1+x}{1-x}+\cos x-\dfrac{x^2}{2}-1(-1<x<1)$ 来证明不等式,不过"$f(x)$ 在 $x=0$ 处取最小值"这个关键结论并不容易得到. 而本例(2)如果当做一般的积分来求,则似乎"寸步难行". 可是,只要采用无穷级数的方法把函数展开成幂级数,本例的三道题就都能顺利解决. 那么,无穷级数为什么如此"神通广大"呢?

深度聚焦

"古道热肠"的无穷级数

对于无穷级数的"神通",还要从泰勒公式说起.

泰勒公式有三种形式. 第一种形式是带有拉格朗日型余项的泰勒公式

$$f(x)=f(x_0)+f'(x_0)(x-x_0)+\frac{f''(x_0)}{2!}(x-x_0)^2+\cdots+\frac{f^{(n)}(x_0)}{n!}(x-x_0)^n+\frac{f^{(n+1)}(\xi)}{(n+1)!}(x-x_0)^{n+1}\quad(\xi\text{ 介于 }x_0\text{ 与 }x\text{ 之间}).$$

如果不需要精确地表示余项,那么它还可以写成第二种形式,那就是带有佩亚诺型余项的泰勒公式

$$f(x)=f(x_0)+f'(x_0)(x-x_0)+\frac{f''(x_0)}{2!}(x-x_0)^2+\cdots+\frac{f^{(n)}(x_0)}{n!}(x-x_0)^n+o[(x-x_0)^n].$$

如果当 $n\to\infty$ 时余项趋于零,那么还可以把泰勒公式写成级数形式

$$f(x)=f(x_0)+f'(x_0)(x-x_0)+\frac{f''(x_0)}{2!}(x-x_0)^2+\cdots+\frac{f^{(n)}(x_0)}{n!}(x-x_0)^n+\cdots,$$

级数形式的泰勒公式也可以叫做泰勒级数.回顾之前的研究,带有拉格朗日型余项的泰勒公式既能帮助证明含一个中值的等式(可参看第二章例38),又能帮助证明不等式(可参看第二章例49);带有佩亚诺型余项的泰勒公式是求极限(可参看第一章例12)和比较无穷小(可参看第一章例34)时的一把"利剑";级数形式的泰勒公式更是身兼求 n 阶导数、求难积的一元函数积分和证明不等式等多项"使命"(可参看本章例29).参阅表7-1便能更清楚地知道,泰勒公式当真"在微积分界风姿绰约".

表7-1

泰勒公式的不同形式	应用视角
带有拉格朗日型余项的泰勒公式	1.证明含一个中值的等式; 2.证明不等式
带有佩亚诺型余项的泰勒公式	1.求极限; 2.比较无穷小
级数形式的泰勒公式(泰勒级数)	1.求 n 阶导数; 2.求难积的一元函数积分; 3.证明不等式

问题是,为什么会这样?

前面讲过,泰勒公式是拉格朗日中值定理的"女儿",她同时"嫁"进了级数"家族".之所以这样说,是因为泰勒公式具有双重"身份".带有拉格朗日型余项的泰勒公式体现了它的微分中值定理"身份",带有佩亚诺型余项的泰勒公式和级数形式的泰勒公式体现了它的级数"身份"(虽然带有佩亚诺型余项的泰勒公式没有写成级数形式,也未必满足能写成级数形式的条件).因为泰勒公式具有微分中值定理的"身份",所以它能成为一根串联函数及其各阶导数的"线",使其能够在证明含一个中值的等式时跨阶改变导数阶数,在证明不等式时充当联接函数与其一、二阶导数的"媒介";因为泰勒公式具有级数的"身份",所以利用它就能把一个复杂的函数表示成一个简单的多项式.一旦函数能用简单的多项式来表示,就能够发现无穷小等价替换的"秘密",从而解决"无穷小±无穷小"在求极限和比较无穷小时的麻烦;一旦函数能用简单的多项式来表示,难积的一元函数的积分就可以转化为幂函数的积分,复杂的不等式的证明就可以转化为多项式的比较大小.如果说能够利用泰勒公式求 n 阶导数只是因为它的 $(x-x_0)^n$ 项的系数中恰好含有 $f^{(n)}(x_0)$,那么它能够在求极限、比较无穷小、求积分和证明不等式(这里指用"把函数展开成泰勒级数"的方法证明不等式)时"立下汗马功劳"完全是占了级数"身份"的便宜.

没错,泰勒公式的"成功"在很大程度上就是把函数展开成级数的"成功".**"把函数展开成函数项级数"的思想源于人们想用基本初等函数来表示函数**.把函数展开成幂级数无异于用幂函数这种基本初等函数来表示函数,把函数展开成傅里叶级数无异于用三角函数这种基本初等函数来表示函数(尤其是周期函数).如果一个形式复杂的函数用形式简单的基本初等函数表示,那么它就可以"脱下沉重的外衣""轻装上阵",在纷繁复杂的数学问题中发挥作用.无穷级数的"神通广大"也当如是解.

其实,无穷级数不但"神通广大",而且"古道热肠".

如果把高等数学比做“江湖”,那么微积分就像江湖中的一个大帮.这个大帮有三个“掌门人”,他们是极限、导数和积分.导数和积分是两个“死对头”,他们彼此都想“干掉”对方(因为导数和积分互为逆运算,它们能够相互抵消).而极限就像这个大帮的“理事长”,主持日常工作,维持帮会正常运转.的确,**微积分就是一门用极限工具研究导数和积分这两种互逆运算的学科**(这里的导数既指一元函数的导数,又指多元函数的偏导数和方向导数;这里的积分既指一元函数的积分,又指多元函数的重积分、曲线积分和曲面积分).当然,还有三个“独行侠”也“行走江湖”,他们是空间解析几何、常微分方程和无穷级数.这是高等数学中相对独立的三个内容,但是它们的情况也有所不同.前面讲过,空间解析几何可以看做是几何视角的多元函数微积分学的“敲门砖”,它与微积分也自然有些渊源.常微分方程是含有导数的方程,它的求解要大量使用积分运算,因此难免与微积分“沾亲带故”.况且,说常微分方程“独立”恐怕有些“抬举”它,因为除了对它的解的研究外,很难再找出其他的研究视角.然而,无穷级数却大不一样.

在三个“独行侠”中,无穷级数是最特殊的一个.他是表示无穷序列的各项相加的算式,原本就与微积分没有多少瓜葛.他有独立的研究视角,我们可以研究它所表示的算式什么时候有理想的结果(收敛问题),以及理想的结果是什么(和或者和函数问题).然而,在解决这两个问题的过程中,微积分屡屡施以援手.在判断常数项级数的收敛性、求幂级数的收敛域时,他总是接受极限的帮助;在求幂级数的和函数时,他总是接受导数和积分的帮助.就在这两个问题得到解决之后,他完全可以退隐江湖.但是,他是一个侠客,他古道热肠,他懂得“滴水之恩要以涌泉相报”,他“路见不平一声吼,该出手时就出手”.他知道,一旦函数写成了自己的形式,很多困难都会迎刃而解.于是,在求 n 阶导数遇到困难时,他毛遂自荐;在求积分遇到困难时,他挺身而出.就连证明不等式原本主要是导数的工作时,他也要替导数分担.是的,**解决级数问题离不开微积分,微积分中一些较难解决的问题也只能通过把函数展开成级数来解决**.这种微积分与无穷级数“相互扶持”的情景在我们的探索之旅上成了一道亮丽的风景线.

也许仅凭这样一道风景线,我们就不虚此行.

实战演练

一、选择题

1. 设幂级数 $\sum_{n=1}^{\infty} a_n(x-1)^n$ 在 $x=-1$ 处收敛,则此级数在 $x=2$ 处( )

(A) 条件收敛. (B) 绝对收敛. (C) 发散. (D) 收敛性不能确定.

2. 设 $u_n=(-1)^n\ln\left(1+\frac{1}{\sqrt{n}}\right)$,则级数( )

(A) $\sum_{n=1}^{\infty} u_n$ 与 $\sum_{n=1}^{\infty} u_n^2$ 都收敛. (B) $\sum_{n=1}^{\infty} u_n$ 与 $\sum_{n=1}^{\infty} u_n^2$ 都发散.

(C) $\sum_{n=1}^{\infty} u_n$ 收敛,而 $\sum_{n=1}^{\infty} u_n^2$ 发散. (D) $\sum_{n=1}^{\infty} u_n$ 发散,而 $\sum_{n=1}^{\infty} u_n^2$ 收敛.

3. 设有两个数列$\{a_n\}$，$\{b_n\}$，若$\lim\limits_{n\to\infty}a_n=0$，则(　　)

(A) 当$\sum\limits_{n=1}^{\infty}b_n$收敛时，$\sum\limits_{n=1}^{\infty}a_nb_n$收敛.　　(B) 当$\sum\limits_{n=1}^{\infty}b_n$发散时，$\sum\limits_{n=1}^{\infty}a_nb_n$发散.

(C) 当$\sum\limits_{n=1}^{\infty}|b_n|$收敛时，$\sum\limits_{n=1}^{\infty}a_n^2b_n^2$收敛.　　(D) 当$\sum\limits_{n=1}^{\infty}|b_n|$发散时，$\sum\limits_{n=1}^{\infty}a_n^2b_n^2$发散.

4. 设 $a_n>0\ (n=1,2,\cdots)$，且 $\sum\limits_{n=1}^{\infty}a_n$ 收敛，常数 $\lambda\in\left(0,\frac{\pi}{2}\right)$，则级数 $\sum\limits_{n=1}^{\infty}(-1)^n\left(n\tan\frac{\lambda}{n}\right)a_{2n}$(　　)

(A) 绝对收敛.　　(B) 条件收敛.　　(C) 发散.　　(D) 散敛性与λ值有关.

二、填空题

5. $\lim\limits_{n\to\infty}\frac{(n+1)!}{n^{n+1}}=$____________.

6. 幂级数$\sum\limits_{n=1}^{\infty}\frac{n}{2^n+(-3)^n}x^n$的收敛半径$R=$____________.

7. 幂级数$\sum\limits_{n=1}^{\infty}\frac{(x-2)^{2n}}{n\cdot 3^n}$的收敛域为____________.

8. 设$f(x)=\begin{cases}-1, & -\pi<x\leqslant 0,\\ 1+x^2, & 0<x\leqslant\pi,\end{cases}$则其以$2\pi$为周期的傅里叶级数在点$x=\pi$处收敛于____________.

9. 函数$y=\ln(1-2x)$在$x=0$处的n阶导数$y^{(n)}(0)=$____________.

三、解答题

10. 判断下列级数的收敛性：

(1) $\sum\limits_{n=1}^{\infty}\frac{1}{n\cdot\sqrt[n]{n}}$；　　(2) $\sum\limits_{n=1}^{\infty}\int_0^{\frac{1}{n}}\frac{\sqrt{x}}{1+x^4}\mathrm{d}x$；

(3) $\sum\limits_{n=1}^{\infty}\frac{x^n}{(1+x)(1+x^2)\cdots(1+x^n)}(x>0)$.

11. 求幂级数$\sum\limits_{n=1}^{\infty}\frac{x^n}{n(n+1)}$的和函数.

12. 求级数$\sum\limits_{n=0}^{\infty}\frac{(-1)^n(n^2-n+1)}{2^n}$的和.

13. 把函数$f(x)=1-x^2(0\leqslant x\leqslant\pi)$展开成余弦级数.

14. 把函数$f(x)=\frac{1}{x^2-3x-4}$展开成$(x-1)$的幂级数，并指出其收敛区间.

15. 设$f(x)=\begin{cases}\frac{1+x^2}{x}\arctan x, & x\neq 0,\\ 1, & x=0.\end{cases}$将$f(x)$展开成$x$的幂级数，并求$\sum\limits_{n=1}^{\infty}\frac{(-1)^n}{1-4n^2}$的和.

结语　我们为什么要学数学

本书前面七章共讨论了 44 个问题，267 道例题．我们的讨论结束了吗？并没有．如果只将着眼点停留于这 267 道题或者高等数学这门学科本身，恐怕有些遗憾．我们需要去探讨一些更深刻和本质的东西，比如我们为什么要学数学？

这要从一道考研题开始谈起．

一、一道考题的历史

在 1987 年，也就是全国硕士研究生统一招生考试的第一年，考研试卷上有这样一道题：

设函数 $f(x)$ 在闭区间 $[0,1]$ 上可微，对于 $[0,1]$ 上的每一个 x，函数 $f(x)$ 的值都在开区间 $(0,1)$ 内，且 $f'(x)\neq 1$，证明在 $(0,1)$ 内有且仅有一个 x，使得 $f(x)=x$．

许多人可能不知道这道题的"历史"，它几乎就是 1984 年上海交通大学硕士研究生自主招生考试的原题．而这道题稍做修改，时隔 24 年之后，又出现在了第二十二届（2011 年）北京市大学生数学竞赛（经济管理类）的试卷上：

设 $f(x)$ 在 $[0,1]$ 上可导，当 $0\leqslant x\leqslant 1$ 时，$0\leqslant f(x)\leqslant 2$；且对区间 $(0,1)$ 内所有 x，有 $f'(x)\neq 2$，证明：在 $[0,1]$ 上有且仅有一点 ξ，使得 $f(\xi)=2\xi$．

像这样"有历史"的考研题只此一题吗？当然不是．比如，下面这道 1993 年的考研题：

假设函数 $f(x)$ 在 $[0,1]$ 上连续，在 $(0,1)$ 内二阶可导，过点 $A(0,f(0))$ 与 $B(1,f(1))$ 的直线与曲线 $y=f(x)$ 相交于点 $C(c,f(c))$，其中 $0<c<1$，证明：在 $(0,1)$ 内至少存在一点 ξ，使 $f''(\xi)=0$．

这道题与 1985 年成都科技大学硕士研究生自主招生考试中一道题的唯一差别，只是把区间端点 a 和 b 改写成了 0 和 1．再比如，1993 年还有一道求不定积分的考研题：

求 $\displaystyle\int\frac{x\mathrm{e}^x}{\sqrt{\mathrm{e}^x-1}}\mathrm{d}x$．

这道题的"前身"是 1984 年清华大学硕士研究生自主招生考试中的一道题，那道题与本题的唯一差别只是将分母根号中的"e^x-2"变成了"e^x-1"．

如此看来，1987 年的那道考研题并非特例．它和之后的不少考研题一样，都是 1978—1986 年各高校硕士研究生自主招生考试中考题的"转世灵童"．这些题本身构思精巧，后来被其他不少命题者看中，并经过一些局部"整容手术"，纷纷以竞赛题或期中、期末考题的"新面貌"展现在一批又一批的学生面前．当然，正是由于 1987 年的那道考研题很经典，因此本书也给它做了一些局部"整容手术"，使它成为本书第二章的例 44．

既然这样,考研数学对于考生而言不是应该得心应手了吗?其实不然,从考研结果来看,数学学科的真实情况不容乐观.请看下表中2017—2019年考研数学的平均分:

年　份	数学一平均分	数学二平均分	数学三平均分
2017	79.50	81.07	69.90
2018	65.13	60.08	61.07
2019	65.69	71.87	76.77

从上表可以看出,即便是情况相对较好的2017年,数学一、数学二、数学三的平均分也都没有过及格线(90分),这样的结果着实耐人寻味.数学学科为什么会对很多考研学生构成困难呢?学生在学习数学、准备数学考试的过程中究竟存在什么问题呢?看来有必要谈一谈学生在学习数学和准备数学考试时的两个常用对策.

二、两个常用的对策

在高考以前,中国的学生与数学已经相伴走过了十二年.尽管对于有些人来说这些记忆并不美好,但数学终究已经成为他们学习生涯中的“老朋友”.对待这位“老朋友”,我们有很多策略.

比如说“题海战”.所谓“题海战”,就是大量做题.很多人认为,只要做了足够多的数学题,就能提高解题能力,加快解题速度,甚至对题目产生条件反射,从而一看到题便思路立现脑中.诚然,数学的学习需要一个从量变到质变的过程,多做题在更多情况下对学好数学也是有好处的.但如果只是不加思索地海量做题,就好比“盲人摸象”.为什么呢?因为其结果很可能是某种类型的题做了很多,而有些类型的题却闻所未闻.若是这样,学生就不知道哪种类型的题会做,哪种类型的题不会做,就像“盲人摸象”,“摸到”的也许只是其中的一小部分.

是的,题目可以分为很多种类型,只有会做所有类型的题,才能在数学考试中百战百胜.

于是第二种对策产生了,那就是“套题型”.当然,这种对策的产生首先归功于一些数学教辅书.这些教辅书的作者细致地把题目分成若干种类型,严谨地整理出解答每种题目的方法或步骤.他们通过自己的辛勤劳动告诉广大学生:只要你们能够看出摆在面前的题属于哪种类型,并学会了这种类型的题的解法,或者记住了这种类型的题的解题步骤,什么样的题都难不倒你们!

相比“题海战”,“套题型”的确管用很多.首先,有分类总比没分类好.给题目分了类型,学生就能“对症下药”,暂且搁置会做的题型,重点突破有困难的题型.其次,有总结总比没总结好.“题海战”所产生的只是做题的感觉,“套题型”所基于的却是题目背后的规律.感觉只属个人,规律可以公之于众;感觉稍纵即逝,规律可以世代传承.我们应该向这些教辅书的作者们致敬,他们做的是“前人栽树,后人乘凉”的工作,并且怀揣着试图一劳永逸的美好愿景.

问题是他们所做的一切当真达到“一劳永逸”的效果了吗?

从某种程度上说,并没有.伴随着题目的增多,我们逐渐发现,越来越多的题很难归结为教辅书中的题型.有些题看似与熟悉的题型“沾亲带故”,但解题方法却天差地别.如果再套用解决已知题型的方法,其结果无异于“刻舟求剑”.

"刻舟求剑"是《吕氏春秋》中的故事.《吕氏春秋》是这样评价那个"刻舟求剑"的楚国人的:舟已行矣,而剑不行,求剑若此,不亦惑乎?(这里的"惑"是"愚蠢、糊涂"的意思)那么,我们不妨这样评价"套题型":题已变矣,而法不变,解题若此,不亦惑乎?

既然"题海战"和"套题型"都存在缺陷,我们还有更好的方法学习数学吗?

三、内在逻辑与前因后果

还是要从"套题型"开始说起.

"套题型"的第一个问题在"题型"本身.数学教辅书的作者基本都是老师,他们对题目的分类难以避免地出自命题人视角.比如,在很多高等数学教辅书上都有这样一种题型,叫做"用导数定义解题".没错,命题人出这些题也许的确是为了考学生导数的定义.但是,当学生第一眼看到一道题时,可能只知道要求的是一个分段函数的导数,他们如何才能想到用导数定义来解这道题呢?

"套题型"的第二个问题在"套"字上.比如,很多高等数学教辅书都总结了一种叫做"无穷小等价替换"的求极限方法,并且规定"乘除形式的无穷小能够等价替换,加减形式的无穷小不能等价替换".如果学生不套用这条规则来求极限

$$\lim_{x\to 0}\frac{\tan x-\sin x}{x^3},$$

而把 $\tan x$ 和 $\sin x$ 都等价替换成 x ,就会得到错误的答案 0.但对于极限

$$\lim_{x\to 0}\frac{\tan x+\sin x}{x},$$

即使学生不套用这条规则,也依旧可以得到正确的答案 2.这难道不令人疑惑吗?

这就是"套题型"的问题所在.那么,这是不是意味着就不应该把题目分类,并总结解题方法呢?

当然不是.

我们应该把题目分类,但需要按照内在逻辑来分.比如,需要告诉学生求导数是以函数类型为导向的,并且按照函数类型把相关题目划分为求复合函数的导数、求隐函数的导数、求分段函数的导数,等等;还需要指出,由于分段函数在分段点处可能不可导,故它在分段点处的导数需要用导数的定义单独求(可参看本书第二章).一旦如此,学生在求分段函数的导数时想到用导数的定义来求将不再是问题.

我们也应该总结解题方法,但需要深究其前因后果.比如,需要借助泰勒公式揭示"无穷小 $\pm$ 无穷小"的麻烦,告诉学生一般不等价替换加减形式的无穷小的原因(可参看本书第一章).一旦如此,学生就不用生搬硬套"乘除形式的无穷小能够等价替换,加减形式的无穷小不能等价替换"这种规则了.

然而,以解题者视角划分题目类型的高等数学书鲜有人著,而深究选用各种解题方法的原因的书更是凤毛麟角.

传统的高等数学教材都以定义、定理、性质的介绍,以及后两者的证明为重点,教师在课堂上津津乐道的也是这些话题.但学生的主要需求却是能在发下试卷之后迅速把题做对.而"证明定理、性质"与"做对题目"恰恰又是两种截然不同的学问.前者解决的主要是"为什么

会有这些规律"，后者解决的主要是"在掌握这些规律的前提下，如何运用它们". 于是学生的需求只能寄希望于教辅书来满足. 可如今市面上的大多教辅书又都存在我们之前提到的问题，这便成为一个死结. 所以，我们需要一本专门教学生如何解高等数学题的书，并且能够揭示"**数学问题的内在逻辑与方法选择的前因后果".**

教学生如何解高等数学题正是本书的使命.

数学问题的内在逻辑与方法选择的前因后果正是本书的主题.

四、缺失的思想

其实，"题海战"和"套题型"有一个共同的特点，那就是不需要思想.

如果说"题海战"的最终目标是对题目产生条件反射，那么这种学数学的方法与马戏团里训练小狗做算术题又有什么差别？而我们知道，人与低级动物的不同，很大程度上就体现在思想上.

"套题型"恐怕也会使学生沦为做题的机器. 总结好的解题方法或步骤就像是编制好的电脑程序一样输入学生的大脑，剩下的事便只有遵照执行. 像"乘除形式的无穷小能够等价替换，加减形式的无穷小不能等价替换"这样的规则若不说清楚原因，岂不是从天而降的"霸王条款"？也正是由于学生不知道原因，便不需要思、不需要想，也没办法思、没办法想，只能死记硬背和生搬硬套.

如此看来，"题海战"和"套题型"只是现象，不重视思想才是本质. 而作为教育者，是不能够不传递给学生思想的. 没有了思想，就没有科学理性；没有了科学理性，就只剩下意气用事. 一群意气用事的年轻人如何推动中华民族的伟大复兴？

那么，什么是思想呢？地球人都知道，脑袋里想的东西叫思想. 但就连神话小说里的孙悟空，恐怕也做不到变成一只小虫子钻进人的脑袋里，去看一看里面究竟想些什么. 这意味着思想需要一个载体来表达. 而解决问题的方法就是思想的最好表达. 人类从野蛮走向文明的一个很重要的体现，就是解决问题的方法变得高效了. 从衣不蔽体、食不果腹的年代，到如今计算机的普及，我们逐步丢弃的是低效的解决问题的方法，而用高效的解决问题的方法取而代之.

数学又何尝不是教人如何解决问题呢？

在我们交上最后一份数学考卷以后，或许不再需要思考如何把 $0\cdot\infty$型的极限转化为$\frac{0}{0}$型或$\frac{\infty}{\infty}$型的极限，也不再需要思考如何用罗尔定理来证明含一个中值的等式. 但在生活中，无数的问题等待着我们解决. 比如，每个人都会有寻找出行路线的时候. 这时，首先要选择交通工具：可以坐公交、乘地铁、打车、骑车，甚至还可以步行. 其次要选择路线：可以选一条最短的路，也可以多绕几个弯. 这难道不是需要我们解决的问题吗？解决这样的问题难道不需要选择方法吗？而解决求极限、证明含一个中值的等式这样问题的思想很可能潜移默化地指引我们更高效地解决日常生活中的问题，从而更好地生活.

没错，从某种意义上说，学习就是为了更好地生活. 而能帮助我们更好地生活的，虽然可能不是具体的数学知识和数学方法，但却可能是解决数学问题时残留在我们脑海中的数学思想.

这再次告诉我们，相比具体的数学知识和数学方法，数学的思想更为重要.

既然想要了解数学的思想,那么除了知道“是什么”以外,还应该知道“为什么”.其实,以提倡严谨、重视实证而著称的数学是最容不下“霸王条款”的.在数学家们发现了一条可能的规律以后,总想多问几个“为什么”.也许正是他们心中的那些“为什么”,才推动着数学不断向前发展.然而,数学考试并非如此,它们并不是主要考“为什么会有这些规律”,而大多考的是“在掌握这些规律的前提下,如何运用它们”.因此,学生对前者似乎漠不关心,对后者倒是如饥似渴.这恐怕要转变传递数学思想的载体.换言之,在应试教育背景下,是否可以考虑尊重学生的需求,以一道道题目作为切入点,通过告诉学生“为什么要这样把题目分类”,“为什么要选择这些解题方法”来传递数学的思想?这是笔者想通过本书做的一个尝试,同时还想对数学教育者们提出一个“十六字”倡议:**认清现实,不忘初衷;由题入手,传递思想.**

这是曲线救国的无奈之举.之所以无奈,是因为中国的教育存在着太多的功利色彩.

五、教育的传统

在中国传统社会中,教育有着很强的功利色彩.尤其是在科举制度诞生以后,读书和做官被完全捆绑在了一起.

皇帝陛下,我把学问卖给您,请赐我顶戴花翎.

然而,当读书人在科场上把学问卖给帝国统治者的时候,丢掉的却是自由的思想.

先看看传统社会的读书人主要学的都是些什么吧:四书五经,圣人之言.圣人说过的话,是必须要学的;在学的过程中有不明白的地方,是可以问的.思和想,那就不必了吧.至于建立在思和想基础上的质疑、批判、革新,是万万要不得的.离经叛道,是会遭人唾弃的;非议圣贤,是要杀头的.对那时的读书人而言,为了得到和保住头顶的乌纱帽,只要把那些“条条框框”背得烂熟就好,管它有没有道理,管它是不是“霸王条款”.如果非要和它们拧着来,那就会落得个前程尽毁,甚至身首异处!于是我们全明白了,难怪大多数中国的当代大学生很习惯“乘除形式的无穷小能够等价替换,加减形式的无穷小不能等价替换”这种不谈原因的规则,也不会非要问它个为什么.

显然,在中国传统社会中,受教育基本上是带着功利目的的.在那时,十年寒窗是为了金榜题名.换句话说,为了金榜题名,我不得不十年寒窗.或者说,即使我不愿意学习,就算是为了将来建功立业,光宗耀祖,我也要好好学习.这意味着什么呢?意味着中国传统社会的学子们很可能是带着些许不情愿在接受教育.

既然这样,那么问题来了:我知道学习能够让我有个锦绣前程,但我又实在不想学习,这该怎么办呢?

答案是刻苦.

悬梁刺股、囊萤映雪、凿壁借光,这些都是我们所熟知的与学习有关的正面典型,它们哪一个不是教育我们要刻苦学习呢?而从某种意义上说,“我要刻苦学习”的潜台词是“学习对我来说是很痛苦的”.是的,千百年来,这种观念根深蒂固.且看韩愈先生的治学名联:

书山有路勤为径,学海无涯苦作舟.

试问,如果攀登“书山”无比欢快,哪里用得了“勤为径”?如果遨游“学海”充满乐趣,哪里犯得着“苦作舟”?

我想，传统社会的学子们在摇头晃脑地背诵着“子曰诗云”的时候，可能也的确找不到什么乐趣. 不过，学习数学却大不一样.

六、可惜被人误会

我总觉得，我们对数学有太多的误会.

我们习惯于用实用主义的眼光去审视数学. 很多人认为数学是自然科学的基础，因为它很有用，所以要学它. 但这种说法缺少说服力，因为在经济学、物理学等学科中需要用到的数学知识和数学方法比我们所学的要少得多，也浅显得多. 更何况，似乎并没有人规定，需要我们去学的学科都必须要有用. 如果一门学科毫无用处，难道就没有理由学习它了吗？

我们习惯于说数学教人严谨. 然而，就在数学的严谨被放大的同时，它的抽象和深奥也在被放大. 也许就是那满满的符号语言，通篇的逻辑推理，使很多人对数学敬而远之. 诚然，的确有一部分人被数学的符号和逻辑所吸引，并且为了数学的研究事业或教育事业前仆后继. 但是我们也无法否认，这些离我们的日常生活太远，离我们的习惯表达也太远.

那么，这是不是意味着只有少数人才能从数学中找到乐趣呢？

如果答案是肯定的，这未免太遗憾了！

我们讲过，数学能传递给我们思想，而数学的思想就体现在问题的提出和解决的过程中. 那么，提出问题时是否应该充满疑惑？找到解决方法时是否应该眼前一亮？解决了问题之后是否应该欣喜若狂？而寻找解决方法的过程中，是否也完全可能一波三折？这个过程难道不会动人心魄吗？这些感受难道不能用语言与他人分享吗？

另外，数学中的很多概念特点鲜明，数学中的有些定理也未尝不耐人寻味. 如果把$\frac{0}{0}$型和$\frac{\infty}{\infty}$型比做“未定型”界的“带头大哥”，把变限积分比做一只“八脚章鱼”，把无穷级数比做“古道热肠的侠客”，它们不就都显得栩栩如生了吗？如果把拉格朗日中值定理比做罗尔定理的“儿子”，把柯西中值定理和泰勒公式分别比做拉格朗日中值定理的“儿子”和“女儿”，不就让人觉得数学充满魅力了吗？

是的，数学本来就充满魅力，而需要我们做的只是全面改变表达方式.

不仅如此，数学的魅力还是穿越时空的.

数学的魅力不会因世事的变迁而褪色，也不会因岁月的洗礼而凋零. 不管美国的总统是拜登还是特朗普，不管俄乌战争进展如何，也不管今天是晴空万里还是乌云密布，拉格朗日中值定理永远是罗尔定理的“儿子”. 也许正因为此，一道数学考题才能够在不同的试卷上“穿越”二十多年.

数学的魅力体现在追求真理的漫漫征途中. 而在真理面前，是不论血缘、不论亲疏、不论国界、不论种族、不论宗教信仰的. 在我们领悟到真理的那一刻，就足以傲视一切王侯将相，因为任何力量都无法将它从我们的脑海中夺走.

也许仅仅因为数学有穿越时空的魅力，朋友，不管您是美国人还是中国人，不管您是白人还是黑人，不管您信仰基督教还是信仰伊斯兰教，您都可以学数学，您也都应该学数学.

习题答案与解析

第一章

一、选择题

1.【答案】(D).

【解】由 $\lim\limits_{x\to 0}\dfrac{f(x)}{x^2}=0$ 可知 $f(x)$是比 x^2 高阶的无穷小($x\to 0$).对于(A),

$$\sin^2 x+\cos x-1=[x+o(x)]^2+\left[1-\frac{1}{2}x^2+o(x^2)\right]-1\sim\frac{1}{2}x^2;$$

对于(B),$x^2+x^3\sim x^2$;对于(C),$\sqrt{1-x}-1\sim-\dfrac{1}{2}x$;对于(D),

$$\tan x-\sin x=\left[x+\frac{1}{3}x^3+o(x^3)\right]-\left[x-\frac{1}{6}x^3+o(x^3)\right]\sim\frac{1}{2}x^3.$$

2.【答案】(B).

【解】$\lim\limits_{x\to 0}g(x)=\lim\limits_{x\to 0}\dfrac{\int_0^x f(t)\mathrm{d}t}{x}\xlongequal{\text{洛必达法则}}\lim\limits_{x\to 0}f(x)=f(0)$.

3.【答案】(C).

【解】根据定义域,$x=0,x=1,x=-1$ 为间断点.

由于$\lim\limits_{x\to 0}f(x)=\lim\limits_{x\to 0}\dfrac{\mathrm{e}^{x\ln|x|}-1}{x(x+1)\ln|x|}=\lim\limits_{x\to 0}\dfrac{x\ln|x|}{x(x+1)\ln|x|}=\lim\limits_{x\to 0}\dfrac{1}{x+1}=1$,则 $x=0$ 为可去间断点;

由于$\lim\limits_{x\to 1}f(x)=\lim\limits_{x\to 1}\dfrac{\mathrm{e}^{x\ln|x|}-1}{x(x+1)\ln|x|}=\lim\limits_{x\to 1}\dfrac{x\ln|x|}{x(x+1)\ln|x|}=\lim\limits_{x\to 1}\dfrac{1}{x+1}=\dfrac{1}{2}$,则 $x=1$ 为可去间断点;

由于$\lim\limits_{x\to -1}f(x)=\lim\limits_{x\to -1}\dfrac{\mathrm{e}^{x\ln|x|}-1}{x(x+1)\ln|x|}=\lim\limits_{x\to -1}\dfrac{x\ln|x|}{x(x+1)\ln|x|}=\lim\limits_{x\to -1}\dfrac{1}{x+1}=\infty$,则 $x=-1$ 为无穷间断点.

4.【答案】(A).

【解】用泰勒公式把 $\sin ax$ 展开,$\sin ax=ax-\dfrac{(ax)^3}{6}+o(x^3)$,则

$$x-\sin ax=(1-a)x+\frac{a^3x^3}{6}+o(x^3),$$

$$\lim_{x\to 0}\frac{f(x)}{g(x)}=\lim_{x\to 0}\frac{(1-a)x+\frac{a^3x^3}{6}+o(x^3)}{x^2\ln(1-bx)}=\lim_{x\to 0}\frac{(1-a)x+\frac{a^3x^3}{6}}{-bx^3}=\lim_{x\to 0}\frac{1-a+\frac{a^3x^2}{6}}{-bx^2}.$$

当且仅当 $a=1,b=-\frac{1}{6}$ 时才可能 $\lim\limits_{x\to 0}\frac{f(x)}{g(x)}=1$.

二、填空题

5.【答案】0.

【解】由于 $\lim\limits_{x\to+\infty}\frac{x^3+x^2+1}{2^x+x^3}=0$，$|\sin x+\cos x|\leqslant\sqrt{2}$，呈“0·有界函数”型.

6.【答案】-2.

【解】原式 $=\lim\limits_{x\to+\infty}\frac{\frac{x}{e^{\frac{x}{2}}}+\frac{3\ln^2 x}{e^{\frac{x}{2}}}-2}{\frac{2x}{e^{\frac{x}{2}}}-\frac{\ln^2 x}{e^{\frac{x}{2}}}+1}=\lim\limits_{x\to+\infty}\frac{0+0-2}{0-0+1}=-2.$

7.【答案】$\frac{3e}{2}$.

【解】原式 $=\lim\limits_{x\to 0}\frac{e^{\cos x}(e^{1-\cos x}-1)}{\sqrt[3]{1+x^2}-1}=\lim\limits_{x\to 0}e^{\cos x}\cdot\lim\limits_{x\to 0}\frac{1-\cos x}{\sqrt[3]{1+x^2}-1}=e\lim\limits_{x\to 0}\frac{\frac{1}{2}x^2}{\frac{1}{3}x^2}=\frac{3e}{2}.$

8.【答案】$e^{-\sqrt{2}}$.

【解】原式 $=e^{\lim\limits_{x\to\frac{\pi}{4}}\frac{1}{\cos x-\sin x}\ln(\tan x)}=e^{\lim\limits_{x\to\frac{\pi}{4}}\frac{\tan x-1}{\cos x-\sin x}}\xlongequal{\text{洛必达法则}}e^{\lim\limits_{x\to\frac{\pi}{4}}\frac{\sec^2 x}{-\sin x-\cos x}}=e^{-\sqrt{2}}.$

9.【答案】$\frac{\sqrt{2}}{2}$.

【解】原式 $=\lim\limits_{n\to\infty}\frac{n}{\sqrt{1+2+\cdots+n}+\sqrt{1+2+\cdots+(n-1)}}=\lim\limits_{n\to\infty}\frac{n}{\sqrt{\frac{(n+1)n}{2}}+\sqrt{\frac{n(n-1)}{2}}}$

$$=\lim_{n\to\infty}\frac{1}{\sqrt{\frac{(n+1)n}{2n^2}}+\sqrt{\frac{n(n-1)}{2n^2}}}=\frac{1}{\sqrt{\frac{1}{2}}+\sqrt{\frac{1}{2}}}=\frac{\sqrt{2}}{2}.$$

10.【答案】1.

【解】根据夹逼准则，由 $\begin{cases}\frac{n^2}{n^2+n\pi}\leqslant n\left(\frac{1}{n^2+\pi}+\frac{1}{n^2+2\pi}+\cdots+\frac{1}{n^2+n\pi}\right)\leqslant\frac{n^2}{n^2+\pi},\\ \lim\limits_{n\to\infty}\frac{n^2}{n^2+n\pi}=\lim\limits_{n\to\infty}\frac{n^2}{n^2+\pi}=1\end{cases}$ 得原式 $=1$.

三、解答题

11.【解】(1) 原式$=\lim\limits_{x\to0^+}\dfrac{1-\sqrt{\cos x}}{x\cdot\dfrac{1}{2}x}=\lim\limits_{x\to0^+}\dfrac{1-\cos x}{\dfrac{1}{2}x^2(1+\sqrt{\cos x})}$

$$=\lim_{x\to0^+}\frac{\frac{1}{2}x^2}{\frac{1}{2}x^2(1+\sqrt{\cos x})}=\lim_{x\to0^+}\frac{1}{1+\sqrt{\cos x}}=\frac{1}{2}.$$

(2) 原式$=\lim\limits_{x\to0}\dfrac{1}{x^2}\left(\dfrac{\sin x}{x}-1\right)=\lim\limits_{x\to0}\dfrac{\sin x-x}{x^3}=\lim\limits_{x\to0}\dfrac{\cos x-1}{3x^2}=\lim\limits_{x\to0}\dfrac{-\frac{1}{2}x^2}{3x^2}=-\dfrac{1}{6}.$

(3) 原式$=\lim\limits_{x\to0}\dfrac{x^2-\sin^2x\cos^2x}{x^2\sin^2x}=\lim\limits_{x\to0}\dfrac{x^2-\frac{1}{4}\sin^2 2x}{x^4}=\lim\limits_{x\to0}\dfrac{2x-\frac{1}{2}\sin4x}{4x^3}$

$$=\lim_{x\to0}\frac{2-2\cos4x}{12x^2}=\lim_{x\to0}\frac{1-\cos4x}{6x^2}=\lim_{x\to0}\frac{8x^2}{6x^2}=\frac{4}{3}.$$

(4)原式$=e^{\lim\limits_{x\to+\infty}\frac{\ln(x+e^x)}{x}}\xlongequal{\text{洛必达法则}}e^{\lim\limits_{x\to+\infty}\frac{1+e^x}{x+e^x}}=e^{\lim\limits_{x\to+\infty}\frac{\frac{1}{e^x}+1}{\frac{x}{e^x}+1}}=e^{\frac{0+1}{0+1}}=e.$

(5) 原式$=\lim\limits_{x\to0^+}x^{\frac{x-\sin x}{x\sin x}}=\lim\limits_{x\to0^+}x^{\frac{\frac{1}{6}x^3}{x^2}}=\lim\limits_{x\to0^+}x^{\frac{1}{6}x}=e^{\frac{1}{6}\lim\limits_{x\to0^+}x\ln x}=e^{\frac{1}{6}\lim\limits_{x\to0^+}\frac{\ln x}{\frac{1}{x}}}$

$$\xlongequal{\text{洛必达法则}}e^{\frac{1}{6}\lim\limits_{x\to0^+}\frac{\frac{1}{x}}{-\frac{1}{x^2}}}=e^{-\frac{1}{6}\lim\limits_{x\to0^+}x}=e^0=1.$$

【注】本题要用到 $x-\sin x\sim\dfrac{1}{6}x^3$,该结论只需把 $\sin x$ 用泰勒公式展开就能得到.

(6) $\dfrac{1}{x}-1<\left[\dfrac{1}{x}\right]\leqslant\dfrac{1}{x}.$

当 $x>0$ 时,根据夹逼准则,由$\begin{cases}1-x<x\left[\dfrac{1}{x}\right]\leqslant1,\\ \lim\limits_{x\to0^+}(1-x)=\lim\limits_{x\to0^+}1=1\end{cases}$ 得 $\lim\limits_{x\to0^+}x\left[\dfrac{1}{x}\right]=1$;

当 $x<0$ 时,根据夹逼准则,由$\begin{cases}1\leqslant x\left[\dfrac{1}{x}\right]<1-x,\\ \lim\limits_{x\to0^-}1=\lim\limits_{x\to0^-}(1-x)=1\end{cases}$ 得 $\lim\limits_{x\to0^-}x\left[\dfrac{1}{x}\right]=1$. 故原式=1.

(7) $\lim\limits_{x\to0^+}\left(\dfrac{2+e^{\frac{1}{x}}}{1+e^{\frac{4}{x}}}+\dfrac{\sin x}{|x|}\right)=\lim\limits_{x\to0^+}\left(\dfrac{2e^{-\frac{4}{x}}+e^{-\frac{3}{x}}}{e^{-\frac{4}{x}}+1}+\dfrac{\sin x}{x}\right)=\dfrac{0+0}{0+1}+1=1,$

$$\lim_{x\to0^-}\left(\frac{2+e^{\frac{1}{x}}}{1+e^{\frac{4}{x}}}+\frac{\sin x}{|x|}\right)=\frac{2+0}{1+0}-1=1,$$

故原式=1.

(8) 原式$=\lim\limits_{n\to\infty}\frac{1}{n}\left(\frac{1}{1+\frac{1}{n}}+\frac{1}{1+\frac{2}{n}}+\cdots+\frac{1}{1+\frac{n}{n}}\right)=\lim\limits_{n\to\infty}\frac{1}{n}\sum\limits_{k=1}^{n}\frac{1}{1+\frac{k}{n}}=\int_0^1\frac{\mathrm{d}x}{1+x}=\ln 2.$

12.【解】因为 $\lim\limits_{x\to+\infty}\frac{y}{x}=\lim\limits_{x\to+\infty}\frac{x-1}{x}\mathrm{e}^{\frac{\pi}{2}+\arctan x}=\mathrm{e}^{\pi}$,又

$$\lim_{x\to+\infty}(y-\mathrm{e}^{\pi}x)=\lim_{x\to+\infty}\left[\mathrm{e}^{\pi}(\mathrm{e}^{\arctan x-\frac{\pi}{2}}-1)x-\mathrm{e}^{\frac{\pi}{2}+\arctan x}\right]$$

$$=\mathrm{e}^{\pi}\lim_{x\to+\infty}\left(\arctan x-\frac{\pi}{2}\right)x-\lim_{x\to+\infty}\mathrm{e}^{\frac{\pi}{2}+\arctan x}$$

$$=\mathrm{e}^{\pi}\lim_{x\to+\infty}\frac{\arctan x-\frac{\pi}{2}}{\frac{1}{x}}-\mathrm{e}^{\pi}\xlongequal{\text{洛必达法则}}\mathrm{e}^{\pi}\lim_{x\to+\infty}\frac{\frac{1}{1+x^2}}{-\frac{1}{x^2}}-\mathrm{e}^{\pi}=-2\mathrm{e}^{\pi},$$

故原曲线有斜渐近线 $y=\mathrm{e}^{\pi}(x-2)$.

因为 $\lim\limits_{x\to-\infty}\frac{y}{x}=\lim\limits_{x\to-\infty}\frac{x-1}{x}\mathrm{e}^{\frac{\pi}{2}+\arctan x}=1$,又

$$\lim_{x\to-\infty}(y-x)=\lim_{x\to-\infty}\left[(\mathrm{e}^{\frac{\pi}{2}+\arctan x}-1)x-\mathrm{e}^{\frac{\pi}{2}+\arctan x}\right]$$

$$=\lim_{x\to-\infty}\left(\frac{\pi}{2}+\arctan x\right)x-\lim_{x\to-\infty}\mathrm{e}^{\frac{\pi}{2}+\arctan x}$$

$$=\lim_{x\to-\infty}\frac{\frac{\pi}{2}+\arctan x}{\frac{1}{x}}-1\xlongequal{\text{洛必达法则}}\lim_{x\to-\infty}\frac{\frac{1}{1+x^2}}{-\frac{1}{x^2}}-1=-2,$$

故原曲线有斜渐近线 $y=x-2$.

13.【解】用泰勒公式把 $\arcsin x$ 展开,$\arcsin x=x+\frac{1}{6}x^3+o(x^3)$,则

$$x-\arcsin x=-\frac{1}{6}x^3+o(x^3)\sim-\frac{1}{6}x^3,$$

故 $\lim\limits_{x\to0^-}f(x)=\lim\limits_{x\to0^-}\frac{\ln(1+ax^3)}{x-\arcsin x}=\lim\limits_{x\to0^-}\frac{ax^3}{-\frac{1}{6}x^3}=-6a.$

用泰勒公式把 e^{ax} 展开,$\mathrm{e}^{ax}=1+ax+\frac{(ax)^2}{2}+o(x^2)$,则

$$\mathrm{e}^{ax}+x^2-ax-1=\left(\frac{a^2}{2}+1\right)x^2+o(x^2)\sim\left(\frac{a^2}{2}+1\right)x^2,$$

故 $\lim\limits_{x\to0^+}f(x)=\lim\limits_{x\to0^+}\frac{\mathrm{e}^{ax}+x^2-ax-1}{x\sin\frac{x}{4}}=\lim\limits_{x\to0^+}\frac{\left(\frac{a^2}{2}+1\right)x^2}{\frac{x^2}{4}}=2a^2+4.$

由 $\lim\limits_{x\to0^-}f(x)=\lim\limits_{x\to0^+}f(x)$ 得 $-6a=2a^2+4$,解得 $a=-1,-2$.

当 $a=-1$ 时,$\lim\limits_{x\to0}f(x)=6=f(0)$,$f(x)$ 在 $x=0$ 处连续.

当 $a=-2$ 时,$\lim\limits_{x\to 0}f(x)=12\neq f(0)$,$x=0$ 是 $f(x)$的可去间断点.

14.【解】因为$\lim\limits_{x\to 0}\left[1+x+\dfrac{f(x)}{x}\right]^{\frac{1}{x}}=e^{\lim\limits_{x\to 0}\frac{\ln\left[1+x+\frac{f(x)}{x}\right]}{x}}$,由题意得$\lim\limits_{x\to 0}\dfrac{\ln\left[1+x+\dfrac{f(x)}{x}\right]}{x}=3$.

由于$\lim\limits_{x\to 0}\dfrac{\ln\left[1+x+\dfrac{f(x)}{x}\right]}{x}$存在,$\lim\limits_{x\to 0}\ln\left[1+x+\dfrac{f(x)}{x}\right]=0$,故当 $x\to 0$ 时,

$$\ln\left[1+x+\frac{f(x)}{x}\right]\sim x+\frac{f(x)}{x}.$$

于是

$$\lim_{x\to 0}\frac{\ln\left[1+x+\dfrac{f(x)}{x}\right]}{x}=\lim_{x\to 0}\frac{x+\dfrac{f(x)}{x}}{x}=\lim_{x\to 0}\left[1+\frac{f(x)}{x^2}\right],$$

即$\lim\limits_{x\to 0}\left[1+\dfrac{f(x)}{x^2}\right]=3$.

15.【证】因为 $x_{n+1}=\sqrt{x_n(3-x_n)}\leqslant\dfrac{1}{2}(x_n+3-x_n)=\dfrac{3}{2}$,故$\{x_n\}$有上界.

又因为 $x_n\leqslant\dfrac{3}{2}$,有

$$\frac{x_{n+1}}{x_n}=\sqrt{\frac{x_n(3-x_n)}{x_n^2}}=\sqrt{\frac{3}{x_n}-1}\geqslant\sqrt{2-1}=1,$$

故$\{x_n\}$单调递增,所以$\{x_n\}$极限存在.

设$\lim\limits_{n\to\infty}x_n=\lim\limits_{n\to\infty}x_{n+1}=a$,对 $x_{n+1}=\sqrt{x_n(3-x_n)}$ 两边同时取极限,得 $a=\sqrt{a(3-a)}$,解得 $a=\dfrac{3}{2}$或 $a=0$(由于 $x_n>0$,故舍去).所以$\lim\limits_{n\to\infty}x_n=\dfrac{3}{2}$.

第二章

一、选择题

1.【答案】(C).

【解】原式$=\lim\limits_{x\to 0}\dfrac{f(1-x)-f(1+x)}{2x}=\dfrac{1}{2}\left[\lim\limits_{x\to 0}\dfrac{f(1-x)-f(1)}{x}+\lim\limits_{x\to 0}\dfrac{f(1)-f(1+x)}{x}\right]$

$$=-\frac{1}{2}\left[\lim_{-x\to 0}\frac{f(1-x)-f(1)}{-x}+\lim_{x\to 0}\frac{f(1+x)-f(1)}{x}\right]$$

$$=-\frac{1}{2}[f'(1)+f'(1)]=-f'(1).$$

2.【答案】(A).

【解】**法一:**$f'(x)=e^x(e^{2x}-2)\cdots(e^{nx}-n)+(e^x-1)[(e^{2x}-2)\cdots(e^{nx}-n)]'$,

$$f'(0)=(1-2)(1-3)\cdots(1-n)=(-1)^{n-1}(n-1)!.$$

法二： $f'(0)=\lim\limits_{x\to 0}\dfrac{f(x)-f(0)}{x-0}=\lim\limits_{x\to 0}\dfrac{(e^x-1)(e^{2x}-2)\cdots(e^{nx}-n)}{x}$

$=\lim\limits_{x\to 0}\dfrac{x(e^{2x}-2)\cdots(e^{nx}-n)}{x}$

$=\lim\limits_{x\to 0}(e^{2x}-2)\cdots(e^{nx}-n)=(-1)^{n-1}(n-1)!$.

3.【答案】(D).

【解】把 $x=x_0$ 代入原方程，得 $f''(x_0)-e^{\sin x_0}=0$，即有 $f''(x_0)=e^{\sin x_0}>0$.

根据极值点判定的第二充分条件，$f(x)$ 在 x_0 处取得极小值.

4.【答案】(B).

【解】使 $f''(x)=0$ 的点有 $x=x_1,x_2$，使 $f''(x)$ 不存在的点有 $x=0$. 根据拐点判定的充分条件，由于 $f''(x)$ 在 $x=x_1,0$ 的两侧异号，故 $(x_1,f(x_1))$、$(0,f(0))$ 是 $f(x)$ 的拐点；由于 $f''(x)$ 在 $x=x_2$ 的两侧同号，故 $(x_2,f(x_2))$ 不是 $f(x)$ 的拐点.

5.【答案】(B).

【解】由拉格朗日中值定理可知，存在 $\xi\in(0,1)$，使 $f(1)-f(0)=f'(\xi)$.

由于 $f'''(x)>0$，故 $f''(x)$ 在 $(0,1)$ 处递增. 由 $f''(x)>f''(0)=0$ 可知 $f'(x)$ 在 $(0,1)$ 处递增，故

$$f'(1)>f(1)-f(0)=f'(\xi)>f'(0).$$

6.【答案】(A).

【解】记 $F(x)=f(x)-x$，则 $F'(x)=f'(x)-1$.

在 $(1-\delta,1)$ 内，由 $f'(x)>f'(1)=1$ 可知 $F'(x)>0$，故 $F(x)$ 递增，从而 $F(x)<F(1)=0$；

在 $(1,1+\delta)$ 内，由 $f'(x)<f'(1)=1$ 可知 $F'(x)<0$，故 $F(x)$ 递减，从而 $F(x)<F(1)=0$.

二、填空题

7.【答案】$y=-2x$.

【解】方程两边对 x 求导，得 $\sec^2\left(x+y+\dfrac{\pi}{4}\right)\cdot(1+y')=e^y y'$，

从而
$$y'=\frac{\sec^2\left(x+y+\frac{\pi}{4}\right)}{e^y-\sec^2\left(x+y+\frac{\pi}{4}\right)},$$

故 $y'|_{x=0}=-2$. 于是，所求切线方程为 $y=-2x$.

8.【答案】$2x^{\ln x-1}\ln x\,dx$.

【解】两边取对数，得 $\ln y=\ln^2 x$.

两边对 x 求导，得 $\dfrac{1}{y}y'=\dfrac{2}{x}\ln x$，从而 $y'=\dfrac{2y}{x}\ln x=2x^{\ln x-1}\ln x$，即 $dy=2x^{\ln x-1}\ln x\,dx$.

9.【答案】$\int_{x^2}^{0}\cos t^2\,dt-2x^2\cos x^4$.

【解】$\dfrac{d}{dx}\int_{x^2}^{0}x\cos t^2\,dt=\dfrac{d}{dx}\left(x\int_{x^2}^{0}\cos t^2\,dt\right)=\int_{x^2}^{0}\cos t^2\,dt-x\dfrac{d}{dx}\int_{0}^{x^2}\cos t^2\,dt$

$$=\int_{x^2}^{0}\cos t^2\mathrm{d}t-x\cos(x^2)^2\cdot(x^2)'=\int_{x^2}^{0}\cos t^2\mathrm{d}t-2x^2\cos x^4.$$

10.【答案】3.

【解】$\dfrac{\mathrm{d}y}{\mathrm{d}x}=\dfrac{\frac{\mathrm{d}y}{\mathrm{d}t}}{\frac{\mathrm{d}x}{\mathrm{d}t}}=\dfrac{3\mathrm{e}^{3t}f'(\mathrm{e}^{3t}-1)}{f'(t)}$,故$\left.\dfrac{\mathrm{d}y}{\mathrm{d}x}\right|_{t=0}=3$.

11.【答案】$(-\infty,1)$和$(2,+\infty)$.

【解】令 $f'(x)=x^2-3x+2=0$,得 $x_1=1,x_2=2$. $f(x)$的性质见下表.

x	$(-\infty,1)$	1	$(1,2)$	2	$(2,+\infty)$
$f'(x)$	+	0	−	0	+
$f(x)$	↗	$\frac{1}{6}$	↘	0	↗

所以,函数在$(-\infty,1)$和$(2,+\infty)$内单调递增,在$(1,2)$处单调递减.

12.【答案】3.

【解】$y'=3x^2+2ax+b,y''=6x+2a$.

由题意,$y''(-1)=-6+2a=0$ 且 $y(-1)=a-b=0$,解得 $a=b=3$.

三、解答题

13.【解】当 $x\neq0$ 时,$f'(x)=\dfrac{xg'(x)+x\mathrm{e}^{-x}-g(x)+\mathrm{e}^{-x}}{x^2}$;

当 $x=0$ 时,
$$f'(0)=\lim_{x\to0}\frac{g(x)-\mathrm{e}^{-x}}{x^2}=\lim_{x\to0}\frac{g'(x)+\mathrm{e}^{-x}}{2x}$$
$$=\frac{1}{2}\lim_{x\to0}\frac{g'(x)-g'(0)}{x}+\frac{1}{2}\lim_{x\to0}\frac{\mathrm{e}^{-x}-1}{x}=\frac{1}{2}[g''(0)-1],$$

故
$$f'(x)=\begin{cases}\dfrac{xg'(x)+x\mathrm{e}^{-x}-g(x)+\mathrm{e}^{-x}}{x^2}, & x\neq0,\\ \dfrac{1}{2}[g''(0)-1], & x=0.\end{cases}$$

当 $x\neq0$ 时,$f'(x)$显然连续;

当 $x=0$ 时,
$$\lim_{x\to0}f'(x)=\lim_{x\to0}\frac{xg'(x)+x\mathrm{e}^{-x}-g(x)+\mathrm{e}^{-x}}{x^2}$$
$$=\lim_{x\to0}\frac{g'(x)-g'(0)}{x}-\lim_{x\to0}\frac{g(x)+x-x\mathrm{e}^{-x}-\mathrm{e}^{-x}}{x^2}$$
$$=g''(0)-\lim_{x\to0}\frac{g'(x)+1+x\mathrm{e}^{-x}}{2x}$$
$$=g''(0)-\lim_{x\to0}\frac{g'(x)-g'(0)}{2x}-\lim_{x\to0}\frac{\mathrm{e}^{-x}}{2}$$

$$=g''(0)-\frac{1}{2}g''(0)-\frac{1}{2}=\frac{1}{2}[g''(0)-1]=f'(0),$$

故 $f'(x)$ 在 $x=0$ 处连续，从而 $f'(x)$ 在 $(-\infty,+\infty)$ 上连续.

14.【证】(1) 令 $F(x)=f(x)-x$，则

$$F\left(\frac{1}{2}\right)=f\left(\frac{1}{2}\right)-\frac{1}{2}=\frac{1}{2}>0,\quad F(1)=f(1)-1=-1<0.$$

由零点定理可知，存在 $\eta\in\left(\frac{1}{2},1\right)$，使 $F(\eta)=0$，即 $f(\eta)=\eta$.

(2) 令 $G(x)=\mathrm{e}^{-\lambda x}F(x)$，则 $G(0)=G(\eta)=0$.

由罗尔定理可知，存在 $\xi\in(0,\eta)$，使 $G'(\xi)=\mathrm{e}^{-\lambda\xi}[f'(\xi)-1]-\lambda\mathrm{e}^{-\lambda\xi}[f(\xi)-\xi]=0$，即 $f'(\xi)-\lambda[f(\xi)-\xi]=1$.

15.【证】(1) 令 $F(x)=\int_0^x f(t)\mathrm{d}t$，则 $F'(x)=f(x)$.

由拉格朗日中值定理可知，存在 $\eta\in(0,2)$，使 $\int_0^2 f(x)\mathrm{d}x=2f(\eta)$，即 $f(\eta)=f(0)$.

(2)由于 $f(x)$ 在 $[2,3]$ 上连续，根据最值定理，$f(x)$ 在 $[2,3]$ 上必有最大值 M 和最小值 m，则

$$m\leqslant f(2)\leqslant M,\quad m\leqslant f(3)\leqslant M,$$

从而

$$m\leqslant\frac{f(2)+f(3)}{2}\leqslant M.$$

由介值定理可知，存在 $\eta_1\in[2,3]$，使 $f(\eta_1)=\frac{f(2)+f(3)}{2}$，即 $f(\eta_1)=f(0)=f(\eta)$.

分别在 $[0,\eta]$ 和 $[\eta,\eta_1]$ 上对 $f(x)$ 使用罗尔定理得，存在 $\xi_1\in(0,\eta)$，$\xi_2\in(\eta,\eta_1)$，使 $f'(\xi_1)=f'(\xi_2)=0$. 在 $[\xi_1,\xi_2]$ 上对 $f'(x)$ 使用罗尔定理得，存在 $\xi\in(\xi_1,\xi_2)\subset(0,3)$，使 $f''(\xi)=0$.

16.【证】由拉格朗日中值定理可知，存在 $\eta\in(a,b)$，使 $f(b)-f(a)=f'(\eta)(b-a)$.

由柯西中值定理可知，存在 $\xi\in(a,b)$，使 $\frac{f(b)-f(a)}{b^2-a^2}=\frac{f'(\xi)}{2\xi}$.

两式相比，得

$$b^2-a^2=2\xi(b-a)\frac{f'(\eta)}{f'(\xi)},$$

即

$$(a+b)f'(\xi)=2\xi f'(\eta).$$

17.【证】令 $f(x)=x+p+q\cos x$.

由于 $\lim\limits_{x\to+\infty}f(x)=+\infty>0$，$\lim\limits_{x\to-\infty}f(x)=-\infty<0$，故原方程至少有一个实根.

又由于 $f'(x)=1-q\sin x>0$，$f(x)$ 在 $(-\infty,+\infty)$ 上单调递增，故原方程至多有一个实根.

综上所述，原方程恰有一个实根.

18.【解】记 $f(x)=k\arctan x-x$. 由于 $f(x)$ 为奇函数，故可先考察它在 $(0,+\infty)$ 内的零点，有

$$f'(x)=\frac{k}{1+x^2}-1=\frac{k-1-x^2}{1+x^2}.$$

① 因为当 $k\leqslant1$ 时，$f'(x)<0$，故 $f(x)$ 在 $(0,+\infty)$ 内递减. 又因为 $f(0)=0$，故 $f(x)$ 在 $(0,+\infty)$ 内无零点，在 $(-\infty,+\infty)$ 上只有 $x=0$ 一个零点；

② 当 $k>1$ 时,令 $f'(x)=0$,得 $x=\sqrt{k-1}$. $f(x)$的性质见下表.

x	$(0,\sqrt{k-1})$	$\sqrt{k-1}$	$(\sqrt{k-1},+\infty)$
$f'(x)$	+	0	−
$f(x)$	↗	$k\arctan\sqrt{k-1}-\sqrt{k-1}$	↘

故 $f(x)$在$(0,\sqrt{k-1})$内递增,在$(\sqrt{k-1},+\infty)$内递减,从而 $f(x)$在$(0,\sqrt{k-1})$和$(\sqrt{k-1},+\infty)$内分别至多有一个零点.

由于 $f(0)=0$,$f(\sqrt{k-1})>0$,故 $f(x)$在$(0,\sqrt{k-1})$内无零点;

由于 $f(\sqrt{k-1})>0$,$\lim\limits_{x\to+\infty}f(x)=-\infty<0$,故 $f(x)$在$(\sqrt{k-1},+\infty)$内有一个零点.

因此,$f(x)$在$(0,+\infty)$内有一个零点,在$(-\infty,+\infty)$上有三个零点(其中一个是 $x=0$).

综上所述,当 $k\leqslant1$ 时,原方程只有 $x=0$ 一个实根;当 $k>1$ 时,原方程有三个实根(其中一个是 $x=0$).

【注】本题不宜分离参数,这是由于分离参数后所要研究的函数的导数会很复杂.

19.【证】令 $\Phi(x)=\int_2^x\varphi(t)\mathrm{d}t$,则 $\Phi'(x)=\varphi(x)$.

在$[2,3]$上对 $\Phi(x)$ 用拉格朗日中值定理得,存在 $\eta\in(2,3)$,使$\int_2^3\varphi(t)\mathrm{d}t=\varphi(\eta)$.

分别在$[1,2]$和$[2,\eta]$上对 $\varphi(x)$用拉格朗日中值定理得,存在 $\xi_1\in(1,2)$,$\xi_2\in(2,\eta)$,使

$$\varphi'(\xi_1)=\frac{\varphi(2)-\varphi(1)}{2-1}>0,\quad \varphi'(\xi_2)=\frac{\varphi(\eta)-\varphi(2)}{\eta-2}<0.$$

在$[\xi_1,\xi_2]$上对 $\varphi'(x)$用拉格朗日中值定理得,存在 $\xi\in(\xi_1,\xi_2)\subset(1,3)$,使

$$\varphi''(\xi)=\frac{\varphi'(\xi_2)-\varphi'(\xi_1)}{\xi_2-\xi_1}<0.$$

20.【证】由题意,存在 $a,b>0$,使得对$(-\infty,+\infty)$上的任意 x,恒有

$$|f(x)|\leqslant a,\quad |f''(x)|\leqslant b.$$

由泰勒公式可知 $f(x+1)=f(x)+f'(x)+\frac{1}{2}f''(\xi)$($\xi$ 介于 x 与 $x+1$ 之间),即有

$$f'(x)=f(x+1)-f(x)-\frac{1}{2}f''(\xi).$$

于是$|f'(x)|\leqslant|f(x+1)|+|f(x)|+\frac{1}{2}|f''(\xi)|\leqslant2a+\frac{b}{2}$,故 $f'(x)$在$(-\infty,+\infty)$上有界.

21.【证】记 $f(x)=1+x\ln(x+\sqrt{1+x^2})-\sqrt{1+x^2}$,则

$$f'(x)=\ln(x+\sqrt{1+x^2})+x\cdot\frac{1+\dfrac{2x}{2\sqrt{1+x^2}}}{x+\sqrt{1+x^2}}-\frac{2x}{2\sqrt{1+x^2}}=\ln(x+\sqrt{1+x^2}).$$

令 $f'(x)=0$,得 $x=0$. $f(x)$的性质见下表.

x	$(-\infty,0)$	0	$(0,+\infty)$
$f'(x)$	$-$	0	$+$
$f(x)$	$\nearrow$	0	$\searrow$

故 $f(x)$在 $x=0$ 处取得极小值,即最小值为 0,从而 $f(x)\geqslant 0$,即

$$1+x\ln(x+\sqrt{1+x^2})\geqslant\sqrt{1+x^2}.$$

22.【证】**法一**:记 $f(x)=x\sin x+2\cos x+\pi x(0<x<\pi)$,则

$$f'(x)=x\cos x-\sin x+\pi,\quad f''(x)=-x\sin x<0.$$

故 $f'(x)$在$(0,\pi)$内递减,则由 $f'(x)>f'(\pi)=0$ 可知,$f(x)$在$(0,\pi)$内递增,从而当 $0<a<b<\pi$ 时,有 $f(b)>f(a)$,即

$$b\sin b+2\cos b+\pi b>a\sin a+2\cos a+\pi a.$$

法二:记 $g(x)=x\sin x+2\cos x+\pi x-a\sin a-2\cos a-\pi a(0<a<x<\pi)$,则

$$g'(x)=x\cos x-\sin x+\pi,\quad g''(x)=-x\sin x<0.$$

故 $g'(x)$在(a,π)内递减,则由 $g'(x)>g'(\pi)=0$ 可知,$g(x)$在(a,π)内递增,从而 $g(x)>g(a)=0$,即

$$x\sin x+2\cos x+\pi x>a\sin a+2\cos a+\pi a.$$

令 $x=b$,则 $b\sin b+2\cos b+\pi b>a\sin a+2\cos a+\pi a$.

第三章

一、选择题

1.【答案】(A).

【解】$F'(x)=e^{\sin(x+2\pi)}-e^{\sin x}=0$,设 $F(x)=C$.

令 $x=0$,得

$$C=\int_0^{2\pi}e^{\sin t}\sin t\,dt=-\int_0^{2\pi}e^{\sin t}\,d(\cos t)$$
$$=-\left[e^{\sin t}\cos t\right]_0^{2\pi}+\int_0^{2\pi}e^{\sin t}\cos^2 t\,dt=\int_0^{2\pi}e^{\sin t}\cos^2 t\,dt.$$

由于在$[0,2\pi]$上有 $e^{\sin t}\cos^2 t\geqslant 0$,且仅当 $t=\frac{\pi}{2},\frac{3}{2}\pi$ 时取等号成立,故 $C>0$.

2.【答案】(C).

【解】$F(3)=\int_0^3 f(t)\,dt=\frac{1}{2}\left(\pi-\frac{\pi}{4}\right)=\frac{3}{8}\pi.$

$F(2)=\int_0^2 f(t)\,dt=\frac{\pi}{2}.$

$F(-3)=-\int_{-3}^0 f(t)\,dt=-\frac{1}{2}\left(\frac{\pi}{4}-\pi\right)=\frac{3}{8}\pi.$

$F(-2)=-\int_{-2}^0 f(t)\,dt=\frac{\pi}{2}.$

3.【答案】(B).

【解】$V=\pi\int_a^b[g(x)-m]^2\mathrm{d}x-\pi\int_a^b[f(x)-m]^2\mathrm{d}x$

$$=\int_a^b\pi[2m-f(x)-g(x)][f(x)-g(x)]\mathrm{d}x.$$

4.【答案】(A).

【解】记 $f(x)=\int_1^x\frac{\sin t}{t}\mathrm{d}t-\ln x$,则

$$f'(x)=\frac{\sin x}{x}-\frac{1}{x}=\frac{\sin x-1}{x}\leqslant 0.$$

故 $f(x)$ 在 $(0,+\infty)$ 内递减,从而在 $(0,1)$ 内有 $f(x)>f(1)=0$,即 $\int_1^x\frac{\sin t}{t}\mathrm{d}t>\ln x$;在 $(1,+\infty)$ 内有 $f(x)<f(1)=0$,即 $\int_1^x\frac{\sin t}{t}\mathrm{d}t<\ln x$.

5.【答案】(B).

【解】记 $F(x)=f(x)-g(x)$,则 $F'(x)=f'(x)-g'(x)\leqslant 0$. 故在 $[0,1]$ 上有

$$F(x)\leqslant F(0)=f(0)-g(0)=0,$$

即

$$f(x)\leqslant g(x).$$

二、填空题

6.【答案】$\frac{\pi}{2}$.

【解】原式 $=\int_{-\infty}^{+\infty}\frac{\mathrm{e}^x\mathrm{d}x}{1+\mathrm{e}^{2x}}=\int_{-\infty}^{+\infty}\frac{\mathrm{d}(\mathrm{e}^x)}{1+\mathrm{e}^{2x}}=\left[\arctan \mathrm{e}^x\right]_{-\infty}^{+\infty}=\frac{\pi}{2}$.

7.【答案】$-\frac{1}{x\ln x}+C$.

【解】原式 $=\int\frac{\mathrm{d}(x\ln x)}{(x\ln x)^2}=-\frac{1}{x\ln x}+C$.

8.【答案】$\frac{2}{5}\cos^{\frac{5}{2}}x-2\cos^{\frac{1}{2}}x+C$.

【解】原式 $=-\int\frac{\sin^2x}{\sqrt{\cos x}}\mathrm{d}(\cos x)=\int\frac{\cos^2x-1}{\sqrt{\cos x}}\mathrm{d}(\cos x)$

$$=\int(\cos^{\frac{3}{2}}x-\cos^{-\frac{1}{2}}x)\mathrm{d}(\cos x)=\frac{2}{5}\cos^{\frac{5}{2}}x-2\cos^{\frac{1}{2}}x+C.$$

9.【答案】$\frac{7}{3}-\mathrm{e}^{-1}$.

【解】原式 $\xlongequal{\text{令 } t=x-2}\int_{-1}^1 f(t)\mathrm{d}t=\int_{-1}^0(1+t^2)\mathrm{d}t+\int_0^1\mathrm{e}^{-t}\mathrm{d}t$

$$=\left[t+\frac{t^3}{3}\right]_{-1}^0+\left[-\mathrm{e}^{-t}\right]_0^1=\frac{7}{3}-\mathrm{e}^{-1}.$$

10.【答案】$x+C$.

【解】原式 $=\int f'(\ln x)\mathrm{d}(\ln x)=f(\ln x)+C=x+C$.

11.【答案】2.

【解】**法一**：原式 $=\int_0^2[f(x)+xf'(x)]\mathrm{d}x=\int_0^2[xf(x)]'\mathrm{d}x=\Big[xf(x)\Big]_0^2=2f(2)=2$.

法二：原式 $=\int_0^2 f(x)\mathrm{d}x+\int_0^2 x\mathrm{d}f(x)=\int_0^2 f(x)\mathrm{d}x+\Big[xf(x)\Big]_0^2-\int_0^2 f(x)\mathrm{d}x$

$$=\Big[xf(x)\Big]_0^2=2f(2)=2.$$

三、解答题

12.【解】原式 $=\int\left[x^2+x+1+\dfrac{x^2+x-8}{x(x-1)(x+1)}\right]\mathrm{d}x$.

设 $\dfrac{x^2+x-8}{x(x-1)(x+1)}=\dfrac{A}{x}+\dfrac{B}{x-1}+\dfrac{C}{x+1}$，则

$$x^2+x-8=(A+B+C)x^2+(B-C)x-A,$$

有
$$\begin{cases}A+B+C=1,\\B-C=1,\\-A=-8,\end{cases}\quad 解得\quad\begin{cases}A=8,\\B=-3,\\C=-4.\end{cases}$$

$$原式=\int(x^2+x+1)\mathrm{d}x+\int\left(\frac{8}{x}-\frac{3}{x-1}-\frac{4}{x+1}\right)\mathrm{d}x$$

$$=\frac{1}{3}x^3+\frac{1}{2}x^2+x+8\ln|x|-3\ln|x-1|-4\ln|x+1|+C.$$

13.【解】原式 $=\int_3^{+\infty}\dfrac{\mathrm{d}x}{(x-1)^4\sqrt{(x-1)^2-1}}\xlongequal{令\,x-1=\sec t}\int_{\frac{\pi}{3}}^{\frac{\pi}{2}}\dfrac{\sec t\cdot\tan t\,\mathrm{d}t}{\sec^4 t\cdot\tan t}$

$$=\int_{\frac{\pi}{3}}^{\frac{\pi}{2}}\cos^3 t\,\mathrm{d}t=\int_{\frac{\pi}{3}}^{\frac{\pi}{2}}(1-\sin^2 t)\mathrm{d}(\sin t)=\left[\sin t-\frac{1}{3}\sin^3 t\right]_{\frac{\pi}{3}}^{\frac{\pi}{2}}=\frac{2}{3}-\frac{3}{8}\sqrt{3}.$$

14.【解】原式 $\xlongequal{令\,t=\sqrt{\mathrm{e}^x-1}}\int\dfrac{(t^2+1)\ln(t^2+1)}{t}\cdot\dfrac{2t}{t^2+1}\mathrm{d}t=2\int\ln(t^2+1)\mathrm{d}t$

$$=2t\ln(t^2+1)-4\int\frac{t^2}{1+t^2}\mathrm{d}t=2t\ln(t^2+1)-4\int\frac{1+t^2-1}{1+t^2}\mathrm{d}t$$

$$=2t\ln(t^2+1)-4\int\mathrm{d}t+4\int\frac{\mathrm{d}t}{1+t^2}=2t\ln(t^2+1)-4t+4\arctan t+C$$

$$=2x\sqrt{\mathrm{e}^x-1}-4\sqrt{\mathrm{e}^x-1}+4\arctan\sqrt{\mathrm{e}^x-1}+C.$$

15.【解】原式 $=\int_{-\frac{1}{2}}^{\frac{1}{2}}\arcsin\sqrt{\dfrac{2x+1}{2}}\,\mathrm{d}x\xlongequal{令\,t=\sqrt{\frac{2x+1}{2}}}\int_0^1 2t\arcsin t\,\mathrm{d}t=\int_0^1\arcsin t\,\mathrm{d}(t^2)$

$$=\Big[t^2\arcsin t\Big]_0^1-\int_0^1\frac{t^2}{\sqrt{1-t^2}}\mathrm{d}t=\frac{\pi}{2}+\int_0^1\frac{1-t^2-1}{\sqrt{1-t^2}}\mathrm{d}t$$

$$=\frac{\pi}{2}+\int_0^1\sqrt{1-t^2}\,\mathrm{d}t-\int_0^1\frac{\mathrm{d}t}{\sqrt{1-t^2}}=\frac{\pi}{2}+\int_0^1\sqrt{1-t^2}\,\mathrm{d}t-\Big[\arcsin t\Big]_0^1$$

$$=\int_0^1\sqrt{1-t^2}\,dt \xlongequal{令 t=\sin u} \int_0^{\frac{\pi}{2}}\cos^2 u\,du=\frac{1}{2}\int_0^{\frac{\pi}{2}}(1+\cos 2u)\,du$$

$$=\frac{1}{2}\left[u+\frac{1}{2}\sin 2u\right]_0^{\frac{\pi}{2}}=\frac{\pi}{4}.$$

16.【解】$\int_0^{\pi}f(x)\,dx=\Big[xf(x)\Big]_0^{\pi}-\int_0^{\pi}xf'(x)\,dx=\pi\int_0^{\pi}\frac{\sin t}{\pi-t}dt-\int_0^{\pi}x\frac{\sin x}{\pi-x}dx$

$$=\int_0^{\pi}(\pi-x)\frac{\sin x}{\pi-x}dx=\int_0^{\pi}\sin x\,dx=\Big[-\cos x\Big]_0^{\pi}=2.$$

17.【解】由于$\lim\limits_{t\to\infty}\left(1+\frac{x}{t}\right)^{2t}=\lim\limits_{t\to\infty}\left(1+\frac{x}{t}\right)^{\frac{t}{x}\cdot 2x}=e^{2x}$，且

$$\int_0^x tf(2x-t)\,dt \xlongequal{令 u=2x-t} -\int_{2x}^x(2x-u)f(u)\,du=2x\int_x^{2x}f(u)\,du-\int_x^{2x}uf(u)\,du,$$

故 $e^{2x}=2x\int_x^{2x}f(u)\,du-\int_x^{2x}uf(u)\,du$.

两边对 x 求导，得

$$2e^{2x}=2\int_x^{2x}f(u)\,du+2x\left[2f(2x)-f(x)\right]-\left[4xf(2x)-xf(x)\right],$$

即 $\int_x^{2x}f(u)\,du=e^{2x}+\frac{x}{2}f(x)$.

令 $x=1$，则 $\int_1^2 f(u)\,du=e^2+\frac{1}{2}f(1)$，即$\int_1^2 f(x)\,dx=\frac{3}{2}e^2$.

18.【证】$\int_1^a f\left(x^2+\frac{a^2}{x^2}\right)\frac{dx}{x} \xlongequal{令 t=x^2} \frac{1}{2}\int_1^{a^2}f\left(t+\frac{a^2}{t}\right)\frac{dt}{t}$

$$=\frac{1}{2}\int_1^a f\left(t+\frac{a^2}{t}\right)\frac{dt}{t}+\frac{1}{2}\int_a^{a^2}f\left(t+\frac{a^2}{t}\right)\frac{dt}{t}.$$

$$\int_a^{a^2}f\left(t+\frac{a^2}{t}\right)\frac{dt}{t} \xlongequal{令 u=\frac{a^2}{t}} \int_a^1 f\left(\frac{a^2}{u}+u\right)\frac{u}{a^2}\cdot\left(-\frac{a^2}{u^2}du\right)=\int_1^a f\left(u+\frac{a^2}{u}\right)\frac{du}{u}.$$

故

$$\int_1^a f\left(x^2+\frac{a^2}{x^2}\right)\frac{dx}{x}=\frac{1}{2}\int_1^a f\left(t+\frac{a^2}{t}\right)\frac{dt}{t}+\frac{1}{2}\int_1^a f\left(u+\frac{a^2}{u}\right)\frac{du}{u}=\int_1^a f\left(x+\frac{a^2}{x}\right)\frac{dx}{x}.$$

19.【证】

$$\int_a^b(x-a)(x-b)f''(x)\,dx$$

$$=\int_a^b(x-a)(x-b)\,df'(x)=\Big[(x-a)(x-b)f'(x)\Big]_a^b-\int_a^b(2x-a-b)f'(x)\,dx$$

$$=-\int_a^b(2x-a-b)\,df(x)=-\Big[f(x)(2x-a-b)\Big]_a^b+2\int_a^b f(x)\,dx$$

$$=(a-b)\left[f(a)+f(b)\right]+2\int_a^b f(x)\,dx=2\int_a^b f(x)\,dx.$$

20.【证】令 $u=x-t$，则 $F(x)=\int_0^x(2u-x)f(u)\,du=\int_0^x 2uf(u)\,du-x\int_0^x f(u)\,du$.

于是 $f'(x)=2xf(x)-\int_0^x f(u)\,du-xf(x)=xf(x)-\int_0^x f(u)\,du$.

由积分中值定理可知，存在 $\xi \in [0,x]$，使 $\int_0^x f(u)\mathrm{d}u = xf(\xi)$，故

$$F'(x) = xf(x) - xf(\xi) = x[f(x) - f(\xi)].$$

由于 $f'(x) \geqslant 0$，有 $f(x) \geqslant f(\xi)$，故 $F'(x) \geqslant 0$，从而 $F(x)$ 在 $(0,+\infty)$ 内单调非减.

第四章

一、选择题

1.【答案】(C).

【解】把 $x=0$ 代入微分方程，得 $y''(0)=1$，故

$$\lim_{x\to 0}\frac{\ln(1+x^2)}{y(x)} = \lim_{x\to 0}\frac{x^2}{y(x)} = \lim_{x\to 0}\frac{2x}{y'(x)} = \lim_{x\to 0}\frac{2}{y''(x)} = 2.$$

2.【答案】(B).

【解】$y_1(x)-y_2(x)$ 是 $y'+P(x)y=0$ 的非零(线性无关的)特解.

3.【答案】(B).

【解】由题意，$r=-1$ 是特征方程的二重根，$r=1$ 是特征方程的单根，故特征方程为 $(r+1)^2(r-1)=0$，即 $r^3+r^2-r-1=0$，从而所求微分方程为 $y'''+y''-y'-y=0$.

4.【答案】(B).

【解】由于 $\lambda=1$ 是特征方程 $r^2-1=0$ 的单根，故 $y''-y=\mathrm{e}^x$ 的特解应具有形式 $y_1^*=ax\mathrm{e}^x$；由于 $\lambda=0$ 不是特征方程 $r^2-1=0$ 的根，故 $y''-y=1$ 的特解应具有形式 $y_2^*=b$. 根据叠加原理，原方程的特解应具有形式 $y_1^*+y_2^*=ax\mathrm{e}^x+b$.

二、填空题

5.【答案】$\tan y=C(\mathrm{e}^x-1)^3$.

【解】原方程可化为
$$\frac{\mathrm{d}y}{\mathrm{d}x}=\frac{3\mathrm{e}^x\tan y}{(\mathrm{e}^x-1)\sec^2 y},$$

分离变量得
$$\frac{\sec^2 y}{\tan y}\mathrm{d}y=\frac{3\mathrm{e}^x}{\mathrm{e}^x-1}\mathrm{d}x,$$

两端积分
$$\int\frac{\mathrm{d}(\tan y)}{\tan y}=\int\frac{3\mathrm{d}(\mathrm{e}^x-1)}{\mathrm{e}^x-1},$$

得
$$\ln|\tan y|=3\ln|\mathrm{e}^x-1|+\ln|C|,$$

从而原方程的通解为
$$\tan y=C(\mathrm{e}^x-1)^3.$$

6.【答案】$x^3-2y^3=Cx$.

【解】原方程可化为
$$\frac{\mathrm{d}y}{\mathrm{d}x}=\frac{x^3+y^3}{3xy^2}=\frac{1+\left(\frac{y}{3}\right)^3}{3\left(\frac{y}{x}\right)^2}.$$

令 $u=\frac{y}{x}$，则 $y=ux$，$\frac{\mathrm{d}y}{\mathrm{d}x}=u+x\frac{\mathrm{d}u}{\mathrm{d}x}$，于是

$$u+x\frac{\mathrm{d}u}{\mathrm{d}x}=\frac{1+u^3}{3u^2},$$

分离变量得
$$\frac{3u^2}{1-2u^3}\mathrm{d}u=\frac{\mathrm{d}x}{x},$$

两端积分
$$-\frac{1}{2}\int\frac{\mathrm{d}(1-2u^3)}{1-2u^3}=\int\frac{\mathrm{d}x}{x},$$

得
$$-\frac{1}{2}\ln|1-2u^3|=\ln|x|+\ln|C_1|,$$

从而
$$\frac{1}{1-2u^3}=C_1^2x^2,$$

即得原方程的通解为
$$x^3-2y^3=Cx\quad\left(C=\frac{1}{C_1^2}\right).$$

7.【答案】$y=\mathrm{e}^x-\frac{x^2}{2}-x+2$.

【解】令 $y'=p(x)$,则 $y''=\frac{\mathrm{d}p}{\mathrm{d}x}$,于是$\frac{\mathrm{d}p}{\mathrm{d}x}=p+x$.

对于$\frac{\mathrm{d}p}{\mathrm{d}x}-p=0$,有$\frac{\mathrm{d}p}{p}=\mathrm{d}x$,则有 $\ln|p|=x+\ln|C_1|$,从而 $p=C_1\mathrm{e}^x$.

设 $p=u(x)\mathrm{e}^x$,则$\frac{\mathrm{d}p}{\mathrm{d}x}=\mathrm{e}^x(u'+u)$,代入原方程得 $u'=x\mathrm{e}^{-x}$,于是

$$u=\int x\mathrm{e}^{-x}\mathrm{d}x=-\int x\mathrm{d}(\mathrm{e}^{-x})=-x\mathrm{e}^{-x}-\mathrm{e}^{-x}+C_2,$$

即
$$p=y'=C_2\mathrm{e}^x-x-1.$$

由 $y'|_{x=0}=0$ 得 $C_2=1$,故 $y'=\mathrm{e}^x-x-1$. 于是

$$y=\int(\mathrm{e}^x-x-1)\mathrm{d}x=\mathrm{e}^x-\frac{x^2}{2}-x+C_3.$$

又由 $y|_{x=0}=3$ 得 $C_3=2$,故所求特解为 $y=\mathrm{e}^x-\frac{x^2}{2}-x+2$.

8.【答案】$y=C_1\cos2x+C_2\sin2x+(5x-2)\mathrm{e}^x$.

【解】与原方程对应的齐次线性方程为 $y''+4y=0$,解特征方程 $r^2+4=0$ 得 $r_{1,2}=\pm2\mathrm{i}$,故它的通解为 $Y=C_1\cos2x+C_2\sin2x$.

设原方程的一个特解为 $y^*=(b_0+b_1x)\mathrm{e}^x$,则

$$y^{*\prime}=(b_0+b_1+b_1x)\mathrm{e}^x,\quad y^{*\prime\prime}=(b_0+2b_1+b_1x)\mathrm{e}^x.$$

把 y^* 和 $y^{*\prime\prime}$代入原方程得

$$5b_0+2b_1+5b_1x=25x.$$

列方程组

$$\begin{cases}5b_1=25,\\5b_0+2b_1=0,\end{cases}\quad \text{解得}\quad \begin{cases}b_0=-2,\\b_1=5,\end{cases}$$

故 $y^*=(5x-2)\mathrm{e}^x$.

所以,原方程的通解为 $y=C_1\cos2x+C_2\sin2x+(5x-2)\mathrm{e}^x$.

三、解答题

9.【解】当 $x>1$ 时，有 $y'-2y=0$，即有 $\frac{\mathrm{d}y}{y}=2\mathrm{d}x$，则 $\ln|y|=2x+\ln|C_1|$，从而

$$y=C_1\mathrm{e}^{2x}\quad(x>1).$$

当 $x<1$ 时，有 $y'-2y=2$. 设 $y=u(x)\mathrm{e}^{2x}$，则 $\frac{\mathrm{d}y}{\mathrm{d}x}=u'\mathrm{e}^{2x}+2u\mathrm{e}^{2x}$，代入原方程得 $u'=2\mathrm{e}^{-2x}$，于是 $u=\int 2\mathrm{e}^{-2x}\mathrm{d}x=-\mathrm{e}^{-2x}+C_2$，从而

$$y=C_2\mathrm{e}^{2x}-1\quad(x<1).$$

由 $y(0)=0$ 得 $C_2=1$，故 $y=\mathrm{e}^{2x}-1(x<1)$.

由于 $y=y(x)$ 为连续函数，故 $y(1)=\lim\limits_{x\to1^+}C_1\mathrm{e}^{2x}=\lim\limits_{x\to1^-}(\mathrm{e}^{2x}-1)$，解得 $C_1=1-\mathrm{e}^{-2}$.

综上所述，$y=\begin{cases}\mathrm{e}^{2x}-1, & x\leqslant1,\\(1-\mathrm{e}^{-2})\mathrm{e}^{2x}, & x>1.\end{cases}$

10.【解】对于 $y''+\lambda y'=0$，解特征方程 $r^2+\lambda r=0$ 得 $r_1=0,r_2=-\lambda$.

当 $\lambda\neq0$ 时，$y''+\lambda y'=0$ 的通解为 $Y=C_1+C_2\mathrm{e}^{-\lambda x}$.

设 $y^*=x(b_0+b_1x)$，则 $y^{*\prime}=b_0+2b_1x$，$y^{*\prime\prime}=2b_1$，代入原方程得

$$2\lambda b_1x+\lambda b_0+2b_1=2x+1.$$

列方程组

$$\begin{cases}2\lambda b_1=2,\\\lambda b_0+2b_1=1,\end{cases}\quad 解得\quad\begin{cases}b_0=\frac{\lambda-2}{\lambda^2},\\b_1=\frac{1}{\lambda},\end{cases}$$

故 $y^*=\frac{1}{\lambda}x^2+\frac{\lambda-2}{\lambda^2}x$，从而

$$y=C_1+C_2\mathrm{e}^{-\lambda x}+\frac{1}{\lambda}x^2+\frac{\lambda-2}{\lambda^2}x;$$

当 $\lambda=0$ 时，$y''=2x+1$. 于是

$$y'=\int(2x+1)\mathrm{d}x=x^2+x+C_1,\quad y=\int(x^2+x+C_1)\mathrm{d}x=\frac{x^3}{3}+\frac{x^2}{2}+C_1x+C_2.$$

所以，原方程的通解为

$$y=\begin{cases}C_1+C_2\mathrm{e}^{-\lambda x}+\frac{1}{\lambda}x^2+\frac{\lambda-2}{\lambda^2}x, & \lambda\neq0,\\\frac{x^3}{3}+\frac{x^2}{2}+C_1x+C_2, & \lambda=0.\end{cases}$$

11.【解】对于 $f(x)=\sin x-x\int_0^x f(t)\mathrm{d}t+\int_0^x tf(t)\mathrm{d}t$，两边对 x 求导，得

$$f'(x)=\cos x-\int_0^x f(t)\mathrm{d}t-xf(x)+xf(x),$$

即

$$f'(x)+\int_0^x f(t)\mathrm{d}t=\cos x.$$

两边再对 x 求导,得 $f''(x)+f(x)=-\sin x$,即有

$$y''+y=-\sin x,\quad y|_{x=0}=0,\quad y'|_{x=0}=1.$$

对于 $y''+y=0$,解特征方程 $r^2+1=0$ 得 $r_{1,2}=\pm \mathrm{i}$,故其通解为 $Y=C_1\cos x+C_2\sin x$.

设 $y^*=x(M\cos x+N\sin x)$,则

$$y^{*\prime}=(M+Nx)\cos x+(N-Mx)\sin x,$$

$$y^{*\prime\prime}=(2N-Mx)\cos x-(2M+Nx)\sin x.$$

把 y^* 和 $y^{*\prime\prime}$代入原方程,得 $2N\cos x-2M\sin x=-\sin x$.

列方程组

$$\begin{cases}-2M=-1,\\ 2N=0,\end{cases}\quad 解得\quad \begin{cases}M=\dfrac{1}{2},\\ N=0,\end{cases}$$

故 $y^*=\dfrac{x}{2}\cos x$,从而

$$y=C_1\cos x+C_2\sin x+\frac{x}{2}\cos x.$$

由 $y|_{x=0}=0,y'|_{x=0}=1$ 得 $C_1=0,C_2=\dfrac{1}{2}$,所以 $f(x)=\dfrac{1}{2}\sin x+\dfrac{x}{2}\cos x$.

12.【解】由题意,

$$\pi\int_1^t f^2(x)\mathrm{d}x=\pi t\int_1^t f(x)\mathrm{d}x,\quad 即\quad \int_1^t f^2(x)\mathrm{d}x=t\int_1^t f(x)\mathrm{d}x.$$

两边对 t 求导,得 $f^2(t)=\int_1^t f(x)\mathrm{d}x+tf(t)$.

两边再对 t 求导,得 $2f(t)f'(t)=2f(t)+tf'(t)$,从而

$$\frac{\mathrm{d}y}{\mathrm{d}x}=\frac{2y}{2y-x},\quad y|_{x=1}=1.$$

对于$\dfrac{\mathrm{d}y}{\mathrm{d}x}=\dfrac{2y}{2y-x}=\dfrac{2\,\dfrac{y}{x}}{2\,\dfrac{y}{x}-1}$,令 $u=\dfrac{y}{x}$,则 $y=ux$,$\dfrac{\mathrm{d}y}{\mathrm{d}x}=u+x\,\dfrac{\mathrm{d}u}{\mathrm{d}x}$,于是

$$u+x\,\frac{\mathrm{d}u}{\mathrm{d}x}=\frac{2u}{2u-1},$$

分离变量得
$$\frac{2u-1}{3u-2u^2}\mathrm{d}u=\frac{\mathrm{d}x}{x},$$

两端积分
$$-\frac{1}{3}\int\frac{\mathrm{d}u}{u}-\frac{4}{3}\int\frac{\mathrm{d}u}{2u-3}=\int\frac{\mathrm{d}x}{x},$$

得
$$-\frac{1}{3}\ln|u|-\frac{2}{3}\ln|2u-3|=\ln|x|+\ln|C_1|,$$

从而
$$u(2u-3)^2=\frac{1}{C_1^3x^3},$$

即得方程的通解为
$$4y^3+9x^2y-12xy^2=C\quad\left(C=\frac{1}{C_1^3}\right).$$

由 $y|_{x=1}=1$ 得 $C=1$,故所求曲线方程为 $4y^3+9x^2y-12xy^2=1$.

13.【解】点 P 处的切线方程为 $Y-y=y'(X-x)$.

令 $Y=0$,则 $X=x-\frac{y}{y'}$. 于是

$$S_1=\frac{1}{2}y\left|x-\left(x-\frac{y}{y'}\right)\right|=\frac{y^2}{2y'}.$$

又 $S_2=\int_0^x y(t)\mathrm{d}t$,故由 $2S_1-S_2=1$ 可知 $\frac{y^2}{y'}-\int_0^x y(t)\mathrm{d}t=1$.

两边对 x 求导,得 $\frac{2yy'^2-y^2y''}{y'^2}-y=0$,从而

$$yy''-y'^2=0,\quad y(0)=1,\quad y'(0)=1.$$

令 $y'=p(y)$,则 $y''=\frac{\mathrm{d}p}{\mathrm{d}x}=\frac{\mathrm{d}p}{\mathrm{d}y}\cdot\frac{\mathrm{d}y}{\mathrm{d}x}=p\frac{\mathrm{d}p}{\mathrm{d}y}$,于是

$$yp\frac{\mathrm{d}p}{\mathrm{d}y}-p^2=0.$$

分离变量得
$$\frac{\mathrm{d}p}{p}=\frac{\mathrm{d}y}{y},$$
两端积分得
$$\ln|p|=\ln|y|+\ln|C_1|,$$
从而
$$p=y'=C_1y.$$

由 $y(0)=1,y'(0)=1$ 得 $C_1=1$,故

$$\frac{\mathrm{d}y}{\mathrm{d}x}=y,$$
分离变量得
$$\frac{\mathrm{d}y}{y}=\mathrm{d}x,$$
两端积分得
$$\ln|y|=x+\ln|C_2|,$$
即
$$y=C_2\mathrm{e}^x.$$

由 $y(0)=1$ 得 $C_2=1$,故所求曲线方程为 $y=\mathrm{e}^x$.

第五章

一、选择题

1.【答案】(B).

【解】由于

$$\lim_{\Delta x\to 0^+}\frac{f(\Delta x,0)-f(0,0)}{\Delta x}=\lim_{\Delta x\to 0^+}\frac{\mathrm{e}^{|\Delta x|}-1}{\Delta x}=\lim_{\Delta x\to 0^+}\frac{|\Delta x|}{\Delta x}=1,$$

而
$$\lim_{\Delta x\to 0^-}\frac{f(\Delta x,0)-f(0,0)}{\Delta x}=\lim_{\Delta x\to 0^-}\frac{\mathrm{e}^{|\Delta x|}-1}{\Delta x}=\lim_{\Delta x\to 0^-}\frac{|\Delta x|}{\Delta x}=-1,$$

故 $f_x(0,0)$不存在.

由于 $\lim\limits_{\Delta y\to 0}\frac{f(0,\Delta y)-f(0,0)}{\Delta y}=\lim\limits_{\Delta y\to 0}\frac{\mathrm{e}^{(\Delta y)^2}-1}{\Delta y}=\lim\limits_{\Delta y\to 0}\frac{(\Delta y)^2}{\Delta y}=0$,故 $f_y(0,0)$存在.

2.【答案】(C).

【解】由 $\lim\limits_{(x,y)\to(0,0)}\dfrac{f(x,y)}{x^2+y^2}$存在可知 $\lim\limits_{(x,y)\to(0,0)}f(x,y)=f(0,0)=0$. 根据极限的局部保号性,由于 $\lim\limits_{(x,y)\to(0,0)}\dfrac{f(x,y)}{x^2+y^2}>0$,故在点(0,0)处的某一去心邻域内有$\dfrac{f(x,y)}{x^2+y^2}>0$,即

$$f(x,y)>f(0,0).$$

根据极值定义,$f(x,y)$在点(0,0)处取得极小值.

【注】既然可以根据已知的一元函数极限判断一元抽象函数的性质(可参看第二章例32),那么也可以根据已知的二元函数极限判断二元抽象函数的性质.

3.【答案】(A).

【解】在D上有$(x^2+y^2)^2\leqslant x^2+y^2\leqslant\sqrt{x^2+y^2}$,且仅在$D$的边界上取等号成立.因此,在$D$上有$\cos(x^2+y^2)^2\geqslant\cos(x^2+y^2)\geqslant\cos\sqrt{x^2+y^2}$,且仅在$D$的边界上取等号成立.根据二重积分的比较定理,有$I_3>I_2>I_1$.

【注】既然可以利用定积分的比较定理比较定积分的大小(可参看第三章例43),那么也可以利用二重积分的比较定理比较二重积分的大小.

4.【答案】(C).

【解】设$\iint\limits_D f(u,v)\mathrm{d}u\mathrm{d}v=a$,则$f(x,y)=xy+a$. 于是

$$a=\iint\limits_D(xy+a)\mathrm{d}x\mathrm{d}y=\int_0^1\mathrm{d}x\int_0^{x^2}(xy+a)\mathrm{d}y=\int_0^1\left[\frac{xy^2}{2}+ay\right]_0^{x^2}\mathrm{d}x$$

$$=\int_0^1\left(\frac{1}{2}x^5+ax^2\right)\mathrm{d}x=\left[\frac{1}{12}x^6+\frac{a}{3}x^3\right]_0^1=\frac{1}{12}+\frac{a}{3}.$$

解之得$a=\dfrac{1}{8}$,故$f(x,y)=xy+\dfrac{1}{8}$.

【注】既然可以利用"定积分的结果是一个常数"的结论求一元函数的表达式(可参看第三章例36),那么也可以利用"二重积分的结果是一个常数"的结论来求二元函数的表达式.

二、填空题

5.【答案】2ln2+1.

【解】$z(x,0)=(x+1)^x$. 两边取对数,得$\ln z(x,0)=x\ln(x+1)$.

两边对x求导,得$\dfrac{1}{z(x,0)}\cdot\dfrac{\mathrm{d}z(x,0)}{\mathrm{d}x}=\ln(x+1)+\dfrac{x}{x+1}$,从而

$$\frac{\mathrm{d}z(x,0)}{\mathrm{d}x}=\left[\ln(x+1)+\frac{x}{x+1}\right](x+1)^x.$$

故$\dfrac{\partial z}{\partial x}\Big|_{(1,0)}=\dfrac{\mathrm{d}(z,0)}{\mathrm{d}x}\Big|_{x=1}=2\ln2+1$.

6.【答案】$\dfrac{\pi}{4}$.

【解】原式$=\iint\limits_D x^2\mathrm{d}x\mathrm{d}y=\iint\limits_D y^2\mathrm{d}x\mathrm{d}y=\dfrac{1}{2}\iint\limits_D(x^2+y^2)\mathrm{d}x\mathrm{d}y$

$$=\frac{1}{2}\int_0^{2\pi}\mathrm{d}\theta\int_0^1 r^3\,\mathrm{d}r=\frac{1}{2}\int_0^{2\pi}\left[\frac{r^4}{4}\right]_0^1\mathrm{d}\theta=\frac{\pi}{4}.$$

7.【答案】$\int_0^1\mathrm{d}x\int_0^{x^2}f(x,y)\mathrm{d}y+\int_1^{\sqrt{2}}\mathrm{d}x\int_0^{\sqrt{2-x^2}}f(x,y)\mathrm{d}y$.

【解】由题意,积分区域可表示为

$$D=\left\{(x,y)\mid\sqrt{y}\leqslant x\leqslant\sqrt{2-y^2},0\leqslant y\leqslant 1\right\},$$

即是由 $x=\sqrt{y}$,$x=\sqrt{2-y^2}$ 与 x 轴围成的图形(右图).

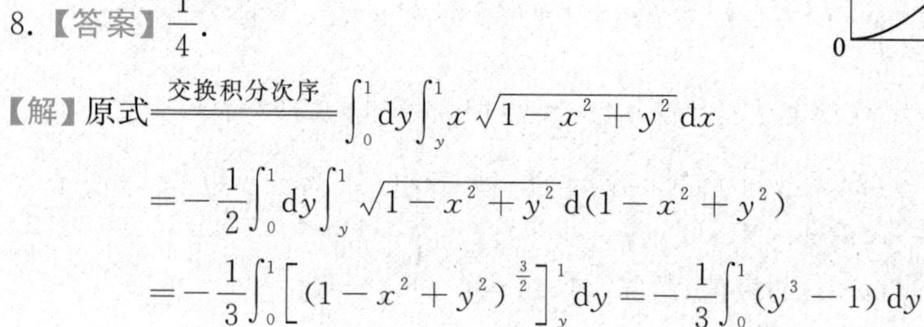

它也可表示为 $D=D_1\cup D_2$,其中

$$D_1=\{(x,y)\mid 0\leqslant x\leqslant 1,0\leqslant y\leqslant x^2\},$$

$$D_2=\left\{(x,y)\mid 1\leqslant x\leqslant\sqrt{2},0\leqslant y\leqslant\sqrt{2-x^2}\right\}.$$

8.【答案】$\frac{1}{4}$.

【解】原式 $\xlongequal{\text{交换积分次序}}\int_0^1\mathrm{d}y\int_y^1 x\sqrt{1-x^2+y^2}\,\mathrm{d}x$

$$=-\frac{1}{2}\int_0^1\mathrm{d}y\int_y^1\sqrt{1-x^2+y^2}\,\mathrm{d}(1-x^2+y^2)$$

$$=-\frac{1}{3}\int_0^1\left[(1-x^2+y^2)^{\frac{3}{2}}\right]_y^1\mathrm{d}y=-\frac{1}{3}\int_0^1(y^3-1)\,\mathrm{d}y$$

$$=-\frac{1}{3}\left[\frac{y^4}{4}-y\right]_0^1=\frac{1}{4}.$$

9.【答案】$\frac{\pi}{8}(1-\mathrm{e}^{-4})$.

【解】原式 $=\int_{\frac{\pi}{4}}^{\frac{\pi}{2}}\mathrm{d}\theta\int_0^2\mathrm{e}^{-r^2}r\,\mathrm{d}r=-\frac{1}{2}\int_{\frac{\pi}{4}}^{\frac{\pi}{2}}\mathrm{d}\theta\int_0^2\mathrm{e}^{-r^2}\mathrm{d}(-r^2)=-\frac{1}{2}\int_{\frac{\pi}{4}}^{\frac{\pi}{2}}\left[\mathrm{e}^{-r^2}\right]_0^2\mathrm{d}\theta$

$$=-\frac{1}{2}\int_{\frac{\pi}{4}}^{\frac{\pi}{2}}(\mathrm{e}^{-4}-1)\,\mathrm{d}\theta=\frac{\pi}{8}(1-\mathrm{e}^{-4}).$$

10.【答案】$-\frac{2}{3}$.

【解】$\int_0^{x^2}\mathrm{d}t\int_{\sqrt{t}}^x f(u)\mathrm{d}u\xlongequal{\text{交换积分次序}}\int_0^x\mathrm{d}u\int_0^{u^2}f(u)\mathrm{d}t=\int_0^x\left[\int_0^{u^2}f(u)\mathrm{d}t\right]\mathrm{d}u$.

$$\text{原式}=-\lim_{x\to 0^+}\frac{\int_0^x\left[\int_0^{u^2}f(u)\mathrm{d}t\right]\mathrm{d}u}{\frac{1}{2}x^3}\xlongequal{\text{洛必达法则}}-\lim_{x\to 0^+}\frac{\int_0^{x^2}f(x)\mathrm{d}t}{\frac{3}{2}x^2}$$

$$=-\lim_{x\to 0^+}\frac{x^2f(x)}{\frac{3}{2}x^2}=-\frac{2}{3}f(0)=-\frac{2}{3}.$$

【注】既然可以用洛必达法则求含变限积分的函数的极限,那么也可以用洛必达法则求含二次变限积分的函数的极限.

三、解答题

11.【解】令 $F(x,y,z)=x\mathrm{e}^x-y\mathrm{e}^y-z\mathrm{e}^z$,则 $F_x=(x+1)\mathrm{e}^x$,$F_y=-(y+1)\mathrm{e}^y$,$F_z=$

$-(z+1)e^z$.

于是

$$\frac{\partial z}{\partial x}=-\frac{F_x}{F_z}=\frac{x+1}{z+1}e^{x-z},\quad \frac{\partial z}{\partial y}=-\frac{F_y}{F_z}=-\frac{y+1}{z+1}e^{y-z}.$$

从而

$$\frac{\partial u}{\partial x}=f'_1+f'_3\frac{\partial z}{\partial x}=f'_1+f'_3\frac{x+1}{z+1}e^{x-z},\quad \frac{\partial z}{\partial y}=f'_2+f'_3\frac{\partial z}{\partial y}=f'_2-f'_3\frac{y+1}{z+1}e^{y-z}.$$

故

$$du=\left(f'_1+f'_3\frac{x+1}{z+1}e^{x-z}\right)dx+\left(f'_2-f'_3\frac{y+1}{z+1}e^{y-z}\right)dy.$$

12.【解】$\frac{\partial z}{\partial x}=f'_1[x+y,f(x,y)]+f'_2[x+y,f(x,y)]\cdot f'_1(x,y)$.

$$\frac{\partial^2 z}{\partial x\partial y}=\{f''_{11}[x+y,f(x,y)]+f''_{12}[x+y,f(x,y)]\cdot f'_2(x,y)\}+$$
$$f'_2[x+y,f(x,y)]f''_{12}(x,y)+f'_1(x,y)\{f''_{21}[x+y,f(x,y)]+$$
$$f''_{22}[x+y,f(x,y)]\cdot f'_2(x,y)\}.$$

由于 $f(1,1)=2$ 是 $f(u,v)$的极值,故 $f'_1(1,1)=f'_2(1,1)=0$.

所以,$\left.\frac{\partial^2 z}{\partial x\partial y}\right|_{(1,1)}=f''_{11}(2,2)+f'_2(2,2)f''_{12}(1,1)$.

13.【解】取 $y=kx$,则

$$\lim_{\substack{x\to 0\\ y=kx}}\frac{x^2y}{x^3+y^3}=\lim_{x\to 0}\frac{kx^3}{x^3+k^3x^3}=\frac{k}{1+k^3},$$

显然极限值随 k 的变化而变化,故原极限不存在.

14.【解】$f_x(0,0)=\lim\limits_{\Delta x\to 0}\frac{f(\Delta x,0)-f(0,0)}{\Delta x}=\lim\limits_{\Delta x\to 0}\frac{0-0}{\Delta x}=0$.

$$f_y(0,0)=\lim_{\Delta y\to 0}\frac{f(0,\Delta y)-f(0,0)}{\Delta y}=\lim_{\Delta y\to 0}\frac{0-0}{\Delta y}=0.$$

$$\lim_{\substack{\Delta x\to 0\\ \Delta y\to 0}}\frac{f(\Delta x,\Delta y)-f(0,0)-f_x(0,0)\Delta x-f_y(0,0)\Delta y}{\sqrt{(\Delta x)^2+(\Delta y)^2}}=\lim_{\substack{\Delta x\to 0\\ \Delta y\to 0}}\frac{(\Delta x\Delta y)^2}{[(\Delta x)^2+(\Delta y)^2]^{\frac{3}{2}}}.$$

由基本不等式可知

$$0\leqslant\frac{(\Delta x\Delta y)^2}{[(\Delta x)^2+(\Delta y)^2]^{\frac{3}{2}}}\leqslant\frac{\left[\frac{(\Delta x)^2+(\Delta y)^2}{2}\right]^2}{[(\Delta x)^2+(\Delta y)^2]^{\frac{3}{2}}}=\frac{1}{4}\sqrt{(\Delta x)^2+(\Delta y)^2},$$

根据夹逼准则,

$$\lim_{\substack{\Delta x\to 0\\ \Delta y\to 0}}\frac{(\Delta x\Delta y)^2}{[(\Delta x)^2+(\Delta y)^2]^{\frac{3}{2}}}=\lim_{\substack{\Delta x\to 0\\ \Delta y\to 0}}\frac{1}{4}\sqrt{(\Delta x)^2+(\Delta y)^2}=0,$$

故 $f(x,y)$在点$(0,0)$处可微.

15.【解】解方程组$\begin{cases}f_x(x,y)=2x(2+y^2)=0,\\ f_y(x,y)=2x^2y+\ln y+1=0,\end{cases}$得驻点$\left(0,\frac{1}{e}\right)$,则有

$$f_{xx}(x,y)=2(2+y^2),\quad f_{xy}(x,y)=4xy,\quad f_{yy}(x,y)=2x^2+\frac{1}{y}.$$

在点$\left(0,\frac{1}{\mathrm{e}}\right)$处$A=2\left(2+\frac{1}{\mathrm{e}^2}\right)$,$B=0$,$C=\mathrm{e}$.由于$AC-B^2=2\mathrm{e}\left(2+\frac{1}{\mathrm{e}^2}\right)>0$且$A>0$,故$f(x,y)$有极小值$f\left(0,\frac{1}{\mathrm{e}}\right)=-\frac{1}{\mathrm{e}}$.

16.【解】由$\mathrm{d}z=2x\mathrm{d}x-2y\mathrm{d}y$可知$\frac{\partial z}{\partial x}=2x$,$\frac{\partial z}{\partial y}=-2y$.

两边分别对x,y积分得

$$f(x,y)=x^2+\varphi(y),\quad f(x,y)=-y^2+\psi(x).$$

比较两式得$f(x,y)=x^2-y^2+C$.由$f(1,1)=2$得$C=2$,故$f(x,y)=x^2-y^2+2$.

解方程组$\begin{cases}f_x(x,y)=2x=0,\\ f_y(x,y)=-2y=0\end{cases}$得$D$内部的驻点$(0,0)$,且有$f(0,0)=2$.

在D的边界$x^2+\frac{y^2}{4}=1$上把$y^2=4(1-x^2)$代入$f(x,y)$,得

$$z=x^2-4(1-x^2)+2=5x^2-2\quad(-1\leqslant x\leqslant 1).$$

令$z'=10x=0$,得$x=0$.

由于$z|_{x=0}=-2$,$z|_{x=-1}=3$,$z|_{x=1}=3$,故$f(x,y)$在D的边界上有最大值3和最小值-2.

综上所述,$f(x,y)$在D上的最大值为$\max=\{2,3,-2\}=3$,最小值为$\min=\{2,3,-2\}=-2$.

17.【解】设$L(x,y,z,\lambda)=\ln x+\ln y+3\ln z+\lambda(x^2+y^2+z^2-5r^2)$,列方程组

$$\begin{cases}L_x=\frac{1}{x}+2\lambda x=0,\\ L_y=\frac{1}{y}+2\lambda y=0,\\ L_z=\frac{3}{z}+2\lambda z=0,\\ L_\lambda=x^2+y^2+z^2-5r^2=0,\end{cases}$$

解之得唯一可能的极值点$(r,r,\sqrt{3}r)$.

由题意,当$x>0$,$y>0$,$z>0$时,$f(x,y,z)$在$x^2+y^2+z^2=5r^2$上有最大值,故最大值为$f(r,r,\sqrt{3}r)=\ln(3\sqrt{3}r^5)$.

于是$\ln x+\ln y+3\ln z\leqslant\ln(3\sqrt{3}r^5)$,即$xyz^3\leqslant 3\sqrt{3}r^5$,从而$x^2y^2z^6\leqslant 27r^{10}$.

令$x^2=a$,$y^2=b$,$z^2=c$,又由于$x^2+y^2+z^2=5r^2$,故

$$abc^3\leqslant 27\left(\frac{a+b+c}{5}\right)^5\quad(a,b,c>0).$$

18.【解】记$f(x,y)=\frac{xy}{1+x^2+y^2}$,$g(x,y)=\frac{1}{1+x^2+y^2}$,

$$D_1=\left\{(x,y)\mid x^2+y^2\leqslant 1,x\geqslant 0,y\geqslant 0\right\}.$$

因为$f(x,-y)=-f(x,y)$,又D关于x轴对称,故$\iint\limits_D f(x,y)\mathrm{d}x\mathrm{d}y=0$.

因为 $g(x,-y)=g(x,y)$，又 D 关于 x 轴对称，故 $\iint\limits_{D}g(x,y)\mathrm{d}x\mathrm{d}y=2\iint\limits_{D_1}g(x,y)\mathrm{d}x\mathrm{d}y$.

于是

$$\text{原式}=2\iint\limits_{D_1}\frac{1}{1+x^2+y^2}\mathrm{d}x\mathrm{d}y=2\int_0^{\frac{\pi}{2}}\mathrm{d}\theta\int_0^1\frac{r\mathrm{d}r}{1+r^2}=\int_0^{\frac{\pi}{2}}\mathrm{d}\theta\int_0^1\frac{\mathrm{d}(1+r^2)}{1+r^2}$$

$$=\int_0^{\frac{\pi}{2}}\left[\ln(1+r^2)\right]_0^1\mathrm{d}\theta=\frac{\pi\ln 2}{2}.$$

19.【解】见右图，记 $D_1=\{(x,y)\mid x^2+y^2\leqslant 1,x\geqslant 0,y\geqslant 0\}$.

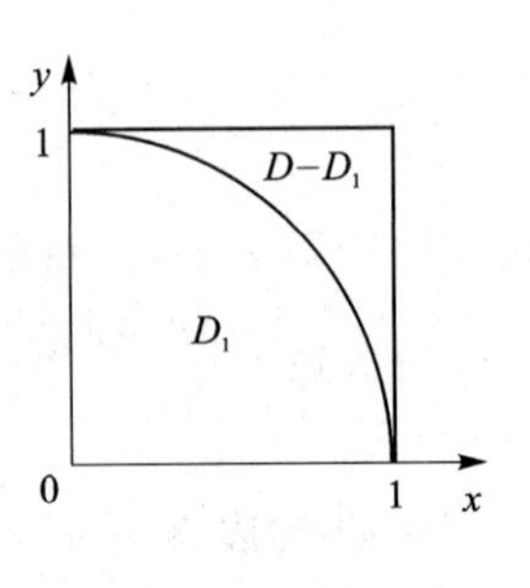

$$\text{原式}=-\iint\limits_{D_1}(x^2+y^2-1)\mathrm{d}\sigma+\iint\limits_{D-D_1}(x^2+y^2-1)\mathrm{d}\sigma$$

$$=\iint\limits_{D}(x^2+y^2-1)\mathrm{d}\sigma-2\iint\limits_{D_1}(x^2+y^2-1)\mathrm{d}\sigma.$$

$$\iint\limits_{D}(x^2+y^2-1)\mathrm{d}\sigma=\int_0^1\mathrm{d}x\int_0^1(x^2+y^2-1)\mathrm{d}y$$

$$=\int_0^1\left[x^2y+\frac{y^3}{3}-y\right]_0^1\mathrm{d}x$$

$$=\int_0^1\left(x^2-\frac{2}{3}\right)\mathrm{d}x=\left[\frac{x^3}{3}-\frac{2}{3}x\right]_0^1=-\frac{1}{3}.$$

$$\iint\limits_{D_1}(x^2+y^2-1)\mathrm{d}\sigma=\int_0^{\frac{\pi}{2}}\mathrm{d}\theta\int_0^1(r^2-1)r\mathrm{d}r=\int_0^{\frac{\pi}{2}}\left[\frac{r^4}{4}-\frac{r^2}{2}\right]_0^1\mathrm{d}\theta=-\frac{\pi}{8}.$$

故原式 $=-\frac{1}{3}-2\times\left(-\frac{\pi}{8}\right)=\frac{\pi}{4}-\frac{1}{3}$.

20.【证】**法一**：记 $D=\{(x,y)\mid a\leqslant x\leqslant b,a\leqslant y\leqslant b\}$，则

$$\left[\int_a^b f(x)\mathrm{d}x\right]^2-(b-a)\int_a^b f^2(x)\mathrm{d}x$$

$$=\int_a^b f(y)\mathrm{d}y\int_a^b f(x)\mathrm{d}x-\int_a^b\mathrm{d}y\int_a^b f^2(x)\mathrm{d}x$$

$$=\iint\limits_{D}f(y)f(x)\mathrm{d}x\mathrm{d}y-\iint\limits_{D}f^2(x)\mathrm{d}x\mathrm{d}y$$

$$=\iint\limits_{D}f(x)\left[f(y)-f(x)\right]\mathrm{d}x\mathrm{d}y.$$

根据轮换对称性，

$$\iint\limits_{D}f(x)\left[f(y)-f(x)\right]\mathrm{d}x\mathrm{d}y=\iint\limits_{D}f(y)\left[f(x)-f(y)\right]\mathrm{d}x\mathrm{d}y$$

$$=-\frac{1}{2}\iint\limits_{D}\left[f(x)-f(y)\right]^2\mathrm{d}x\mathrm{d}y\leqslant 0.$$

故

$$\left[\int_a^b f(x)\mathrm{d}x\right]^2\leqslant(b-a)\int_a^b f^2(x)\mathrm{d}x.$$

法二：记 $F(x)=\left[\int_a^x f(t)\mathrm{d}t\right]^2-(x-a)\int_a^x f^2(t)\mathrm{d}t\,(x\geqslant a)$，则

$$F'(x)=2f(x)\int_a^x f(t)\mathrm{d}t-\int_a^x f^2(t)\mathrm{d}t-(x-a)f^2(x)$$
$$=\int_a^x 2f(x)f(t)\mathrm{d}t-\int_a^x f^2(t)\mathrm{d}t-\int_a^x f^2(x)\mathrm{d}x$$
$$=-\int_a^x [f(x)-f(t)]^2\mathrm{d}t\leqslant 0.$$

故 $F(x)$ 在 $(a,+\infty)$ 内单调非增,从而 $F(x)\leqslant F(a)=0$,即

$$\left[\int_a^x f(t)\mathrm{d}t\right]^2\leqslant(x-a)\int_a^x f^2(t)\mathrm{d}t.$$

令 $x=b$,则 $\left[\int_a^b f(x)\mathrm{d}x\right]^2\leqslant(b-a)\int_a^b f^2(x)\mathrm{d}x.$

第六章

一、选择题

1.【答案】(A).

【解】已知直线的方向向量为

$$\vec{s}=(1,1,-3)\times(1,-1,-1)=\begin{vmatrix}\vec{i} & \vec{j} & \vec{k}\\ 1 & 1 & -3\\ 1 & -1 & -1\end{vmatrix}=-4\vec{i}-2\vec{j}-2\vec{k},$$

平面的法向量为 $\vec{n}=(1,-1,-1)$. 设所求夹角为 φ,由

$$\sin\varphi=\frac{|(-4)\times1+(-2)\times(-1)+(-2)\times(-1)|}{\sqrt{(-4)^2+(-2)^2+(-2)^2}\times\sqrt{1^2+(-1)^2+(-1)^2}}=0$$

可知 $\varphi=0$.

2.【答案】(B).

【解】已知曲线在点 $(t_0,-t_0^2,t_0^3)$ 处的切向量为 $\vec{T}=(1,-2t_0,3t_0^2)$,平面的法向量为 $\vec{n}=(1,2,1)$. 由题意,$\vec{T}\perp\vec{n}$,即 $1-4t_0+3t_0^2=0$. 由 $\Delta=4>0$ 可知方程有两个不同的实根.

二、填空题

3.【答案】$y+z+3\sqrt{2}=0$ 或 $x+z-3\sqrt{2}=0$.

【解】由题意,设所求平面方程为 $x+y+2z+\lambda(x+z-3\sqrt{2})=0$,即

$$(1+\lambda)x+y+(2+\lambda)z-3\sqrt{2}\lambda=0.$$

球心 $(0,0,0)$ 到平面的距离 $d=\dfrac{|-3\sqrt{2}\lambda|}{\sqrt{(1+\lambda)^2+1^2+(2+\lambda)^2}}$. 由 $d=3$ 得 $\lambda=-1$.

经检验,平面 $x+z=3\sqrt{2}$ 也与球面 $x^2+y^2+z^2=9$ 相切.

故所求平面方程为 $y+z+3\sqrt{2}=0$ 或 $x+z-3\sqrt{2}=0$.

4.【答案】$\frac{\sqrt{30}}{30}(0,2\sqrt{3},3\sqrt{2})$.

【解】旋转曲面方程为 $3x^2+2y^2+3z^2=12$. 记 $F(x,y,z)=3x^2+2y^2+3z^2-12$,则

$$F_x(0,\sqrt{3},\sqrt{2})=0,\quad F_y(0,\sqrt{3},\sqrt{2})=4\sqrt{3},\quad F_z(0,\sqrt{3},\sqrt{2})=6\sqrt{2},$$

故 $\vec{n}=(0,4\sqrt{3},6\sqrt{2})$,从而所求单位法向量为$\frac{\sqrt{30}}{30}(0,2\sqrt{3},3\sqrt{2})$.

5.【答案】$-\frac{31}{13}$.

【解】$\left.\frac{\partial u}{\partial x}\right|_{(3,-1,1)}=-1,\left.\frac{\partial u}{\partial y}\right|_{(3,-1,1)}=3,\left.\frac{\partial u}{\partial z}\right|_{(3,-1,1)}=-3$.

对于表示方向的向量$(4,3,12)$,$\cos\alpha=\frac{4}{13},\cos\beta=\frac{3}{13},\cos\gamma=\frac{12}{13}$. 故

$$\left.\frac{\partial u}{\partial l}\right|_{(3,-1,1)}=(-1)\times\frac{4}{13}+3\times\frac{3}{13}+(-3)\times\frac{12}{13}=-\frac{31}{13}.$$

6.【答案】$\frac{4}{15}\pi$.

【解】

$$\begin{aligned}\text{原式}&=\int_{-1}^{1}\mathrm{d}z\iint_{D_z}z^2\mathrm{d}x\mathrm{d}y=\int_{-1}^{1}z^2\left(\iint_{D_z}\mathrm{d}x\mathrm{d}y\right)\mathrm{d}z\\&=\int_{-1}^{1}z^2\pi(1-z^2)\mathrm{d}z=\pi\left[\frac{z^3}{3}-\frac{z^5}{5}\right]_{-1}^{1}=\frac{4}{15}\pi.\end{aligned}$$

7.【答案】4.

【解】原式 $=\int_0^{\frac{\pi}{2}}2\sin t\cdot 2\cos t\sqrt{4\sin^2t+4\cos^2t}\,\mathrm{d}t=4\int_0^{\frac{\pi}{2}}\sin 2t\,\mathrm{d}t=4$.

8.【答案】$-\frac{7}{3}$.

【解】原式 $=\int_1^0(x^2+2x\mathrm{e}^x)\mathrm{d}x=-\int_0^1x^2\mathrm{d}x-2\int_0^1x\mathrm{d}(\mathrm{e}^x)=-\left[\frac{x^3}{3}\right]_0^1-2\left[x\mathrm{e}^x-\mathrm{e}^x\right]_0^1=-\frac{7}{3}$.

9.【答案】0.

【解】补曲线 $L_1:y=0(-1\leqslant x\leqslant 1$,且 x 由 1 变到 $-1)$.

根据格林公式,$\int_{L+L_1}xy\mathrm{d}x+x^2\mathrm{d}y=-\iint_D(2x-x)\mathrm{d}x\mathrm{d}y=0$,其中 D 为 L 与 L_1 围成的区域.

根据第二类曲线积分的可加性,

$$\text{原式}=\int_{L+L_1}xy\mathrm{d}x+x^2\mathrm{d}y-\int_{L_1}xy\mathrm{d}x+x^2\mathrm{d}y=0.$$

【注】值得注意的是,$L+L_1$ 为 D 的取反向的边界曲线,故本题使用格林公式时需要多加一个负号(虽然并不影响答案).

10.【答案】$\frac{16}{3}\pi$.

【解】原式$=\iint\limits_{D_{xy}}\sqrt{4-x^2-y^2}\,\mathrm{d}x\,\mathrm{d}y=\int_0^{2\pi}\mathrm{d}\theta\int_0^2\sqrt{4-r^2}\,r\,\mathrm{d}r$

$$=-\frac{1}{2}\int_0^{2\pi}\mathrm{d}\theta\int_0^2\sqrt{4-r^2}\,\mathrm{d}(4-r^2)=-\frac{1}{3}\int_0^{2\pi}\left[(4-r^2)^{\frac{3}{2}}\right]_0^2\mathrm{d}\theta$$

$$=\frac{1}{3}\int_0^{2\pi}8\,\mathrm{d}\theta=\frac{16}{3}\pi.$$

三、解答题

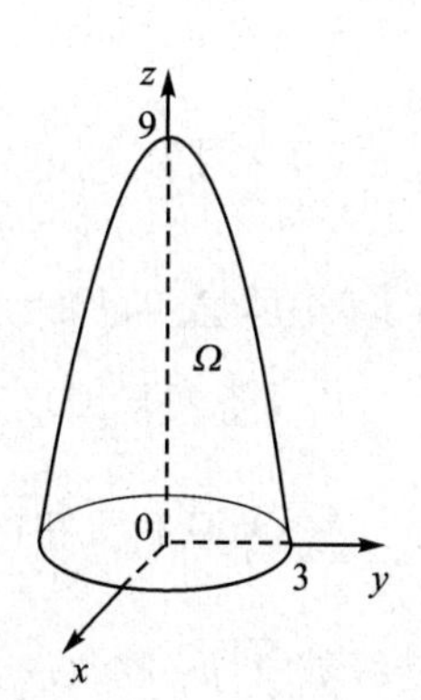

11.【解】见右图，

原式$=\int_0^9\mathrm{d}z\iint\limits_{D_z}\mathrm{e}^z\,\mathrm{d}x\,\mathrm{d}y=\int_0^9\mathrm{e}^z\left(\iint\limits_{D_z}\mathrm{d}x\,\mathrm{d}y\right)\mathrm{d}z$

$$=\int_0^9\mathrm{e}^z\cdot\pi(9-z)\,\mathrm{d}z=9\pi\int_0^9\mathrm{e}^z\,\mathrm{d}z-\pi\int_0^9z\,\mathrm{d}(\mathrm{e}^z)$$

$$=9\pi\left[\mathrm{e}^z\right]_0^9-\pi\left[z\mathrm{e}^z-\mathrm{e}^z\right]_0^9=-(\mathrm{e}^9-10)\pi.$$

12.【解】对于 $z=\sqrt{x^2+y^2}$，有 $z_x=\dfrac{x}{\sqrt{x^2+y^2}}$，$z_y=\dfrac{y}{\sqrt{x^2+y^2}}$，则

$$\sqrt{1+z_x^2+z_y^2}=\sqrt{1+\frac{x^2}{x^2+y^2}+\frac{y^2}{x^2+y^2}}=\sqrt{2}.$$

原式$=\iint\limits_{D_{xy}}\sqrt{x^2+y^2}\cdot\sqrt{2}\,\mathrm{d}x\,\mathrm{d}y=\sqrt{2}\int_{-\frac{\pi}{2}}^{\frac{\pi}{2}}\mathrm{d}\theta\int_0^{2\cos\theta}r^2\,\mathrm{d}r=\sqrt{2}\int_{-\frac{\pi}{2}}^{\frac{\pi}{2}}\left[\frac{r^3}{3}\right]_0^{2\cos\theta}\mathrm{d}\theta$

$$=\frac{8}{3}\sqrt{2}\int_{-\frac{\pi}{2}}^{\frac{\pi}{2}}\cos^3\theta\,\mathrm{d}\theta=\frac{8}{3}\sqrt{2}\int_{-\frac{\pi}{2}}^{\frac{\pi}{2}}(1-\sin^2\theta)\,\mathrm{d}(\sin\theta)=\frac{32}{9}\sqrt{2}.$$

【注】本例的 D_{xy} 为 xOy 面上 $x^2+y^2=2x$ 围成的区域.

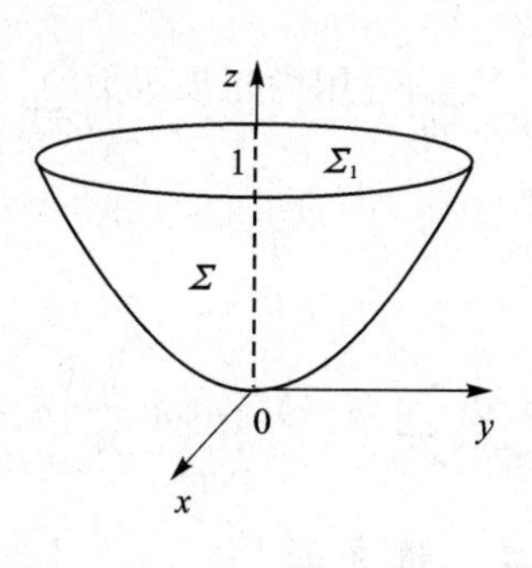

13.【解】补曲面 Σ_1：平面 $z=1$ 上被圆 $x^2+y^2=1$ 所围部分的下侧，见右图.

根据高斯公式，有

$$\iint\limits_{\Sigma+\Sigma_1}(2x+z)\,\mathrm{d}y\,\mathrm{d}z+z\,\mathrm{d}x\,\mathrm{d}y=-\iiint\limits_{\Omega}(2+1)\,\mathrm{d}v$$

$$=-3\int_0^1\mathrm{d}z\iint\limits_{D_z}\mathrm{d}x\,\mathrm{d}y=-3\int_0^1\pi z\,\mathrm{d}z=-\frac{3}{2}\pi,$$

其中 Ω 为 Σ 和 Σ_1 围成的区域.

根据第二类曲面积分的可加性，有

原式$=\iint\limits_{\Sigma+\Sigma_1}(2x+z)\,\mathrm{d}y\,\mathrm{d}z+z\,\mathrm{d}x\,\mathrm{d}y-\iint\limits_{\Sigma_1}(2x+z)\,\mathrm{d}y\,\mathrm{d}z+z\,\mathrm{d}x\,\mathrm{d}y$

$$=-\frac{3}{2}\pi+\iint\limits_{D_{xy}}\mathrm{d}x\,\mathrm{d}y=-\frac{3}{2}\pi+\pi=-\frac{\pi}{2}.$$

【注】值得注意的是，Σ 的法向量与 z 轴正向的夹角为锐角说明了 Σ 为曲面的上侧. 因此，$\Sigma+\Sigma_1$ 为 Ω 的边界曲面的内侧. 故本题在使用高斯公式时需要多加一个负号.

第七章

一、选择题

1.【答案】(B).

【解】因为$\sum\limits_{n=0}^{\infty}a_n(x-1)^n$的收敛区间的中心点是$x=1$,由题意可知$\sum\limits_{n=0}^{\infty}a_nt^n$的收敛半径$R\geqslant 2$,故$\sum\limits_{n=0}^{\infty}a_n(x-1)^n$在$(-1,3)$内的各点处一定绝对收敛.

2.【答案】(C).

【解】记$v_n=\ln\left(1+\frac{1}{\sqrt{n}}\right)$,因为$\lim\limits_{n\to\infty}v_n=0$,且$\{v_n\}$为递减数列,根据莱布尼兹判别法,交错级数$\sum\limits_{n=1}^{\infty}u_n$收敛.

因为$\lim\limits_{n\to\infty}\frac{\left[\ln\left(1+\frac{1}{\sqrt{n}}\right)\right]^2}{\frac{1}{n}}=\lim\limits_{n\to\infty}\frac{\left(\frac{1}{\sqrt{n}}\right)^2}{\frac{1}{n}}=1$,而$\sum\limits_{n=1}^{\infty}\frac{1}{n}$发散,故$\sum\limits_{n=1}^{\infty}u_n^2$发散.

3.【答案】(C).

【解】取$a_n=b_n=\frac{(-1)^n}{\sqrt{n}}$,排除(A);取$a_n=b_n=\frac{1}{n}$,排除(B)、(D).

4.【答案】(A).

【解】因为正项级数$\sum\limits_{n=1}^{\infty}a_n$收敛,故$\sum\limits_{n=1}^{\infty}a_{2n}$也收敛. 又

$$\lim_{n\to\infty}\frac{\left(n\tan\frac{\lambda}{n}\right)a_{2n}}{a_{2n}}=\lim_{n\to\infty}n\cdot\frac{\lambda}{n}=\lambda,$$

所以$\sum\limits_{n=1}^{\infty}(-1)^n\left(n\tan\frac{\lambda}{n}\right)a_{2n}$绝对收敛.

二、填空题

5.【答案】0.

【解】记$u_n=\frac{(n+1)!}{n^{n+1}}$,因为

$$\lim_{n\to\infty}\frac{u_{n+1}}{u_n}=\lim_{n\to\infty}\frac{(n+2)!}{(n+1)^{n+2}}\cdot\frac{n^{n+1}}{(n+1)!}=\lim_{n\to\infty}\frac{(n+2)n}{(n+1)^2}\cdot\left(\frac{n}{n+1}\right)^n$$
$$=\lim_{n\to\infty}\frac{1}{\left(1+\frac{1}{n}\right)^n}=\frac{1}{\mathrm{e}}<1,$$

故 $\sum_{n=1}^{\infty} u_n$ 收敛. 根据级数收敛的必要条件，$\lim_{n\to\infty}\frac{(n+1)!}{n^{n+1}}=0$.

6.【答案】3.

【解】$R=\lim_{n\to\infty}\left|\frac{a_n}{a_{n+1}}\right|=\lim_{n\to\infty}\left|\frac{n}{2^n+(-3)^n}\cdot\frac{2^{n+1}+(-3)^{n+1}}{n+1}\right|$

$$=\lim_{n\to\infty}\left|\frac{2^{n+1}+(-3)^{n+1}}{2^n+(-3)^n}\right|=\lim_{n\to\infty}\left|\frac{2\left(-\frac{2}{3}\right)^n-3}{\left(-\frac{2}{3}\right)^n+1}\right|=3.$$

7.【答案】$(2-\sqrt{3},2+\sqrt{3})$.

【解】令 $t=(x-2)^2$，则原级数变为 $\sum_{n=1}^{\infty}\frac{t^n}{n\cdot 3^n}$.

$$R=\lim_{n\to\infty}\left|\frac{a_n}{a_{n+1}}\right|=\lim_{n\to\infty}\frac{(n+1)\cdot 3^{n+1}}{n\cdot 3^n}=3\lim_{n\to\infty}\frac{n+1}{n}=3.$$

当 $t=3$ 时，级数成为 $\sum_{n=1}^{\infty}\frac{1}{n}$，该级数发散；当 $t=-3$ 时，级数成为 $\sum_{n=1}^{\infty}\frac{(-1)^n}{n}$，该级数收敛，故 $\sum_{n=1}^{\infty}\frac{t^n}{n\cdot 3^n}$ 的收敛域为 $[-3,3)$.

由 $-3\leqslant(x-2)^2<3$ 可知 $2-\sqrt{3}<x<2+\sqrt{3}$，所以原级数的收敛域为 $(2-\sqrt{3},2+\sqrt{3})$.

8.【答案】$\frac{\pi^2}{2}$.

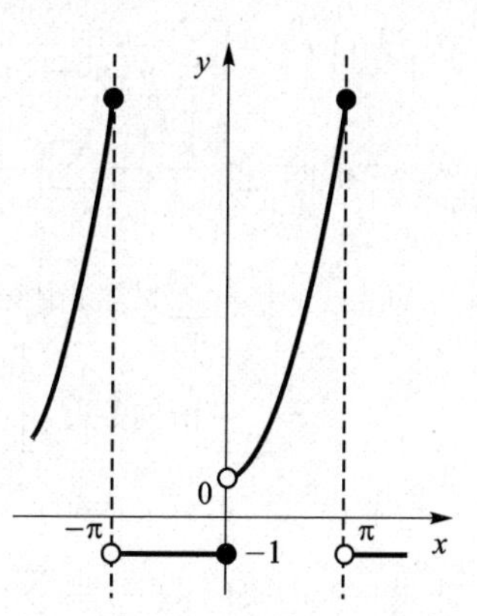

【解】对 $f(x)$ 作周期延拓，得到以 2π 为周期的周期函数 $F(x)$（见右图）. 故 $F(x)$ 的傅里叶级数在 $x=\pi$ 处收敛于

$$\frac{F(\pi^-)+F(\pi^+)}{2}=\frac{1+\pi^2-1}{2}=\frac{\pi^2}{2}.$$

9.【答案】$-2^n(n-1)!$.

【解】因为 $\ln(1+x)=\sum_{n=1}^{\infty}(-1)^{n-1}\frac{x^n}{n}(-1<x\leqslant 1)$，故

$$\ln(1-2x)=\sum_{n=1}^{\infty}(-1)^{n-1}\frac{(-2x)^n}{n}$$

$$=-\sum_{n=1}^{\infty}\frac{2^n}{n}x^n\quad(-1<-2x\leqslant 1).$$

由 $\frac{y^{(n)}(0)}{n!}=-\frac{2^n}{n}$ 可知 $y^{(n)}(0)=-2^n(n-1)!$.

三、解答题

10.【解】(1) 因为 $\lim_{n\to\infty}\frac{\frac{1}{n\cdot\sqrt[n]{n}}}{\frac{1}{n}}=\lim_{n\to\infty}n^{-\frac{1}{n}}=e^{\lim_{n\to\infty}-\frac{\ln n}{n}}=e^0=1$，而 $\sum_{n=1}^{\infty}\frac{1}{n}$ 发散，故原级数发散.

(2) 因为$\int_0^{\frac{1}{n}}\frac{\sqrt{x}}{1+x^4}\mathrm{d}x\leqslant\int_0^{\frac{1}{n}}\sqrt{x}\,\mathrm{d}x=\left[\frac{2}{3}x^{\frac{3}{2}}\right]_0^{\frac{1}{n}}=\frac{2}{3n^{\frac{3}{2}}}$,而$\sum\limits_{n=1}^{\infty}\frac{2}{3n^{\frac{3}{2}}}$收敛,故原级数收敛.

(3) $\lim\limits_{n\to\infty}\frac{u_{n+1}}{u_n}=\lim\limits_{n\to\infty}\frac{x^{n+1}}{(1+x)(1+x^2)\cdots(1+x^{n+1})}\cdot\frac{(1+x)(1+x^2)\cdots(1+x^n)}{x^n}$

$$=\lim_{n\to\infty}\frac{x}{1+x^{n+1}}=\begin{cases}x, & 0<x<1,\\ \frac{1}{2}, & x=1,\\ 0, & x>1.\end{cases}$$

因为当 $x>0$ 时,$\lim\limits_{n\to\infty}\frac{u_{n+1}}{u_n}$的极限值一定小于 1,故原级数收敛.

11.【解】$R=\lim\limits_{n\to\infty}\left|\frac{a_n}{a_{n+1}}\right|=\lim\limits_{n\to\infty}\frac{(n+1)(n+2)}{n(n+1)}=1.$

当 $x=1$ 时,级数成为$\sum\limits_{n=1}^{\infty}\frac{1}{n(n+1)}$,该级数收敛;

当 $x=-1$ 时,级数成为$\sum\limits_{n=1}^{\infty}\frac{(-1)^n}{n(n+1)}$,该级数收敛.

故原级数的收敛域为$[-1,1]$.

设 $s(x)=\sum\limits_{n=1}^{\infty}\frac{x^n}{n(n+1)}$,则当 $x\in[-1,0)\cup(0,1)$ 时,

$$s(x)=\sum_{n=1}^{\infty}\frac{x^n}{n}-\sum_{n=1}^{\infty}\frac{x^n}{n+1}=\sum_{n=1}^{\infty}\frac{x^n}{n}-\frac{1}{x}\sum_{n=1}^{\infty}\frac{x^{n+1}}{n+1}=\sum_{n=1}^{\infty}\int_0^x t^{n-1}\mathrm{d}t-\frac{1}{x}\sum_{n=1}^{\infty}\int_0^x t^n\mathrm{d}t$$

$$=\int_0^x\left(\sum_{n=1}^{\infty}t^{n-1}\right)\mathrm{d}t-\frac{1}{x}\int_0^x\left(\sum_{n=1}^{\infty}t^n\right)\mathrm{d}t=\int_0^x\frac{1}{1-t}\mathrm{d}t-\frac{1}{x}\int_0^x\frac{t}{1-t}\mathrm{d}t$$

$$=\Big[-\ln|1-t|\Big]_0^x+\frac{1}{x}\Big[t+\ln|1-t|\Big]_0^x=\frac{1-x}{x}\ln(1-x)+1;$$

当 $x=0$ 时,$s(x)=0$;

当 $x=1$ 时,$s(x)=\sum\limits_{n=1}^{\infty}\frac{1}{n(n+1)}=\sum\limits_{n=1}^{\infty}\left(\frac{1}{n}-\frac{1}{n+1}\right)$

$$=\lim_{n\to\infty}\left(1-\frac{1}{2}+\frac{1}{2}-\frac{1}{3}+\frac{1}{3}-\frac{1}{4}+\cdots+\frac{1}{n}-\frac{1}{n+1}\right)$$

$$=\lim_{n\to\infty}\left(1-\frac{1}{n+1}\right)=1.$$

所以,$s(x)=\begin{cases}\frac{1-x}{x}\ln(1-x)+1, & x\in[-1,0)\cup(0,1),\\ 0, & x=0,\\ 1, & x=1.\end{cases}$

【注】值得注意的是,把原级数拆分成的$\sum\limits_{n=1}^{\infty}\frac{x^n}{n}$和$\sum\limits_{n=1}^{\infty}\frac{x^n}{n+1}$在 $x=1$ 处都不收敛,而原级数在 $x=1$ 处收敛,故 $s(1)$ 也需要单独求.

12.【解】设 $s(x)=\sum\limits_{n=0}^{\infty}(n^2-n+1)x^n(|x|<1)$，则

$$s(x)=\sum_{n=0}^{\infty}n(n-1)x^n+\sum_{n=0}^{\infty}x^n=\sum_{n=0}^{\infty}n(n-1)x^n+\frac{1}{1-x}.$$

$$\sum_{n=0}^{\infty}n(n-1)x^n=x^2\sum_{n=0}^{\infty}n(n-1)x^{n-2}=x^2\sum_{n=0}^{\infty}(nx^{n-1})'=x^2\Big(\sum_{n=0}^{\infty}nx^{n-1}\Big)'$$

$$=x^2\Big[\sum_{n=0}^{\infty}(x^n)'\Big]'=x^2\Big(\sum_{n=0}^{\infty}x^n\Big)''=x^2\Big(\frac{1}{1-x}\Big)''=\frac{2x^2}{(1-x)^3}.$$

故 $s(x)=\dfrac{2x^2}{(1-x)^3}+\dfrac{1}{1-x}$，从而 $\sum\limits_{n=0}^{\infty}\dfrac{(-1)^n(n^2-n+1)}{2^n}=s\Big(-\dfrac{1}{2}\Big)=\dfrac{22}{27}$.

13.【解】对 $f(x)$ 先作偶延拓，后作周期延拓，得到以 2π 为周期的偶函数 $F(x)$，它在 $(-\pi,\pi]$ 上的表达式为 $F(x)=1-x^2$.

由于 $F(x)$ 是偶函数，故 $b_n=0(n=1,2,3,\cdots)$.

$$a_0=\frac{2}{\pi}\int_0^{\pi}(1-x^2)\mathrm{d}x=\frac{2}{\pi}\Big[x-\frac{x^3}{3}\Big]_0^{\pi}=2-\frac{2}{3}\pi^2.$$

$$a_n=\frac{2}{\pi}\int_0^{\pi}(1-x^2)\cos nx\,\mathrm{d}x=\frac{2}{n\pi}\int_0^{\pi}(1-x^2)\mathrm{d}(\sin nx)$$

$$=\frac{2}{n\pi}\Big[(1-x^2)\sin nx\Big]_0^{\pi}+\frac{4}{n\pi}\int_0^{\pi}x\sin nx\,\mathrm{d}x$$

$$=-\frac{4}{n^2\pi}\int_0^{\pi}x\,\mathrm{d}(\cos nx)=-\frac{4}{n^2\pi}\Big[x\cos nx\Big]_0^{\pi}+\frac{4}{n^2\pi}\int_0^{\pi}\cos nx\,\mathrm{d}x$$

$$=\frac{4(-1)^{n-1}}{n^2}\quad(n=1,2,3,\cdots).$$

于是

$$F(x)=1-\frac{\pi^2}{3}+4\sum_{n=1}^{\infty}\frac{(-1)^{n-1}}{n^2}\cos nx\quad(-\infty<x<+\infty).$$

所以，
$$f(x)=1-\frac{\pi^2}{3}+4\sum_{n=1}^{\infty}\frac{(-1)^{n-1}}{n^2}\cos nx\quad(0\leqslant x\leqslant\pi).$$

14.【解】$f(x)=\dfrac{1}{(x-4)(x+1)}=-\dfrac{1}{5}\Big(\dfrac{1}{4-x}+\dfrac{1}{1+x}\Big)$

$$=-\frac{1}{5}\Big[\frac{1}{3-(x-1)}+\frac{1}{2+(x-1)}\Big]$$

$$=-\frac{1}{5}\left[\frac{1}{3}\cdot\frac{1}{1-\Big(\dfrac{x-1}{3}\Big)}+\frac{1}{2}\cdot\frac{1}{1+\Big(\dfrac{x-1}{2}\Big)}\right]$$

$$=-\frac{1}{5}\Big[\frac{1}{3}\sum_{n=0}^{\infty}\Big(\frac{x-1}{3}\Big)^n+\frac{1}{2}\sum_{n=0}^{\infty}(-1)^n\Big(\frac{x-1}{2}\Big)^n\Big]$$

$$=-\frac{1}{5}\sum_{n=0}^{\infty}\Big[\frac{1}{3^{n+1}}+\frac{(-1)^n}{2^{n+1}}\Big](x-1)^n.$$

由$\begin{cases}\left|\dfrac{x-1}{3}\right|<1,\\ \left|\dfrac{x-1}{2}\right|<1\end{cases}$可知$-1<x<3$,故展开成的幂级数的收敛区间是$(-1,3)$.

15.【解】记$g(x)=\arctan x$,则$g'(x)=\dfrac{1}{1+x^2}=\sum\limits_{n=0}^{\infty}(-1)^n x^{2n}$.

$$g(x)=\int_0^x g'(t)\mathrm{d}t=\int_0^x\left[\sum_{n=0}^{\infty}(-1)^n t^{2n}\right]\mathrm{d}t=\sum_{n=0}^{\infty}\int_0^x(-1)^n t^{2n}\mathrm{d}t=\sum_{n=0}^{\infty}\frac{(-1)^n}{2n+1}x^{2n+1}.$$

于是

$$\begin{aligned}f(x)&=\frac{1+x^2}{x}\sum_{n=0}^{\infty}\frac{(-1)^n}{2n+1}x^{2n+1}=\sum_{n=0}^{\infty}\frac{(-1)^n}{2n+1}x^{2n}+\sum_{n=0}^{\infty}\frac{(-1)^n}{2n+1}x^{2n+2}\\&=1+\sum_{n=1}^{\infty}\frac{(-1)^n}{2n+1}x^{2n}+\sum_{n=1}^{\infty}\frac{(-1)^{n-1}}{2n-1}x^{2n}=1+2\sum_{n=1}^{\infty}\frac{(-1)^n}{1-4n^2}x^{2n}.\end{aligned}$$

由$|x^2|<1$可知$-1<x<1$, 又由于当$x=\pm1$时,$\sum\limits_{n=1}^{\infty}\dfrac{(-1)^n}{1-4n^2}x^{2n}$成为$\sum\limits_{n=1}^{\infty}\dfrac{(-1)^n}{1-4n^2}$,是收敛的,故展开式成立的范围是$[-1,1]$.

令$x=1$, $f(1)=1+2\sum\limits_{n=1}^{\infty}\dfrac{(-1)^n}{1-4n^2}$,从而$\sum\limits_{n=1}^{\infty}\dfrac{(-1)^n}{1-4n^2}=\dfrac{\pi}{4}-\dfrac{1}{2}$.

参考文献

[1] 同济大学数学系.高等数学[M].7版.北京:高等教育出版社,2014.
[2] 龚昇,张声雷.简明微积分[M].3版.合肥:中国科学技术大学出版社,1976.
[3] 李永乐,王式安.考研数学复习全书[M].北京:国家行政学院出版社,2015.
[4] 陈文灯,黄先开.考研数学复习指南[M].北京:北京理工大学出版社,2014.
[5] 李正元,李永乐,等.数学复习全书[M].北京:中国政法大学出版社,2014.
[6] 张宇.考研数学高等数学18讲[M].北京:高等教育出版社,2017.
[7] 张宇.考研数学题源探析经典1000题[M].北京:北京理工大学出版社,2013.
[8] 吴振奎.高等数学(微积分)复习及试题选讲[M].北京:北京工业大学出版社,2010.
[9] 周春荔.数学思维概论[M].北京:北京师范大学出版社,2012.
[10] 刘里鹏.从割圆术走向无穷小[M].长沙:湖南科学技术出版社,2009.